海军重点建设教材

光电技术及应用

刘松涛　王龙涛　陈　奇　编著

国防工业出版社
·北京·

内 容 简 介

本书系统全面地论述了光电技术的基本原理、系统组成和典型军事系统应用。全书共分十一章，内容包括光电技术绪论、光电技术基础、光学系统、光电探测器、光电信息检测与信号处理、光电系统性能分析、光电被动侦察、光电主动侦察、光电跟踪系统、光电搜索系统和光电对抗系统等。

本书内容深入浅出，材料翔实丰富，可作为舰艇情电指挥（电子信息工程）专业本科生及相关专业研究生的教材，也可供光电工程及其相关领域的科技工作者参考。

图书在版编目（CIP）数据

光电技术及应用／刘松涛，王龙涛，陈奇编著．—北京：国防工业出版社，2020.7

ISBN 978-7-118-12137-7

Ⅰ．①光… Ⅱ．①刘… ②王… ③陈… Ⅲ．①光电技术 Ⅳ．①TN2

中国版本图书馆 CIP 数据核字（2020）第 130403 号

※

国防工业出版社出版发行

（北京市海淀区紫竹院南路 23 号　邮政编码 100048）

三河市天利华印刷装订有限公司印刷

新华书店经售

*

开本 782×1092　1/16　**印张** 21½　**字数** 492 千字

2020 年 8 月第 1 版第 1 次印刷　**印数** 1—1500 册　**定价** 110.00 元

国防书店：（010）88540777　书店传真：（010）88540776

发行业务：（010）88540717　发行传真：（010）88540762

前　言

在现代高技术战争中，充斥着各种以光电技术为核心的光电装备，极大影响了战争的形态、过程和结局，如激光武器可瞬间直接摧毁目标、红外热像仪使夜间“白昼化”、光电侦察卫星的全球可视化等。鉴于光电技术在军事领域的广泛应用，在海军大连舰艇学院舰艇情电指挥（电子信息工程）专业人才培养方案中，开设了“光电技术”专业基础课程，以满足人才培养的需要。通过军内外光电技术的主要教材对比，编者发现，教材中要么是一般性光电技术介绍，“军味”和“海味”不足，要么是十几年前的教材，内容侧重理论且陈旧，不利于海军高技术人才的培养。因此，在前期光电技术相关课程教学中，编者自行编写了教材。然而，经过多轮本科教学试用，有必要重新梳理光电技术及军事应用的相关知识，并补充该领域的最新进展。

全书共十一章。第一章是绪论，主要介绍光电技术的相关概念、基本内容、技术特点、典型军事应用和发展趋势以及军用光电系统的组成与分类；第二章为光电技术原理部分，补充介绍光电技术基础；第三至六章是光电系统原理部分，主要介绍光学系统、光电探测器、光电信息检测与信号处理和光电系统性能分析的基本原理及相关技术；第七至十一章是典型军用光电系统部分，介绍光电被动侦察、光电主动侦察、光电跟踪系统、光电搜索系统和光电对抗系统的基本原理与典型实例。

在撰写过程中，编者力求使本书具备如下四个特点：

(1) 完整性好，系统全面地构建了光电技术的知识架构，包括基本原理、技术、系统和应用；

(2) 自成体系，补充了相应的光电技术基础知识，可使不具备光电领域相关知识的读者易于理解光电技术；

(3) 展现前沿，引入了光电技术领域的最新进展，如光电技术及系统的发展趋势、激光成像目标侦察等；

(4) 理论和应用兼备，融入了编者多年科研项目的成果，具有理论前研性，并且紧贴装备和系统来阐述技术原理，突出应用性。

本书是海军重点立项建设教材，得到了海军大连舰艇学院教材审查组各位专家的认真审阅，硕士研究生黄金涛、姜康辉、王战、位宝燕做了大量的绘图和公式编辑及校对工作，在此一并表示感谢。编写过程中参阅了大量国内外文献，谨向各位作者深表谢意。

由于时间仓促以及编者水平有限，书中难免存在疏漏和不足，诚望读者不吝指正，以便今后逐步完善和提高。联系方式：navylst@163.com。

编者

2019.06

目 录

第一章 绪 论

光电子技术是电子技术的一个分支，它涉及电磁波的光波段。通常认为其波长分布在0.01～1000μm，也就是常说的从紫外区到可见区直至红外区的三个子区间的总体。所以说，光电子技术是光波段的电子技术。本章主要阐述光电技术的相关概念、基本内容、特点、典型军事应用、系统组成及发展情况。

第一节 光电技术内涵

从探测技术角度，光电技术是指以光辐射为基本信息载体，通过对光辐射的控制、接收、变换、处理、显示等技术手段，获取所需要的信息，达到预期的目的。从光电器件的角度，光电技术是指各种光电子器件及其应用的技术。光电器件主要包括光源器件、光调制器件、光传输器件、光探测器件、光显示器件、光存储器件等。光源器件主要指各种激光器，特别是半导体激光器；光调制器件涉及开关、偏转、调制、传感和复用等功能；光传输器件包括光波导、光纤、光耦合器、光隔离器、偏振器、中继和反馈器件等部分；光探测器件和光显示器件涉及光电导型、光伏型和热伏型换测器，以及液晶显示器等离子显板等；光存储器件主要指光盘光驱等。光电子技术作为信息技术的一个重要支柱，在高技术战争中起着关键作用。这里把应用于军事领域的光电技术统称为军用光电技术。军用光电技术主要研究光辐射的产生、传播、探测、处理、与物质相互作用、光电转换等过程及其在军事上的应用，它以光电子学为理论基础，把光学、精密机械、光电子、电子和计算机等技术结合起来，形成了一门古老而新兴的综合技术，成为现代军事技术的重要组成部分。由于光电对抗的发展，目前，军用光电技术不仅限于获取、传输、存储、处理和显示信息，而且已被用于发展一种压制和摧毁敌方有生力量的武器。

军用光电技术的基本内容包括：光学仪器与传感器、微光夜视技术、红外技术、激光技术、光电综合应用技术和光电对抗技术等，具体如下。

（一） 光学仪器与传感器

光学仪器主要指用于可见光波段范围内，不经过光电转换的普通光学仪器。它们在军事上应用最早，技术比较成熟，有扩大和延伸人的视觉、发现人眼看不清或看不见的目标、测定目标的位置和对目标瞄准等功能。通常可分为观测仪器和摄影测量仪器两大类：前者是以人眼作为光辐射信息接收器；后者用感光胶片记录景物信息。普通光学仪器主要由光学系统（物镜、转像镜、分划镜、目镜等）、镜筒和精密机械零部件等组成。观察测量仪器的光学系统主要是望远系统，它能放大视角，使人看清远方的景物，便于测量和瞄准。摄影仪器的光学系统主要是照相物镜，为了适应不同的使用要求，发展了大口径、长焦距、变焦距等多种镜头。军用可见光仪器主要有望远镜、炮队镜、方向盘、潜望镜、瞄准镜、测距机、经纬仪、照相机、判读仪等。从20世纪50年代以来，尽管出现了红外、微光、激光等技术先进的光电子仪器，但普通光学仪器具有结构简单、使用方便和成本较低等优点，仍然是武器装备配套的重要组成部分。

光电传感器是指那些能够把光辐射转换为电信号的器件，如光电二极管、红外探测器、CCD器件等，利用光学仪器与这些光电传感器综合使用，极大地提升了军用光电装备的性能。

（二）微光夜视技术

微光夜视技术在可见光和近红外波段内，将微弱的光场分布转变为人眼可见的图像，扩展人眼在低照度下的视觉能力。微光夜视仪器可分为直接观察和间接观察两种。前者称为微光夜视仪，由物镜、像增强器、目镜和电源、机械部件等组成，人眼可通过目镜观察像增强器荧光屏上的景物图像，已广泛用于夜间侦察、瞄准、驾驶等；后者称为微光电视，其物镜、微光摄像器件组成微光电视摄像机，通过无线或有线传输，在接收显示装置上获得景物的图像，可用于夜间侦察和火控系统等。

微光夜视技术的核心是像增强器和微光摄像器件。20世纪70年代研制出采用微通道板像增强器的第二代微光夜视仪，已大量装备部队，在夜战中发挥了重要作用。80年代研制出采用负电子亲和势光电阴极像增强器的第三代微光夜视仪，光谱响应延伸到近红外波段。60年代研制出的电子轰击硅靶摄像管和70年代发展的碲化锌镉摄像管，它们与像增强器耦合做成微光摄像管，基本满足微光电视的要求。电荷耦合器件探测灵敏度的提高，使之有可能用作微光图像传感和信号处理器，与固体发光器件做成的平板显示器相配合，将出现一种全新的微光像增强器，使微光夜视仪器的性能大大提高，在军事上得到更广泛的应用。

（三）红外技术

由于温度高于绝对零度的所有物体都有红外辐射，这为探测和识别目标提供了客观基础，因而红外技术在军事上得到广泛应用。红外系统的工作方式有主动式和被动式。主动式红外系统是用红外光源照射目标，仪器接收目标反射的红外辐射而工作。由于它易暴露自己，应用范围正在缩小，逐渐为被动式微光夜视仪和热像仪所取代。被动式红外系统接收目标自身发射或反射其他光源（如日光）的红外辐射，隐蔽性好，是军用红外系统的主要工作方式。被动式红外系统一般由光学系统、调制扫描器、红外探测器、信号处理和显示器等部分组成。红外探测器是核心部件，红外多元探测器、特别是红外焦平面器件是研究发展的重点。从目标特征角度，又可将红外系统分为两类，一类用于目标辐射的定量检测，如辐射计、光谱仪、成像仪等，其中成像仪（俗称相机），主要用于宽波段辐射空间分布的二维成像；辐射计，如测温仪、光度计等，主要用于宽波段辐射的定量测量；光谱仪，如分光光度计、光谱分析仪等，主要用于光谱测量、物质分析。近代红外遥感仪器通常将成像、辐射测量和光谱测量等功能融合于一体，如多光谱成像仪不仅是可对目标多波段成像的相机，也是能测量波段辐射量的辐射计。有的波段还可细分，以提取目标的一些光谱特征。成像光谱仪的主要特征是图谱合一，它能同时得到二维空域各个地物点的连续光谱，如高光谱、超光谱成像仪等。另一类用于目标识别和定位，如目标搜索、捕获、跟踪和瞄准设备等。

（四）激光技术

激光具有单色性好、方向性强、亮度高等特点。现已发现的激光工作物质有几千种，波长范围从 X 射线到远红外。激光技术的核心是激光器。激光器可按工作物质、激励方式、运转方式、工作波长等不同方法分类。根据不同的使用要求，常采取一些专门技术提高输出激光的光束质量和单项技术指标。比较广泛应用的单元技术有共振腔设计与选模、倍频、调谐、Q 开关、锁模、稳频和放大技术等。比较典型的军事应用有以下几个方面。

1. 激光测距技术

激光测距技术是在军事上最先得到实际应用的激光技术。20 世纪 60 年代末，激光测距仪开始装备部队，现已研制生产出多种类型，大都采用钇铝石榴石激光器，测距精度约为 5m。由于它能迅速准确地测出目标距离，所以广泛用于侦察测量和武器火控系统。

2. 激光制导技术

激光制导武器精度高、结构比较简单、不易受电磁干扰，在精确制导武器中占有重要地位。20 世纪 70 年代初，美国研制的激光制导航空炸弹在越南战场首次使用。80 年代以来，激光制导导弹和激光制导炮弹的装备数量也日渐增多。

3. 激光通信技术

激光通信容量大、保密性好、抗电磁干扰能力强。光纤通信已成为通信系统的发展重点。机载、星载的空间激光通信系统和对潜艇的激光通信系统也正在研究发展中，有的已经实用。

（五） 光电综合应用技术

在微光、红外、激光等光电子技术发展的基础上，为了满足作战使用和科研试验的要求，主要发展以下几项光电综合应用技术。

1. 光学遥感技术

综合应用可见光照相、微光摄像、红外成像和激光遥感技术进行侦察，可获取较多的信息，利于分辨、识别目标。在机载、星载侦察设备中，除可见光照相机外，已广泛使用红外扫描仪、多光谱照相机等，并可把信息实时传输到地面。

2. 光电制导技术

在红外制导、激光制导、电视制导和雷达制导技术的基础上，为提高导弹在不同作战条件下的适应能力，发展了红外/激光、红外/电视、红外/雷达、激光/雷达、红外/紫外等多种复合制导技术。

3. 光电火控技术

光电火控系统已成为武器效能的倍增器。可见光、微光、红外、激光技术综合应用于武器系统，能实时跟踪和准确测量目标的位置，大大提高了武器系统的作战性能，如图 1－1－1所示。

图 1－1－1　舰载光电跟踪仪

（六） 光电对抗技术

光电对抗是敌对双方围绕光波信息所进行的电磁斗争，是电子对抗领域的重要组成部分。通常是综合应用光电新技术，对敌方光电装备、光电制导武器实施侦察、识别、告警、干扰、欺骗乃至攻击，破坏其使用效能，或以保护己方人员、重要设施和光电装备为目的。通常把电子对抗分为雷达对抗、通信对抗、光电对抗三部分。故可以认为，光电对抗是电子对抗在光波频谱范围内的实施，它包括光电侦察告警、光电干扰和光电防御等三个基本方面。

1. 光电侦察告警

光电侦察告警是采用光电技术手段截获敌方光电辐射信号，并进行参数测量、分析识别、测向定位等。以及时提供情报和发出告警。它有主动和被动两种工作方式，以后者为主。各种激光告警器和红外告警器就是光电侦察装备的实例。

2. 光电干扰

光电干扰分为有源和无源两种工作方式：前者是利用己方光电装备发射或转发某种与敌方光电装备相应的光波，借以压制或欺骗敌光电装备，使之不能正常工作；后者是利用自身并不发射信息光波的材料去吸收或散射信息光波，或形成假目标，使敌方光电装备性能降低或受骗失效，如图1－1－2所示。

图1－1－2 飞机发射干扰弹

激光干扰机、红外干扰机是实施有源干扰的装备，而各种烟雾、水幕、气溶胶、光箔条、角反射器、伪装网等可实施无源干扰。

激光干扰能量足够强时，可致盲、损坏或直接摧毁目标，此时可称为激光武器。激光致盲器可作为战术激光武器的实例。它能破坏8km远处的光电传感器，或对10km远处的人眼造成伤害。用中等功率的激光摧毁几千米远的光学系统、整流罩、塑料外壳、燃料箱等“软”目标已成现实；以激光直接摧毁来袭导弹、拦击入侵飞机等“硬”目标，实现激光防空的目标也已为期不远。人们还在试验用激光摧毁卫星、拦击洲际导弹的技术，这是战略激光武器。

3. 光电防御

光电防御指为防止敌方有效侦察、欺骗、干扰、攻击而采取的战术技术措施。例如，严格控制我方光电辐射，光电装备运用编码发射和相关接收技术；光电制导系统采取光谱滤波和空间滤波手段，使光电传感器等薄弱环节和战地人员具备激光防护能力；制导武器采用红外、激光、电视和雷达复合制导技术，对重要装备和设施实行光电隐身或抗激光加固等。

第二节 军用光电技术特点

我们知道，微波雷达可以实现探测，无线电通信可以实现远距离信号传输，而军用光电技术的研究内容明显反映出利用光电技术也可以实现探测和通信等功能。光电探测和通信的主要特点如下。

（一） 抗电磁干扰能力强

光子是一种特殊的物质，其不导电、不带电、静止质量为0，光波的频率又高达10^{14}Hz，所以光电系统具有很强的抗电磁干扰的能力，可以在复杂的电子战环境中独立、正常地工作。

（二） 低空探测性能好

与雷达不同，光电探测系统不存在镜像效应及杂波干扰，所以光电系统具有极好的低空探测性能，是对付低空、超低空飞行目标的最有效超视距探测系统。

（三） 测距和测角精度高

光电探测系统工作在光频段，光波的波长很短，波束、脉宽和谱线宽度都可以压得很窄，因而用于探测时，其空域、时域或频域的分辨力很高，故光电系统的探测精度很高。

传感器对目标的角分辨力与它所用波长有关。雷达的角分辨力$\Delta\theta$（最小分辨角）与雷达工作波长λ成正比，与天线口径L成反比，即

$$\Delta\theta \propto \lambda/L \tag{1-2-1}$$

例如，一部波长5cm的脉冲雷达，用1.5m天线时，其角分辨力约为1°（1.7×10^{-2}rad）。而一部二氧化碳激光雷达（波长10.6μm）只要用10.6cm天线，其角分辨力就可以达到1×10^{-4}rad，比微波雷达提高了近两个数量级，而其天线直径仅为该微波雷达的1/14，即用小得多的天线得到高得多的角分辨力，其原因就在于激光波长远短于微波。对于红外系统和可见光CCD摄像系统等光电探测系统，角分辨力也很高。例如，800万像素数码相机，像元尺寸为7μm，如果光学系统足够大，角分辨力可达7×10^{-6}rad，即1.44″。因此，光学探测系统能使用不大的天线探测到细小的目标或目标的细节。

脉冲雷达的距离分辨力由下式决定，即

$$\Delta R = c/2B \tag{1-2-2}$$

式中，c为光速；B为雷达信号带宽（它是脉冲宽度的倒数）。若微波雷达脉冲宽度为1μs，则信号带宽为1MHz，距离分辨力为150m。对于激光测距仪来说，一般脉冲宽度约为10ns，相当于信号带宽100MHz，距离分辨力为1.5m，比微波雷达高100倍。高精度激光测距系统，其脉冲宽度100ps，信号带宽达10GHz，距离分辨力达1.5cm。实际上，已有人在对距离大于6000km的人造卫星进行激光测距，获得优于1mm的距离分辨力。

（四） 目标识别能力强

光电成像系统可提供清晰、直观的图像，便于识别目标和探测复杂背景中目标；红外热成像系统、多光谱成像系统都具有分辨敌军伪装的本领。

（五） 隐蔽性好

光电系统大多采用了被动工作方式，隐蔽性好，主动式光电系统的光源也大多是激光，激光方向性好，其光束非常窄（一般小于1mrad），只有在其发射的那一瞬间并在激光束传播的路径上，才能接收到激光，要截获它非常困难。

（六） 可作为进攻性武器

强激光不仅可使敌方光电探测器失灵（软破坏），从而导致来袭的光电制导武

器失效，甚至可以直接摧毁来袭导弹的头罩或壳体（硬破坏）。激光武器的优点是起干扰或破坏作用的激光以光速出击，对 10km 远处的目标只需 33μs 就到了，因此，不需要像炮弹那样给一个“提前量”。激光武器将是精确制导武器的一个克星。

（七） 频带宽、通信容量大

光波频率比微波频率大约高 10 万倍，因而它的带宽与通信容量也相应可提高 10 万倍。例如，通常一个微波通道带宽约占据微波频率的 1/100。在这样的微波通道上可以通过上千路电话或一路彩色电视节目。如果把这一原则用在光波频段，一个光波通道带宽占用光波频率的 1/100，则在这个光波通道上可通上亿路电话，或者是 10 万路电视节目。

我们说，实现上述通信容量从理论上讲是完全有可能的。然而，在实践中，由于光电子器件以及传输介质（如光纤、大气）传输特性等问题，目前在一根光纤上，还不能达到理论通信容量。不过，在一根光纤上通几十万路电话或者几百路电视节目，已是完全实现了，而这在一般电缆通信和微波中继通信中是很难想象的事。

（八） 效费比高

光电武器系统的效费比大大高于传统的武器系统，根据美军对激光制导炸弹在战场上使用情况的统计，在越南战场上，激光制导炸弹的效费比较普通炸弹高出 25 倍，海湾战争则超过 40 倍。激光武器所耗费的经费也很少，百万瓦级氟化氘激光武器每发射一次的费用约为 1～2 千美元，每发“毒刺”短程防空导弹为 2 万美元，每发“爱国者”防空导弹则高达 30～50 万美元。

（九） 体积小、质量轻、成本低

光纤通信系统中的光纤，以自然界最廉价、最丰富的资源 SiO_2 为原料，但一根比头发丝还要细的光纤所能传输的信息量却是一根电缆的几千倍；激光雷达中与微波雷达功能相同的一些部件，其体积或质量通常都小（或轻）于微波雷达，如激光雷达中的望远镜相当于微波雷达中的天线，望远镜的孔径一般为厘米级，而天线的口径则一般为几米至几十米。

（十） 作用距离较近、全天候工作能力较差

光波的波长与大气中的分子及气溶胶粒子的尺寸相当，光在大气中传输时，大气分子和气溶胶粒子的吸收和散射会导致较大的能量损耗，大气的湍流作用还会使光束抖动、扩展和偏移，因此，工作在稠密大气层的光电系统受天候和环境的影响较大，恶劣天气（雨、雪、雾等）和战场烟尘、人造烟幕都会大大减小其作用距离。

第三节 典型军事应用

在战争中，光电装备广泛应用于侦察、预警、通信、指控、指示、识别、定位、火控与制导，甚至硬摧毁。光电技术的引入使武器系统的作战能力、精度和抗电磁干扰的能力成倍增加。它不仅在改进、提高现有武器性能方面起着十分重要的作用，而且可以构成新的武器系统。以下是光电技术在军事中的一些典型应用。

（一） 侦察与遥感

光电侦察不仅提供图像，而且可以提供不同波段的图像。这对目标的识别与全天候的军事行动都非常重要。光电侦察设备广泛用于从空间到水下的各个空域。星载多光谱照相机包括可见光和红外波段，用滤光器细分为若干子波段进行照相，对热图用伪彩色代表不同温度。所获得的伪彩色照片有助于分辨和识别目标。低轨道卫星每几十分钟绕地球一圈，不到一天即可获得全球表面的图像信息。已经可以在卫星上广泛采用光电传感器，把信息发回到地面站，实时或准实时地获得所需要的图像信息。机载光电侦察设备，特别是近年发展起来的无人机载光电侦察设备，相机和红外热像仪，由于距地面只有几千米，可以获得分辨率达1m甚至0.3m的高清晰图像，成为极其有效的战场情报侦察手段。装有红外热像仪和可见光照相机等侦察设备的装甲侦察车，机动性和隐蔽性好，可昼夜出没在前沿阵地，获取战场前沿情报。手持式热像仪可由单兵携带，便于获取近距离图像信息。

蓝绿光激光雷达可用于水下目标（潜艇、水雷等）探测。由于水的后向散射严重而且传输损耗很大，一般采用脉冲蓝绿激光照射目标，并用超窄带滤光技术滤除背景噪声，用距离选通波门避开后向散射来探测水下目标，在水质好的情况下探测深度可达60～70m或更深一些。光纤水听器是一种对声敏感的光纤传感器，它的灵敏度和方向性比一般声呐好，可用于探测潜水艇。

侦察预警是一种执行特殊而重要使命的侦察监视活动，对实时性要求更加迫切，传统的光学技术无法胜任。由于弹道导弹在短暂的飞行时间内，在点火助推的初始段有极高的温度与亮度，非常适合光电传感器的探测。能在导弹飞行的初始段就探测到这种目标对预警特别重要，所以光电子技术就成为侦察预警的理想选择。

（二） 夜视与观瞄

由于红外成像和夜视技术的发展，夜战已成为一种重要的作战方式。海湾战争中多国部队的飞机基本上采取夜间袭击。

红外前视已广泛用于各种作战飞机、车辆和舰艇，使驾驶员在夜航和夜战时看得像白天一样清楚。红外前视包括主动红外夜视和红外热成像系统两类。主动红外夜视系统需自带近红外探照灯。被目标反射的红外光经光学系统成像在变像管的光电阴极上，再经变像管转换，由其荧光屏上输出可见的目标像，人眼通过目镜进行直接观察。这种观察对人眼来说是隐蔽的。其作用距离除取决于变像管和光学系统的特性外，还与红外探照灯所辐射的与变像管光电阴极光谱特性相匹配的红外光的功率密切相关。其观察距离约1km左右。这种系统的优点是对比度好、可识别某些伪装。缺点是当对方也有这类系统时，红外灯源极易被对方发现，发现距离约为观察距离的三倍。红外热成像系统依赖于目标自身的热平衡辐射。主要工作波段为中、远红外的两个大气窗口，即3～5μm和8～14μm。它是以完全被动的方式工作，通常认为3～5μm波段的热成像系统，可通过薄雾及烟尘观察目标，而8～14μm的热成像系统可通过中等雾和烟尘进行观察。大雾将是一切光电系统的大忌。由于探测器技术、制冷技术、红外光学系统以及电子技术的发展，已使热成像系统发展到了相当高的水平。典型热成像系统的观察效果见表1－3－1所列。

表 1-3-1　热成像系统的观察效果

目标	气象条件及地点	可探测距离/km
蛙人(只露头)	夜间、大西洋	1
船甲板上的人	白天、大西洋	5.63
地面行人	雾夜、澳大利亚	3~4
坦克	夜间、中东	3.5~5.5
海军汽艇	夜间、太平洋	8.33
飞机	白天、太平洋	12~13
F-111 飞机(尾随)	白天、多云、塔斯马	27
F-111 飞机(迎头)	尼日海区	14.4

微光夜视仪也广泛用于步兵、炮兵和装甲兵等地面部队。微光夜视仪的工作是依赖于夜间非月光的夜天光辐射,利用像增强器配以光学系统实现直接观察。这类系统的观察距离通常为0.75~1.5km左右。当采用大口径大相对孔径的光学系统时,作用距离可达数千米,海上可达10km以上。这种系统的优点是被动工作,隐蔽性好;缺点是对比度较差,受天空情况变化的影响较大。

轻武器借助红外和激光观瞄仪显著提高了瞄准精度和命中率,直升机开始用激光雷达来回避障碍,可以发现300~400m外直径8mm的电力线。

(三) 光电火控

光电火控由光电传感设备、计算机和伺服随动系统组成,用于对目标进行跟踪、测量,并控制武器对目标实施攻击,它采用的传感设备主要有红外、电视和激光跟踪测量设备。主要工作过程为以红外或电视跟踪瞄准目标,以激光测距来获得目标位置和速度信息,经计算机处理后进行火力控制,从而大大提高火炮射击命中率,尤其是首发命中率。光电火控系统同火控雷达联合工作以提高全天候战斗能力和可靠性。当敌方使用反辐射导弹时,可以关闭雷达以保存自己。

光电火控系统已广泛应用于机载、舰载、车载和陆基等多种场合。例如:应用于坦克或装甲车的反导火控系统,它由热像仪、激光测距机、微机和其他提供射击修正量的辅助传感器组成。瞄准具的反应时间1~3s,能自动跟踪目标。发展方向为采用多模目标探测系统,如热像与雷达的双模制;进一步实现自动弹体跟踪、测定弹着点、计算脱靶量等,从而形成自动闭环火控系统。

目前已在无人驾驶坦克上,实现全自动武器控制。如遥控巡逻兵和遥控驾驶反坦克火箭发射器等,实现了遥控瞄准和遥控发射。遥控者与被控者之间的联系可以有多种方式:无线电或电视系统联系,可能受电磁干扰;也可用光纤控制,目前已可达10km以上,缺点是被控者的活动受一定的影响。

(四) 精确制导

精确打击是现代高技术战争中最重要的攻击方式。光电制导在精确打击武器中占有很重要的地位。光电制导的武器很多,包括红外制导导弹、电视制导的导弹和航弹、半主动制导和驾束制导的激光制导导弹、半主动激光制导炮弹和航弹、光纤制导导弹等。光电制导具有区别目标和复杂背景的能力,命中精度高。如激光制导炸弹的落点误差可为1~3m左右。而激光制导的炮弹,其落点散布范围的均方根偏差可小于1m,这是任何其他技术所无法达到的水平。光电制导中的“热”制导技术，不仅可以精确攻击飞机、直升机或来袭弹等“热”目标，也可针对常温下辐射差很小的“冷”目标，如表观温度不到1℃的目标。

光电制导技术可按不同的方式进行分类。按工作波段可分为：可见光与红外两大类；按工作方式可分为：主动式和被动式；按信息形式可分为：非成像制导和成像制导；按使用方法分类又可分为：发射前锁定目标和发射后通过指令线锁定目标等。

1. 非成像红外制导技术

非成像红外制导的目标通常为机动目标上的高温热源，如飞机的尾喷口和尾焰等，并以此为点目标来处理。将红外导引系统安装在导弹上，导弹发射前对目标进行大致瞄准，使目标在导弹可捕获的范围内即可发射，发射后利用红外位标检测系统，测定导弹轴线与目标间的偏角误差信号，以此控制导弹方位修正，进而击中目标。

2. 热成像制导技术

热成像制导装备主要由热像仪与微机组成。将热像探测头置于弹头，飞行中将目标信息送回发射处，由射手判断控制导弹跟踪目标，使之精确打击目标。有的将热像探头与微机一起置于弹头，飞行中自行图像处理和决策，按预先锁定的目标进行形心跟踪或相关跟踪。这是目前最高形式的制导方式。例如：热成像的反坦克导弹，先用红外前视系统捕获目标，然后发射导弹到150m高空，然后以20°～30°的视场向下进行热成像跟踪制导，再以30°～50°角攻击坦克薄弱的顶部。

3. 激光制导

激光制导技术主要有两类：半主动寻的制导和波束制导。

（1）半主动寻的制导可用于制导导弹、炮弹和炸弹。将激光束照射在待袭目标上，形成激光斑，并以此斑点为目标，导弹上带有导引头，导引弹丸直接飞向光斑击中目标。激光目标投射器可置于不同地点。目前有手持、车载和舰载等多种投射器，其中激光器用得最多的还是1.06μm的YAG和10.6μm的CO_2激光器。

（2）波束制导是由制导站的激光发射系统向待袭目标发出经空间调制编码的激光束，光束主轴对准目标，被制导导弹在激光束中向目标飞行，飞行中接收编码的激光信号不断测定自身的空间位置与光束轴的偏差。通过弹内控制系统不断修正飞行路线，最后击中目标。光电探测器装在导弹尾部，在弹体保护下具有较强的抗干扰能力。该制导方式可用于地地、地空等导引系统。

4. 光纤制导

光纤制导只是用光纤作为制导弹与射手间的通信连线而已。采用光纤代替金属线的好处如下：

（1）光纤通信的频带极宽，所能传递的信息容量大；

（2）抗电磁干扰的能力强，保密性好；

（3）质量轻、价格低。

例如，具有65000像元的CCD红外寻的头，采用光纤制导。使用时导弹垂直升空发射到高200m左右，然后转入水平状态飞行，地面射手根据光纤传送来的寻的头摄取的地面图像信息，来选择并截获目标，然后或人工导引或自动跟踪并攻击目标。

5. 电视制导

电视制导方式是用电视摄像器作为寻的器，由于其像元数多，因此，具有精度高、画面直观、便于人工参与和实现指令制导等优点。其目标锁定方式可以在发射前锁定目标，然后自动寻的，也可以在发射后，人工寻的再行目标锁定。

对于近距离的地空或反坦克导弹等，导弹与射手间的联系常采用光纤和微波。在远距离的巡航导弹系统，电视制导常作为末制导的手段利用图像相关的实时处理信号进行自动控制。这种制导技术的精确度很高，如在600~700km外，命中飞机跑道或仓库等目标，有“外科手术”精度的美称。

（五）惯性导航

与一般的机电陀螺仪相比，激光陀螺仪的特点是：无高速旋转部件、活动部件少、结构简单、耐冲击振动、可靠性高、工作寿命长；动态范围宽、起动时间短；直接数字输出，便于和计算机联用；功耗少、体积小、质量轻、成本低；同时还可输出角运动的速率和位置信号。由于具有这些突出的特点，因此，激光陀螺仪被视为捷联式惯性导航系统的理想敏感元件。

（六）近炸引信

导弹、炮弹和炸弹的近炸引信对能否有效摧毁目标至关重要，必须具有很高的可靠性和安全性。激光引信和红外引信的优点是不怕电磁干扰，常用于空空、地空、空舰等导弹。

根据工作原理，激光近炸引信可以分为两类：

（1）被动激光引信不携带激光光源。激光照射器同时照射弹体和目标，当引信接收到的目标反射光和直接照射光之间具有预定时间迟滞时，即产生起爆指令信号；

（2）主动激光引信内装激光器，通过发射光学系统发射一定形状的激光束，如圆盘形、扇形激光束，当目标在预定距离内时，目标反射的激光能量被接收光学系统接收，驱动电子系统产生起爆信号。

（七）靶场测量

各种新型武器装备都要通过靶场试验来检测、发现问题以便改进和完善。在靶场设备中，测量手段起关键性作用，它的精确性和先进性是完成检测任务的保证。在20世纪70年代中期以前，主要靠雷达和光学电影经纬仪完成对飞机、导弹等飞行体的外弹道测量。一般在导弹的理论弹道地面投影的两侧和发射阵地后方各配置一台电影经纬仪，同时同步地对飞行中的导弹拍照，事后对每一幅照片进行判读（时刻、方位角、俯仰角、脱靶量），用计算机对3台经纬仪的大量数据进行处理，求出导弹的外弹道。这种方法费时费力，精度不高，往往由于一台经纬仪故障或局部大气不好等原因而得不出结果或得出的结果精度不高。自从研制成靶场激光测距仪加装在电影经纬仪之后，一台经纬仪就可同时提供方位角、俯仰角和斜距三个数据，实现单站定轨，并可实时输出弹道数据，实现了靶场光学外弹道测量技术的飞跃。再配以红外或电视自动跟踪，更是锦上添花。我国各靶场和远洋测量船上都装备了我国自行研制的光电经纬仪，保证了我国洲际弹道导弹全程试验、核动力潜艇水下发射导弹试验和人造地球通信卫星发射试验等重大工程的成功。

（八）激光通信

激光通信是利用激光传输语言、文字数据、图像等信息的一种通信方式。它包括光纤通信、大气激光通信、水下激光通信和空间激光通信四种。

军事通信网所用光纤通信技术同民用的没有大的区别。军用光纤通信特殊之处在于野战光缆和武器平台内部通信,要求能耐恶劣环境。野战通信光缆通常按一定长度制造以便运输和快速放线、快速撤收,有故障时便于成段更换。野战光缆两端配以快速连接器。野战光缆的敷设可以用越野车辆,也可以用直升飞机。为此,配有专门的放线器。在军舰、飞机、车辆和导弹内亦广泛采用光纤光缆以替代电线电缆。光纤光缆不仅传输速率高,而且无电磁辐射(隐蔽性好)、不怕电磁干扰(可靠性高)、体积小、质量轻。

大气激光通信主要应用在海岸与海岸之间、海岛之间、哨所之间、舰船之间、导弹发射现场与指挥中心之间,以及城市高层设施之间的短距离通信等。大气激光通信系统可传送电话、数据、传真、电视和可视电话等,通信距离一般为几十千米。

水下激光通信的研究重点是对潜艇,特别是对战略核潜艇的激光通信。

空间激光通信是指外层空间中利用激光束进行的通信,如卫星之间、卫星与飞船之间的通信等。

(九） 光电对抗

随着军用光电装备的广泛使用,特别是光电制导、光电火控、光电引信等的使用,构成对各种军事目标的严重威胁,因而光电对抗变得日益重要,已成为电子战的不可分割部分。

光电对抗技术包括光电侦察告警、消极干扰和积极干扰等技术。有的用于武器平台的自卫,有的用于重要目标(如军政首脑机关、交通枢纽和机场、发电厂、桥梁、港口码头等)的防御。光电告警与前面所说的光电预警有所不同。告警通常是指对距离相对近的战术武器来袭而采取的相应警戒手段。因为距离近,警戒无法预先进行而只能告急;预警是指对包括战略性进攻在内的远程来袭而运用的综合性警戒手段。因为距离远,才可能预先告警。

(十） 模拟训练

模拟训练包括采用现代技术对飞机、车辆、舰艇驾驶员的训练,各种枪炮的射击训练以及各军兵种部队和分队的战术训练。同实弹训练(演习)相比,模拟训练可以节省大量的物力和财力。只要所用模拟技术成熟,模拟训练可以做到十分逼真,训练效果很好。光电子技术在模拟训练中扮演着十分重要的角色,包括以激光脉冲模拟子弹或炮弹,以平板显示器直观地显示训练环境和操作效果等。最近发展起来的虚拟现实技术,利用了高超计算机技术(包括硬件和软件)和高清晰度三维显示、海量光存储等光电子技术,为模拟训练提供了一种崭新的手段。受训练的人完全沉浸在逼真的三维环境之中,不仅有视觉、听觉,还有触觉。他可以在虚拟环境中发挥自己的主观能动性,改变周围的事物并立即感觉到每个活动的后果。

第四节　军用光电系统组成与分类

在各种辐射源及目标、背景特性的研究基础上,考虑大气光学特性对辐射传输的影响,最后用军用光电系统实现对目标信号的接收、探测、处理和显示。为了实现这个基本功能,军用光电系统的基本组成包括什么?又有哪些类型的军用光电系统?本小节阐述这两个基本问题。

一、基本组成

尽管军用光电系统种类繁多,各种系统的工作机理和结构形式都各不相同,但它们的基本组成都大致包括光源系统、光学系统、探测系统、电子系统、输出系统以及制冷系统等(见图1-4-1),不过,有些被动式系统不使用光源,有些工作在可见光或紫外波段的探测器也不需要制冷系统。还有些系统因某个特殊功能的需要而增加或减少了一些其他系统。

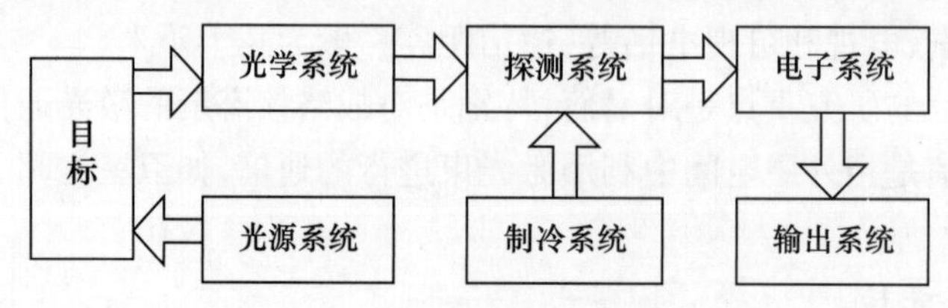

图1-4-1 军用光电系统的基本组成

(一) 光学系统

光学系统通常包括透镜、棱镜或面镜等各种形式的光学元件和调制盘、滤光片以及光机扫描系统等部件,其主要功能是瞄准目标;收集入射到系统中的光辐射,将其聚集或成像到探测器上;对入射光辐射进行调制,使连续的光辐射变换成具有一定规律或包含目标位置信息的交变光辐射;消除所探测光谱范围之外的杂散光,增强装备的抗干扰能力;扫描光学视场,使单元或非凝视多元探测器能按一定规律连续而完整地分解目标图像等。

(二) 探测系统

探测系统包括光电探测器及其前置放大电路,其主要功能是将入射的光辐射转换成电信号。工作在不同波段和具有不同用途的光电系统拥有不同的光电探测器,既有成像探测器也有非成像探测器;既有可见光探测器也有紫外和红外探测器等。探测器不同,与其相应的前置放大电路也不同。

(三) 电子系统

电子系统最具有多样性,主要包括保证各种电路正常工作的电源电路、使探测器工作在合理工作点上的偏置电路、使探测器信号电平得到提高的各种放大电路、实现最佳信噪比匹配的信号处理电路(包括带宽限制电路、检波电路、整形电路、钳位电路、电平恢复电路等)以及有用信息提取电路等。

(四) 输出系统

输出系统是光电装备的最终表现或使用形式。有些系统只需通过显示屏、计算机或其他方式显示或记录目标信号,有些系统则需要通过 A/D,D/A 变换、计算机处理或其他专用控制部件,将目标信号转变为控制信号来达到某种控制目的。

(五) 制冷系统

制冷系统主要用于对探测器的制冷,有时也用于使光学系统、低噪声前置放大器制冷,其目的都是为了使探测器及有关器件工作在低噪声状态下,特别是用于探测红外辐射的光电探测器,几乎都需要进行制冷才能正常工作。制冷的温度依探测器的要求而定,有的探测器需制冷到液氦的沸点温度4.2K,有的需制冷到液氮的沸点温度77.3K,还有的只需制冷到液氧的沸点温度 90.2K 或干冰的熔点温度 194.6K 等。也有的只要求 -20 ~ -40℃的低温即可，如光电倍增管的光阴极，温度过低反而使光阴极导电特性变坏，使其性能特性下降。可采用制冷剂、半导体制冷器、斯特林循环制冷机等多种方式进行制冷。

（六） 光源系统

对于激光雷达、激光测距仪等主动式光电探测系统来讲，还需要光源系统。光源系统包括光源（一般都是激光器）和发射光学系统等，其主动向目标发射光辐射，以获取目标信息、传递信号或打击目标等，发射光学系统的作用就是准直光源光束，使光辐射能集中地传播到远距离的目标上。

二、分类

虽然光电系统的基本组成大体类似，但就其工作原理，应用目的和使用场所来讲又是千变万化的，分类方式也多种多样。例如，按主动工作还是被动工作分类，按装置的扫描方式分类，按信号处理的方式分类以及按用途分类等等。由于相互间穿插，很难做到明确的分类。下面从系统工作的基本目的和原理出发将光电系统分为：探测与测量系统，搜索与跟踪系统以及光电成像系统。

（1）探测与测量系统。主要是通过对待测目标光度量和辐射变量的测量，对其光辐射特性、光谱特性、温度特性、光辐射的空间方位特性等进行记录和分析，如光照度计、光亮度计、辐射计、光谱仪、分光光度计、辐射方位仪等。这些系统多用于测定或计量目标反射、辐射等基本参量，用于对其基本光辐射特性进行分析。其他类型的光电系统也将对目标光辐射特性进行检测，但将应用于不同的目的而与此有着很大的差别。

（2）搜索和跟踪系统。主要是通过对视场内的搜索，发现特定的入侵的或运动的目标，进而测定其方位，进行跟踪，如制导装置、寻的器、光电搜索与跟踪系统、光电预警系统、光电探测系统、光电测距与测角仪等。

（3）光电成像系统。主要是通过像管（像增强器）或扫描实现对观察视场内的目标进行光电成像。如主动夜视仪、微光夜视仪、CCD 摄像机、微光电视、光机扫描热像仪、周视成像系统等。这里要说明的是目前的光电成像系统除用于观瞄外，已大量应用于前述的两类系统中，使上述系统获得更全面的信息，更好地完成各自的功能。

第五节 光电技术与现代战争

世界各国的高新科技往往首先应用于军事，这种应用可能使战争突破传统的格局。例如，按传统观念，实力弱小的一方可通过夜战出奇制胜。但在夜视技术高度发达的今天，没有先进的夜视装备就很难取得夜战的主动权。过去，树枝、柳条就可隐蔽目标，而如今，在热像仪看来，这种伪装形同虚设。已服役的手持式热像仪可发现灌木丛深处 60m 远的人；机载热像仪能“感知”地下 1m 深处埋了 1 年的水管；两万米高空的侦察机可经热像仪发现水下 40m 深处的潜艇，记录 16h 前曾有的炊烟、打过的炮、开过的车、已飞走的飞机等；星载红外相机能侦察地面部队的集结、伪装的导弹、地下发射井及战略导弹的发射动向，如此等等[1]。在近年局部战争中，先进的军用光电装备以前所未有的姿态出尽了风头，给当代战争的形态、进程和结局带来的深刻影响，已经并将继续改变人们惯常的战争观念。具体来说，光电技术在现代战争中的作用主要如下。

（一）提高探测精度，倍增常规武器作战效能

光电传感系统具有探测盲区小、分辨率和探测精度高等特点；光电通信系统具有高速、高效、准确、抗干扰能力强等特点；激光武器系统可瞬间直接摧毁目标，具有反应快、命中率高、机动灵活等特点，这些光电系统的广泛参与，大大提高了武器系统的探测精度、反应能力和抗干扰能力，大大提高了发现、跟踪、识别目标的能力和信息交互能力，大大提高了武器的命中率，使常规武器和作战指挥系统的作战效能以及战场管理能力得到成倍地提高。20 世纪 70 年代的越南战争中，苏式红外制导导弹曾在 3 个月内击落美机 24 架，美军也曾在 2h 内，用 29 枚激光制导炸弹，炸毁越南的 17 座桥梁；1973 年的中东战争中，以色列以 58 枚光电制导空地导弹摧毁了 52 辆苏制坦克；1982 年的马岛之战，英国击落阿根廷 32 架飞机中，有 24 架是由光电制导导弹击中的。海湾战争中，由于激光、电视、红外成像等新型精确制导技术的应用，使得航空炸弹从距离目标 5 ~ 10cm 的空中投放时，圆概率误差优于 1m；空地导弹从距离目标 10cm 的空中发射时，可使第二枚导弹从第一枚导弹所打通的墙洞中通过。所以，美军飞机在对战略目标和重要战术目标实施打击时，几乎都采用了光电精确制导武器，并取得了令人瞩目的辉煌战果。阿帕奇直升机被视为掌握着地面进攻的关键，就是因为其所装备的“海尔法”空地激光制导反坦克导弹的命中率达到了 95% 以上。据统计，海湾战争中，多国部队所投下的光电精确制导武器的命中概率较非制导武器高几十倍，效费比达 10 ~ 50 倍。因此，美国国防部高级官员曾多次强调，“光电子技术，特别是低能激光的研究，是美国国防部近十年来最成功的投资项目之一，美军的战斗力靠它提高了一个数量级，但其巨大潜力尚未真正发掘出来”。这是美国军方发展光电系统的经验之谈，这一观点已得到许多国家认可。

（二）抗电磁干扰，提高作战系统控制电磁频谱能力

以往的海上战争，都是以“硬杀伤”为先导的，炸弹、鱼雷爆炸之时，就是战争爆发之时，而现代海上局部战争在硝烟升起之前，往往是先进行“看不见的战争”，即电子对抗和电磁压制。美国袭击利比亚的“草原烈火”和“黄金峡谷”行动，其海、空军飞机在到达目标上空前，先用 EA－6B 等电子战飞机实施电磁压制，使利比亚雷达迷盲、通信中断、导弹难以瞄准目标，战争中，利比亚曾连续发射 7 枚地对空导弹，但在美军电子战飞机的强电磁干扰下却无一命中；在海湾战争“沙漠风暴”行动开始前 5 个小时，美空军、海军首先出动数十架电子战飞机实施“白雪”行动，以激烈的电磁波对伊拉克进行阻塞式电子干扰和压制，使伊军通信中断、指挥瘫痪、雷达迷盲，保障了以美国为首的多国部队达成战役战术上的突然性。

作为一种软杀伤，海上电子战不仅是一种战役保障措施，而且是海上战役中必不可少的战斗任务之一，对海战的进程和结局将产生极为重要的影响。近几次的战争表明，没有电子战优势，就不可能有制电磁权，丧失了制电磁权也就丧失了控制权、制海权，直至整个战场的主动权。所以，美国前参谋长联席会议主席穆勒将军认为：“第一次世界大战靠战列舰取得胜利，第二次世界大战靠航空母舰取得胜利，如果发生第三次世界大战的话，赢得胜利的将是善于控制电磁频谱的一方。”

光电系统的主要技术基础是光电子技术，从某种意义上讲，光电子技术是电子技术向光波段的延伸，它本身就是海上电子战的主要角色，但与其他纯电子系统所不同的是，由

于其工作在光频段,具有抗电磁干扰的能力,可以在强大电磁压制下独立工作,所以,光电系统的介入是解决武器系统抗电磁干扰的根本出路,其在探测、跟踪和武器控制等方面都得到成功的应用,较满意地解决了作战系统的抗电磁干扰问题。

(三) 拥有更多信息,获得制敌先机

在现代高技术战争中,谁能先敌发现,谁就能先机制敌,就可能因赢得时间而赢得战斗、甚至战争的胜利。

由于地球表面的曲率关系,雷达对海上目标的探测距离随其距海面的弧度而变化,一般水面舰艇雷达只能探测 20 海里(1 海里 =1.852km)以内的水面目标,远远不能满足作战要求。因此,发展空中探测手段,利用空中情报网进行超视距探测,就成了海战中多种战术的基础。目前,现代海战超视距探测系统的空中情报网,主要由空间侦察监视卫星、航空侦察系统、空中预警与控制系统等组成,而这些系统无不将光电探测作为获取情报的最重要的手段。美国于 20 世纪 90 年代初部署的导弹预警卫星系统可在 50 ~60s 的时间内探测到地球上任何一枚导弹发射时的红外信号,可在 1.5 ~4min 将告警信号传送到地面指挥部;红外热成像系统可以探测数小时前野炊留下的热迹和路面车轮遗迹,发现军事人员与车辆活动过、后来又撤离的场所,辨认以树枝、野草作伪装物的野战部队,识别深埋于沙丘下的坦克;多光谱探测系统可根据水对不同波段光辐射的反射特点,判明海岸线、海滩、暗礁和水深等不同情况,为登陆部队提供有益的情报资料,还可以根据土壤的光辐射特性确认此地是否进行过核试验,根据植物的反射光谱确认出该片植物是自然生长出来的,还是临时移植的伪装。

目前,虽然光电系统的探测距离暂时还比不上雷达,但其可获取目标横跨 5 个数量级频率范围内的电磁波信号,时间及空间分辨率又高得多,所以,当雷达在隐身技术、反辐射导弹的双重压迫下,光电探测系统就理所当然地发挥着克敌制胜的关键作用。海湾战争中伊拉克所发射的“飞毛腿”导弹,之所以 90% 以上被美国的“爱国者”反导导弹所拦截,就是因为美军飞机通过红外侦察手段,在“飞毛腿”导弹发射前就发现了其正在进行液体火箭发动机推进器的预热准备,加上“飞毛腿”导弹发射后的飞行速度较慢,所以“爱国者”反导导弹可轻而易举地击中目标。

(四) 使夜间白昼化,改变传统作战方式

现在,随着红外、激光、热成像等光电技术在夜间观察、武器瞄准、舰艇驾驶等方面的广泛应用,黑夜已经在拥有先进夜视系统的一方“白昼化”,海上舰船、舰载飞机、灵巧导弹或炮弹、炸弹等都装备了日趋完善的夜视装备,具有很强的夜间攻击能力,可以在夜间进行任何海上战斗行动。

在马岛海战中,1982 年 5 月 20 日,英国特遣舰队的 3 个突击营和 2 个伞兵营就是在漆黑的夜幕掩护下,在舰载飞机的支援下成功地在马岛的卡洛斯港登陆,为最终占领马岛提供了前进基地;6 月 13 日 10 点 30 分,英军又是乘着夜色,突破了阿军的“加尔铁里防线”,迫使守岛阿军最终投降,重新夺回马岛;1986 年美利冲突,在 3 月 24 日实施“草原烈火”的行动中,面对利比亚的导弹袭击,美战舰却按兵不动,等到 24 日晚上 9 点 26 分,才出动舰载 A -6、A -7 攻击机对利比亚实施攻击;1986 年 4 月 14 日的“黄金峡谷”行动中,美舰队的舰载飞机又是在夜幕中出动,它们和千里奔袭的攻击机群一起,在利比亚时间凌晨 2 点,对利比亚的 5 个预定目标实施了“外科手术”式的攻击,取得了辉煌的战果;

90年代初历时42天的海湾战争和21世纪的伊拉克战争中,美国总是尽量避免白天交锋,70%以上的空袭是在夜间实施的,地面作战也是以夜战为主,美军倚仗在夜间导航和瞄准方面的技术优势,在对伊拉克实施远程、精确打击时占尽了便宜。现在,夜战已成为现代海战的基本模式,是达到战术突袭、克敌制胜的有力武器,具有夜战能力是现代化海军的基本要求之一。

(五) 及时发现超低空目标,充当舰艇近程防御主力

自从1967年10月21日,以色列久负盛名的驱逐舰"埃拉特"号被埃及海军的"蚊子"级导弹艇所发射的"冥河"导弹击沉,掠海飞行的舰舰导弹和空射导弹已成为现代海战中舰艇的主要威胁。在马岛海战中,一架阿根廷的"超军旗"舰载攻击机在距英国"谢菲尔德"号驱逐舰46km处发射一枚"飞鱼"导弹,一举将这艘价值15亿美元的现代化战舰击毁;在美利冲突中,"阿拉托加"号航母起飞的A-6攻击机用"捕鲸叉"导弹将利比亚的法制巡逻艇击沉;在海湾战争中,美海军航母舰队的舰(机)载导弹命中精度更高,在"沙漠风暴"的第一天,A-6E攻击机就用"捕鲸叉"反舰导弹将3艘伊拉克的苏制"黄蜂"级导弹艇击沉,据不完全统计,从第四次中东战争到1991年的海湾战争,共有41艘作战舰艇在舰载精确制导武器的攻击下受损(包括击沉24艘),200余艘商船遭反舰导弹攻击而受损。

这些掠海飞行的导弹和飞机之所以会成为舰船的致命杀手,主要是由于海面的镜像效应使搜索雷达存在着低空盲区,加上海面杂波和敌方电子干扰的影响,雷达很难发现和识别敌方掠海飞行的导弹。现在,由于装备了红外警戒、光电跟踪等光电探测系统,能及时地发现远在十几千米之外的超低空有威胁目标,使舰船有了充分的防御和反击的准备时间,彻底扭转了舰船在掠海导弹袭击下措手不及的被动局面,大大提高了舰艇的生命力。

(六) 构成新型武器装备,产生新的战略及战术思想

光电装备的发展及其在现代战争中的广泛使用,从多方面影响和改变着现代战争的战略和战术思想。近年来,被发达国家极力倡导的"大纵深突击"、"空地一体化"战略,以及强调突出多重拦击的三维空间防御体系等战略与战术思想的演变,无不与光电装备的发展有关。例如,海湾战争中,以美国为首的多国部队海军舰队,采用了不同于以往战争的空袭方式,实施导弹先于飞机的海空军联合突击。第一攻击波由游弋在波斯湾和红海的战列舰和其他舰艇实施,通过发射"战斧"巡航导弹精确击中关键目标,取得决定性胜利之后,再开始空军F-117隐身飞机、F-15、FB-111飞机和海军A-6攻击机的大规模空袭。"战斧"导弹攻击目标的误差在6m之内,首批所发射的52枚"战斧"巡航导弹,直接命中51枚,命中率达98%以上,对这个精度起决定性作用的也是光电系统。发射时,惯性导航系统首先将导弹引至岸边,进入目标区域后,数字式景象匹配相关器依照编入系统的光学图像进行最后的精确瞄准,即通过数字景象匹配相关器拍摄目标区图像,并和存储器中的图像相比较,经计算机调整后,以极高的精度把战斗部送到目标上。整个海湾战争中,包括2艘核潜艇在内,共发射巡航导弹290余枚,占参战美海军载弹总量的50%以上。美海军采用分散部署兵力,多方向集中突击伊军目标的方式,使对方难以发现和抗击,为第二攻击波战斗轰炸机的突击创造了有利条件。这是自巡航导弹问世以来第一次从海上攻击陆地纵深目标,也是美海军巡航导弹与空海军飞机第一次协同作战,使海

军对陆作战的指导思想有了新的突破。

现在，光电装备不仅在改进、提高现有武器装备性能方面起着十分重要的作用，而且在未来产生创新性、高效能武器装备方面也具有巨大潜力。如具有极高分辨能力的各种多光谱、多传感器融合的光电探测系统可组成包括空间侦察卫星、空中侦察飞机、地面侦听站和海上侦察设施在内的“四维一体，立体部署”的严密侦察监视体系，可多手段、多途径、多层次地监视和侦听战场上敌军的一举一动；具有超大容量和抗干扰特性的光通信系统，可确保 C^4ISR 系统的实效性，有力支持大纵深和一体化作战模式；无须后勤补给、灵活机动、杀伤力可控的激光武器系统可在未来防空反导防御中发挥重要作用；灵敏度高、环境适应性强、抗电磁干扰的光纤传感系统，可在海底监测和反潜战方面大显身手。这些新型光电系统的诞生，无一不影响现代海军新型战略和战术思想的形成和发展。

第六节　光电技术的发展史

本节首先阐述光电器件及技术的发展过程，然后从军用光电系统角度给出军用光电技术的发展过程，最后展望未来，概括总结光电技术和军用光电系统的发展趋势。

（一）光电技术发展过程

光电技术的大量应用虽然是20世纪50年代中期以后的事，但其历史可追溯到一百多年以前。最早出现的光电器件是光电探测器，而光电探测器的物理基础是光电效应的发现和研究。1873年，英国W. R. 史密斯发现了硒的光电导性。1890年，P. 勒纳通过对带电粒子的电荷质量比的测定，证明它们是电子，由此弄清了外光电效应的实质。到1929年，L. R. 科勒制成银氧铯光电阴极，出现了光电管。1939年，苏联V. K. 兹沃雷金制成实用的光电倍增管。30年代末，硫化铅（PbS）红外探测器问世，室温下可探测到3μm辐射。40年代出现用半导体材料制成的温差型红外探测器和测辐射热计。20世纪50年代中期，可见光波段的硫化镉（CdS）、硒化镉（CdSe）光敏电阻和短波红外硫化铅光电探测器投入使用。50年代末，美军将探测器用于代号为响尾蛇的空空导弹，取得明显作战效果。1958年，英国劳森等发明碲镉汞红外探测器。20世纪80年代，美、英、法等国大力开发了中波（3～8μm）和长波（8～14μm）红外多元探测器组件，广泛用于夜视、侦察、观瞄、火控和制导系统。从1992年起，西方各国又用成熟的红外焦平面阵列在各种成像技术中取代多元探测器组件。

激光器是光波段的相干辐射源，它的理论基础是爱因斯坦在1916年奠定的。当时，爱因斯坦提出了光的发射和吸收可以经过受激吸收、受激辐射和自发辐射等三种基本过程的假设。1960年，美国梅曼研制成红宝石激光器，即世界上第一台激光器。然后在短短的几年之内，氦氖激光器、半导体激光器、钕玻璃激光器、氩离子激光器、CO_2 激光器、Nd：YAG激光器、化学激光器、染料激光器等相继出现。1961年，第一台激光测距仪问世，并很快推广应用。20世纪70年代初，美军在越南战争中用激光制导炸弹一举摧毁了曾用普通炸弹付出很大代价没有炸毁的一座桥梁。当时还盛传美军准备在越南战场使用激光致盲武器，谋求取得心理威慑效果。近年来，激光器的品种发展很快，其波长分布在从X射线到远红外的各个波段，最高的峰值功率达到 10^{14} W量级，最高平均功率达兆瓦级，最窄脉宽达 10^{-14} s量级，最高频率稳定度达 10^{-15}，调谐范围为200nm～4μm的波段。

同时,激光器的结构日趋成熟,稳定性、可靠性和可操作性显著改进,成为由专业科技人员稍加训练即可运用自如的仪器设备或工具。

光纤技术的发展起源于1966年。当年英籍华人高锟等提出了实现低损耗光学纤维的可能性,为光纤通信和光纤的其他应用开辟了道路。1970年,美国研制出损耗为20dB/km的石英光纤和室温连续工作的激光二极管,使光纤通信成为现实可能。这一年被公认为"光纤通信元年"。自此,光纤通信迅猛发展。到20世纪80年代初,日本、美国、英国相继建成全国干线光纤通信网,并决定干线通信不再新建同轴电缆。90年代初,光纤放大和波分复用技术诞生。这两种技术的结合,将充分发挥全球已建成的超过1×10^7km单模光纤长途通信网的频带潜力,使其传输能力至少提高一个量级。传输能力这样大的提高,使网络的功能和操作灵活性大为改善。光纤传感技术起源于80年代初,传感压力、张力、温度、角速度等各种物理量的光纤传感器陆续开发出来。90年代初中期,光纤激光器、光纤光栅等光纤元器件崭露头角。

以上简史表明,尽管光电效应、受激发射原理等早已被发现或提出,但相应的光电器件的出现和发展及其应用却滞后得多。事实上,光电器件的发展离不开材料技术、半导体技术、微电子技术和精密仪器设备,因而只能同其他高新技术互相促进,共同发展。同时,在光电技术领域内,各个技术分支之间也存在互相驱动、互相牵引的关系。比如,激光牵引了快速响应光电探测器和四象限探测器,光纤通信牵引了1.3μm和1.5μm室温连续半导体激光器、低噪声探测器和光纤放大器等器件。

值得指出的是,光电技术像其他高新技术一样,始终受到军方的高度重视,军事需求成为牵引它的强大动力。例如,1983年美国总统提出的战略防御倡议(SDI)就包括了高能激光武器、基于红外焦平面阵列的星载预警系统以及许多光电器件和整机系统。冷战结束之后,美国虽然停止了SDI计划,但仍以局部战争为目标,继续大力发展光电技术装备。1991年的海湾战争,以美国为首的多国部队广泛使用了各种星载、机载和车载光电装备,包括高分辨可见光和红外侦察照相机、激光半主动制导航弹、红外成像制导导弹、电视和红外制导航弹、红外前视、夜间低空导航和目标侦察红外系统、激光测距和目标指示器、激光致盲武器、激光告警器和红外对抗装置等。1995—1996年初的波黑战争中,北约部队的战场无人侦察机频繁出动,它装备了合成孔径雷达(SAR)和高分辨率CCD摄像机,及时清楚地掌握战场情况,使北约部队在军事上处于主动地位。

(二) 军用光电系统发展过程

军用光电技术的水平首先表现在军用光学装备和光电装备上,其在历史上的发展大体经历两个阶段。

第一阶段在17世纪中叶至20世纪40年代。当时的军用光学装备多为光学机械式仪器,如简单的望远镜、照相机、瞄准镜、方向盘、炮队镜;后来又发明了光学测距仪,在炮兵中广为应用;第二次世界大战期间,多种光学装备用于战地观察、瞄准、测量、摄影,而采用电光源照明、电力传动等技术的光学装备,成为光机电初步结合的雏形。这一时期称为光学机械式仪器时期。

第二阶段从20世纪50年代开始。由于红外、微光、激光等光电技术的发展,主动红外夜视仪、红外制导空空导弹、微光夜视仪、激光测距机等先后装备部队。70年代以来,红外技术、激光技术与电子技术结合,研制出红外热像仪、激光制导武器、光学遥感设备、激光通信器材等,显著地提高了作战效能。这就是军用光电装备的光电子仪器时期。

近年来,由于光电技术的飞速发展和图像处理技术的广泛应用,加之计算机技术的迅猛普及,军用光电装备正以崭新的面貌跻身于先进武器装备的行列,成为一个国家军事实力的显著标志。

我国军用光电技术的发展是从光学玻璃的生产开始的,继而开展普通军用光学仪器的研制。20 世纪 50 年代后期开展红外变像管、微光像增强器等光电器件研究;60 年代已自行生产光学玻璃和光学仪器,研制出主动红外夜视仪、第一代微光夜视仪、高速摄影机、大型电影经纬仪;70 年代研制了多种激光测距机,红外制导、跟踪及红外遥感技术得到实际应用;80 年代以来,第二代微光夜视仪、红外制导和光纤通信技术被广泛应用,光电经纬仪、高速摄影机等靶场光测设备达到世界先进水平[2]。

下面重点阐述军用光电技术在海军光电系统中的发展情况。

在光电探测器件被发明之前,被称作舰船“眼睛”的观测瞄准系统由传统的纯光学系统和无线电雷达共同组成。纯光学系统以几何光学为基础,以精密机械为主体构成,可以将远处裸眼所不能辨别的军事目标成像于人眼,使人眼视觉在可见光范围内有所扩展,可以探测到较之于人眼更多的目标信息。但由于纯光学系统的信息感知单元是人眼,人眼只能利用可见光来观察和认识世界,又受到极限分辨力、极限对比度和灵敏度的基本限制,所能获得的目标信息很有限;受天候、环境的影响又非常大;加上人眼的反应速度、记忆能力、检测量的度量等方面还有许多限制,只能探测目标在可见光范围内的光信息。所以,具有比纯光学系统大得多的探测距离、又可以全天候工作的无线电雷达在第二次世界大战中一出现,立刻被应用于海军舰艇的观测瞄准系统中。但随着无线电雷达技术的迅速发展,在雷达观测系统得到广泛应用的同时,电子对抗技术也得到了空前的发展和应用,致使无线电雷达不仅很难在现代战争的恶劣电子环境中正常工作,甚至在反辐射导弹的重大威胁下不敢主动开机。所以,现代化的高技术战争迫切需要发展新的探测手段来弥补雷达和纯光学观测系统之不足,光电探测系统正是在此需求的推动下,随着光电技术的诞生和发展而成长起来的。

第二次世界大战期间,能探测红外光的银氧铯光电阴极一经问世,立刻被应用于军用探测系统之中,出现了主动式红外夜视仪。1945 年夏,冲绳守岛日军利用岛上复杂地形和岩洞,昼伏夜击,使登陆美军陷入被动挨打的困境,后来,美军把一批刚研制成功的主动式红外夜视仪用于夜战,每当日军走出洞口,即遭到突然而准确的弹雨袭击,日军不知自身被夜视仪发现,前面一批日军毙命后,后一批日军又毫无防备地出洞。光电探测系统牛刀初试即获辉煌战果,引起了众多军事家们的强烈兴趣。所以第二次世界大战以后,随着激光、红外、光学材料、光电子、半导体等技术的飞速发展,性能优良的各种波段的光电探测器不断出现,与之相应的各波段的光源、光学材料、光学系统、微型制冷技术、空间滤波技术、电子及微电子技术以及计算机、自动控制、精密机械加工等技术的不断发展,以激光测距仪、红外热像仪、光电跟踪仪等为代表的一大批新型海军光电探测系统应运而生。由于光电探测系统采用光电探测器作为信息接收单元,具有比人眼高得多的分辨力,可以接收目标从紫外到远红外全波段的光信息,全面地探知由光辐射所携带的、其中绝大部分不能为人眼直接感知的丰富信息,所以,现代光电探测系统已成为海军探测系统中与雷达、声纳相并列的主要信息通道。

现在，经过三十多年的发展，光电系统已成为现代海军舰艇装备中不可或缺的重要组成部分，在侦察警戒、搜索跟踪、瞄准识别、舰船导航以及信号传输、攻击对抗、武器制导等作战全过程中都承担了重要的角色。光电火控系统的应用，实现了武器功能的快速化、实时化和多维化，从而对超低空的打击防卫有了可行的对策；夜视技术的应用，提高了各种武器的全天候应战能力，也为侦察、警戒、监视提供了手段；各种光电系统的综合应用，对目标的探测、跟踪、识别及瞄准监视、伪装防护等构成了完整的光电对抗系统；激光武器的出现，使光电系统成为空中拦击的重要手段。现在，光电系统不仅被装在大型舰船上，也开始广泛装在中小型舰船上；不仅装在水面舰船上，也开始装在潜艇中；不仅装在海上舰艇中，也开始装在海岸和航空部队中。现代光电装备应用品种之多，数量之大，装备范围之广，发展速度之快，更加揭示了其在现代战争中举足轻重的作用。

（三） 未来发展趋势

未来军用光电技术的发展，取决于军事需求和基础技术的进步。各种激光器、红外探测器、像增强器、固体摄像器件和集成光学器件等，是发展光电技术的基础，也是光电设备的核心。继续提高这些光电器件的性能，特别是使它们与微电子集成技术相结合，研制出全新的智能化组件，是光电技术的发展方向。光学遥感、光电制导和光电跟踪测量技术仍是军事应用的重点，特别是加强对实时遥感侦察、目标识别、成像跟踪制导等关键技术的研究，与微处理机技术紧密结合，进一步提高自动化、智能化水平。另外，为给光电技术的发展提供依据和开辟新的途径，需要加强技术基础研究工作，如目标与背景的光学特性研究，大气传输特性研究，激光对光电器件、金属及非金属材料破坏机理的研究，自适应光学技术的研究等。光学技术和电子技术将更紧密地结合，取长补短，互相促进。光电技术的新成就将以更快的速度应用于军事领域，光电技术装备的战技性能将进一步提高，向更加自动化和智能化的方向发展。具体来说，光电技术的发展趋势主要如下。

（1）在观测仪器中，光电编码技术的应用、与微型计算机的耦合等，使测角精度提高，并实现测量数据的实时处理、记录与显示；电视摄像技术的运用，实现战场实时图像的远距离传输；稳像技术和连续变倍系统的引入，显著改善观察效果。

（2）微光固态成像技术为微光夜视开辟新径，它以 CCD 为图像传感与信号处理单元，用固体发光器件作显示器，实现固态自扫描凝视成像。NEA 光阴极和超级倒像管的应用，使微光夜视仪可工作于 $10^{-4} \sim 10^{-5}$lx 的极微光照度条件下。以二代或三代像增强器通过光纤面板与 CCD 耦合，构成所谓增强 CCD 固态微光摄像组件，使微光电视性能明显提高；随着百万级像素 CCD 研制的进展及图像实时处理技术的不断完善，可实现高清晰度的微光摄像，使微光电视在军事上取得更好的应用效果。

（3）在红外技术方面，发展新型探测器件，扩展其响应波段，提高其性能，使红外焦平面阵列具有更大规模和更高的集成度，实现功能更强的焦平面信息处理（如神经网络功能），增大微型制冷器的制冷量，发展高性能室温红外探测器等。典型技术发展如下。

① 量子阱和量子点探测器（QWIP）。

量子阱是一种夹层超晶格，其探测机理与传统的探测器截然不同，是利用一个量子阱结构中光子和电子之间的量子力学相互作用来完成探测的。当半导体层足够薄时，量子尺寸效应将使势阱中电子的能量量子化，形成子能带，被激发至子能带上的电子在外界红外辐射作用下，会通过隧道穿透或跃迁至自由态，形成光电流。目前，量子阱探测器的主要发展方向为多色、大阵列。近期,已实现四个波长(4 ~6μm,8.5 ~10μm,10 ~12μm 和 13 ~415μm 波段)的量子阱探测。量子阱探测器的不足主要有三点:

(a) 根据量子力学的跃迁选择定则,入射的光子只有在电极化矢量不为零时才能被子带中的电子吸收,从量子阱基态跃迁到激发态,形成电导率的变化而被探制到,由于从 QWIP 材料正面垂直入射的红外光沿电子跃迁方向的电极化矢量为零,所以 QWIP 材料对垂直入射的红外光不吸收;

(b) 暗电流大,量子效率不高(低于 30%),难以获得很高的光电灵敏度;

(c) 需要强有力的低温制冷器,其工作温度低于 HgCdTe 探测器,在制冷方式的选择上受到限制。

量子点探测器作为一种具有相当潜力的器件,近年来得到了广泛关注和研究。该探测器克服了量子阱探测器的上述缺点,具有可有效吸收垂直入射红外辐射进而提高探测器性能,可实现室温工作而不需制冷等优点,未来将成为与 HgCdTe、QWIP 等红外探测器展开竞争的有力对手。

② 基于光学读出的红外热成像技术。

相比于电学读出的热型探测器,光学读出方式的红外探测器的优点在于:

(a) 光学读出系统不会在探测器上产生附加热量;

(b) 光学的读出方式不需要探测单元之间进行金属连接,探测单元与基底之良好的热隔离,使每个像素的热隔离更接近辐射极限;

(c) 探测器单元的制作与现有 MEMS 硅制作工艺兼容,降低了开发和制作成本;

(d) 光学的读出方式不需要在像素之间进行交叉布线和扫描电路,更容易制作大面阵的 FPA;

(e) 无电能消耗。

因此,基于光学读出方式和双材料的微悬臂梁核心部件研发,有望开发出更高性能的红外热辐射成像装置。

③ 红外偏振成像技术。

光波的信息量非常丰富,包括振幅(光强)、频率(波长)、相位和偏振态。人类首先能探测到的是可见光被段的振幅信息,即对可见光波段的光强成像,得到黑白图像。后来能探测到可见光波段的频率信息,振幅信息和频率信息合成显示就是彩色图像。在有激光源照射的情况下,人类也能够探测到光波的相位信息,实现全息成像。探测景物光波偏振态的成像技术就是偏振成像。偏振成像技术是最近发展很快的一项新的成像技术,具有广泛的军用和民用前景。

偏振成像探测具有凸显目标、穿透烟幕和辨别真伪的优势。红外成像比可见光成像的穿透烟幕能力强,红外偏振成像比红外成像穿透烟幕能力更强。红外偏振成像与红外热成像比较,其优势主要有:

(a) 偏振成像无须准确的辐射量校准就可以达到相当高的精度,这是由于偏振度是辐射值之比,在传统的红外热成像中,定标对于红外热成像的测量准确度至关重要;

(b) 红外偏振成像识别地物背景中的车辆目标具有明显的优势,研究表明,自然环境中地物背景的红外偏振度非常小,而金属材料的红外偏振度相对较大,因此,以金属为主体的军用车辆的偏振度和地物背景的偏振度差别较大,这有利于提高目标与背景的对比度;

(c) 军事上的红外防护的主要方法是制造复杂背景,使红外系统无法从背景中区别目标,但是这种杂乱的热掘和目标的偏振特性存在差异,因此,这种形式的防护对于红外偏振成像侦察就会失效;

(d) 对于辐射强度相同的目标和背景,红外成像无法区别,而红外偏振成像可以很好地区别。

④ 红外相位成像技术。

现有的红外成像主要利用红外辐射的幅度信息,而红外相位热成像的基本原理是通过对接收目标辐射信号进行分析,建立目标红外辐射的相位信息算法模型及目标与探测器之间的距离算法模型,获取目标的距离图像,与二维图像结合,得到探测目标的立体图像。红外相位热成像突破了以往单一利用红外辐射的幅度信息的思路,利用红外辐射的相位特性来成像,是一种新的红外成像机理。

红外相位成像与传统的红外成像相比具有以下特点:首先,红外相位成像可以得到更多的目标空间信息,合成立体图像,特别是对于生物学样本相位成像可获得更加丰富的样本信息;其次,军事目标中的伪装可以通过红外相位成像辨别,由于要伪装目标的某一面特征相对容易,而要伪装目标的体形特征就十分困难;另外,红外相位成像应用于集成电路芯片线宽测量可减少对基片厚度的敏感。红外相位成像的不足是目前红外辐射的相位信息算法模型及目标与探测器之间的距离算法模型还不完善,算法和重建三维图像的计算量大。

(4) 太赫兹成像技术。对太赫兹($1THz = 10^{12}Hz$)信号的探测是一个非常活跃的研究领域。太赫兹辐射是波长为 30μm ~ 3mm,频率为 0.1 ~ 10THz 的电磁辐射。如图 1-6-1 所示,太赫兹辐射波段的位置处于红外和微波之间。近十几年,伴随着一系列的新技术、新材料的发展和应用,尤其是超快激光技术的发展,极大地促进了对太赫兹辐射的机理、检测技术和应用技术的研究与发展。在科学上曾经被称为"太赫兹空白"的这一波段已经迅速形成一门新的极具活力的前沿领域。

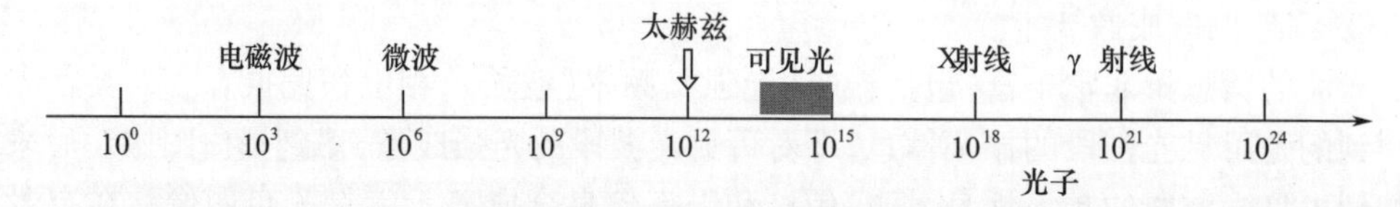

图 1-6-1 太赫兹的波段位置

由于太赫兹的频率很高,所以其空间分辨率很高,又由于太赫兹脉冲很短,它具有很高的时间分辨率;另外,太赫兹的能量很少,不会对物质产生破坏作用,所以与 X 射线相比,它具有很大的优势。太赫兹成像的一些主要优点包括太赫兹辐射能以很少的衰减穿透,如陶瓷、脂肪、布料、塑料等物质,还可无损穿透墙壁、烟雾;太赫兹的时域频谱信噪比很高,因此,太赫兹非常适合成像应用。太赫兹成像是 1995 年由 Hu Binbinm 等首先提出的,其原理是利用已知波形的太赫兹波作为成像射线,透过成像样品的太赫兹波的强度和相位包含了样品复介电常数的空间分布;将透射的太赫兹波的强度和相位的二维信息记录下来,并经过适当的数字处理和频谱分析,就能得到样品的太赫兹波的三维图像。由于太赫兹探测器阵列目前还十分昂贵,典型的太赫兹成像是用单元探测器进行光栅扫描来实现的。

(5) 光谱成像和图像融合技术。因景物对不同波长光线(光谱)具有不同的反射系数及其他光学特征,因此,对同一景物采用不同的光谱进行成像可以获得更多的景物构成信息。

① 光谱成像技术。

光谱成像技术在军事上可用于导弹预警、侦察、海洋监视、制导等多个方面。有些应用只需 3 ~5 个不连续的波段图像就可达到目的,而有的则需高光谱分辨力的数十个甚至更多波段的图像才行。有些技术和装备已大量在使用,有的则正在发展和研究,但已显示出诱人的前景。光谱成像技术按照光谱波段的数量和光谱分辨率大致可以分为三类:

(a) 多光谱成像(Multispectral Imaging)具有 10 ~ 15 个光谱通道,光谱分辨力为$\frac{\Delta\lambda}{\lambda}=0.1$;

(b) 高光谱成像(Hyperspectral Imaging)具有 50 ~ 1000 个光谱通道,光谱分辨力为$\frac{\Delta\lambda}{\lambda}=0.01$;

(c) 超光谱成像(Ultraspectral Imaging)具有 10 ~ 100 个光谱通道,光谱分辨力为$\frac{\Delta\lambda}{\lambda}=0.001$。

② 红外和可见光图像融合技术。

图像融合是把同一场景从不同特性、不同时间、不同分辨率传感器获得的多幅图像综合成一幅图像的先进图像处理技术。

不同波段的图像其获取方式、适宜的天候条件、所反映的对象特性、抗干扰能力各不相同。红外成像利用的是目标的辐射能量,因其具有一定的穿透烟、雾、雪等的能力,抗干扰能力强,可夜间工作而受到普遍重视,但它的成像质量较差。可见光图像则具有光谱信息丰富、分辨率高、动态范围大等优点,存在的缺陷是在夜视和低能见度的条件下,成像效能受到较大局限。地面目标的背景通常比较复杂,可见光成像可以获得分辨率较高的地面目标图像,但是烟、雾、光照对其成像质量影响较大,对目标和背景的温度差异不敏感。红外成像则可以弥补可见光成像的这些缺陷。因此,利用可见光/红外成像复合制导可以获得具有对目标精确定位、全天时、对高温目标敏感、对天候条件有一定适应能力的新一代制导武器[3]。

③ 红外与微光图像融合技术。

微光图像分辨率较高,受外界影响因素大,对比度差,作用距离近,瞬间动态范围差,高增益时有闪烁,只敏感于目标场景的反射,与目标场景的热对比无关。而红外图像对环境要求较低,对比度较高,作用距离远,动态范围大,但其只敏感于目标场景的辐射,而对场景的亮度变化不敏感,分辨率低。两者均存在不足之处。随着微光与红外成像技术的发展,综合和发掘微光与红外图像的特征信息,使其融合成更全面的图像已发展成为一种有效的技术手段。夜视图像融合能增强场景理解、突出目标,有利于在隐藏、伪装和迷惑的军用背景下更快更精确地探测目标。将融合图像显示成适合人眼观察的自然形式,可明显改善人眼的识别性能,减小操作者的疲劳感[4]。

(6) 新体制光电计算成像技术。计算成像技术是系统级的成像方法,通过光学、机械、电子、探测器和图像处理的联合优化来实现特定的系统特性,其实现方法与传统成像技术有着实质上的差别,给成像方法领域注入了新的活力,主要包括微扫描成像技术、亚像元拼接成像技术和压缩感知成像技术。

① 微扫描成像技术。

限于目前红外焦平面探测器像元数目及光敏元进行信息探测所需的最小尺寸,红外热成像系统的图像分辨率难以满足人们日益增长的应用需求,特别是更高分辨率、更远作用距离的应用对成像分辨率提出了更高的要求。提高成像系统分辨率通常有以下三种方式:

(a) 增大成像系统物镜的焦距,但这会增大成像系统物镜的焦距进而增大成像系统的体积和成本;

(b) 增大探测器阵列的规模,但这在材料制备和信号读出方面目前尚有非常大的障碍;

(c) 减小探测器单元的几何尺寸并提高探测器的占空比,但从信息探测的角度考虑,探测器单元的几何尺寸不宜过小。

鉴于上述三种方式各自的局限,人们提出了通过局部微扫描技术提高成像系统图像分辨率。微扫描的具体做法是对同一场景进行多次微位移采样,进而由多幅相互之间具有微小位移的时间序列低分辨率图像重建一幅高分辨率图像。

② 亚像元拼接成像技术。

受器件加工水平、控制精度、系统工作条件等因素的制约,亚像元拼接成像技术是当下超分辨率成像最为常用的方法。亚像元拼接是用一台相机对同一地物目标成几组像,以构成在线阵方向相距 1/2 像元的图像和垂直线阵方向相距 1/2 像元的图像。利用两组图像间相差 1/2 个像元的性质,进行数据处理和图像融合,可以将图像空间分辨率提高。亚像元拼接通常有三种实现途径,即机械拼接、光学拼接和视场拼接。

③ 压缩感知成像技术。

2004 年,由 Donoho 与 Candes 等提出的压缩感知理论是一个充分利用信号稀疏性或可压缩性的全新信号采集、编/解码理论。压缩感知理论是一种崭新的采样理论,它变传统奈奎斯特直接信号采样为信息采样,以直接获取信息为目的。其核心思想是:在一定的条件下,信号能够从少量的观测值中高概率地精确恢复。这恰恰描述的是如何从压缩采样数据中恢复原始信号,能够很好地指导多维信息计算成像。计算成像方法是在建立光的波动场、几何光学场、光波干涉场模型的基础上,采用感光码调制或光谱码调制等方式建立场景与观测之间的变换或调制模型,然后利用逆问题求解等数学手段通过计算反演来进行成像。这种方法实质上就是在场景和图像之间建立了某种特定的联系,这种联系可以是线性的,也可以是非线性的,可以突破一一对应的直接采样形式实现非直接的采样形式,使得采样形式更加灵活,更能充分发挥不同传感器的特点与性能。基于压缩感知的计算成像方法不同于传统的直接成像方法,探测器获取的数据不再是场景的直接空间、时间或光谱信息,而是这些信息经过压缩观测后的数据,然后利用场景先验知识与稀疏特性,通过优化计算完成图像的重构反演,从而获得高分辨率图像。

(7) 在各种军事需求的牵引下,激光技术将有更大的发展。在武器应用方面,将着重发展近红外、可见光、紫外和 X 射线等波段的包括波长可调的高功率激光器;同时将相应研究各种材料和光电器件的激光破坏机理、大气传输特性及波前畸变校正技术、精密跟踪瞄准技术、激光防护技术等。在信息应用方面，将发展小型化、长寿命、高稳定、高可靠的激光器以及相应的调制、解调、探测、处理等技术。

（8）光电技术在光通信领域的进展主要有以下几个方面：

（a）发展各种类型 S、C、L 型波段光纤放大器、阵列波导光栅等，开发集成的收发模块，包括平面波导，可用于突发模式；

（b）光电转换技术能够保证网络的可靠性，并能提供灵活的信号路由平台，克服纯电子形成的容量瓶颈，省去光电转换的笨重庞大设备，进而大大节省建网和网络升级的成本，先进的光电转换材料还将使网络的运行费用节省 70%，设备费用节省 90%；

（c）光孤子通信能克服色散的制约，可使光纤的带宽增加 10～100 倍，极大地提高了传输容量和传输距离，从根本上改变现有通信中的光电器件和光纤耦合所带来的损耗及不便，是 21 世纪最有发展前途的通信方式之一；

（d）自 20 世纪 60 年代激光问世以来，空间光通信曾兴盛一时，历时不久便陷入低潮，随着光电技术及空间技术的发展，空间光通信又成为下一代光通信的重要发展领域，它包括星际间、卫星间卫星与地面站之间的激光通信和地面无线电通信等。在通信上，由于激光与微波相比具有独特的优点，可以预见激光通信将逐步取代微波通信，成为星际通信的主要手段，同时量子保密通信也将得到应用。

（9）新材料开发和新技术的应用。各种新型光源的开发将使大气对光辐射的衰减作用降低到最低程度；超大规模集成电路和超高速计算机的发展将使光电系统实时化处理信号的能力越来越强；自适应光学技术的发展将使战术激光武器的跟瞄精度达到角秒量级；二元光学技术所设计的全新光学元件将大大简化光电系统的结构；多光谱和高温超导红外焦平面阵列以及采用普通制冷剂代替低温制冷的长波红外焦平面阵列成本的大幅度下降，将实现单兵昼夜化、全天时作战；紫外和远红外等波段新型光电探测器、光雷达和射频传感器集成的有源/无源传感器装置将大幅度提高光电系统识别目标的能力以及目标探测的空间分辨率、时间分辨率和频率分辨率；具有高分辨率、多光谱探测能力的导弹将具有更远的作用距离和更高的命中概率；运用了波分复用、频分复用、空分复用以及光孤子通信技术的光通信系统将具有更大的通信容量和更快的通信速度，使作战指挥系统的信息交互更为及时和通畅。

在激光、红外、光纤、光学集成等光电子技术和半导体、计算机、自动控制、材料科学等学科不断发展和突破的形势下，军用光电系统的发展趋势主要如下。

（1）多装备级联，系统化、模块化和小型化。

为了形成完全独立的光电攻击通道，在雷达、声纳等电子或声学装备被敌方电磁干扰而陷于瘫痪的局面下，依然保持强有力的反击力量，未来的光电系统将会采用模块化的设计理念，将探测、跟踪、火控、制导、对抗等多种光电装备级联为一体，形成一个可与海军各种系列武器装备相对接的大系统。光学集成技术的发展和进步将可以使激光发射器阵列、光学系统、光电接收器、电子回路等像集成电路一样集成在一片基片上，使光电系统的体积减小、质量减轻、速度提高、功耗降低、可靠性增强，这种系统化、模块化和小型化的光电火控系统将具有更迅速的反应速度、更机动的作战能力、更有效的攻击效果。

（2）多信息融合，一体化、智能化和网络化。

恶劣的战争环境往往会使只有单一传感器的目标探测系统的效能严重下降，未来的海军光电系统将把探测可见光、微光、红外光、激光等多光谱、多种类的多个传感器集成起来，形成可近乎100%识别目标的集成多域灵巧传感器，再通过芯片上的大规模光互连和一定规模的光神经网络，与数据汇集、图像融合、信息处理及合成等电子系统在结构形式和技术上实现一体化，充分发挥各种传感器的最佳性能，收集目标的全谱段特征数据，在高对抗环境或恶劣气象条件下，有效地完成对目标的搜索、捕获、跟踪和测量，并将信息通过超大容量的光纤通信系统实现舰艇与编队乃至战区内作战系统间的互联，使武器系统一体化、智能化和网络化，满足全天候、全天时、多功能、抗干扰的作战要求。

（3）拓展军用光电系统的应用领域。

① 航空侦察系统。

航空侦察以光电设备为主，如合成孔径雷达、各种胶片照相机、实时传输照相机、可见与红外照相机等。根据现代战争的特点和发展趋势，航空侦察的发展势头强劲，正朝着空间的立体化、情报信息的实时化、手段的多样化、侦察与打击一体化，以及提高装备生存能力方向发展。这就要求侦察装备技术先进、手段多样、空间广延、时间连续及信息传递快速。因此，航空光电侦察平台需要向以下几个方面发展：

（a）使用新型光学和结构材料，缩小光学系统和结构框架的体积，减轻质量；

（b）多探测器并用。一方面保证全天时、全天候工作，另一方面不仅限于对目标外形和轮廓的侦察，同时获取目标特性，并可进行测量、定位和防伪识别等；

（c）全数字化方式工作，提高信息获取和处理能力，包括数字化图像采集、捕获、识别和跟踪、数字电控、数字信息传输和显示等；

（d）稳像技术向着更精确、更灵活、体积小以及价格低、能耗小、易于操作的方向发展；

（e）动态性能测量方法仍需进一步规范化与标准化，可靠性研究尚需加强。

② 空间目标探测系统。

空间目标（主要指各种卫星、空间站、航天飞机）地基探测系统，可以对各种空间目标进行精确定位和跟踪。自20世纪60年代问世以来，它一直是世界各国重点发展的航天测控系统之一。与空间目标雷达测量系统比较，光电探测系统具有以下优点：测量精度高、直观性强、不受地面杂波干扰影响。因此，美国和俄罗斯都已经建立了庞大的地基对空间目标的光电探测系统，具备了对各种轨道的空间目标进行精确定位和跟踪的能力。

空间目标光电探测系统在未来的航天发展中具有重要作用，世界各国必将进一步发展和完善自己的空间目标光电探测系统。其发展将具有以下特点：

（a）采用多谱段（可见光、红外波段）探测技术，保证全天候对空间目标进行跟踪、测控；

（b）大面阵CCD器件、激光雷达外差探测、图像处理等先进技术将得到进一步应用；

（c）光电探测系统和地基雷达探测系统配合使用，光电探测设备跟踪空间目标的指向数据由雷达提供，光电探测设备主要完成对空间目标的精确定位和跟踪。

（4）光电系统建模、仿真、测试和评估。

光电技术发展与系统集成应用始终伴随着光电系统的建模、仿真、测试与评估问题。

光电系统建模是一种数学物理模型的构建，其表征了系统或模块的设计参数与各专业分系统性能指标或系统总体性能之间的函数关系。由于光电系统综合性能与目标及其环境光学特性、大气辐射特性、光学系统、信息处理、伺服稳定、载体平台、通信传输、观察者解译等链路环节有关，因此，建模需要将上述环节作为广义的完整链路进行考虑。通常，光电系统建模可分为三个层级：模块层级建模、系统层级建模与外场性能预测模型。模块层级建模主要是指链路环节各专业分系统或组件的建模；系统层级建模是将各模块输出特性参数作为输入，确立各模块特性与系统总体技术指标的定量关系，如系统总体调制传递函数、噪声等效温差等模型；外场性能预测模型主要是确立光电系统在多种复杂环境条件下的工作性能。

光电系统仿真是指依据目标及其环境光学特性与光电系统作用机理，以光电系统模型为基础，借助于计算机仿真和图形学技术完成光电物理效应高逼真度模拟，实现光电系统输出数据的高置信度仿真。

光电系统测试是指通过全数字仿真测试平台、半实物仿真测试平台、实际物理实验测试平台，设计合理的性能参数测试方法，完成光电系统固有性能和外场性能指标的实验测试与度量，获得测试指标数据。

光电系统评估是指以综合性能指标和作战能力指标为任务目标，通过性能模型或试验测试数据统计分析手段，结合判别准则，完成对光电系统在复杂环境条件下的性能预测和等级划分，如作用距离、探测概率、识别概率、定位和定向精度、跟踪精度、脱靶量、命中率、跟踪角速度、抗干扰能力等指标[5]。

本章小结

本章主要介绍了光电技术的概念，分析了军用光电技术的基本内容、技术特点和典型应用，阐述了军用光电系统的基本构成与分类，并对光电技术与现代战争的关系进行了说明，概括总结了光电技术的发展史，特别是从军用光电技术和系统两个方面较为详细地描述了发展趋势，为全面了解和掌握光电技术及应用奠定了基础。

复习思考题

1. 什么是军用光电技术？概括军用光电技术的基本内容。
2. 阐述军用光电技术的特点。
3. 说明军用光电系统每部分组成的含义。
4. 何谓“太赫兹辐射”？它的波长范围为多少？频率范围又为多少？它在电磁辐射波谱中的位置如何？
5. 什么是量子阱？什么是量子点？由它们形成的红外探测器有什么特点？
6. 什么是微扫描技术？微扫描技术可以解决当前光电成像技术遇到的什么问题？

第二章　光电技术基础

本章首先阐述光电技术方面的一些基本概念，包括不同光波的产生原理、光辐射量的计算以及光辐射的大气传输等，并概括总结典型目标辐射及其特点，为理解军用光电系统的基本原理奠定初步的基础。

第一节　光波的产生原理

电磁波在长波端（如微波、无线电波）表现出显著的波动性，在短波段（如 γ 射线、X射线）表现出极强的粒子性，而光波具有显著的波粒二象性。由于能量的供给方式不同，物体通常以两种不同的形式发射辐射能量，形成光波。

（1）热辐射。凡高于绝对零度的物体都具有发出辐射的能力，其光谱辐射量 $X_{e,l}$ 是波长 l 和温度 T 的函数。温度低的物体发射红外光，温度升高到500℃时开始发射一部分暗红色光，升高到1500℃时开始发白光。物体靠加热保持一定温度使内能不变而持续辐射的辐射形式，称为物体热辐射或温度辐射。凡能发射连续光谱，且辐射是温度的函数的物体，称为热辐射体，如一切动植物体、太阳、钨丝白炽灯等均为热辐射体。热辐射是将热能转化为光能。

（2）发光。物体不是靠加热保持温度使辐射维持下去，而是靠外部能量激发的辐射，称为发光。发光光谱是非连续光谱，且不是温度的函数。靠外界能量激发发光的方式有化学发光、光致发光、电致发光、热发光（火焰中的钠或钠盐发射的黄光）。发光是非平衡辐射过程，发光光谱主要是线光谱或带光谱[6]。

① 化学发光，又称为冷光，它是在没有任何光、热或电场等激发的情况下由化学反应而产生的光辐射。由于化学反应（通常是氧化反应）产生电子能级处于激发态的物质，后者通过跃迁释放能量产生光子，从而导致的发光现象，如磷在空气中渐渐氧化时的辉光等。在这种情况下，辐射能量的过程伴随着物质成分的变化。化学发光是将化学能转化为光能。

② 光致发光指物体依赖外界光源进行照射，从而获得能量，产生激发导致发光的现象。也指物质吸收光子后重新辐射出光子的过程。光致发光是将光能转化为光能。

③ 电致发光指物体在外加电场作用下，在高速运动电子、离子等的碰撞下产生能具跃迁，向外释放能量产生光子，从而导致发光的现象。最常见的是气体或金属蒸气在放电作用下产生的辉光，如辉光放电、电弧放电、火花放电等。除此之外，用电场加速电子轰击某些固体材料也可以产生辉光，例如变像管、显像管、荧光屏的发光就属于这类情况。电致发光所需的能量是由电能直接转化而来，因此，电致发光是将电能转化为光能。

光波仅仅是电磁波谱中的一小部分，它包括的波长区域从几纳米到几毫米。只有波长为0.39～0.78μm 的光才能引起人眼的视觉感，故称这部分光为可见光。光电敏感器件的光谱响应范围远远超出人眼的视觉范围，一般从X光到红外辐射甚至于远红外、毫米波的范围，特种材料的热电器件具有超过厘米波光谱响应的范围，因此，人们可以借助于各种光电敏感器件对整个光辐射波谱范围内的光波信息进行光电变换，从而被人眼看到。本节主要介绍产生光波的光源以及可见光、微光、红外光和激光的产生原理。

一、光源

光源是光辐射源的简称，有天然光源和人造光源之分。

（一）天然光源

天然光源按产生原理只有两大类，第一类是热效应光源，而引发热效应的原因可细分为三种：第一种是摩擦、震颤等物理效应，如飞机蒙皮辐射；第二种是化学燃烧，如飞机、车辆发动机中的化学反应，陨石坠落过程的燃烧；第三种是热核反应，如太阳、核反应堆。第二类为生物能光源，如人体、动物发出的红外辐射，萤火虫、海洋生物也会发出可见光。

1. 太阳

太阳是最大、最强的天然光源。太阳光谱是连续的，包含宇宙射线、γ射线、X射线、紫外辐射、可见辐射、红外辐射和射电辐射等，且辐射特性与绝对黑体辐射特性近似。其中，近紫外、可见光、近红外和中红外部分约占太阳总辐射能的84.62%；γ射线、X射线、远紫外、远红外及微波波段的总能量不到1%。地表接收到的太阳辐射曲线与大气外接收到的太阳辐射曲线不同，差异主要由大气的吸收和散射引起。

由于大气的吸收和散射，太阳辐射中射至地球表面的能量，绝大多数集中在0.3～3μm光谱区，其中尤以0.39～0.78μm的可见光区域为突出。显然，人眼视觉的光谱范围是人类长期适应自然界的结果。由此也可看到太阳辐射对人类生活的突出重要性。它不仅是白昼的光源，并且极大程度地影响着夜天辐射。

太阳辐射恰好在地球大气层外所产生的积分辐照度年平均值叫“太阳常数E_0”，其值为$E_0 = 1.35 \times 10^3 \mathrm{W/m^2}$。太阳在地球表面产生的照度取决于其在地平线上的高度角、地域海拔高度、空中尘埃及云雾等因素，情况见表2－1－1所列。通常认为，当天空晴朗且太阳在天顶时，对地面形成的照度为$E = 1.24 \times 10^5 \mathrm{lx}$。太阳光谱分布如图2－1－1所示。

表2－1－1　太阳对地球表面的照度

太阳中心的实际高度角/(°)	地球表面的照度/10^3 lx		
	无云　太阳下	无云　阴影处	密云　阴天
－5(日出或日落)	10^{-2}	—	—
0	0.7	—	—
5	4	3	2
10	9	4	3
20	23	7	6
30	39	9	9
50	76	14	15
60	102	—	—
90	124	—	—

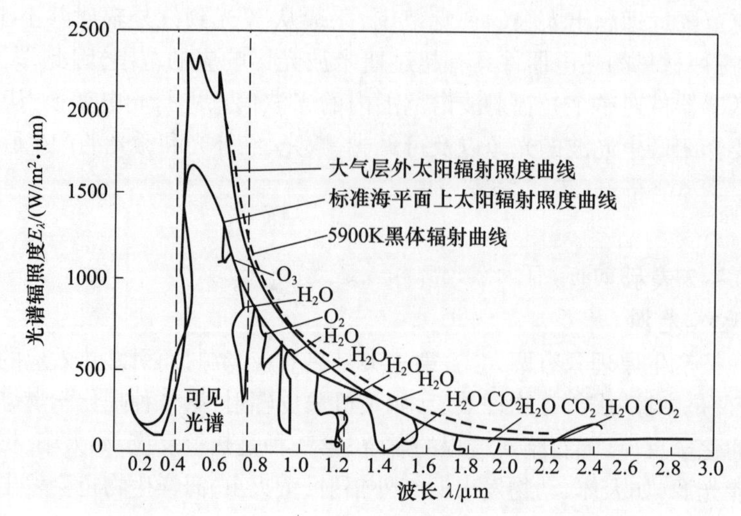

图 2-1-1 在平均地-日距离上太阳的光谱分布

2. 月球

来自月球的辐射包括两部分:第一部分是它反射的太阳辐射,俗称月光;第二部分是它自身的辐射。前者是夜间地面光照的主要来源,其光谱分布与阳光十分相近,峰值约在0.5μm。月球自身的辐射则与400K的绝对黑体相似,其峰值波长为7.24μm。

月球对地面形成的照度受下列因素影响。

(1) 角距φ_e。φ_e是月球中心相对于地心的角距离,它表征月相。新月时$\varphi_e=0°$,上弦月时$\varphi_e=90°$,满月时$\varphi_e=180°$,下弦月时$\varphi_e=270°$。φ_e影响从月球反射到地球的光量。满月前后两三天月光减少一半以上。新月时,月球恰在地球与太阳之间,它以黑暗的半球对着地面;满月时,地球处在月球与太阳之间,由地面可见到完整的圆月。

(2) 地月距离d的变化。不同d值对应的地面照度变化量约为26%。

(3) 太阳照射的月球表面各部位反射率差异。此项引起的照度变化量约20%,即前半个月(上弦月)比后半个月(下弦月)亮20%左右。

(4) 月球中心的高度角和大气层的影响。

表 2-1-2 月光所形成的地面照度

月球中心的实际高度角/(°)	不同角距φ_e下地平面照度E/lx			
	$\varphi_e=180°$(满月)	$\varphi_e=120°$	$\varphi_e=90°$(弦或下弦)	$\varphi_e=60°$
-0.8(月出或月落)	9.74×10^{-4}	2.73×10^{-4}	1.17×10^{-4}	3.12×10^{-5}
0	1.57×10^{-3}	4.40×10^{-4}	1.88×10^{-4}	5.02×10^{-5}
10	2.34×10^{-2}	6.55×10^{-3}	2.81×10^{-3}	7.49×10^{-4}
20	5.87×10^{-2}	1.64×10^{-2}	7.04×10^{-3}	1.88×10^{-3}
30	0.101	2.83×10^{-2}	1.21×10^{-2}	3.23×10^{-3}
40	0.143	4.00×10^{-2}	1.72×10^{-2}	4.58×10^{-3}
50	0.183	5.12×10^{-2}	2.20×10^{-2}	5.86×10^{-3}
60	0.219	6.13×10^{-2}	2.63×10^{-2}	—
70	0.243	6.80×10^{-2}	2.92×10^{-2}	—
80	0.258	7.22×10^{-2}	3.10×10^{-2}	—
90	0.267	7.48×10^{-2}	—	—

月球在地平线上的高度角对地面照度的影响很大，其相对变化量达二三个数量级。由于云层的遮蔽，月光亮度在几分钟内就有明显变化。有关影响的程度见表 2－1－2 所列。

3. 地球

来自地球的辐射包括两部分：第一部分是它反射的阳光，峰值约在 0.5μm 波长附近；第二部分是其自身的辐射，峰值波长约为 10μm。夜间，前者基本观测不到；后者占主导地位。图 2－1－2 表示了地面一些物体的光谱辐射亮度和 35℃黑体的辐射。

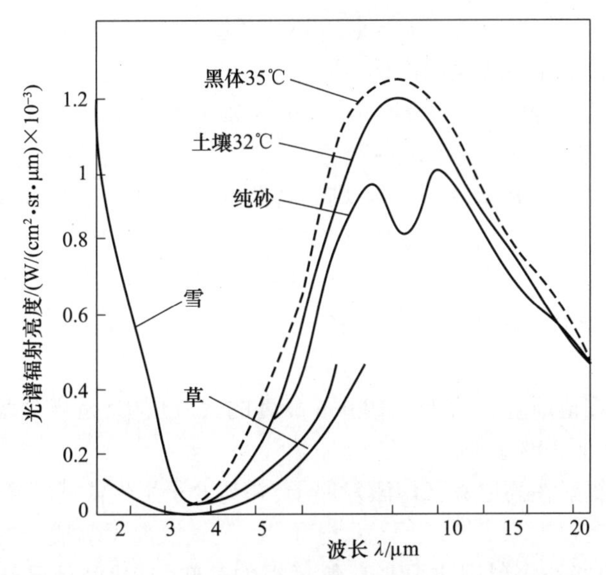

图 2－1－2　典型地物的光谱辐射亮度及 35℃黑体的辐射

地球自身的辐射有很大部分在 8～14μm 的远红外段，这正好又是大气的第三个窗口，是热像系统的工作波段。地表的辐射取决于温度和辐射发射率。表 2－1－3 列出了一些地表覆盖物的辐射发射率 ε 平均值。地表温度随自然条件变化，约在－40℃～40℃。地球上水面广阔，水面辐射取决于温度和表面状态。平静水面类似镜面，反射良好，自身辐射很小；有波浪时，水面（如海面）就成为良好的辐射体。

表 2－1－3　一些常用材料及地面覆盖物的辐射发射率

材料	温度/℃	ε	材料	温度/℃	ε
毛面铝	26	0.55	黄土	20	0.85
氧化的铁面	125～525	0.78～0.82	雪	－10	0.85
磨光的钢板	940～1100	0.55～0.61	皮肤・人体	32	0.98
铁锈	500～1200	0.85～0.95	水	0～100	0.95～0.96
无光泽黄铜板非常	50～350	0.22	毛面红砖	20	0.93
纯的水银	0～100	0.09～0.12	无光黑漆	40～95	0.96～0.98
混凝土	20	0.92	白色瓷漆	23	0.90
干的土壤	20	0.90	光滑玻璃	22	0.94
麦地	20	0.93	牧草	20	0.98
平滑的冰	20	0.92			

4. 星球

星球辐射对地面照度也有贡献。相形之下，这种贡献所占份额不大。例如，在晴朗的夜晚，星球在地面产生的照度约为 2.2×10^{-4}lx，相当于无月夜空实际光量的1/4左右，而且这种辐射还随时间和星球在天空的位置不断变化。

通常所说的“星等”是以在地球大气层外所接收到的星光辐射照度来衡量的。“星等”数字越小，则此照度越大，星体也就越亮。零等星的照度被定为 $E_{os}=2.65\times10^{-6}$lx，相邻星等的照度比值为

$$r_e=\sqrt[5]{100}=2.512 \quad (2-1-1)$$

一等星的照度恰好是六等星照度的100倍。

比零等星还亮的星，其星等是负数，并且星等数字不一定是整数。例如，天狼星、金星、太阳的星等依次是 -1.42、-4.3、-26.73。

若两颗星的星等各为 m、n，且 $n>m$，则二者照度之比为

$$E_m/E_n=(2.512)^{n-m} \quad (2-1-2)$$

$$\lg E_m-\lg E_n=0.4(n-m) \quad (2-1-3)$$

已知 $E_{os}=2.65\times10^{-6}$lx，据此可推算各星等对应的照度值。

5. 大气辉光

大气辉光产生在地球上空约70～100km高度的大气层中，是夜天辐射的重要组成部分，约占无月夜天光的40%。

阳光中的紫外辐射在高层大气中激发原子，并与分子发生低概率碰撞，这是产生大气辉光的主要原因。表现为原子钠、原子氢、分子氧、氢氧根离子等成分的发射。其中波长为0.75～2.5μm的红外辐射则主要来自氢氧根的气辉，它比其他已知的气辉发射约强1000倍。大气辉光的强度受纬度、地磁场和太阳扰动的影响。图2-1-3表示大气辉光与满月月光的光谱分布。可以看出，大气辉光在近红外区域上升很快，以致在1.5～1.7μm波段范围超过满月月光。

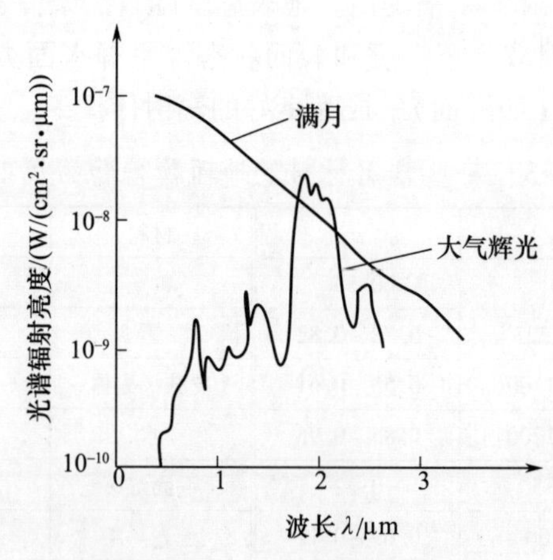

图2-1-3 大气辉光的光谱分布

(二) 人造光源

人造光源则主要是电能转换而来的电光源，如白炽灯、汞灯、氙灯、黑体模拟器、激光器等。红外照明系统所用的光源种类很多。在主动红外成像系统中常用电热光源（如白

炽灯)、气体放电光源(如高压氙灯)、半导体光源(如砷化镓发光二极管)和激光光源(如砷化镓激光二极管)等四类。传统红外光源主要用于照明,产生红外辐射信号,其优点是使用简单、价格低廉、便于携带,但是不能实现红外辐射波段和红外辐射强度的定量化调节。而激光光源则可以精确控制红外辐射信号的波长,提供各种单色的红外光源。

在某些应用(光通信、红外干扰机、激光器等)中,需要对光信号进行调制,形成调制光源。调制光源就是输出参数可调控的光源。光源调制涉及光强调制、波长或频率调制、相位调制、偏振调制等。按调制方式与光源的关系来分,有内调制和外调制两种。前者指直接用电调制信号来控制光源的振荡参数(光强、频率等),得到光频的调幅或调频波;后者是首先由光源输出某种参数恒定的光载波,然后通过光调制器实现对光载波的幅度、频率或相位等参数进行调制。外调制方式需要调制器或专门的介质,如红外干扰机中的斩光器,就是实现机械式光强调制的器件。

二、可见光的产生原理

光源发光的基本单元是原子。原子的中心是原子核,电子围绕核在一定的轨道上运转。现代量子力学已经证明,电子运动的轨道是不连续的,由原子结构决定。电子的每一种轨道运动对应一定的能量,这些能量只能取一些不连续的权值 E_1、E_2、E_3、…,形成能量阶梯,称为原子能级,如图 2-1-4 所示。不同的原子具有各自的能级结构。能量最低的状态叫基态,能量较高的状态叫激发态。

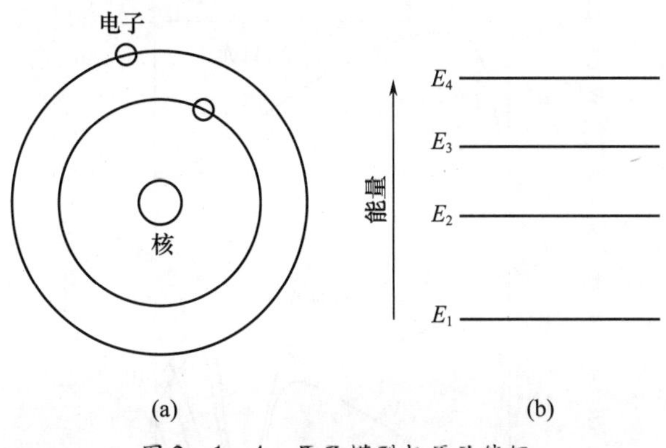

图 2-1-4　原子模型与原子能级

原来处于某一个能级上的原子,当它从外界得到(或向外释放)一份合适的能量时,就可能从一个能级跃迁到另一个能级上。例如,原来处于 E_1 上的原子,如果从外界得到一份大小等于(E_2-E_1)的能量,它就可能跃迁到 E_2 能级上;反之,原来处于 E_2 能级上的原子,也可能放出一份 E_2-E_1 的能量而跃迁到 E_1 上。总之,原子从一个能级跃迁到另一个能级,总是伴随着相应能量的吸收或释放。普通光源,例如白炽灯,它是通过加热钨丝使原子上升到激发态,处于激发态的原子不断地通过自发辐射而发光,它相当一个微型无线电振荡器。对于一个热的固体(灯丝)来说,含有数以亿亿计的原子,具有许许多多的不同的能量状态,结果是这亿亿个微型振荡器同时发射频率各不相同的光频电磁波,形成一个宽的辐射带。特别要指出,这亿亿个微型振荡器互不相关,各行其是,我们无法知道它们在什么时候、按什么次序以及向哪个方向发射光波。一句话,普通光源是非可控发光,是非相干的光频电磁波。这种光适用于照明,但用于传递信息则没有多大价值。

不同波长的可见光能产生不同的视觉色彩,可根据视觉色彩将可见光划分为紫光(390~450nm)、蓝光(450 ~ 495nm)、绿光(495 ~ 570nm)、黄光(570 ~ 590nm)、橙光(590~620nm)、红光(620~780 nm))等波段。对人眼视觉最灵敏的单色光是波长550nm附近的绿光。

三、微光的产生原理

微光夜视技术致力于探索夜间和其他低光照度(10^{-4}lx)时目标图像信息的获取、转换、增强、记录和显示,研究其在人类实际生活中的应用。它的成就集中表现为使人眼视觉在时域、空域和频域的有效扩展。就时域而言,它克服夜盲障碍,使人们在夜晚行动自如。就空域而言,它使人眼在低光照空间(如地下室、山洞、隧道)仍能实现正常视觉。就频域而言,它把视觉频段向长波区延伸,使人眼视觉在近红外区仍然有效。

即使在漆黑的夜晚,天空仍然充满了光线,这就是所谓“夜天辐射”。只是由于其光度太弱(低于人眼视觉阈值),不足以引起人眼的视觉感知。把这种微弱光辐射增强至正常视觉所要求的程度,是微光夜视技术的核心任务。

(一) 夜天辐射的特点

夜天辐射来自太阳、地球、月亮、星球、云层、大气等自然辐射源。夜天辐射是上述各自然辐射源辐射的总和,其光谱分布如图 2-1-5 所示,并具有以下特点。

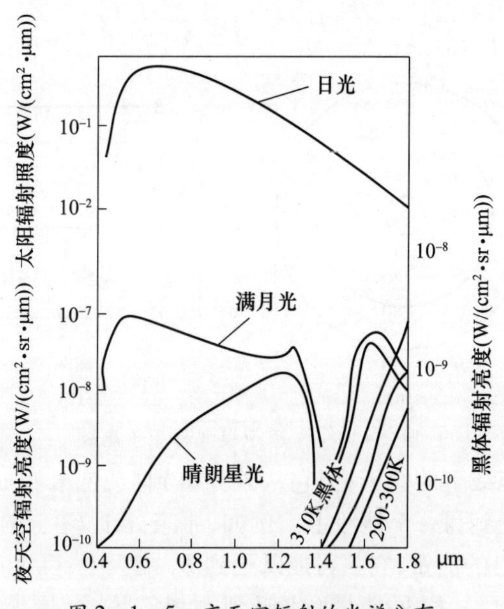

图 2-1-5 夜天空辐射的光谱分布

(1) 夜天辐射除可见光之外,还包含有丰富的近红外辐射。无月星空的近红外辐射急剧增加,甚至远远超过可见光辐射。因此,微光夜视技术必须充分考虑这个事实,有效地利用波长延伸至 1.3μm 的近红外区域辐射。

(2) 夜天辐射的光谱分布在有月和无月时差异很大。有月时与太阳辐射的光谱相似(此时月光是夜天光的主体,满月月光的强度约比星光高 100 倍,故夜天辐射的光谱分布取决于月光,即与阳光相近);无月时各种辐射的比例是:星光及其散射光(30%)、大气辉光(40%)、黄道光(15%)、银河光(5%)、后三项的散射光(10%)。

（二） 夜天辐射产生的景物亮度

由夜天光辐照所产生的地面景物亮度可以依据夜天光对景物的照度和景物反射率计算。若景物为漫反射体，则其光出射度为

$$M = \rho E = \pi L$$

$$L = \rho E / \pi \tag{2-1-4}$$

式中，E 为景物照度；L 为景物亮度；ρ 为景物反射率。ρ 可由有关手册查到其数值，而不同自然条件下的地面景物照度见表 2－1－4 列。

表 2－1－4　不同自然条件下地面景物照度

天气条件	景物照度/lx	天气条件	景物照度/lx
无月浓云	2×10^{-4}	2×10^{-1}	满月晴朗
无月中等云	5×10^{-4}	1	微明
无月晴朗(星光)	1×10^{-3}	10	黎明
1/4 月晴朗	1×10^{-2}	1×10^{2}	黄昏
半月晴朗	1×10^{-1}	1×10^{3}	阴天
满月浓云	$2\sim8\times10^{-2}$	1×10^{4}	晴天
满月薄云	$7\sim15\times10^{-2}$		

四、红外光的产生原理

（一） 基本概念

红外光是人眼看不见的一种光线，它处在红光以外的光谱区。早在 1800 年，英国天文学家赫谢尔在研究太阳光的热效应时，就发现了红外光。由于它处在红色光的外侧，很自然就称为红外光，由于红外光是与热和温度紧密联系在一起的，因此又称为热辐射。红外光和可见光一样都属于电磁辐射波谱的一部分，同样具有光波的性质，在真空中以光速直线传播，遵守同样的反射、折射、衍射和偏振定律，区别只是波长（频率）不同而已。可见光波长 0.39～0.78μm，红外光波长 0.78～1000μm（1mm）。红外光波长的短波端与可见光相接，波长的长波端与无线电的微波（毫米波）相连。

自然界中，任何物体都是由分子、原子、离子、电子等微观粒子组成的，在一定温度下，受热激发的作用，组成物质的微观粒子都处于不停的运动之中，在转动、振动和能态跃迁过程中，当它由高能态向低能态跃迁时就会发射出辐射，这类辐射特别称为热辐射。若所辐射的波长，落在红外光谱波段，便是红外光。

任何物体都能辐射红外光，也能吸收红外光，辐射与吸收都是能量转换过程。热辐射就是热能转换成辐射能的过程，而热吸收则是辐射能转变成热能的过程。高温物体，热辐射强于吸收，所以热能逐渐减少，温度降低；低温物体，辐射少，吸收多，热能逐渐增加，所以温度升高；当辐射与吸收相等时，热能不变，温度不变，称为热平衡。

（二） 辐射体的分类

不同的物体辐射或吸收本领是千差万别的。辐射体按辐射的本领可分为黑体和非黑体。实际上，绝大多数辐射体都是非黑体。非黑体包括灰体和选择性辐射体。

1. 黑体

能够完全吸收从任何角度入射的任意波长的辐射，并且在每一个方向上都能最大限度

地发射任意波长辐射能的物体,称为黑体。显然,黑体的吸收系数为1,发射系数也为1。

黑体只是一个理想的温度辐射体,常用做辐射计量的基准。在有限的温度范围内可以制造出黑体模型。例如,一个开有小孔的密封空腔恒温辐射体,空腔的内壁涂有黑色物质,使其反射系数极小,小孔的孔径远小于腔体的直径,并将空腔辐射体置于恒温槽内,使其在工作中保持腔体的温度不变,该空腔体可近似为黑体。当从任意方向入射的辐射进入小孔时,在空腔内都要经过多次反射才能从小孔射出。然而,空腔内的黑色物质的反射系数极小,经过多次反射后,反射出去的辐射能已经极低,绝大部分入射进来的辐射能都被空腔体吸收,因而空腔体的吸收系数很高,接近于1。被空腔体吸收的能量转变为热能,引起腔体的温升。腔体处于恒温槽内,所吸收辐射能只能以温度辐射的方式通过小孔向外发出连续波长的辐射。

(1) 普朗克辐射定律。

黑体为理想的余弦辐射体,其光谱辐射出射度(角标“s”表示黑体)表示为

$$M_{e,s,\lambda}=\frac{2\pi c^2 h}{\lambda^5\left(e^{\frac{hc}{\lambda kT}}-1\right)} \tag{2-1-5}$$

式中:k 为波尔兹曼常数;h 为普朗克常数;T 为绝对温度;c 为真空中的光速。

式(2-1-5)表明,黑体表面向半球空间发射波长为 λ 的光谱,其辐射出射度 $M_{e,s,\lambda}$ 是黑体温度 T 和波长的函数,这就是普朗克辐射定律。

黑体光谱辐射亮度 $L_{e,s,\lambda}$ 和光谱辐射强度 $I_{e,s,\lambda}$ 分别为

$$L_{e,s,\lambda}=\frac{2c^2 h}{\lambda^5\left(e^{\frac{hc}{\lambda kT}}-1\right)},\quad I_{e,s,\lambda}=\frac{2c^2 hA\cos\theta}{\lambda^5\left(e^{\frac{hc}{\lambda kT}}-1\right)} \tag{2-1-6}$$

图2-1-6绘出了黑体辐射的相对光谱辐射亮度 $L_{e,s,\lambda}$ 与 λ、T 关系曲线,图中每一条曲线都有一个最大值,最大值的位置随温度的升高向短波方向移动。实际物体的辐射特性与黑体相似,只不过与材料种类和表面磨光程度有关。物体的温度与辐射峰值波长的关系举例见表2-1-5所列。显而易见,武器装备辐射的红外线,大都在1~10μm,所以,短波红外(1~3μm)、中波红外(3~5μm)和长波红外(8~14μm)三个大气窗口,在军事应用上最为重要。

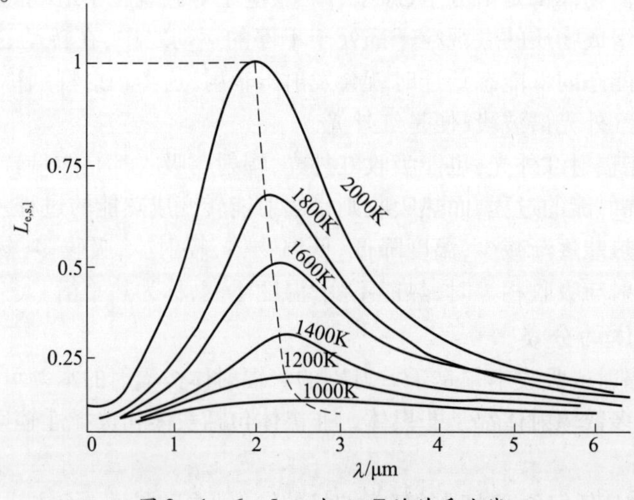

图2-1-6 $L_{e,s,\lambda}$ 与 λ、T 的关系曲线

表 2-1-5　典型物体的温度与辐射峰值波长的关系

物体名称	温度/K	辐射峰值波长 λ_m/μm
太阳	5900	0.49
钨丝灯	3000	0.97
波音 707 发动机喷嘴	890	3.62
M-46 坦克尾部	473	6.13
F-16 飞机蒙皮	333	8.70
人体(37℃)	310	9.66
冰水(0℃)	273	10.6
液态氮	77	37.6

(2) 斯忒藩-玻尔兹曼定律。

将式(2-1-5)对波长 λ 求积分,得到黑体发射的总辐射出射度为

$$M_{e,s} = \int_0^{\infty} M_{e,s,\lambda} d\lambda = \sigma T^4 \qquad (2-1-7)$$

式中:σ 为斯忒藩-玻尔兹曼常数,它由下式决定

$$\sigma = \frac{2\pi^5 k^4}{15h^3 c^2} = 5.67 \times 10^{-8} \quad (W \cdot m^{-2} \cdot K^{-4})$$

可见,$M_{e,s}$与 T 的四次方成正比,这就是黑体辐射的斯忒藩-玻尔兹曼定律。

(3) 维恩位移定律。

将式(2-1-5)对波长 λ 求微分后令其等于 0,则可以得到峰值光谱辐射出射度 M_{e,s,λ_m}所对应的波长 λ_m 与绝对温度 T 的关系为

$$\lambda_m = 2898/T \quad (\mu m) \qquad (2-1-8)$$

可见,峰值光谱辐射出射度所对应的波长与绝对温度的乘积为常数。当温度升高时,峰值光谱辐射出射度所对应的波长向短波方向移动,这就是维恩位移定律。

将式(2-1-8)代入式(2-1-5),得到黑体的峰值光谱辐射出射度

$$M_{e,s,\lambda_m} = 1.309T^5 \times 10^{-15} \quad (W \cdot cm^{-2} \cdot \mu m^{-1} \cdot K^{-5})$$

以上三个定律统称为黑体辐射定律。

例:假设将人体作为黑体,正常人体体温为 36.5℃。试计算:(1)正常人体所发出的辐射出射度;(2)正常人体的峰值辐射波长及峰值光谱辐射出射度 M_{e,s,λ_m};(3)人体发烧到 38℃时的峰值辐射波长及发烧时的峰值光谱辐射出射度 M_{e,s,λ_m}。

解:(1) 人体正常的绝对温度 $T = 36.5 + 273 = 309.5(K)$,根据斯忒藩-玻耳兹曼辐射定律,正常人体所发出的辐射出射度为

$$M_{e,s} = \sigma T^4 = 520.3 \quad (W/m^2)$$

(2) 由维恩位移定律,正常人体的峰值辐射波长为

$$\lambda_m = 2898/T = 9.36 \quad (\mu m)$$

峰值光谱辐射出射度为

$$M_{e,s,\lambda_m} = 1.309T^5 \times 10^{-15} = 3.72 \quad (W \cdot cm^{-2} \cdot \mu m^{-1})$$

(3) 人体发烧到 38℃时的峰值辐射波长为

$$\lambda_m = \frac{2898}{T} = 5898/(273+38) = 9.32 \quad (\mu m)$$

发烧时的峰值光谱辐射出射度为

$$M_{e,s,\lambda_m} = 1.309T^5 \times 10^{-15} = 3.81 \quad (W \cdot cm^{-2} \cdot \mu m^{-1})$$

可见人体温度升高,发出的光谱辐射峰值波长变短,峰值光谱辐射出射度增大。可以根据这些特性,用探测辐射的方法监控人的身体状态。

例:当标准钨丝灯为黑体时,试计算它的峰值辐射波长、峰值光谱辐射出射度和总辐射出射度。

解:标准钨丝灯的温度 $T_w = 2856K$,因此它的峰值辐射波长为

$$\lambda_m = 2898/T = 2898/2856 = 1.015 \quad (\mu m)$$

峰值光谱辐射出射度为

$$M_{e,s,\lambda_m} = 1.309T^5 \times 2856^5 \times 10^{-15} = 248.7 \quad (W \cdot cm^{-2} \cdot \mu m^{-1})$$

总辐射出射度为

$$M_{e,s} = \sigma T^4 = 5.67 \times 10^{-8} \times 2856^4 = 3.77 \times 10^4 \quad (W/m^2)$$

2. 灰体

若辐射体的光谱辐射出射度 $M_{e,\lambda}$ 与同温度黑体的光谱辐射出射度 $M_{e,s,\lambda}$ 之比,是一个与波长无关的系数 ε,则称该辐射体为灰体。系数 $\varepsilon = \frac{M_{e,\lambda}}{M_{e,s,\lambda}} < 1$ 称为灰体的发射率。如图 2-1-7 所示,灰体的光谱辐射分布与黑体的光谱辐射分布形状相似,最大值的位置也一致,因此,常将热辐射体按灰体或黑体进行计算。

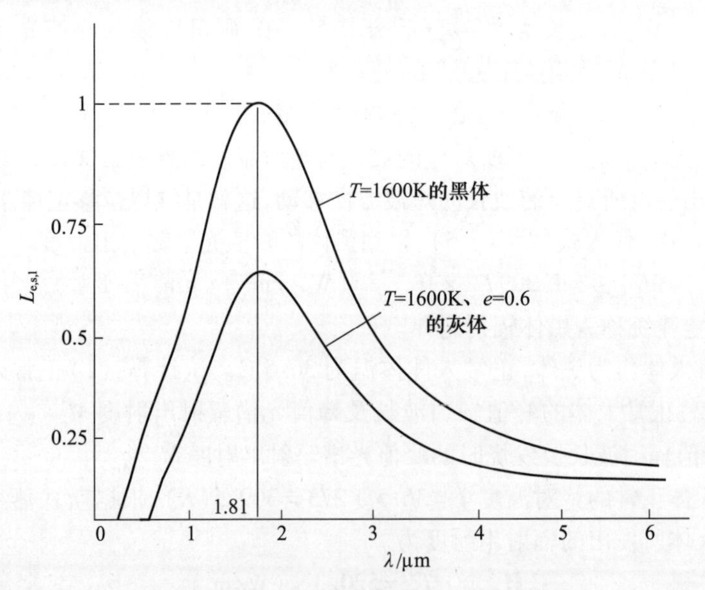

图 2-1-7　黑体与灰体的光谱辐射分布

3. 选择性辐射体

凡不服从黑体辐射定律的辐射体,称为选择性辐射体。其光谱发射率 $q(\lambda)$ 是波长的函数,辐射分布曲线可能有几个最大值。例如,磷砷化镓发光二极管就属于选择性辐射体。

概括起来,黑体或绝对黑体的发射率为1,灰体的发射率小于1,且是常数。选择性辐射体的发射率小于1,且随波长而变化。金属的发射率是较低的,随波长的增加而降低,随温度的升高而增加;非金属的发射率要高些,一般大于0.8。随波长的增加而增加,随温度的升高而降低。自然界中很少有严格意义下的黑体与灰体,一般的热辐射体都是选择性辐射体。

(三) 辐射体的温度表示

对具有一定亮度和颜色的热辐射体,根据黑体辐射定律,可用以下三种温度进行标测。

1. 辐射温度

当热辐射体发射的总辐通量与黑体的总辐通量相等时,以黑体的温度标度该热辐射体的温度,这种温度称为辐射温度 T_e。

假设物体在温度 T 时的比辐射率为 $\varepsilon(T)$,则根据斯忒藩-玻尔兹曼定律有

$$\varepsilon(T)\sigma T^4 = \sigma T_r^4 \qquad (2-1-9)$$

所以物体的真实温度与其辐射温度之间满足如下关系式:

$$T = \frac{T_r}{\sqrt[4]{\varepsilon(T)}} \qquad (2-1-10)$$

由于物体的比辐射率 $\varepsilon(T) < 1$,所说物体的辐射温度 T_r,恒小于其真实温度 T。

2. 色温度

当热辐射体在可见光区域发射的光谱辐射分布,具有与某黑体的可见光的光谱辐射分布相同的形状时,以黑体的温度来标度该热辐射体的温度,称为热辐射体的色温度 T_f。

3. 亮温度

当热辐射体在可见光区域某一波长 λ_0 的辐射亮度 L_{e,λ_0},等于黑体在同一波长 λ_0 的辐射亮度 L_{e,s,λ_0}时,以黑体的温度来标度该热辐射体的温度,称为亮温度 T_v。

以上热辐射体的三种温度标测中,色温度与实际温度的偏差最小,亮温度次之,辐射温度与实际温度的偏差最大。因此,通常以色温度代表炽热物体的温度。

(四) 红外光的基本特性

不同波段红外光具有不同的图像特性,图2-1-8(a~c)是吉普车场景的短波红外、中波红外和长波红外图像,(d)和(e)是轿车场景的中波红外和长波红外图像。可见,同一场景三个波段的红外图像并不一样,原因是这三个波段的红外光产生原理不同。主要区别为:长波、中波红外成像是利用室温景物自身发射的热辐射,短波红外成像则是利用室温景物反射环境中普遍存在的短波红外辐射。但是,当目标的温度升高到能发射足够强的短波红外辐射时,短波红外成像又变成既接收目标自身辐射,又接收景物反射的短波红外辐射。

总之,红外光有一些与可见光和微波不一样的独有特性,主要如下:

(1) 红外辐射看不见,可以避开敌方的电视观察,必须用对红外光敏感的红外探测器才能接收到;

(2) 红外光的热效应比可见光要强得多,可白天黑夜使用,适合夜战需要;

(3) 红外光更易被物质所吸收,受气象条件影响严重,探测距离受到明显限制,但对于薄雾来说,长波红外光更容易通过;

(4) 分辨率比微波好,比可见光更能适应气象条件。

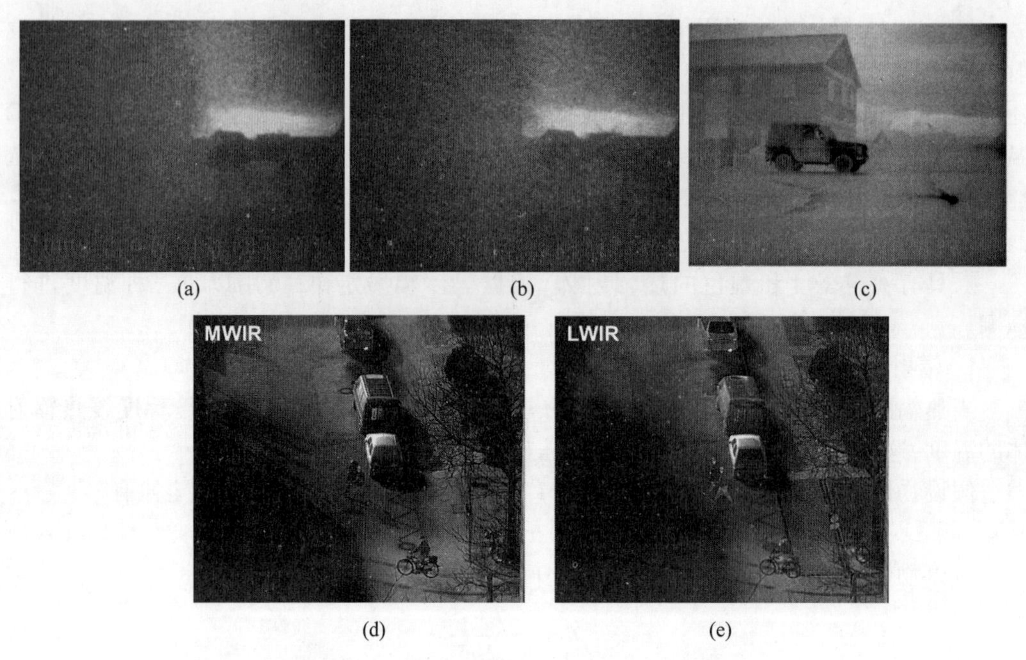

图 2-1-8　同一场景不同波段的红外图像

(a) 短波红外图像;(b) 中波红外图像;(c) 长波红外图像;(d)中波红外图像;(e) 长波红外图像。

五、激光的产生原理

普通光(比如可见光,微光和红外光)有没有办法改造后来携带信息呢？比如控制原子的发光过程。当然可以,激光就是这么产生的,它是可以携带信息的,比如激光通信。为了理解普通光如何改造成激光,从而携带信息,首先要搞明白光与物质之间都有哪些相互作用。

(一) 光与物质的相互作用

1916 年,爱因斯坦提出光与物质相互作用是按照三个过程进行的,即光的自发辐射、受激吸收和受激辐射三个过程。

1. 光的自发辐射

光场用光子 $h\nu$ 的集合代表,物质用二能级表示,且 $h\nu = E_2 - E_1$,h 是普朗克常数。如果原子处于高能级 E_2,处于高能级的原子是不稳定的,即使没有任何外来影响,它也必然会自发地向 E_1 跃迁,同时释放出光子 $h\nu$,称为自发辐射。图 2-1-9(a)中左右两个图分别表示一个激发态原子自发辐射前和自发辐射后的情况。自发辐射过程是原子内部运动规律决定的;自发辐射光子,除能量(即频率)由原子下跃迁减少的能量决定外,其传播方向、初相位及偏振状态均呈随机分布;对处于 E_2 上的大量原子来说,任一时刻是哪一个原子发生自发跃迁,也是随机的。

发光二极管(LED)是自发辐射的典型实例,通过电流就可以发光。如果材料的能级不同,则发射出来的波长也不一样,于是可得到不同颜色的发光二极管,如红的、蓝的等。

2. 光的受激吸收

光的受激吸收过程如图 2-1-9(b)所示。当外来光子能量 $h\nu = E_2 - E_1$ 时,处于 E_1

低能级上的原子可能对外来光子产生共振吸收，吸收了 $h\nu$ 的原子将上跃迁到 E_2 能级上，外来光子减少一个；外来光子越多，产生吸收的可能性越大；对处于 E_1 上的大量原子来说，任一时刻，是哪一个原子发生受激吸收是随机的。

光电探测器是受激吸收的典型实例，把光照到光敏器件上就可以转化成电，比如太阳能电池等。

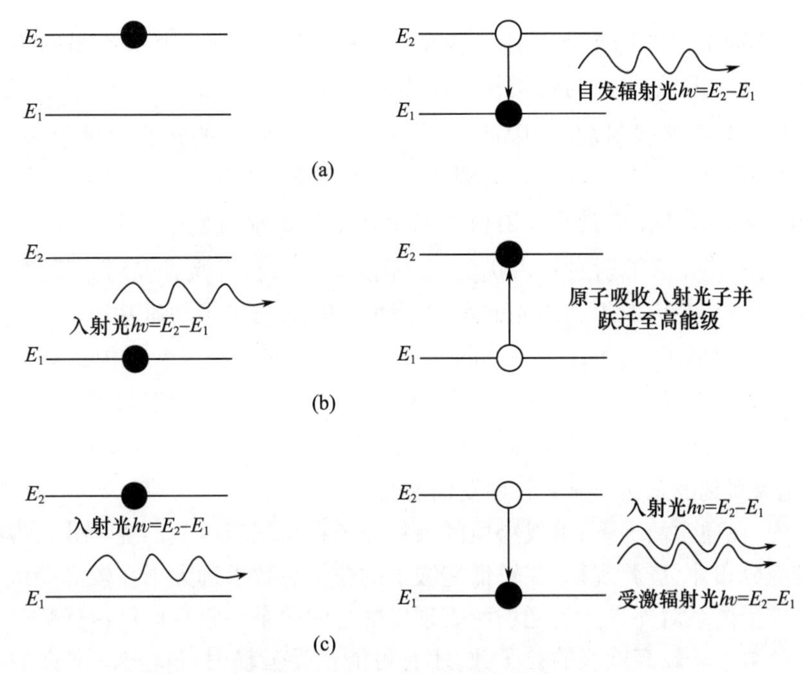

图 2-1-9　光的吸收和发射

(a)自发辐射过程；(b)受激吸收过程；(c)受激辐射过程。

3. 光的受激辐射

光的受激辐射过程如图 2-1-9(c)所示。当外来光子能量 $h\nu = E_2 - E_1$ 时，处于 E_2 上的原子就可能感受到外来光子的刺激而下跃迁到 E_1 上，同时释放出一个新光子 $h\nu$，连同外来光子变成两个光子，这个过程称为受激辐射。外来光子越多，产生受激辐射的可能性就越大；受激辐射的光子与外来光子具有全同性，即频率、初相位、传播方向、偏振完全相同，因此，受激辐射过程将使外来光子数目获得增多，称为光的受激辐射放大；对于处于 E_2 上的大量原子来说，任一时刻哪一个原子受外来光子刺激发生受激辐射完全是随机的。

4. 爱因斯坦关系及其意义

实际上，上述三个作用过程是同时发生的。对外来光子而言，自发辐射和受激辐射过程将使外来光子流的数目增多，但只有受激辐射过程才使外来光子流产生受激辐射放大，即外来光子与受激辐射光子因为性质相同，产生相干叠加，而自发辐射光子与外来光子性质不同，不能产生相干叠加。而受激吸收过程将使外来光子数目减少，起衰减作用。

综合三个过程的作用，爱因斯坦给出了一个描述 A_{21} 和 ω_{21}（等于 ω_{12}）之间关系的公式，称为爱因斯坦关系，它是光与物质相互作用的内在规律的反映，具体为

$$\bar{n} \equiv \frac{\text{光子数}}{\text{光子态(或模式)数}} = \frac{\omega_{21}}{A_{21}} \tag{2-1-11}$$

式中，$\bar{n}$ 为光子简并度，定义为一个光子态中平均的光子数目，光子态即光子的状态；ω_{21} 为受激跃迁概率；A_{21} 为自发跃迁概率。理论上可以证明，体积越大，频率越高，光子可能的状态数目就越大。同态的光子是不可区分的，因此，同态的光子是相干的。因此 $\bar{n}$ 值大的光子流，表示是强的相干光子流。相反，$\bar{n}$ 值小的光子流，表示是弱的不相干光子流。从这个意义上讲，如果光与物质相互作用的过程中，受激辐射过程是优势过程，它能使外来光子流产生受激辐射放大，因此，$\bar{n}$ 一定很大，即同态的光子数目很多，多数光子集中在一个光子态中，它就是激光。爱因斯坦关系的意义在于：

(1) 光子简并度正比于受激发射概率而反比于自发辐射概率。如果在发光过程中，能使 $\omega_{21} > A_{21}$，即使受激辐射过程占优势，就能使 $\bar{n} > 1$，获得激光发射。反之，只能得到自发辐射光。所以，爱因斯坦为激光的发明指明了方向，奠定了理论基石。

(2) 自发辐射概率 A_{21} 正比于频率的平方和光子能量。在光频段由于频率很高光子能量很大，A_{21} 很大，所以对常规的发光过程总有 $\omega_{21} < A_{21}$。从另一方面讲，频率高，可能的光子态数目就很大，对常规的发光过程而言，平均在一个光子态中的光子数目就很小，因此，从普通光源得到的总是 $\bar{n} < 1$ 的自发辐射光。

简单地说，在通常情况下，组成物质的大量粒子在不同能级上的统计分布遵循或近似遵循玻耳兹曼分布律，按此规律，在较低能级上的粒子总数永远大于在较高能级上的粒子总数，因此，粒子体系对外界入射光场所表现出的总的效果是吸收作用占优势。只有让较低能级的粒子数小于较高能级的粒子数，才有可能让受激辐射占优势。那么如何让受激辐射占优势，并产生激光呢？这涉及到激光的产生原理。

（二）激光的产生过程

1958 年，美国学者肖洛(A. L. Schawlow)和汤斯(C. H. Townes)发表了“红外和光学激光器”的论文，苏联学者巴索夫(N. G. Basov)和普洛霍夫(M. Prohorov)发表了“实现三能级粒子数反转和半导体激光器的建议”的论文。他们在不同国度里几乎同时提出了实现激光振荡的具体设想。1960 年，第一台激光器终于诞生。

1. 激光产生的必要条件

所谓激光产生的必要条件，就是指使光子简并度 $\bar{n} > 1$ 的必要条件。从爱因斯坦关系可知，这个必要条件要从两个方面来说明。

(1) 粒子数反转分布

要使 $\bar{n} > 1$，就要求 $\omega_{21} > A_{21}$。在光频段，A_{21} 很大，表示原子混乱发光的概率很大，这是一种人为无法控制的过程。那么怎样才能通过人为的控制出现 $\omega_{21} > A_{21}$ 的条件呢？深入研究发现，爱因斯坦关系还可以进一步写为

$$\bar{n} = \omega_{21}/A_{21} = N_2/N_1 \tag{2-1-12}$$

式中，N_2、N_1 分别是上能级 E_2 和下能级 E_1 上的原子数。如果能够人为地实现 $N_2 > N_1$，即实现粒子数的反转分布，也就实现了 $\omega_{21} > A_{21}$ 条件。这里所说的反转分布，是相对于正常的平衡分布而言的一种非平衡分布。正常情况下，原子按能级的分布是

一种按指数规律上少下多的分布，如图 2－1－10（a）所示，总是 $N_1>N_2$。反转分布是一种按指数规律上多下少的分布，即 $N_2>N_1$，如图 2－1－10（b）所示。反转分布的意义在于，当一束外来光入射后，受激辐射光将大于由于受激吸收而减少的光，总效果将使入射光得到放大。

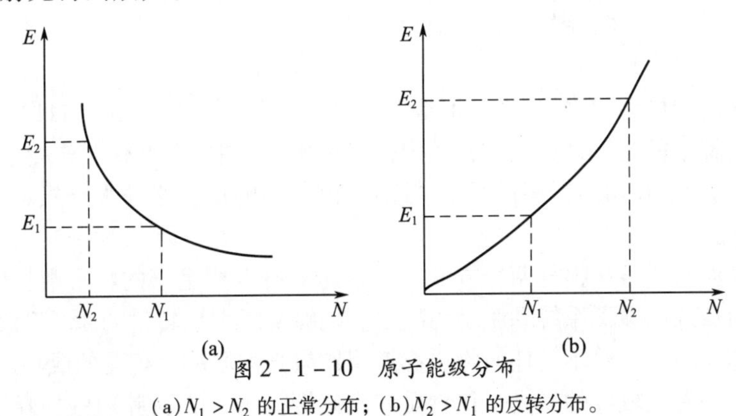

图 2－1－10　原子能级分布

（a）$N_1>N_2$ 的正常分布；（b）$N_2>N_1$ 的反转分布。

（2）开式光学谐振腔。

实现了 $N_2>N_1$ 反转分布，只是说明原子系统具有了对入射光波实施受激辐射放大的能力，这对于激光产生还是远远不够的，因为任何一个振荡器都是不需要输入信号的，电源一开就有输出。这里说的能产生激光的激光器，实际上是激光振荡器。我们知道，一个放大器再配上一个正反馈回路才能构成振荡器，如图 2－1－11 所示。在电子学低频段，用一定量值的电感和电容构成一定频率的谐振回路；由于频率升高，辐射损耗增大，故在更高的频段上，用一定尺寸的双导线做谐振回路；到微波频段，波长更短，频率更高，辐射损耗更强，干脆用封闭的金属盒子做谐振回路，称为微波谐振腔。为了选出一定波长的微波振荡，要求谐振腔的几何尺寸必须与相应的波长大小同量级，所以到了毫米波段，谐振腔的尺寸也只有毫米量级了。按照这一思路，到光频段，谐振腔的尺寸只能是微米量级了，显然这是不可思议的。1958 年，汤斯等的论文具有划时代的意义，多一半的原因就是他们找到了用开式光学谐振腔进行激光放大的方法。现在看来非常简单，将两个反射镜面对面放置起来就构成了光学谐振腔。镜面的反射起反馈作用，因而光波振荡只能在镜轴方向进行。侧面是打开的，只起损耗作用。相对微波封闭金属腔是开式的，因而称为开式光学谐振腔。由增益介质和光腔构成的激光器模型如图 2－1－12 所示。

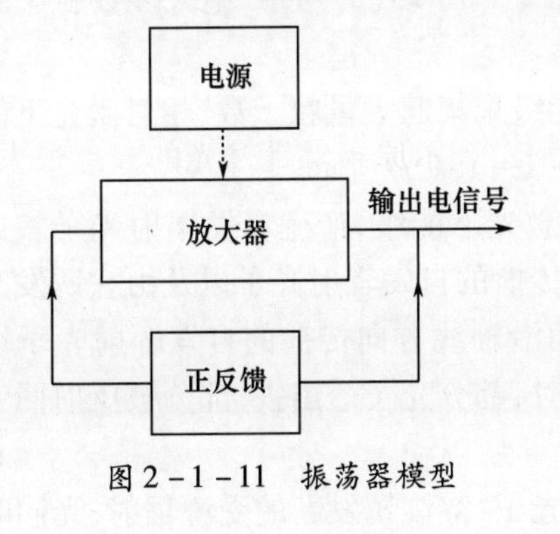

图 2－1－11　振荡器模型

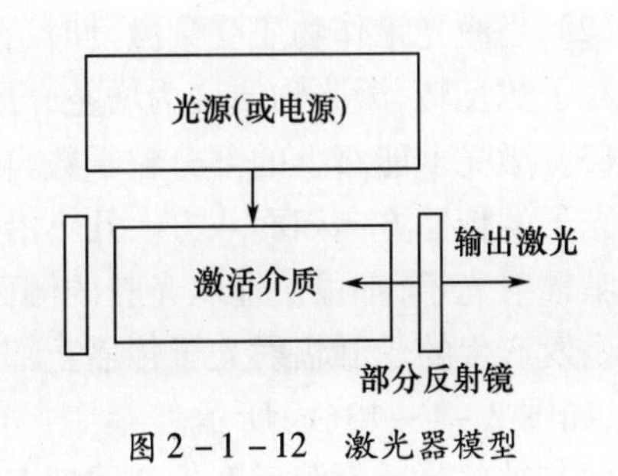

图 2－1－12　激光器模型

1960 年 5 月 15 日,美国科学家梅曼博士获得了波长为 694nm 的激光束,这个日子也就成了激光的生日。为什么梅曼首先获得成功?原因固然很多,但从技术角度讲,是梅曼最先很好地把握了产生激光的充分条件。

2. 激光产生的充分条件

(1)起振条件——初始增益大于损耗。

原子系统一旦实现了粒子数反转,就变成了增益介质,对外来光而言就变成了光放大器。在激光振荡器中,这个外来光并不是人为地送一束光进去,而是来自原子系统在光腔轴线方向自发辐射的光。这束光在光腔内往返传播过程中,若能不断增大起来,就称为起振。显然,这就要求在初始振荡过程中,振荡光束得到的增益必须大于损耗,也就是起振条件。

起振条件涉及增益和损耗两个方面。足够的增益需要足够的粒子数反转量,而粒子数反转量要由良好的原子系统和激励源决定。能够实现大反转量的原子系统称为激光介质或激光工作物质。当然不是任何物质都能用作激光物质的。梅曼的成功原因之一就是他当时找到了一种比较好的激光工作物质和激励源。另一方面腔内的损耗因素很多,主要是:激光介质的固有吸收(不能变为光辐射的部分)、腔镜的反射、散射和透射损耗等。即使其中大部分损耗都不计,总要让激光束从腔中输出,对腔内光波振荡而言,称为输出耦合损耗,所以,损耗总是存在的。显然,损耗越大,要求的增益也越大。当增益刚好等于损耗时,称为激光振荡的阈值条件。阈值的高低是激光器的重要性能之一。不难想象,只有高出阈值的那一部分增益才对激光有贡献。

(2)稳定振荡条件——饱和增益等于损耗。

如果激励源提供的初始增益大于损耗,腔内光波就会起振,在来回振荡中不断放大。如果继续维持这种激励水平,试问:腔内光波是否会愈振愈大以至无限增大呢?显然是不会的。我们知道,光波的放大是以消耗反转粒子数即增益为代价的。所以,随着光波放大,腔内光强增强,反转粒子数就会减少,增益随之降低,光波被放大的速度变慢。这种由于腔内光强增大而增益减小的现象称为增益饱和现象。最后当增益减小到等于损耗时,腔内光强就不再放大也不减小,保持稳定。饱和增益等于损耗称为稳定振荡条件。

3. 激光形成的全过程

为了对激光器的工作过程有一个完整的概念,现在参照图 2-1-13,简要地归纳一下激光形成的全过程。

(1)激光工作物质在没有受到激励以前,如图 2-1-13(a)所示,绝大多数粒子数处于稳定的低能级上。

(2)当激光工作物质受到激励时,在激光上能级聚集起大量粒子数,相对激光下能级形成粒子数反转,激光物质变为增益介质,如图 2-1-13(b)所示。

(3)激光上能级上的部分粒子数自发跃迁至激光下能级,产生自发辐射光子。这些自发光子的传播方向四面八方。凡不沿光腔轴线传播的自发辐射光子以及由它诱发产生的受激辐射光子,都很快地从光腔的侧面逸出。而沿轴线方向传播的自发辐射光子以及由它诱发产生的受激辐射光子传播至部分反射镜时,部分光子透出去,部分被反射回工作介质,如图 2-1-13(c)所示。

(4)被部分反射镜反射重新回到工作介质的光子,继续诱发新的受激辐射,光同时被放大,继续传播遇到全反射镜时,光子全部被反射,如图2-1-13(d)所示。

(5) 被全反射镜反射回来的光子,再次进入工作介质,诱发新的受激辐射,光进一步被放大。光子在光腔中来回多次振荡,受激辐射不断增强,光不断被放大,同时增益饱和。当光子增加到一定数量时,受激辐射放大作用与光腔损耗衰减作用相抵消,腔内光子数量达到稳定状态,从部分反射镜一端连续地、稳定地输出激光,如图2-1-13(e)所示。

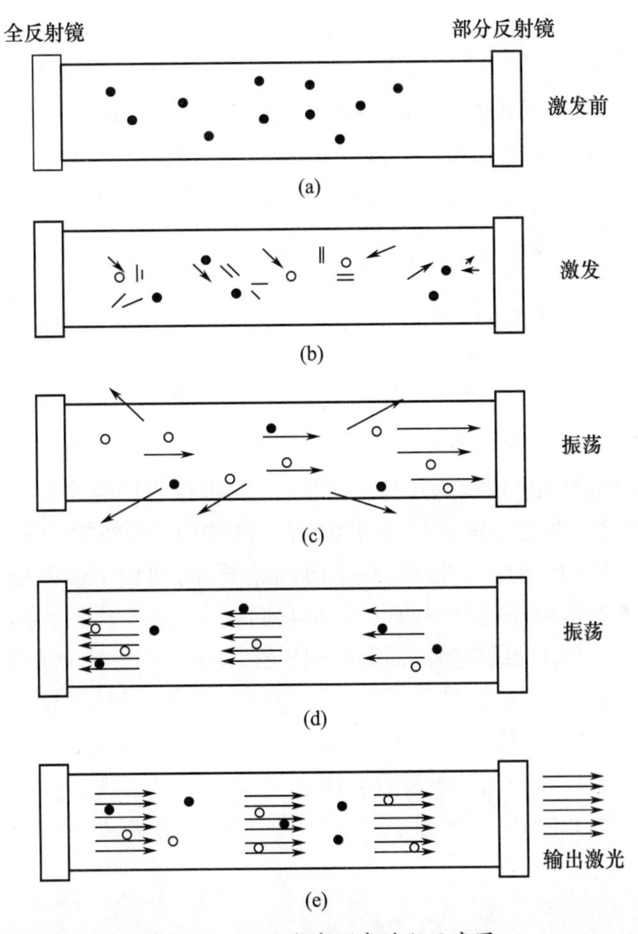

图2-1-13 激光形成过程示意图

(三) 激光的基本特性

与无线电波相比,光波的频率更高,波长更短,除了与无线电波一样的应用外,光波本来就有着自己特殊的应用。同时,作为光源,激光器和普通光源有着本质差别,普通光源主要用做照明工具,而激光器则是信息领域中的重要器件。这里所说的激光束的特性,既相对无线电波,也相对普通光波而言。激光束的特性可以从五个方面来概括,即单色性、方向性、相干性、瞬时性和亮度。

(1) 单色性。

单色性是光源发出的光强按频率分布曲线狭窄的程度。通常用频谱分布的宽度即线宽描述。线宽越窄,光源的单色性越好,这是激光获得广泛应用的物理基础之一。激光的波长,只集中在十分狭窄的光谱波段或频率范围内,比如:氦氖激光的波长为632.8nm,其中波长变化范围不到万分之一纳米。

(2) 方向性。

方向性即光束的指向性,常以激光束的发散角 θ 来评价。θ 角越小,光束发散越小,方向性越好。若 θ 角趋于零,就可近似地把它称为"平行光"。普通光源中方向性最好的探照灯,把光源放在凹面反光镜的焦点上,其光束发散角也有 0.01rad($1\text{rad} = 10^3\text{mrad} = 57.296°$),激光束的发散角一般在毫弧度数量级,比探照灯好 10 倍以上,比微波束好约 100 倍,如果借助光学系统,θ 角可减小到微弧度(10^{-6} rad)量级,接近真正的平行光束。

光束的发散角小,对实际应用具有重要意义。例如,激光照射到月球上,光斑直径只有 2km,可实现地球到月球的精确测距;而用探照灯,假设强度足够大(实际达不到),照到月球上的光斑直径至少也有几万千米,可以覆盖整个月球,就谈不上在月球表面的空间分辨了。利用这个特性可以制成激光测距机和激光雷达,与微波雷达相比,不但测量精度大大提高,而且可以成像。

(3) 相干性。

激光是将强度和相干性理想结合的强相干光,正是激光的出现,才使相干光学的发展获得了新的生机。相干性分为时间相干性和空间相干性。时间相干性,是指空间上同一点的两个不同时刻的光场振动是完全相关的,有确定的相位关系。空间相干性,是指在光束整个截面内任意两点间的光场振动有完全确定的相位关系。通俗地说,将一束光分成两束,并不等路径传播(相当经历不同的时间);然后再将它们会合空间同一点,如果在会合区域出现干涉条纹,则说在这一时间间隔内它们是相干的,将能产生干涉条纹的最长时间间隔称为这束光的相干时间。显然,相干时间越长,时间相干性就越好。同样,在光束截面上用不同距离的两个小孔取出两束光,将它们会合,能产生干涉条纹的最大区域称为这束光的相干面积。相干面积越大,则空间相干性越好。

光的相干性是单色性和方向性的综合评价参量,单色性越好,相干时间就越长,方向性越好,相干面积就越大。激光集高度的单色性和方向性于一身,所以是优良的强相干光。它不仅使无线电技术中的外差接收方法在光频段得以实现,而且促进了相干光学信息处理技术发展。例如早在 1948 年就提出了全息照相技术,但是在激光出现后才真正实现。

(4) 瞬时性。

瞬时性是指光脉冲宽度的可压缩性。数字通信和脉冲雷达技术中的信号形式都是以脉冲方式实现的,脉冲越窄,数字通信的容量就越大,脉冲雷达的测距精度就越高,所以压缩脉冲宽度一直是无线电技术里追求的目标之一。在无线电波段,把电脉冲压缩到纳秒量级就算是很好了。

如果说激光的高度单色性和方向性,是光能量在频率和空间上的高度集中性的表现,那么,激光的高度瞬时性则是光能量在时间上的高度集中,即短时间里发射足够大光能量的本领。理论研究表明,频率越低,脉冲压缩越困难;频率越高,脉冲压缩越容易。事实正是这样,激光脉冲很容易做到纳秒量级。随着激光脉冲压缩技术的发展,激光脉冲越来越窄,出现了皮秒($1\text{ps} = 10^{-12}\text{s}$)和飞秒($1\text{fs} = 10^{-15}\text{s}$)级的超短激光脉冲。到目前为止,公开报道的最短激光脉冲宽度已达到 6fs。这是一个什么概念呢? 简单计算表明,在 6fs 时间里光波前进的距离只有 1.8μm。这样短的光脉冲在空间传播时像一个飞速前进的薄盘子。用这样的脉冲作为探测手段,就可以深入研究许多瞬态过程,包括生命过程的变化情况。

(5) 亮度。

亮度是表征面光源在一定方向范围内辐射功率强弱的物理量。考虑到激光的单色性,用单色亮度表征其亮度更准确,即激光器向一定方向范围和一定频率范围辐射的功率大小。实际上,这是一个表征激光单色性、方向性、相干性、瞬时性的更为综合的物理量。

世界上最亮的光源是什么呢?人造小太阳(长弧氙灯)亮度已经赶上了太阳,而高压脉冲氙灯更比太阳亮上10倍。相对于激光,无论是太阳、人造小太阳,还是高压脉冲氙灯,它们的亮度都要逊色得多。一支功率仅为1mW的氦氖激光器的亮度,比太阳约高100倍,一台巨脉冲固体激光器的亮度可以比太阳表面亮度高10^{10}倍。值得注意的是,绝不能把激光的亮度误解为激光器所发射的光能量,好像比相同时间内太阳辐射的能量还要多。实际上这是由于激光的频率宽度、脉冲宽度和发散角都很小的缘故。

(四) 实用激光单元技术

普通激光器输出的光束特性远非理想。为改变激光束输出特性,对激光束实行人为控制的技术称为激光单元技术。下面将从各个侧面介绍各种实用的激光单元技术。

(1) 激光选模技术。

一台普通激光器所给出的单色性和方向性一般说来还是不能令人满意的。其原因在于,一般激光器是多模式工作的,即许多模式都能满足振荡条件,模式越多,单色性和方向性就越差。因此,要提高激光的单色性和方向性,就必须首先限制能够参与振荡的模式数目,这就是激光选模技术的意义。

激光的模式可分为纵模和横模两大类,纵模主要决定频率特性,横模主要决定方向性。因此,选模技术又分为纵模选择技术和横模选择技术。

(2) 激光调谐技术。

激光调谐就是在一定频率范围内使激光频率或波长产生人为控制的变化。调谐技术的原理与纵模选择技术基本相同,因而所使用的方法和光学元件也基本相同,如棱镜调谐法、光栅调谐法、标准具调谐法、双折射滤光片调谐法等。为了提高调谐的选择能力、压缩激光的输出线宽,对一些激光器,可同时将两种方法组合起来进行调谐,如光栅和标准具组合调谐、棱镜和光栅组合调谐、光栅和光栅组合调谐、双折射滤光片和标准具组合调谐等。

(3) 激光调Q技术。

采用某种办法使光腔在开始时处于高损耗(低Q值)状态,这时激光振荡的阈值很高,反转粒子数即使积累到很高水平也不会产生振荡;当积累的反转粒子数即增益达到其峰值时,突然使光腔的损耗降低(Q值增大),这时激光工作介质的增益将大大超过阈值,就会极其快速地振荡。这时储存在亚稳态的粒子上的大部分能量会很快转换为光子的能量,光子像雪崩一样以极高的速率增多,激光器便可输出一个峰值功率高(大于千瓦)、宽度窄(纳秒级)的激光脉冲。通常,把这种高峰值功率的单个窄脉冲称为巨脉冲。用调节光腔Q值以获得巨脉冲的技术称为调Q技术。

(4) 激光变频技术。

激光变频技术与激光调谐技术不同,调谐是指在激光增益介质的增益线宽内连续改变激光输出波长,因此,调谐范围主要由增益线宽的范围决定。变频是指利用非线性光学方法实现倍频、高次倍频、和频、差频或连续调谐激光输出。例如,Nd:YAG激光器,本身输出 1.06μm 不可见激光,加上倍频技术后输出 0.53μm 的可见绿光。

(5) 激光锁模技术。

虽然调 Q 技术可以压缩激光脉冲宽度,获得巨脉冲输出,但其压缩能力受到腔长限制。因为一个 Q 开关光脉冲的宽度至少等于光波行进单程光腔长度所经历的时间,所以通常 Q 开关巨脉冲宽度被限制在纳秒量级。激光锁模技术将激光脉冲宽度进一步压缩到了皮秒和飞秒量级。

激光锁模是将两个以上不发生关联的振荡模式(纵模)联系起来。激光器中振荡的不同模式本来是不关联的,即各自的振荡相位是独立而随机变化的,即使是紧相邻的两个模也是非相干的,所以激光器的总输出功率等于各个独立模功率之和。如果能把它们的振荡相位一致起来,各模之间变成相干关系,相干源之间的相加不再是功率之和,而变成振幅相加,相应的功率在时间上出现不均匀分布,参与相干的模越多,不均匀分布越尖锐,即形成脉冲宽度极窄、峰值功率很高的激光脉冲。要想获得窄脉冲激光,不仅要求参与振荡的模式数目要多,而且要求各模式之间的相位关系要一致、要固定。这种固定各个模式相位关系的技术就称为锁模技术。

(五) 常用激光器及其特性

激光器的种类很多,习惯上主要按两种方法进行分类:一种是按激光工作介质的不同分类;另一种是按激光器工作方式的不同分类。到目前为止,已经发现能产生激光的工作介质有上千种,能产生上万种不同波长的激光。根据激光工作介质的不同,可以把激光器分为固体激光器、气体激光器、液体激光器(染料激光器)、半导体激光器及化学激光器等。

按激光器的工作方式的不同,激光的输出是连续输出方式,称为连续激光器;激光的输出是脉冲输出方式,称为脉冲激光器。脉冲激光器又按脉冲的持续时间长短或采用的相应技术不同,分为 Q 开关激光器(脉冲宽度为纳秒量级)和锁模激光器(脉冲宽度为皮秒、飞秒量级)。此外,还可按谐振腔不同,分为平面腔激光器、球面腔激光器、非稳腔激光器等;按激励方式不同,分为光激励激光器、电激励激光器、热激励激光器、化学能激励激光器及核能激励激光器等。本小节只是按激光工作介质分类方式,简要介绍几种常用的激光器及其特性。

(1) 固体激光器。

固体激光器通常是指以均匀掺入少量激活离子的光学晶体、光学玻璃或透明陶瓷作为工作介质的激光器。真正发光的是激活离子,晶体或玻璃则作为基质材料,使激活离子的能级特性产生对激光运转有利的变化。常用的激光工作介质是红宝石、Nd:YAG 和钕玻璃等。固体激光器自发辐射概率小,储能能力强,易于获得大能量输出,适合于进行 Q 开关以获得高功率激光脉冲输出。同样大小的能量和功率输出,固体激光工作介质的体积比气体小得多。

(2) 气体激光器。

气体激光器是以气体或金属蒸气为工作介质的激光器。气体的光学均匀性好,激活粒子的谱线窄,使得气体激光器的方向性、单色性都远比固体激光器好。但气体的激活粒子密度远比固体小,需要较大体积的激光工作介质才能获得足够的功率输出,因此,气体激光器的体积一般比较庞大。

(3) 染料激光器。

染料激光器采用溶于适当溶剂中的有机染料作激光工作介质。典型代表是溶于乙醇的若丹明6G有机染料溶液。有机染料对紫外或可见光波具有很强的吸收带，激光上、下能级都是准连续的能带，所以有很宽的调谐范围。使用不同的染料溶液，已在紫外(330nm)到近红外(1.85μm)相当宽的范围内获得了连续可调谐激光输出。

(4) 半导体激光器。

半导体激光器是指以半导体材料为激光工作介质的一类激光器，简称激光二极管(LD)，与其相对应的非相干发光二极管(LED)相比，LD体积小、效率高、寿命长，就激光器数量而言，是激光器市场占有率之冠。

(5) 化学激光器。

通过化学反应实现粒子数反转的激光器叫化学激光器，其激光工作介质目前主要是气体，如氟化氢(HF)、氧碘(COIL)等，激光波长主要在红外波段。化学激光器的特点主要在于：化学物质本身蕴藏着巨大的化学能，例如，每千克氟、氢燃料反应生成氟化氢时，能放出约 1.3×10^7 J的能量。由于它能在单位体积内集中巨大的能量，当化学能直接转换为受激辐射时，就可获得高能激光，因此，化学激光器是目前正在研制的几种激光武器的核心器件。

第二节　光辐射量计算

军用光电系统所获取的目标有各种类型。有的目标是以自身辐射为主，有的目标是以反射外界光辐射为主，而且从目标发出的辐射可能以红外辐射为主，也可能以可见光为主。因此，光辐射的度量方法有两种：第一种是物理(或客观)的计量方法，称为辐射度参数，它适用于整个电磁辐射谱区，对辐射量进行物理的计量；第二种是生理(主观)的计量方法。是以人眼所能见到的光对大脑的刺激程度来对光进行计量的方法，称为光度参数。光度参数只适用于0.39~0.78μm的可见光谱区域，是对光强度的主观评价，超过这个谱区，光度参数没有任何意义[7]。

辐射度参数与光度参数在概念上虽不一样，但它们的计量方法却有许多相同之处。常用相同的符号表示辐射度参数与光度参数，并在对应符号的右下角以“e”表示辐射度参数，标以“v”表示光度参数。

一、与光源有关的辐射度参数及光度参数

与光源有关的辐射度参数是指计量光源在辐射波长范围内发射连续光谱或单色光谱能量的参数。

(一) 辐射能和光能

以辐射形式发射、传播或接收的能量称为辐射能，用符号 Q_e 表示，其计量单位为焦耳(J)。

光能是光通量在可见光范围内对时间的积分，以 Q_v 表示，其计量单位为流明秒(lm·s)。

（二） 辐射通量和光通量

辐射通量是以辐射形式发射、传播或接收的功率；或者说，在单位时间内，以辐射形式发射或接收的辐射能称为辐射通量，以符号 Φ_e 表示，其计量单位为瓦(W)，即

$$\Phi_e = \frac{dQ_e}{dt} \tag{2-2-1}$$

若在 t 时间内所发射、传播或接收的辐射能不随时间改变，则式(2-2-1)可简化为

$$\Phi_e = \frac{Q_e}{t} \tag{2-2-2}$$

对可见光，光源表面在无穷小时间段内发射、传播或接收的所有可见光谱，其光能被无穷短时间间隔 dt 来除，其商定义为光通量 Φ_v，即

$$\Phi_v = \frac{dQ_v}{dt} \tag{2-2-3}$$

若在 t 时间内发射、传播或接收的光能不随时间改变，则式(2-2-3)简化为

$$\Phi_v = \frac{Q_v}{t} \tag{2-2-4}$$

其中，Φ_v 的计量单位为流明(lm)。

显然，辐射通量对时间的积分称为辐射能，而光通量对时间的积分称为光能。

（三） 辐射出射度和光出射度

对面积为 A 的有限面光源，表面某点处的面元向半球面空间内发射的辐射通量 $d\Phi_e$ 与该面元面积 dA 之比，定义为辐射出射度 M_e，即

$$M_e = \frac{d\Phi_e}{dA} \tag{2-2-5}$$

M_e 的计量单位是瓦每平方米[W/m^2]。

由式(2-2-5)可得，面光源 A 向半球面空间内发射的总辐射通量为

$$\Phi_e = \int_{(A)} M_e dA \tag{2-2-6}$$

对于可见光，面光源 A 表面某一点处的面元向半球面空间发射的光通量 $d\Phi_v$，与面元面积 dA 之比称为光出射度，即

$$M_v = \frac{d\Phi_v}{dA} \tag{2-2-7}$$

其计量单位为勒克司(lx)或 lm/m^2。

对均匀发射辐射的面光源有

$$M_v = \frac{\Phi_v}{A} \tag{2-2-8}$$

由式(2-2-7)可得面光源向半球面空间发射的总光通量为

$$\Phi_v = \int_{(A)} M_v dA \tag{2-2-9}$$

（四） 辐射强度和发光强度

对点光源在给定方向的立体角元 dW 内发射的辐射通量 $d\Phi_e$，与该方向立体角元 $d\Omega$

之比，定义为点光源在该方向的辐射强度 I_e，即

$$I_e = \frac{d\Phi_e}{d\Omega} \tag{2-2-10}$$

式中：$d\Omega = \frac{dA}{R^2}$，dA 为球面某面元面积，R 为球面半径，辐射强度的计量单位为瓦每球面度（W/sr）。

点光源在有限立体角 Ω 内发射的辐射通量为

$$\Phi_e = \int_{\Omega} I_e d\Omega \tag{2-2-11}$$

各向同性的点光源向所有方向发射的总辐射通量为

$$\Phi_e = I_e \int_0^{4\pi} d\Omega = 4\pi I_e \tag{2-2-12}$$

对可见光，与式（2-2-10）类似，定义发光强度为

$$I_v = \frac{d\Phi_v}{d\Omega} \tag{2-2-13}$$

对各向同性的点光源向所有方向发射的总光通量为

$$\Phi_v = \int_{\Omega} I_v d\Omega \tag{2-2-14}$$

一般点光源是各向异性的，其发光强度分布随方向而异。发光强度的单位是（cd）。由式（2-2-14）可得，对发光强度为 1cd 的点光源，向给定方向 1sr（球面度）内发射的光通量定义为 1lm，则在整个球空间所发出的总光通量为

$$\Phi_v = 4\pi I_v = 12.566\text{lm}$$

（五）辐射亮度和发光亮度

光源表面某一点处的面元在给定方向上的辐强度，除以该面元在垂直于给定方向平面上的正投影面积，称为辐射亮度，即

$$L_e = \frac{dI_e}{dA\cos\theta} = \frac{d^2\Phi_e}{d\Omega dA\cos\theta} \tag{2-2-15}$$

式中，θ 为所给方向与面元法线之间的夹角。辐亮度 L_e 的计量单位为瓦每球面度平方米［W/（sr · m^2）］。

对可见光，发光亮度定义为光源表面某一点处的面元在给定方向上的发光强度，除以该面元在垂直给定方向平面上的正投影面积，即

$$L_v = \frac{dI_v}{dA\cos\theta} = \frac{d^2\Phi_v}{d\Omega dA\cos\theta} \tag{2-2-16}$$

L_v 的计量单位是坎德拉每平方米（cd/m^2）。

若 L_e、L_v 与光源发射辐射的方向无关，且可由式（2-2-15）、式（2-2-16）表示，则这样的光源称为朗伯辐射体。黑体是一个理想的朗伯辐射体，粗糙表面的辐射体或反射体及太阳等是一个近似的朗伯辐射体。而一般光源的亮度与方向有关，当有一束光入射到它上面时，反射的光具有很好的方向性，即当恰好逆着反射光线的方向观察时，感到十分耀眼，而只要偏离不大的角度观察时，就看不到这个耀眼的反射光。

根据朗伯辐射体亮度不随角度 θ 变化的定义，得 $L=\frac{I_0}{dA}=\frac{I_\theta}{dA\cos\theta}$，即 $I_\theta=I_0\cos\theta$。该式表明，在理想情况下，朗伯体单位表面积向空间规定方向单位立体角内发射（或反射）的辐射通量和该方向与表面法线方向的夹角的余弦成正比，这就是朗伯余弦定律，揭示了辐射能量在空间上的分布规律[8]。朗伯体的辐射强度按余弦规律变化，因此，又称为余弦辐射体。

余弦辐射体表面某面元 dA 处向半球面空间发射的通量为

$$\Phi = \iint L\cos\theta dA d\Omega \tag{2-2-17}$$

式中，$d\Omega=\frac{r d\theta r\sin\theta d\Phi}{r^2}=\sin\theta d\theta d\Phi$。

对式（2-2-17）在半球面空间内积分

$$\Phi = LdA\int_{\Phi=0}^{2\pi} d\Phi\int_{\theta=0}^{\pi/2}\sin\theta\cos\theta d\theta = \pi L dA \tag{2-2-18}$$

由式（2-2-18）得到余弦辐射体的 M_e 与 L_e、M_v 与 L_v 的关系为

$$L_e = M_e/\pi \tag{2-2-19}$$

$$L_v = M_v/\pi \tag{2-2-20}$$

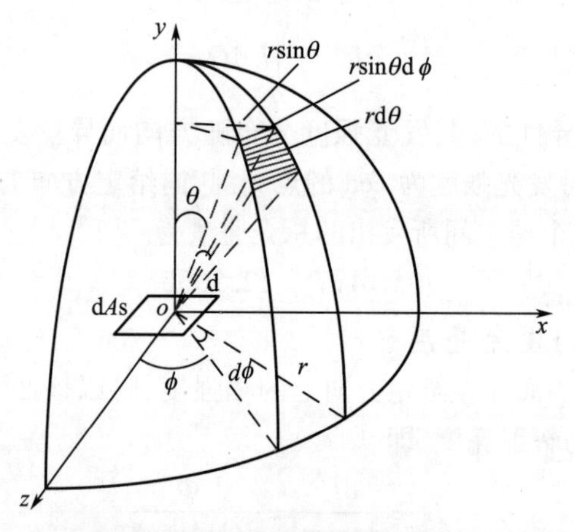

图 2-2-1　朗伯体辐射空间坐标

（六）　辐射效率与发光效率

光源所发射的总辐射通量 Φ_e 与外界提供给光源的功率 P 之比，称为光源的辐射效率 η_e；光源发射的总光通量 Φ_v 与提供的功率 P 之比，称为发光效率 η_v，即

$$\eta_e = \Phi_e/P\times 100\% \tag{2-2-21}$$

$$\eta_v = \Phi_v/P\times 100\% \tag{2-2-22}$$

辐射效率 η_e 无量纲，发光效率 η_v 的计量单位是流明每瓦（$lm\cdot W^{-1}$）。

对限定在波长 $\lambda_1\sim\lambda_2$ 范围内的辐射效率为

$$\eta_{e,\Delta\lambda} = \frac{\int_{\lambda_1}^{\lambda_2}\Phi_{e,\lambda}d\lambda}{P}\times 100\% \tag{2-2-23}$$

式中，$\Phi_{e,\lambda}$ 称为光源辐射通量的光谱密集度，简称为光谱辐射通量。

二、与接收器有关的辐射度参数及光度参数

从接收器的角度来讨论辐射度与光度的参数，称为与接收器有关的辐射度参数及光度参数。接收器可以是探测器，也可以是反射辐射的反射器，或两者兼有的器件。与接收器有关的辐射度参数与光度参数有以下两种。

（一）辐照度与光照度

将照射到物体表面某一点处面元的辐射通量 $\mathrm{d}\Phi_e$ 除以该面元的面积 $\mathrm{d}A$ 称为辐照度，即

$$E_e = \frac{\mathrm{d}\Phi_e}{\mathrm{d}A} \tag{2-2-24}$$

E_e 的计量单位是瓦每平方米（$\mathrm{W/m^2}$）。

若辐射通量是均匀地照射在物体表面上的，则式（2－2－24）可简化为

$$E_e = \frac{\Phi_e}{A} \tag{2-2-25}$$

注意，不要把辐照度 E_e 与辐射出射度 M_e 混淆起来。辐照度是从物体表面接收辐射通量的角度来定义的，辐射出射度是从面光源表面发射辐射的角度来定义的。

本身不辐射的反射体接收辐射后，吸收一部分，反射一部分。若把反射体当做辐射体，则光谱辐出度 $M_{er}(\lambda)$（下标 r 代表反射）与辐射体接收的光谱辐照度 $E_e(\lambda)$ 的关系为

$$M_{er} = \rho_e(\lambda)E_e(\lambda) \tag{2-2-26}$$

式中：$\rho_e(\lambda)$ 为辐射度光谱反射比，是波长的函数。

将式（2－2－26）对波长积分，得到反射体的辐射出射度

$$M_e = \int \rho_e(\lambda)E_e(\lambda)\mathrm{d}\lambda \tag{2-2-27}$$

对可见光，用照射到物体表面某一面元的光通量 $\mathrm{d}\Phi_v$，除以该面元面积 $\mathrm{d}A$，其值称为光照度，即

$$E_v = \frac{\mathrm{d}\Phi_v}{\mathrm{d}A}$$

或表示为

$$E_v = \frac{\Phi_v}{A} \tag{2-2-28}$$

E_v 的计量单位是勒克斯（lx）。

对接受光的反射体，同样有

$$m_v(\lambda) = \rho_v(\lambda)E_v(\lambda) \tag{2-2-29}$$

或者

$$M_v(\lambda) = \int \rho_v(\lambda)E_v(\lambda)\mathrm{d}\lambda \tag{2-2-30}$$

式中：$\rho_v(\lambda)$ 为光度光谱反射比，是波长的函数。

（二）辐照量和曝光量

辐照量与曝光量是光电接收器接收辐射能量的重要度量参数。光电器件的输出信号大小常与所接收的入射辐射能量有关。

将照射到物体表面某一面元的辐照度 E_e 在时间 t 内的积分称为辐照量，即

$$H_e = \int_0^t E_e \mathrm{d}t \tag{2-2-31}$$

H_e 的计量单位是焦每平方米（J/m^2）。

如果面元上的辐照度 E_e 与时间无关，则式（2-2-31）可简化为

$$H_e = E_e t \tag{2-2-32}$$

与辐照量 H_e 对应的光度量是曝光量 H_v，它定义为物体表面某一面元接收的光照度 E_v 在时间 t 内的积分，即

$$H_v = \int_0^t E_v \mathrm{d}t \tag{2-2-33}$$

H_v 的计量单位是勒克斯秒（$lx \cdot s$）。

如果面元上的光照度 E_v 与时间无关，则式（2-2-33）可简化为

$$H_v = E_v t$$

上面讨论的辐射度参数和光度参数的基本定义与基本计量公式，汇总成如表2-2-1所列。

表2-2-1　辐射度量与光度量的定义

辐射度参量				光度参量			
量的名称	量的符号	量的定义	单位符号	量的名称	量的符号	量的定义	单位符号
辐射能	Q_e		J	光量	Q_v		$lm \cdot s$
辐射通量	Φ_e	$\Phi_e = \frac{\mathrm{d}Q_e}{\mathrm{d}t}$	W	光通量	Φ_v	$\Phi_v = \frac{\mathrm{d}Q_v}{\mathrm{d}t}$	lm
辐射出射度	M_e	$M_e = \frac{\mathrm{d}\Phi_e}{\mathrm{d}A}$	W/m^2	光出射度	M_v	$M_v = \frac{\Phi_v}{A}$	lm/m^2
辐射强度	I_e	$I_e = \frac{\mathrm{d}\Phi_e}{\mathrm{d}\Omega}$	W/sr	发光强度	I_v	$I_v = \frac{\mathrm{d}\Phi_v}{\mathrm{d}\Omega}$	cd
辐射亮度	L_e	$L_e = \frac{I_e}{\mathrm{d}A\cos\theta} = \frac{\mathrm{d}^2\Phi_e}{\mathrm{d}\Omega \mathrm{d}A\cos\theta}$	$W/(sr \cdot m^2)$	发光亮度	L_v	$L_v = \frac{I_v}{\mathrm{d}A\cos\theta} = \frac{\mathrm{d}^2\Phi_v}{\mathrm{d}\Omega \mathrm{d}A\cos\theta}$	cd/m^2
辐照度	E_e	$E_e = \frac{\mathrm{d}\Phi_e}{\mathrm{d}A}$	W/m^2	光照度（照度）	E_v	$E_v = \frac{\mathrm{d}\Phi_v}{\mathrm{d}A}$	lx
辐照量	H_e	$H_e = \int_0^t E_e \mathrm{d}t$	J/m^2	曝光量	H_v	$H_v = \int_0^t E_v \mathrm{d}t$	$lx \cdot s$

三、辐射能量计算

对于不同的探测系统，辐射源的尺寸大小各不相同，根据辐射源的相对尺寸大小不同，采用的辐照度计算公式也不同。一般根据辐射源相对于辐射探测系统的相对尺寸大小，将辐射源分为点源和面源两种。通常将辐射源的空间尺寸与辐射探测系统的瞬时视场对应的空间分辨率进行比较，如果辐射源的空间尺寸小于探测系统的空间分辨率，则认为辐射源为点源辐射体；反之，如果辐射源的空间尺寸大于探测系统的空间分辨率，则认

为辐射源为面源辐射体。

（一） 点源对微面元的辐照度

如图2－2－2所示，设O为点源，受照微面元dA距点源的距离为l，其平面法线n与辐射方向夹角为a，对点源O所张立体角为

$$\mathrm{d}\omega=\frac{\mathrm{d}A\cos a}{l^2} \tag{2-2-34}$$

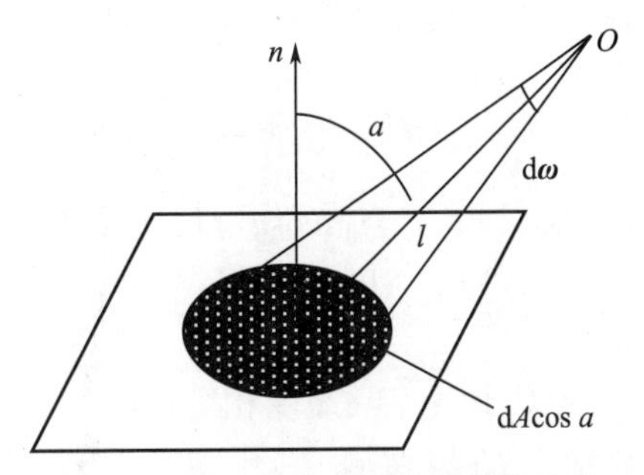

图2－2－2　点源对微面元的辐照度

若点源在该方向的辐射强度为I，则向立体角dω发射的通量dP为

$$\mathrm{d}P=I\mathrm{d}\omega=\frac{I\mathrm{d}A\cos a}{l^2} \tag{2-2-35}$$

如果不考虑传播中的能量损失，则微面元的辐照度为

$$E=\frac{\mathrm{d}P}{\mathrm{d}A}=\frac{I\cos a}{l^2} \tag{2-2-36}$$

即点源对微面元的照度与点源的发光强度成正比，与距离平方成反比，并与面元对辐射方向的倾角有关。当点源在微面元法线上时，式(2－2－36)变为

$$E=\frac{I}{l^2} \tag{2-2-37}$$

即为距离平方反比定律。

（二） 点源向圆盘发射的辐射通量

点源向圆盘发射的辐射通量可用于计算距点源一定距离的光学系统或接收器接收到的辐射通量。如图2－2－3所示，点源O发出光辐射，距点源l处有一与辐射方向垂直半径为R的圆盘。由于圆盘有一定大小，由点源至圆盘上各点的距离不等，故圆盘上各点的辐照度不等，不能按均匀照明进行简单计算。

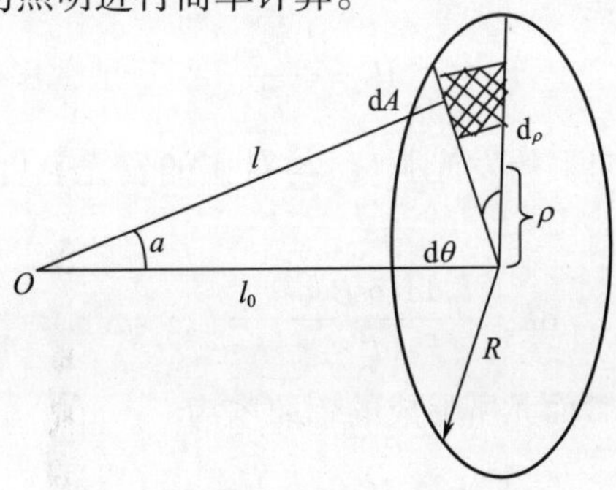

图2－2－3　点源对圆盘的辐射

圆盘上微面元 dA 接收的辐射通量为

$$dP = E dA = \frac{I\cos a}{l^2} dA \tag{2-2-38}$$

由图 2-2-3 可得：$dA = \rho d\theta d\rho, \cos a = l_0 / \sqrt{\rho^2 + l_0^2}$，带入式(2-2-38)并对 ρ 和 θ 积分，得到半径 R 的圆盘接收的全部辐射通量

$$P = \int dP = I l_0 \int_0^{2\pi} d\theta \int_0^R \frac{\rho}{(\rho^2 + l_0^2)^{3/2}} d\rho = 2\pi I\left\{1 - \left[1 + \left(\frac{R}{l_0}\right)^2\right]\right\}^{-1/2} \tag{2-2-39}$$

当圆盘距点源足够远时，即 $l_0 \gg R, l \approx l_0, \cos a \approx 1$，则圆盘接收的通量为

$$P = \frac{I}{l_0^2}\pi R^2 = \frac{I}{l_0^2} S \tag{2-2-40}$$

即圆盘可认为是微面元，圆盘上各点辐照度相等。

（三） 面辐射在微面元上的辐照度

如图 2-2-4 所示，设 dA 为面辐射源，Q 为受照面，n_1 为微面元 dA 的法线，与辐射方向夹角为 β，n_2 为 Q 平面 O 点处的法线，与入射辐射方向的夹角为 α，dA 到 O 点的距离为 l。对面源 A 上微面元 dA，运用距离平方反比定律得 O 点形成的辐照度为

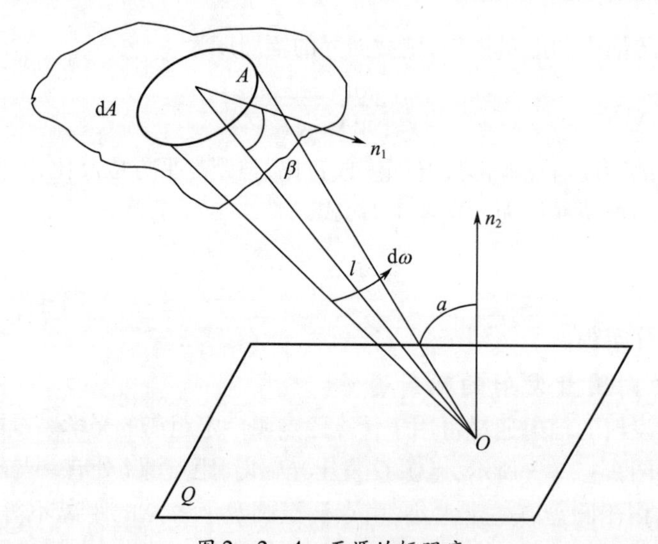

图 2-2-4 面源的辐照度

$$dE = \frac{I_\beta \cos a}{l^2} \tag{2-2-41}$$

式中：I_β 为面元 dA 在 β 方向上的发光强度，与对应的发光亮度 L_β 有关系 $I_\beta = L_\beta dA\cos\beta$，代入式(2-2-41)可得

$$dE = \frac{I_\beta dA\cos\beta\cos a}{l^2} = L_\beta \cos a d\omega \tag{2-2-42}$$

面辐射源 A 对 O 点处微面元所形成的辐照度为

$$E = \int_A dE = \int_A L_\beta \cos a d\omega \tag{2-2-43}$$

一般情况下，面辐射源在各个方向上的亮度是不等的，用式(2-2-43)求照度较困难。但对各方向亮度相等的朗伯辐射源，式(2-2-43)可简化为

$$E = L\int_A \cos\alpha \mathrm{d}\omega = L\omega_S \tag{2-2-44}$$

式中：$\omega_S = \int_A \cos\alpha \mathrm{d}\omega$ 是所有立体角 $\mathrm{d}\omega$ 在平面 Q 的投影之和，式(2-2-44)为立体角投影定律。

(四) 朗伯辐射体产生的辐照度

如图2-2-5所示，朗伯扩展源为半径等于 R 的圆盘 A，取圆环状面元 $\mathrm{d}A_1 = r\mathrm{d}r\mathrm{d}\varphi$，根据式(2-2-42)，因 $\beta=\alpha$，则环状面元上发射的辐射在距圆盘为 l_0 的某点 A_d 产生的辐照度为

$$\mathrm{d}E = L\frac{\cos^2\beta}{l^2}r\mathrm{d}r\mathrm{d}\varphi \tag{2-2-45}$$

由图2-2-5可得的几何关系有

$$l = l_0/\cos\beta,\quad r = l_0\tan\beta,\quad \mathrm{d}r = l_0\mathrm{d}\beta/\cos^2\beta,\quad \mathrm{d}E = L\sin\beta\cos\beta\mathrm{d}\beta\mathrm{d}\varphi$$

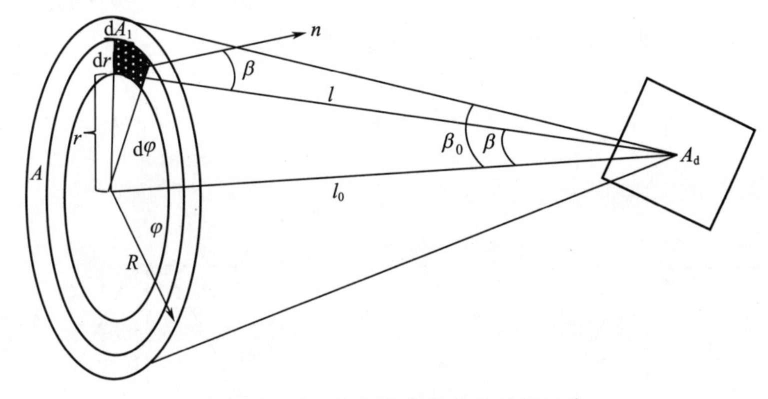

图2-2-5 朗伯圆盘辐射体的辐照度

则圆盘扩展源在轴上点产生的辐照度为

$$E = L\int_0^{2\pi}\mathrm{d}\varphi\int_0^{\beta_0}\sin\beta\cos\beta\mathrm{d}\beta = \pi L\sin\beta_0 = M\sin^2\beta_0$$

进一步讨论扩展源近似为点源的条件。由图2-2-5可得

$$\sin\beta_0^2 = \frac{R^2}{R^2+l_0^2} = \frac{R^2}{l_0^2}\frac{1}{1+(R/l_0)^2} \tag{2-2-46}$$

因为圆盘的面积 A 为 πR^2，故辐照度可改写为

$$E = \frac{LA}{l_0^2}\frac{1}{1+(R/l_0)^2} \tag{2-2-47}$$

若圆盘可近似作为点源，在其在同一点产生的辐照度为

$$E_0 = \frac{LA}{l_0^2} \tag{2-2-48}$$

四、光谱辐射分布与量子流速率

前面讨论的辐射度参数和光度参数没有考虑不同光谱的辐射情况。如果考虑不同光谱的辐射分布情况，就是光谱辐射分布参量。光谱辐射分布参量是从宏观角度描述光源辐射的总能量。从微观角度，可以用量子流速率描述每秒辐射了多少光子。

（一）光源的光谱辐射分布参量

光源发射的辐射能在辐射光谱范围内是按波长分布的。光源在单位波长范围内发射的辐射量称为辐射量的光谱密度 $X_{e,\lambda}$，简称为光谱辐射量，即

$$X_{e,\lambda}=\frac{dx_e}{d\lambda} \tag{2-2-49}$$

式中：通用符号 $X_{e,\lambda}$ 为波长的函数，代表所有的光谱辐射量，如光谱辐射通量 $\Phi_{e,\lambda}$、光谱辐射出射度 $M_{e,\lambda}$、光谱辐射强度 $I_{e,\lambda}$、光谱辐射亮度 $L_{e,\lambda}$、光谱辐照度 $E_{e,\lambda}$ 等。

以符号 $X_{v,\lambda}$ 表示光源在可见光区单位波长范围内发射的光度量，称为光谱光度量，即

$$X_{v,\lambda}=\frac{dX_v}{d\lambda} \tag{2-2-50}$$

式中，$X_{v,\lambda}$ 代表光谱光通量 $\Phi_{v,\lambda}$、光谱光出射度 $M_{v,\lambda}$、光谱发光强度 $I_{v,\lambda}$ 等。

光源的辐射度参量 $X_{e,\lambda}$ 随波长 λ 的分布曲线，称为该光源的绝对光谱辐射分布曲线，如图 2-2-6 所示。该曲线任一波长 λ 处的 $X_{e,\lambda}$ 除以峰值波长 λ_{max} 处的光谱辐射量最大值 $X_{e,\lambda_{max}}$ 的商 X_{e,λ_r}，称为光源的相对光谱辐射量，即

$$X_{e,\lambda_r}=X_{e,\lambda}/X_{e,\lambda_{max}} \tag{2-2-51}$$

相对光谱辐射量 X_{e,λ_r} 与波长 λ 的关系称为光源的相对光谱辐射分布曲线，如图 2-2-7所示。

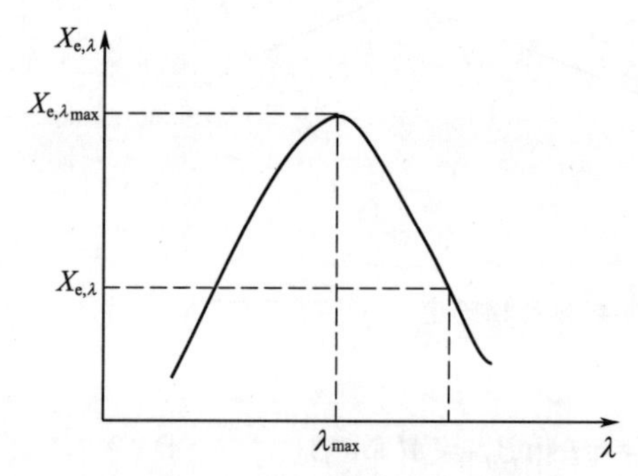

图 2-2-6　绝对光谱辐射分布曲线

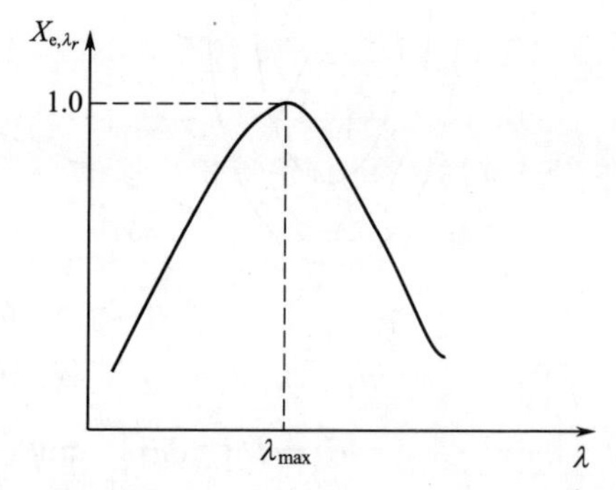

图 2-2-7　相对光谱辐射分布曲线

光源在波长 $\lambda_1-\lambda_2$ 范围内发射的辐射通量为

$$\Delta\Phi_e=\int_{\lambda_1}^{\lambda_2}\Phi_{e,\lambda}d\lambda$$

若积分区间从 $\lambda_1=0\sim\lambda_2\to\infty$，得到光源发出的所有波长的总辐射通量为

$$\Phi_e=\int_0^{\infty}\Phi_{e,\lambda}d\lambda=\Phi_{e,\lambda_{max}}\int_0^{\infty}\Phi_{e,\lambda_r}d\lambda \tag{2-2-52}$$

光源在波长 $\lambda_1\sim\lambda_2$ 范围内的辐射通量 $\Delta\Phi_e$ 与总辐通量 Φ_e 之比称为该光源的比辐射，即

$$q_e=\frac{\int_{\lambda_1}^{\lambda_2}\Phi_{e,\lambda}d\lambda}{\int_0^{\infty}\Phi_{e,\lambda}d\lambda} \tag{2-2-53}$$

（二） 量子流速率

光源发射的辐射功率是每秒发射光子能量的总和。光源在给定波长 λ 处,将 $\lambda \sim \lambda + d\lambda$ 范围内发射的辐射通量 $d\Phi_e$,除以该波长 λ 的光子能量 $h\nu$,就得到光源在 λ 处每秒发射的光子数,称为光谱量子流速率,即

$$dN_{e,\lambda} = \frac{d\Phi_e}{h\nu} = \frac{\Phi_{e,\lambda} d\lambda}{h\nu} \tag{2-2-54}$$

光源在波长 λ 从 $0 \sim \infty$范围内发射的总量子流速率为

$$N_e = \int_0^\infty \frac{\Phi_{e,\lambda} d\lambda}{h\nu} = \frac{\Phi_{e,\lambda_{max}}}{hc} \int_0^\infty \Phi_{e,\lambda_r} \lambda d\lambda \tag{2-2-55}$$

对可见光区域,光源每秒发射的总光子数为

$$N_v = \int_{0.38}^{0.78} \frac{\Phi_{e,\lambda}}{hc} \lambda d\lambda \tag{2-2-56}$$

量子流速率 N_e 或 N_v 的计量单位为辐射元的光子数每秒(1/s)。量子流速率与电子流速率对应,是研究光电转换的基础。

五、光度量与辐射度量之间的关系

辐射度参数与光度参数是从不同角度对光辐射进行度量的参数,这些参数在一定光谱范围内(可见光谱区)经常相互使用,它们之间存在着一定的转换关系。有些光电传感器件采用光度参数标定其特性参数,而另一些器件采用辐射度参数标定其特性参数,因此,讨论它们之间的转换是很重要的。

光视效能是指某一波长的单色光辐射通量可以产生多少相应的单色光通量,描述了光度量与辐射度量之间的关系。其定义为同一波长下测得的光通量与辐射通量的之比,即

$$K_\lambda = \frac{\Phi_{v\lambda}}{\Phi_{e\lambda}} \tag{2-2-57}$$

光视效率是归一化光视效能,即

$$V(\lambda) = \frac{K_\lambda}{K_m} \tag{2-2-58}$$

式中,K_m 为人眼对 555nm 波长的单位辐射通量所产生的响应最大值。国际照明委员会规定这一最大响应值为 683(lm/w)。图 2-2-8 是光视效率随波长变化的曲线,实线是亮视觉的光视效率,虚线是暗视觉的光视效率。

例:已知某 He-Ne(波长 0.632um)激光器的输出功率为 3mW,试计算其发出的光通量为多少 lm?

解:He-Ne 激光器输出的光为光谱辐射通量,根据图 2-2-8,可知波长 0.632um 的光其光视效率约为 0.24。因此,He-Ne 激光器的光通量为

$$\begin{aligned}\Phi_{v\lambda} &= K_\lambda \Phi_{e\lambda} = K_m V(\lambda) \Phi_{e\lambda} \\ &= 683 \times 0.24 \times 3 \times 10^{-3} \\ &= 0.492(\text{lm})\end{aligned}$$

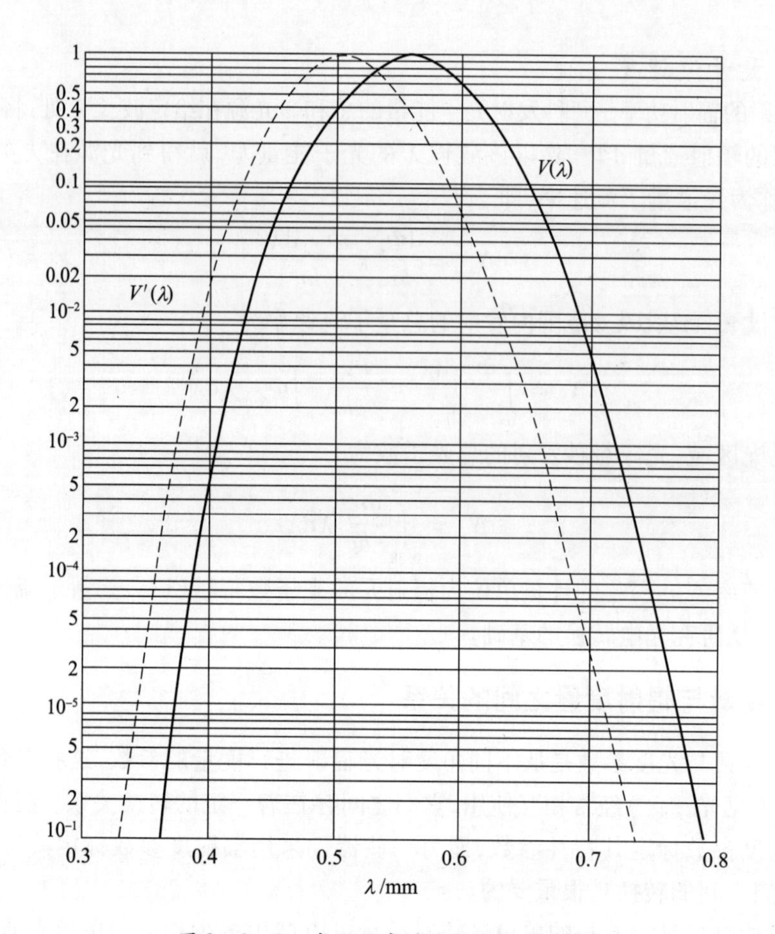

图 2-2-8　光视效率随波长变化的曲线

第三节　光辐射的大气传输

光电系统大都需要通过大气才能观察到目标，而来自目标的辐射，在到达探测器以前，受大气影响主要表现在两方面，即能量衰减和光学调制。所谓能量衰减是通过各种物理、化学作用，以吸收、散射形式对大气传输中的能量进行衰减。所谓光学调制，是指由于大气层自身特性（如温度、压强、成分比例、密度等）的变化，改变在大气中传输的电磁披的传输方向、偏振状态、相位等，其中最为常见的是通过大气折射率的变化改变电磁波的传播方向，也称为大气的蒙气差。

能量衰减用大气透过率表示，即

$$\tau(\lambda)=\frac{P_{\lambda}(x)}{P_{\lambda_0}}=\exp[-\beta(\lambda)x] \tag{2-3-1}$$

式中：$P_{\lambda}(x)$为距离为x处接收到的能量；P_{λ_0}为辐射源辐射的能量；$\beta(\lambda)$为衰减系数，也称为消光系数；x是路程长度。在大多数情况下，衰减由吸收和散射因素造成，因此，有

$$\beta(\lambda)=\alpha(\lambda)+\gamma(\lambda) \tag{2-3-2}$$

式中：$\alpha(\lambda)$为吸收系数，起因于大气中气体分子的吸收；$\gamma(\lambda)$为散射系数，起因于气体分子、烟和雾的散射。

一、大气传输环境

大气可划分为对流层、同温层、中间层、热层。我们主要关心的是同温层以下的低层大气,因为它包含了很多不利于辐射传输的成分,如吸收分子、灰尘、雾、雨、雪和云。大气的组分的相对比例直到 80km 高度几乎不变。大气的辐射传输特性取决于大气的组成、浓度分布、性质和传输路径上的大气压强与温度。

(一) 大气组成及其分布

地球大气是由多种气体分子和悬浮微粒组成的混合体。按混合比例可分为均匀不变组分和可变组分,按其对辐射传输的影响又可分为对红外辐射有选择性吸收的组分和无选择性吸收组分。

大气中含量最多的是 N_2 和 O_2,它们都是同核双原子分子,无固有电偶极矩,故没有选择性红外吸收带。但因它们的含量最大,是构成大气压的主要成分,因此,是影响其他组分吸收光谱线碰撞展宽的主要因素,而且因氮的碰撞感应,还会在 4μm 区产生较弱的连续吸收。氧分子还因有磁偶极矩而产生远红外至微波区的吸收。其他如 H_2 和 He、Ne、Kr、Xe 等惰性气体,含量稀少又无红外吸收,因此,对红外辐射传输没有什么影响。

对红外辐射有选择性吸收的主要大气组分是水蒸气和 CO_2,它们的含量较高,吸收也较强烈。CO_2 是大气的不变组分,在不同地区的分布基本均匀。水蒸气是大气中含量较高、对红外辐射传输影响较大的一种可变组分。在不同地区和时间季节,水蒸气含量差别很大。即使在同一特定区域,甚至在短到一小时之内,大气的水蒸气含量就能出现较大变化。但粗略地讲,绝大部分水蒸气都分布在对流层内,并随海拔高度的增加密度迅速下降。

CH_4、N_2O 和 CO 也吸收红外辐射,但因它们含量较少,故仅当辐射在大气中传输较长距离时,它们的吸收才较显著。O_3 虽有强烈吸收,但它通常主要分布于较高大气层,在较低大气层内太阳的紫外辐射减弱,产生的 O_3 减少,故只当辐射在竖直方向穿过较厚大气层时才需考虑 O_3 的吸收。

大气中包含着许多小悬浮微粒的综合体,通常称为气洛胶,也因吸收和散射造成辐射传输中的严重衰减。它们的尺寸比分子大得多且分布较广(半径可在 10^{-3} μm 到 1mm 之间),同时,成分也不一样。它们包括霾、云、雾、小雨滴和冰晶等。其中霾是由来自地面的细小灰尘、碳粒、盐晶粒、烟、燃烧生成物以及其他有生命的机体等。半径范围在 0.03 ~0.2μm,典型的霾半径很少超过 0.5μm。当湿度较高时,这些微粒因有水蒸气在它上面凝聚而增大,最后形成半径超过 1μm 的水滴或冰晶,这就是云或雾。云和雾的水珠半径在 0.5 ~80μm,多数为 5 ~15μm。雨滴最小半径一般为 0.25mm。气溶胶的空间分布随时间及地区而变化,并随距地面高度的增加,粒子数密度迅速降低。

(二) 大气的温度和压强分布

辐射传输路径上的温度和压强是影响吸收气体分子密度和光谱线型的重要因素。大气温度随季节、时间、地理位置及海拔高度变化,不能用一简单分析表达式准确描述。但粗略地讲,这种变化也有一定规律。若依温度变化情况把地球大气分成四个同心层,则每层中的大气温度有如表 2 -3 -1 中所给出的变化规律。在同温层以下常称低层大气,这是人们较为关心的部分。大气压强随高度的增加而降低。

表 2-3-1　地球大气层的温度变化规律

大气层	起止范围/km	随高度增加的大气温度
对流层	0～12	每公里约降低6℃
同温层	12～20	保持不变
中间层（或逸散层）	20～80	20～48km逐渐上升，然后下沉
热电离层	80～8000	从110～240km温度上升很快，然后几乎保持不变

二、大气对辐射传输的影响

通常认为在红外区域中，大气对光辐射的吸收作用是主要的，而散射是次要的；而在可见光到1μm左右的近红外区域中，大气散射将是引起辐射能衰减的主要因素。

（一） 大气吸收作用及其特征

大气组分中对红外辐射有吸收作用的主要气体，包括水蒸气、CO_2、O_3、N_2O、CO和甲烷等。它们的振动和转动跃迁是产生红外吸收的根本原因。其中，CO_2 在2.7μm区、4.3μm区及11.4～20μm间出现强吸收带，在1.4μm、1.6μm、2.0μm、4.8μm、5.2μm、9.4μm和10.4μm处出现弱吸收带，其中4.8和5.2μm带只在高浓度时才产生显著的吸收。水蒸气在1.87μm、2.70μm和6.27μm处出现强吸收带，在0.94μm、1.1μm、1.38μm和5.2μm处出现弱吸收带。N_2O 在4.5μm区有较强吸收带，在3.9μm、4.05μm、7.7μm、8.6μm和17.1μm处有弱吸收带。CO在4.6μm区有强吸收带，在2.3μm区有弱吸收带。甲烷在3.3μm、6.5μm和7.65μm区有吸收带。O_3 主要在9.60μm区有强吸收带，在4.7μm、8.9μm和14μm处有弱吸收带。

水蒸气是大气中的可变组分，海平面的大气吸收大部分由水蒸气产生，空气中水蒸气随高度增高而迅速减小，在12000m以上可忽略不计。对辐射的吸收也随着压强和温度的变化而变化，受压强的影响尤为严重。压强增加时，吸收谱线增宽，吸收也增强。

CO_2 对红外辐射的吸收作用仅次于水蒸气，它的吸收带是在2.05μm、2.6μm、4.3μm和12.8～17.3μm波长处，特别是12.8～17.3μm波段有特别强烈的吸收带。由于 CO_2 是大气中的不变组分，而随着高度的增加，大气中水蒸气的含量越来越少，以致 CO_2 的吸收起主要作用。

图2-3-1是红外辐射在海平面传输通过20km水平路程后测得的光谱透射曲线。大气透射情况与波长有关，透射系数较小的波带称为吸收带，透射系数较大的称为“大气窗口”。从图中可以看出，大气中对红外辐射产生选择性吸收的主要是水蒸气、CO_2 和 O_3。

（二） 大气的散射衰减

散射直接影响到可见光的衰减，可用能见度表示。但是，除雾的散射以外，它们对红外的作用不大。辐射在大气中传输时，除因吸收引起辐射衰减外，大气中的分子和各种悬浮微粒的散射作用也会导致辐射衰减。散射产生于媒质的不均匀性。大气中的气体分子和密度起伏，各种悬浮微粒都是大气的散射元。散射过程可看作辐射光子与散射元粒子之间的碰撞过程。若为简单起见只考虑弹性碰撞，则散射后不会改变辐射能量的光谱分布，即纯散射不引起总辐射能量的损耗，但会使辐射能量改变其原来的空间分布或偏振状态。因此，散射后在原来方向或以某种偏振方式传输的辐射受到衰减。在红外区，随着波长增加，散射衰减逐渐减少。但在吸收很低的大气窗口区，散射就是辐射衰减的重要原因。散射的强弱与大气中散射元的浓度、大小及辐射波长有密切关系，并用散射系数表征。

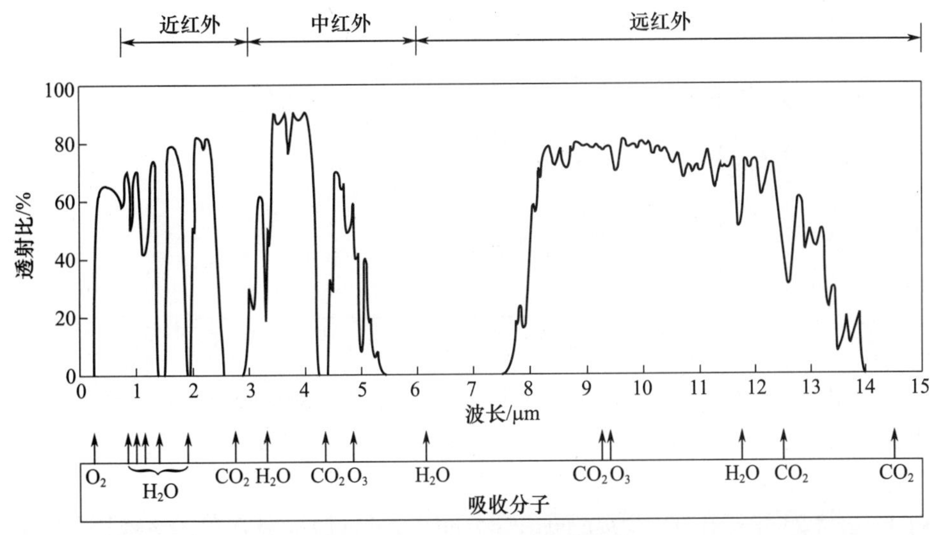

图 2-3-1　大气光谱透射曲线

1. 散射系数

任何散射理论必须解决的基本问题，是确定散射随辐射波长、方向角以及散射元的特性和尺寸的变化关系。根据被散射的辐射波长与散射元尺寸之间的关系，可以得到三种处理方法和散射规律，这就是瑞利(Rayleight)散射、米氏(Mie)散射和无选择性散射。

在仅含散射物质(无吸收物质)的大气中，通过路程长度为 x 的光谱透过率为

$$\tau = e^{-\gamma \cdot x} \qquad (2-3-3)$$

式中，γ 为散射系数。如果每立方厘米大气中含 n 个水滴，每一水滴的半径为 r，则散射系数为

$$\gamma = \pi n K r^2 \qquad (2-3-4)$$

式中，K 为散射面积比，是水滴散射效率的度量。

散射与波长的关系可表达为

$$\gamma \approx \lambda^{-\psi} \qquad (2-3-5)$$

(1) 瑞利散射。

当辐射波长比粒子半径大得多时，产生的散射称为瑞利散射，ψ 近似等于4。因为这种情况下的散射元基本上是大气中的气体分子(尤其在可见光范围)，所以，有时也把瑞利散射称为分子散射。瑞利散射系数与辐射波长的四次方成反比(见图 2-3-2)。因此，短波辐射比长波红外辐射的瑞利散射强得多。这就是白天的晴朗天空呈蓝色，傍晚前后的太阳呈橘红色的原因。基于上述理由，与可见光相比，大气分子对红外辐射的瑞利散射可以忽略。但对波长几十微米的远红外辐射而言，半径几微米的悬浮微粒的散射，仍属于瑞利散射。

(2) 米氏散射和无选择性散射。

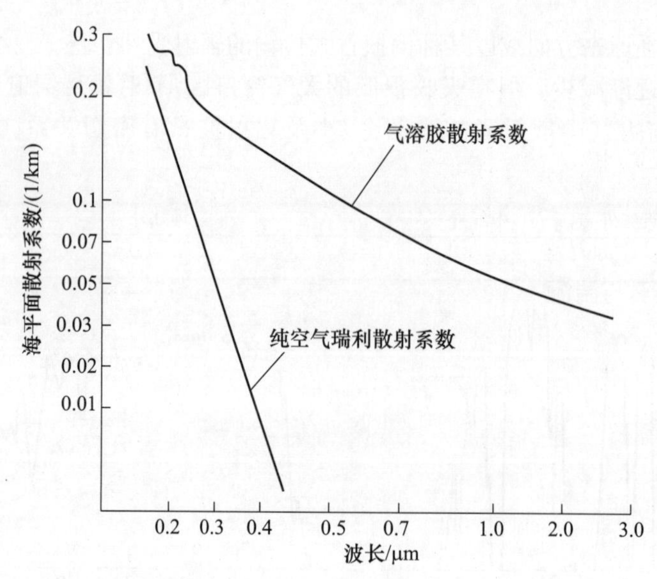

图 2-3-2 标准晴朗大气海平面水平传输大气散射系数与光波长的关系

当粒子的尺寸和辐射波长差不多时,发生的散射为米氏散射,ψ 近似等于 0。而当粒子尺寸比波长大很多时,则发生无选择性散射。

由于云雾粒子半径在 5~15μm 间出现分布最大值,所以对常用的 $\lambda < 15\mu m$ 红外波段,出现强烈的米氏散射。但对可见光,在云和雾中出现无选择性散射,因此,雾呈白色,透过雾看太阳呈白色圆盘形状。工业区上空的霾粒子半径很少超过 0.5μm,比红外波长小得多,因而从散射的观点看,红外辐射透霾能力比可见光要强。因为霾对短波辐射有较强的散射,所以含有大量霾粒子的上空呈淡蓝灰色。

2. 云雾雨雪的散射与衰减

辐射在云和雾中被吸收和散射衰减,取决于微粒的浓度、尺寸分布、折射率和云雾层的厚度。若已清楚了解这些参数,则可做出估算。然而,不同种类的云(卷云,卷层云、高积云、积云、高层云和雨层云)和雾(水滴雾和冰雾等),具有不同的结构和光学性质,而且在不同地理条件、高度和季节,可能会有不同的尺寸及浓度分布。例如,天然雾和低水平的云,一般由球形水滴组成,而卷云(Cirrus)和高积云(Altocumulus)等往往由六角形片状或柱状冰晶组成。因此,当辐射通过不同种类的云和雾时,不仅受到的吸收有所变化,而且散射也有差别。此外,当冰晶有一定相互取向时,还会引起偏振现象。

雨比雾对红外辐射的散射衰减要低一些,原因是雨滴比红外辐射波长大许多倍,故散射与波长无关。

三、辐射传输的基本计算

(一) 大气传输的实验测量方法

大气辐射传输特性的实验研究方法,可分为两大类型,即在典型实际大气路径上的野外测量和实验室模拟测量。野外测量通常以太阳、人造光源或激光器作辐射源,测量辐射通过不同程长实际大气后的透射比或吸收比,以便取得计算透射比随路程、气象条件变化的经验关系式。实验室模拟测量则是通过人为地模拟各种大气条件和吸收组分含量,利用高分辨率分光计测定分子的吸收机构、各种分子谱线的正确形状和整个吸收谱带中谱线的总强度、半宽度及其随温度、压强等外界条件的变化关系,研究吸收分子与其他分子相互作用造成的光谱效应等,以便从这些实验资料相应的理论方法计算沿各种大气路程的吸收衰减。或者利用低分辨率分光计,测定整个谱带或许多谱带群的吸收,建立大气总吸收的经验公式,并根据吸收气体浓度、程长、压强和温度等已知宏观参数,运用经验公式计算大气吸收衰减。

大气传输特性的野外测量,有真实性好和程长不受限制等优点,但路径上的气象条件(温度、压强)和散射与湍流等不能控制,测量重复性差,而且绝对测量只能与另一无吸收的波长处比较而间接进行,对倾斜和竖直路程的测量也较困难。实验室模拟测量几乎避免了野外测量的所有困难和缺点,但其缺点是总程长有限,目前仅达4km左右。在大型模拟装置中,温度控制的代价很高,而且有时建立的条件,代表性的准确度常有问题。

(二) 大气传输特性计算软件

(1) 低频谱分辨率传输(LOWTRAN)。

LOWTRAN7 是美国地球物理管理局开发的大气效应计算软件,用于计算低频谱分辨率($20cm^{-1}$)系统给定大气路径的平均透过率和路程辐射亮度。LOWTRAN7 是最新型码,于 1988 年初完成,1989 年由政府公布。它把 LOWTRAN6 的频谱扩充到近紫外到毫米波的范围。根据修正的模型和其他方面的改进,LOWTRAN7 比 1983 年公布的 LOWTRAN6 更为完善。

LOWTRAN7 的主要优点是计算迅速,结构灵活多变,选择内容包括:大气中气体的或分子的分布及大型的粒子。后者还包括大气气溶胶(灰尘、霾和烟雾)以及水汽(雾、云、雨)。由于 LOWTRAN 中所用的近似分子谱带模型的限制,对 40km 以上的大气区域,精度严重下降。LOWTRAN 主要作为工作于下层大气和地表面战术系统的辅助工具。

与 LOWTRAN 配合使用的大气数据库包括随高度变化的 6 种参考大气。它允许选择气候范围和提供 13 种微量气体分子的分布。LOWTRAN 典型输入参数是:大气模型、路径类型、运行模式和吸收气体的分布类别。1 号卡输入的气溶胶、水汽参数,2 号卡输入的是路径参数和光谱范围,3 号卡用于定义特定问题的几何路径参数,4 号卡用于计算的光谱区和步长,5 号卡控制程序的循环,以一次运行计算一系列问题。

(2) 中频谱分辨率传输(MODTRAN)。

MODTRAN 有 LOWTRAN 的全部功能,但精度可达 $2cm^{-1}$。

(3) 高频谱分辨率传输(HITRAN)。

HITRAN 是国际公认的大陆大气吸收和辐射特性的计算标准和参考,其数据库包含了有 30 种分子系列的谱参数及其各向同性变量,包括从毫米波到可见光的电磁波谱。

除作为独立的数据库外,HITRAN 还可用作 FASCODE 的直接输入以及谱带模型码如 LOWTRAM 和 MODTRAN 的间接输入。

(4) 快速大气信息码(FASCODE)。

FASCODE 是一套实用的精确编码,比 LOWTRAN 有更高的精度。由于需要复杂的逐线计算,其计算速度远低于 LOWTRAN。FASCODE 可用于要求预测高分辨率的所有系统。

(三) 大气传输特性工程计算方法

利用专业软件计算大气传输特性可以获得较高精度,但此类软件较为复杂,且难以在系统仿真软件中直接调用，可移植性差。因此，本书给出一种大气散射的工程计算方法。

大气中气溶胶散射衰减后的大气光谱透过率为

$$\tau_s = \exp\left[-\frac{3.91}{V} \cdot \left(\frac{\lambda_0}{\lambda}\right)^q \cdot X \right] \tag{2-3-6}$$

式中：X 为传输距离，q 为指数衰减系数，气象视程 V（能见度）是指把一个很亮的目标从 $X=0$处移到距离观测点 $X=V$ 处时，如果目标在波长 λ_0 处的光谱辐射亮度降低为原来的2%，则 V 称为气象视程。能见度 $V>80\text{km}$，$q=1.6$；能见度 $V>6\text{km} \sim 80\text{km}$，$q=1.3$；能见度 $V<6\text{km}$，$q=0.585V^{1/3}$。

四、激光的传输

激光应用的重要方面均涉及到大气和水下激光通信、探测等技术，通常是以大气和水下为信道。与光纤相比，这些信道的传输特性更为复杂和不稳定。与微波波段相比，这些问题变得更为突出，使激光应用中许多优势的发挥受到限制。因此，激光大气和水下传输特性的研究已成为一个专门的研究领域，尤其对激光军事应用的影响显得更为重要。

（一） 激光在大气传输中的衰减作用

当激光通过大气时，大气分子的吸收和散射使透射光强减弱，而光波的电磁场使大气分子产生极化，形成振动的偶极子，从而发出次波。若大气光学均匀，这些次波叠加的结果，使光只在折射方向继续传播，在其他方向上则因次波的干涉而互相抵消，所以没有光出现。然而，大气中总存在着局部的密度与平均密度统计性的偏离，破坏了大气的光学均匀性，使次波的相干性遭到破坏；另外，由于大气中存在各种微粒，一部分辐射光会向其他方向传播，从而导致光在各个方向上的散射。

1.06μm 和10.6μm 激光目前应用较多，1.06μm 激光波长来说，几乎不存在分子吸收（小于10^{-6}km^{-1}），分子散射也比气溶胶衰减约小1~2个数量级，主要衰减是气溶胶的散射和吸收；对于10.6μm 激光波长，通常分子散射可以忽略，主要的衰减是分子吸收和气溶胶衰减。在晴朗天气下，分子吸收占优势。随着天气条件变坏，气溶胶衰减的作用越来越大。实际测量和理论分析都指出，在霾、雾气溶胶体系中，10.6μm 波长激光的衰减比可见光和近红外波段激光的衰减要小一个数量级，辐射波长越长，气溶胶衰减越小，随着气溶胶粒子尺度的逐渐增大（例如粒子半径大于10μm），衰减与波长这种明显的依赖关系也趋于消失。所以10.6μm 激光具有良好的穿雾、霾的能力。这一波段是一种比较理想的传输波段。然而在厚雾中，例如当能见度为200m 和50m 时，10.6μm 激光的衰减系数可分别达到20dB/km 和150dB/km 左右，可见雾对激光的衰减仍是相当严重的，表2-3-2为三种不同波长的激光在不同气象条件下的衰减。

雾与雨的差别不仅在于降水量不同，而主要是雾粒子和雨滴尺寸有很大差别。研究表明，虽然下雨天大气中水的含量（若为1g/m^3），一般较浓雾（若为0.1g/m^3）大10倍以上，可雾滴半径（微米量级）仅是雨滴半径（毫米量级）的千分之一左右，雨滴间隙要大得多，故能见度较雾高，光波容易通过。加之雨滴的前向散射效应强，将显著地减小对直射光束的衰减。结果雨的衰减系数比雾小两个数量级以上。

激光在雪中的衰减与在雨中相似，衰减系数与降雪强度有较好的对应关系。不同波长的激光在雪中的衰减差别不大，但就同样的含水量而言，雪的衰减比雨的大，比雾的小。

表 2-3-2　三种不同波长的激光在不同气象条件下的衰减

气象条件	波长/μm	衰减系数/(dB/km)
晴朗天气 (20%湿度)	0.5 和 1.06 10.6	0.06 0.54
霾 0.5～10μm 大小,0.5mg/m³	0.5 和 1.06 10.6	1.4 0.66
薄雾,能见度≈2km 0.5～10μm 大小,0.5mg/m³	0.5 和 1.06 10.6	9 0.9
雾,能见度≈0.5km 0.5～10μm 大小,1mg/m³	0.5 和 1.06 10.6	18 1.9
雨:5mm/h 25mm/h 75mm/h 雨(1000μm,50mg/m³)	0.5 和 1.06 0.5 和 1.06 0.5 和 1.06 10.6	1.6 4.2 7 1.2
雪:小雪 大雪	0.5 和 1.06 0.5 和 1.06	1.9 6.9

(二) 大气湍流及非线性传播效应

1. 大气湍流效应

大气终始处于一种湍流的状态,即大气的折射率随空间和时间作无规则的变化。这种湍流状态将使激光辐射在传播过程中随机地改变其光波参量,使光束质量受到严重影响,出现所谓光束截面内的强度闪烁、光束的弯曲和漂移,光束弥散畸变以及空间相干性退化等现象,统称为大气湍流效应。如光束闪烁将使激光信号受到随机的寄生调制而呈现出额外的大气湍流噪声,使接收信噪比减小。这将使激光雷达的探测率降低、漏检率增加;使模拟调制的大气激光通信噪声增大;使数字激光通信的误码率增加。光束方向抖动则将使激光偏离接收孔径,降低信号强度;而光束空间相干性退化则将使激光外差探测的效率降低等。

大气湍流运动的结果,使得大气的运动速度、温度、折射率在时间和空间上随机起伏。其中折射率起伏直接影响激光的传输特性,所谓激光的大气湍流效应,实际是指激光辐射在折射率起伏场中传输时的效应。

大气湍流折射率的统计特性直接影响光束的传输特性,通常用折射率结构常数 C_n 的数值大小表征湍流强度,即

$$\text{弱湍流}\quad C_n = 8\times10^{-9}(\mathrm{m}^{-1/3})$$

$$\text{中等湍流}\quad C_n = 4\times10^{-8}(\mathrm{m}^{-1/3})$$

$$\text{强湍流}\quad C_n = 5\times10^{-7}(\mathrm{m}^{-1/3})$$

大气湍流对光束传播的影响,与光束直径 d_B 和湍流尺度 l 之比密切相关。当 $d_B/l \ll 1$,即光束直径比湍流尺度小很多时,湍流的主要作用是使光束整体随机偏折,在远处接收平面上,光束中心的投射点(光斑位置)以某个统计平均位置为中心,发生快速的随机性跳动(其频率可由数赫兹到数十赫兹),此种现象称为光束漂移。此外,若将光束视为一体,经过若干分钟会发现其平均方向明显变化,这种慢漂移亦称为光束弯曲。当 $d_B/l \approx 1$,即光束直径与湍流尺度相当时,湍流使光束波前发生随机偏折,在接收平面上形成到达角(波法线与光轴接收平面法线之间的夹角)起伏,致使接收透镜的焦平面上产生像点抖

动。当 $d_B/l \gg 1$,即光束直径比湍流尺度大很多时,光束截面内包含多个湍流漩涡,每个漩涡各自对照射其上的那部分光束独立地散射和衍射,从而造成光束强度在时间和空间上随机起伏,光强忽大忽小,即所谓光束强度闪烁。同时,还产生光束扩展和分裂,即使在湍流很弱而大气又很稳定时,仍可观察到光斑形状及内部花纹结构发生畸变、扭曲等变化。

由于湍流尺度 l 在 l_0 和 L_0 之间连续分布,光束直径在传播过程中又不断变化,故上述湍流效应总是同时发生,其总效果使光束的时间和空间相干性明显退化。大气的湍流影响使得激光光束的时间和空间相干性明显退化,主要表现为如下几个方面。

(1) 大气闪烁。

特点是波长短,闪烁强,波长长,闪烁小;同时还与传输距离的 11/6 次方成正比。然而,理论和实验都表明,当湍流强度增强到一定程度或传输距离增大到一定限度时,闪烁方差就不再按上述规律继续增大,却略有减小而呈现饱和效应,故称为闪烁的饱和效应。此外,类似无线电信号,由于折射率的随机起伏,大气闪烁也具有频率特性。

(2) 光束的弯曲和漂移。

光束弯曲漂移现象亦称天文折射,主要受制于大气折射率的起伏。弯曲表现为光束统计位置的变化,漂移则是光束围绕其平均位置快速跳动。在中午前后,光束漂移很剧烈,光斑的平均位置却相对地稳定;反之,在温度梯度的转折点(即光束改变弯曲方向的转折点)前后,光斑平均位置变化很快,但这时光束漂移却很小。

(3) 与空间相位起伏相关的湍流效应。

接收面如果不是一个靶面,而是通过一个透镜并在其焦平面上接收,就会发现有像点抖动。这可解释为在光束产生漂移的同时,光束在接收平面上的到达角也因湍流影响而随机起伏,即与接收孔径相当的那一部分波前相对于接收面的倾斜产生随机起伏。

2. 大气非线性传输效应

当激光能量足够大时,大气的自然湍流状态将发生明显变化。由于这种变化是高能激光束所引起的,因此,高能激光束的光束质量在传输过程中不仅会受到低能激光束所遇到的线性传输效应的影响,同时还会受到高能激光束引发的一系列非线性传输效应的影响。

大气非线性传播效应主要是指高能激光束在大气传输中出现的热晕及大气击穿阻塞现象。由于非线性问题比较复杂,这里只介绍几种基本现象。

(1) 大气热晕。

在高能激光条件下,大气的吸收过程明显加强,使大气局部加热,形成气体压强的增量,原来的气体热平衡状态受到破坏。气体为了重新达到热平衡状态而以声速膨胀,导致气体密度的改变,进而导致局部折射率的变化,因此,会引起光束传播特性的改变。当这种折射率变化积累到一定程度时,大气变得像一个不均匀的发散透镜,传播光束的轮廓发生明显畸变。如果是会聚光束情况,那么焦平面上的光斑尺寸明显增大,照度明显下降。这种现象称为大气热晕现象。很显然大气热晕效应限制了高能激光束保持高质量地传播。

需要指出,热晕也是一种湍流现象,但不是大气本身的温度梯度形成的湍流,而是光束能量被传播路径上介质吸收而形成的一种特殊的湍流。

(2) 大气击穿。

在更高功率激光情况下，激光束在大气中的传播，不但是对大气加热产生热晕的问题，而且光束中的电场极强，会产生光致大气电离现象，这称为大气击穿。大气击穿本身是以损耗激光能量为代价的，已击穿的大气通道上形成等离子体分布，激光束与等离子体的进一步作用，将使等离子沿光束传播的径向和纵向迅速扩展，这将更多地损耗激光的能量。当激光能量的90%被等离子吸收散射而损耗掉时，称为传播通道阻塞。

研究表明，大气击穿主要是激光束同大气气溶胶的相互作用的结果，而不是同大气中的 N_2、O_2、CO_2 等气体分子作用的结果。大气击穿首先是气溶胶击穿，激光与气溶胶等离子体的进一步作用，最终导致洁净大气击穿。对大气击穿起主要作用的气溶胶粒子是水滴和固态粒子。一般能量的激光束同气溶胶粒子的作用是线性的，即光的吸收和散射过程，不改变粒子的自身状态，即在热晕条件下，虽然粒子的分布发生变化，但粒子的自身状态未改变。只有在更高功率激光的作用下，气溶胶粒子自身状态才会发生电离。电离形成的过程大致是：在高能激光辐照下，水滴先被加热，吸收的热能使水滴气化，进而产生热力膨胀、粉碎、扩散，同时伴以冲击波和爆鸣波。水蒸气同周围空气混合，继续吸收能量，形成光致等离子体。

第四节　典型目标辐射及其特点

军事目标的辐射是研究军用光电系统所十分关心的问题。光电系统能否探测到待测目标，最重要的因素之一是目标辐射能量的大小和它们的光谱分布，同时也依赖于目标与背景的辐射差异和随时间的变化。军事目标的辐射通常由两部分组成，即本身的发射辐射和对背景辐射的反射辐射。如果是透射体，还应包括背景辐射的透射辐射。目标往往是复合体或群体，在计算中必须同时考虑上述因素，将它们的影响加起来，才能获得目标总的辐射。

军事目标按其所处的位置可分为三类：空中目标、地面目标和海上目标。地面目标包括机场、发射场(架)、军工厂等固定军事设施和坦克、运输车、火炮等活动车辆。这些目标的特点是温度低，比辐射率小，而背景辐射又较为复杂，且辐射大多集中在4～20μm波段内。海上目标有各种军舰、运输船只等，这些目标的大部分温度低，只有排气部分温度较高。由于海面背景单一，因此，目标辐射特性与背景辐射有较大的不同。空中目标有各种飞机、导弹和其他飞行器，这些目标的特点是速度快，体积小、温度高，能产生较大的辐射功率，且背景单一，温度也低，所以光电系统在空中目标探测领域有广泛的应用。本节主要讨论飞机、坦克和舰艇的目标辐射及其特点。

一、飞机的辐射

飞机的辐射主要包括发动机壳体及尾喷管的辐射、尾焰(排出的废气)辐射以及高速飞行时的蒙皮辐射。但不同类型的飞机，其辐射的强度和分布具有很大差别。

螺旋桨飞机发动机外壳温度较低(80～100℃)，发射率(0.2～0.45)、辐射功率也较小，其排气管温度在接近集气管部分为650～800℃，接近排气口处温度降到250～350℃，表面发射率可达0.8～0.9。这类飞机的总辐射中，废气和发动机外壳的辐射占35%～45%，其余则是排气管的辐射和对环境的反射。

喷气式飞机的辐射主要来源于尾喷管热金属辐射和尾焰辐射,其次是高速飞行时蒙皮的辐射。尾喷管实际上是一个被排出气体加热的圆柱形腔体,我们可以把它看作是 $L/R=3\sim8$ 的腔形黑体辐射源,其有效发射率约为 0.9,辐射面积等于排气喷嘴面积,辐射温度等于排出气体的温度(400~700℃)。与螺旋桨飞机排出的气体一样,喷气式飞机排出的尾焰中,主要是水蒸气和 CO_2,它们在 2.7μm 和 4.3μm 附近的波段上,有相当大的辐射,但在大气中也含有水蒸气和 CO_2,因此,在同样波段上引起大量吸收。除 2.7μm 的水蒸气吸收带和 4.3μm 的 CO_2 吸收带外,其辐射光谱类似于黑体的辐射谱,它的峰值波长接近于 3.4μm。当喷气式飞机的飞行速度很高时,由于空气动力加热,将使飞机蒙皮达到很高温度,而随着飞机速度的增加,蒙皮辐射在飞机总辐射中所占的比例也不断增加。

在飞机发动机非加力状态下,尾焰辐射同尾喷管热辐射相比是小的,但它是飞机侧向辐射和前向辐射的主要源泉之一。当飞机发动机处于加力状态下,尾焰辐射成为飞机的主要辐射源。图 2-4-1 为典型场景的飞机红外图像。

图 2-4-1　飞机红外图像

在战场上,为了使飞机不受红外制导导弹攻击,可采取如下措施来减小飞机的红外辐射:

(1) 减少发动机热耗;

(2) 对局部暴露的高温部件进行热抑制设计,例如用金属-石棉-金属层材料绝热,在发动机喷管外加屏蔽罩,在喷气中添加附加物使排气温度下降;

(3) 采用散热材料及红外吸收材料改变辐射特性;

(4) 在发动机喷口下方加挡板或使排气管向上弯曲,改变红外辐射方向性。

二、坦克的辐射

坦克目标特性与飞机不同,其结构、外形和作战方式等均与飞机有很大差异。此外,坦克的背景辐射特性比较复杂,既有各种地形地貌(山谷、河流、树林、沙漠等)的差异,又有季节变化带来的背景变化(大雪、植被四季变化等)。

坦克的红外辐射能是由大量热耗产生的,其中发动机能量的60%是损失于热耗,此外,传动齿轮也是高热集中点。坦克的辐射包括自身辐射和反射辐射两部分,其自身辐射与坦克的形状、面积、温度、辐射方向、发射率等因素有关。坦克在冬、夏季与背景的平均温差分别是6.9℃和5.25℃。坦克涂漆表面的发射率一般约为0.9,但由于日晒夜露,发射率会有所变化,而灰尘与污染会加剧这种效应。坦克各部位的温度各不相同,其发动机、排气管等处的温度最高。坦克在运动中,由于传动和行动装置的摩擦生热,会产生一定的辐射,而主动观瞄、测距仪器也产生辐射,这些都是较强的红外辐射源。

对于一般中型坦克,经长时间开动后,其表面的平均辐射温度为400K左右,有效辐射面积约为1m^2,其全部辐射通量约为1300W左右,辐射峰值波长$\lambda_m \approx 7.245\mu m$。对于静止不动的坦克,受太阳照射的坦克表面红外辐射温度,比不受太阳照射的坦克表面红外辐射温度高出5~10℃。由于白天太阳对坦克的辐射加热和昼夜环境温度变化,静止状态或运动状态的坦克,其表面温度随时间变化而变化。在日出前5时至6时,坦克表面温度最低,日出后,在太阳光照射加热下,表面温度逐渐升高。大约在下午2时至3时,坦克表面温度最高,以后表面温度又慢慢下降,一直降到日出前的极小值。

坦克处于不同工作状态时,其红外特性有明显差别。当坦克处于静止状态时,坦克表面的温度分布较均匀,各部分的温度差别不大,只是坦克受太阳照射部位温度较高,对于裙板等薄壳结构部件,温度增加可达10℃左右。当坦克发动机处于工作状态时,尤其是发动机工作1~2h之后,坦克表面温度升高,形成坦克表面相对于周围背景是温度较高的面目标。表2-4-1是不同情况下坦克的平均辐射亮度。

表2-4-1　不同情况下坦克的平均辐射亮度

测量时间	测量方位	平均辐射亮度/[W/(sr. m^2)]		发动机转速/(r/min)
		8~14μm	3~5μm	
10:00	左侧面	45.5	2.90	0
21:43	右侧面	38.6	2.29	0
10:42	前向	47.6	2.90	600
21:25	前向	39.0	2.33	600

当坦克高速行驶时,由于发动机高速运转,发动机排出的高温废气与坦克履带卷起的尘土混在一起,形成了大片的热烟尘,这些热烟尘虽可使从尾向观测的坦克红外图像变得不清楚,但它呈现较高的红外辐射温度,这可作为红外探测与识别坦克的依据之一。图2-4-2是典型场景的坦克红外图像。

图2-4-2　坦克红外图像

在战场上，为了使坦克不受敌方攻击，可采取如下措施来减小坦克的红外辐射：

(1) 减少发动机热耗，例如，若用燃气轮机可保持较低的金属零件温度，产生的烟雾少，噪声小，也可采用绝热复合柴油机（如陶瓷绝热发动机）；

(2) 对传动齿轮采用辐条式齿轮设计；

(3) 用隔离板油降低表面温度，用履带裙减少增热；

(4) 采用高效冷却通风和排放系统。

三、舰艇的辐射

舰船红外辐射源包括舰船本身红外辐射、舰船表面的反射辐射、烟囱以及羽烟辐射、舰船运动产生的红外辐射。

舰船表面的红外辐射为灰体辐射，包括舰船壳体、甲板和上层建筑的辐射，其光谱范围集中在8～10μm。反射辐射比自发辐射要弱，辐射源为太阳、天空和云、大海。舰船实际的辐射出射度仅依赖于其表面的动态温度和发射率，影响这些参数的因素主要有：

(1) 结构表面的物理特性，如粗糙度、表面涂层等；

(2) 气象条件，如气温、相对湿度等；

(3) 海面情况，如风、海浪；

(4) 时间，可由此计算出太阳的方位角。

发动机烟囱是舰上强烈的辐射源，喷口平均温度达250～300℃，光谱范围为5～5.7μm，气焰温度为150～200℃，高度离吃水线为75～150英尺（1英尺=0.3048m），其辐射要根据气焰中的气体分子和微粒的组成及燃烧辐射特性近似计算得到。

烟囱中排出的热气流是由N_2、O_2、CO_2、CO、H_2O和未完全燃烧的有机物和各种粒子组成，形成了红外辐射源。这些红外辐射主要集中在短波波段内，大量观察表明，在2～5μm波段内有大量红外辐射，并且可以延伸到烟囱口20～30英寸远，而在8～14μm波段，只能观察到少量红外辐射，且仅仅限于烟囱口附近。

舰船运动产生的红外热源主要包括排出船外的热水、船的航迹。舰上排泄热水一般在65～80℃，舰船静止时为点状辐射源，运动时为带状辐射源，通过与风和海水间的对流、热传导、辐射等形式的热交换，最后被冷却到周围海水的温度，达到热平衡状态。尾流辐射来源于由螺旋桨产生温差分布的海水，可根据理论分析提供简单模型进行计算。

总之，舰船目标的红外特征非常明显：

(1) 在阳光照射下，舰船吃水线以上部分因吸收阳光辐射而发热，可使表面温度提高几十摄氏度，增加了表面的红外辐射功率，而且与车辆和飞机相比，舰船的热辐射表面要大得多；

(2) 舰船上还有一些热点，如烟囱及其排气、发动机和辅助设备的排气管、甲板以上的一些会发热的装备等。

在吃水线以上部分主要是烟囱及其排气的热辐射，其辐射在中红外波段。图2－4－3是典型场景的舰船红外图像。

在战场上，为了使舰船不受敌方攻击，可采取如下措施来减小舰船的红外辐射：

(1) 在烟囱表面的发热部位和发动机排气管周围安装冷却系统和绝热隔层；

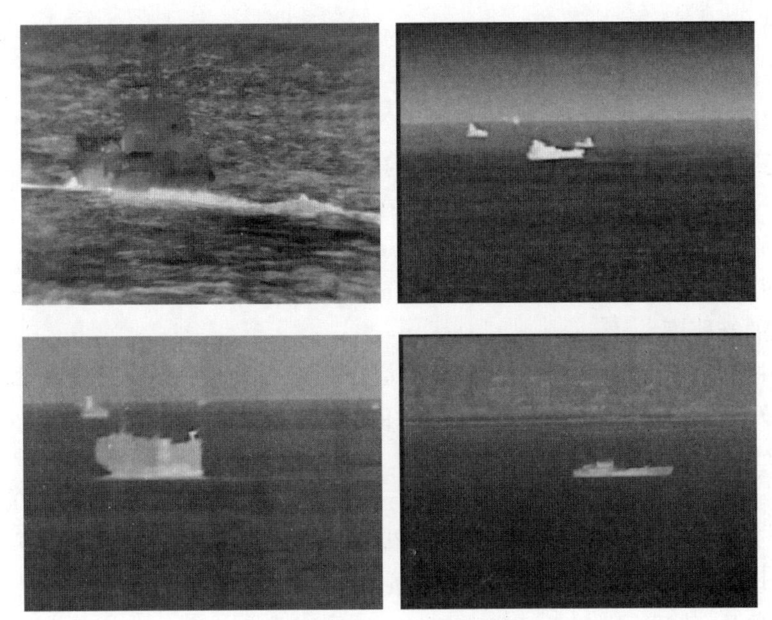

图 2－4－3　舰船红外图像

(2) 降低排气温度。把冷空气吸入发动机排气道上部,对金属表面和排出的燃气进行冷却。例如,使用二次抽进的冷空气与排气相混合,加上喷射海水,使排气温度从482℃降低到204℃,达到既降低红外辐射能量,又转移了红外辐射的光谱范围的目的;

(3) 改变喷烟的排出方向,使之受遮挡而不易被观测;

(4) 在燃料中加入添加剂,用以吸收排气热量,或在烟囱口喷洒特殊气溶胶,把烟气的红外辐射隔离,减少向外辐射的分量;

(5) 在船体表面涂敷绝热层,减少对太阳光的吸收;

(6) 把发动机和辅助设备的排气管路安装在吃水线以下;

(7) 在航行中对船体的发热表面喷水降温,或形成水膜覆盖来冷却;

(8) 利用隐身涂料来降低船体与背景的辐射对比度和颜色对比度。

本章小结

本章主要介绍了光波(可见光、微光、红外光和激光)的产生原理,描述了光辐射量的计算问题,分析了光辐射的大气传输影响因素及计算模型,概括总结了典型目标(飞机、坦克和舰艇)辐射及其特点,为理解和掌握军用光电系统奠定了基础。

复习思考题

1. 激光产生的充分条件和必要条件是什么?

2. 说明普朗克辐射定律、斯忒藩－玻尔兹曼定律和维恩位移定律三者之间的关系。

3. 星的等级是如何定义的? 8 等星的照度为多少?

4. 在卫星上测得大气层外太阳光谱的最高峰值在 0.465μm 处,若把太阳作为黑体,试计算太阳表面的温度及峰值光谱辐射出射度。

5. 给出基本辐射度量和光度量的名称与单位。

6. 如何进行辐射度量与光度量之间的转换。

7. 功率为100mW、峰值波长为630nm的发光二极管,该波长明视觉的光谱光视效率为0.265,若认为是单色辐射,求光通量($K_m = 683 lm/W$)。

8. 太阳的亮度$L = 1.9 \times 10^9 cd/m^2$,光视效能$K = 100$,试求太阳表面的温度。

9. 激光二极管与发光二极管在原理结构上有哪些异同?

10. 有一直径$d = 50mm$的标准白板,在与板面法线成45°角处测得发光强度为0.5cd,试分别计算该板的光出射度M_v、亮度L和光通量Φ_V。

11. 在离发光强度为55cd的某光源2.2m处有一屏幕,假设屏幕的法线通过该光源,试求屏幕上的光照度。

12. 试举例说明辐射出射度M_e与辐射照度E_e是两个意义不同的物理量。

13. 当$T = 5000K$的绝对黑头在光谱的红色末端($\lambda = 0.76\mu m$)和光谱中央黄绿部分($\lambda = 0.58\mu m$)辐射出射度变化了多少倍?

14. 某具有良好散射透射特性的球形灯,它的直径是20cm,光通量为2000lm,该球形灯在其中心下方$l = 2m$处A点的水平面上产生的辐照度E等于40lx,试用下述两种方法确定这球形灯的亮度:(1)用球形灯的发光强度;(2)用该灯在A点产生的照度和对A点所张的立体角。

15. 假设一个功率(辐射通量)为60W的钨丝充气灯泡在各方向均匀发光,求其发光强度。

16. 一束光通量为620lm,波长为460 nm的蓝光射在一个白色屏幕上。问屏幕上在1min内接受多少能量?

17. 一束波长为0.5145m、输出功率为3W的氩离子激光器均匀地投射到$0.2cm^2$的白色屏幕上。问屏幕上的光照度为多少?若屏幕的反射系数为0.8,其光出射度为多少?屏幕每分钟接收多少个光子?

18. 一只白炽灯假设各向发光均匀,悬挂在离地面1.5m的高处,用照度计测得正下方地面上照度为30lx,求出该白炽灯的光通量。

19. 已知飞机尾喷口直径为$D_s = 70cm$,红外探测系统的接收口径为$D = 40cm$(垂直于飞机尾喷口与探测系统的连线),飞机尾喷口与红外探测系统之间的距离为$d = 3km$,当飞机尾喷口的辐射通量密度为$M = 1.5W/cm^2$时,计算在忽略大气传输影响的情况下红外探测系统所接收到的来自飞机尾喷口的辐射通量P。

20. 什么是大气窗口?主要大气窗口的位置。

21. 辐射在大气中传输主要有哪些光学现象?试简述其产生的物理原因。

22. 请用光的散射的相关知识,解释为什么朝阳和夕阳多呈红色、而中午晴朗的天空确是蓝色的。

23. 分别计算在晴天(气象视程23km)和阴天(气象视程5km)情况下,海平面上只考虑大气散射时1.06μm激光每千米的大气透过率,取$\lambda_0 = 0.55\mu m$。

24. 概括大气散射的种类及特点。

25. 1.06μm的激光一定比10.6μm的激光穿透能力强吗?为什么?

26. 概括典型目标(飞机、坦克和舰艇)的辐射及其特点。

第三章　光 学 系 统

光学系统是把各种光学元件按一定方式组合起来，满足一定要求的系统。光学元件大略可分为成像与导光元件、分光元件等两类。成像与导光元件主要有反射镜、透镜、光纤。分光元件主要有色散型、干涉型、二元器件和滤波型。色散型主要是棱镜和光栅分光，利用色散元件将复色光色散分成序列谱线，然后利用探测器测量每一谱线元的强度。干涉型基本上是基于迈克尔逊干涉仪同时测量所有谱线的干涉强度，然后对干涉图进行傅里叶变换，得到目标的光谱图。二元器件是比较新颖的分光技术，主要是利用二元光学透镜独特的色散特性实现分光。滤波型分光属于光学薄膜技术，是一种多通道滤波平面元件，主要采用滤波片进行分光。光学系统在光电系统中的作用包括以下四个方面：①光学成像，完成对目标辐射的收集和放大，相当于接收天线；②杂披抑制，通过各种光阑结构或调制盘等光机结构有效抑制背景干扰辐射；③频谱选择，通过分光技术实现对目标的光谱探测；④目标跟踪，通过扫描跟踪机构或调制盘获取目标的方位信息。本章首先介绍各种几何像差及其性质，然后重点阐述光学系统的物镜及场镜、光锥、浸没透镜等辅助光学系统，其次概括几种常用的光学材料及光学薄膜，最后简单介绍几种典型的军用光学系统。

第一节　光学系统的物镜

光学系统中使用的物镜通常有：折射式、反射式、折反射式及变焦距物镜。在介绍物镜之前，首先阐述理想成像与实际成像过程中存在的几何像差。

一、理想成像与几何像差

1. 理想成像

理想光学系统是对任意大的空间范围内，用任意宽的光束都能得到完善像的光学系统。理想成像是指从物点发出的光线经光学系统之后全部会聚于像点。根据费马原理可知，要实现理想成像，物、像之间必须满足等光程的条件。理想光学系统成像时具有如下特性：

（1）光轴上物点的像也在光轴上；

（2）垂直于光轴的物平面的像面必然也垂直于光轴；

（3）垂直于光轴的平面物体的像几何形状与物完全相似；

（4）若已知两对共轭面的位置和放大率或已知一对共面的位置和放大率以及轴上两对共轭点的位置，则其他一切物点的像点都可以求解。

实际的光学系统都不能像理想光学系统那样在任意范围内成完善像，而只能在靠近光铀的小范围内（窄光束）近似成完善像，如图 3－1－1 所示，研究靠近光轴附近的小范围内的窄光束的成像过程就是近轴光学。然而,如果仅利用细光束成像,光通量不强,像面的照度不够;如果只限于小视场成像,则成像范围不够,较大的物面不能成准确的像。因此,实际光学系统成像总是有一定大小的视场范围和光束宽度,这些光线不能会聚,从而产生了各种像差。

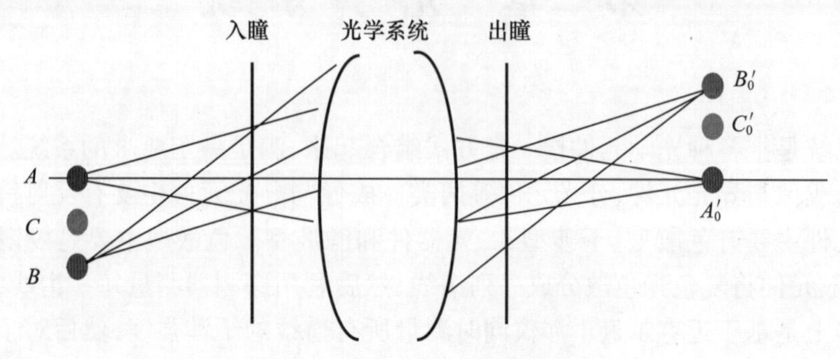

图 3-1-1　小视场细光束成像

所谓像差就是实际像与理想像之间的差异。与理想光学系统不同,物空间的一个物点发出的光束经实际光学系统后,不再会聚于像空间的一点,而是形成一个弥散的像斑。有两个因素能影响到光学系统成像的完善性,一是由于光的波动性产生的衍射效应,二是由于光学表面几何形状和光学材料色散产生的像差。像差大小与视场范围和光束宽度有关。视场范围是物体边缘对入瞳中心的张角(ω),光束宽度是物点对入瞳边缘的张角(u),如图 3-1-2 所示。

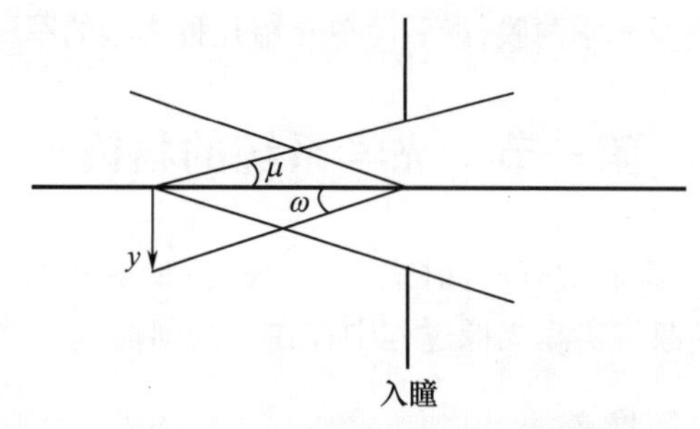

图 3-1-2　视场范围和光束宽度

2. 几何像差

单色光成像会产生性质不同的五种像差,即球差、彗差、像散、场曲和畸变,这五种像差统称为单色像差。由于光学介质对不同的色光有不同折射率,不同色光通过光学系统时,因折射率不同而导致成像位置和放大倍率的差异,称为色差。色差有两种,不同色光成像位置差异的像差称为位置色差,不同色光的成像放大倍率差异的像差称为倍率色差。以上七种像差都是在几何光学基础上定义的,统称为几何像差。

(1) 球差。

轴上发出的不同入射高度的光线经光学系统后,交于光轴的不同位置,相对于近轴像点(理想像点)有不同程度的偏离,这种偏离即为球差,如图 3-1-3 所示。

① 球差大小。

轴向球差可表示为:$\delta L' = L' - l'$,L'是实际光线的像距;l'是近轴光线的像距。球差可正,也可负。

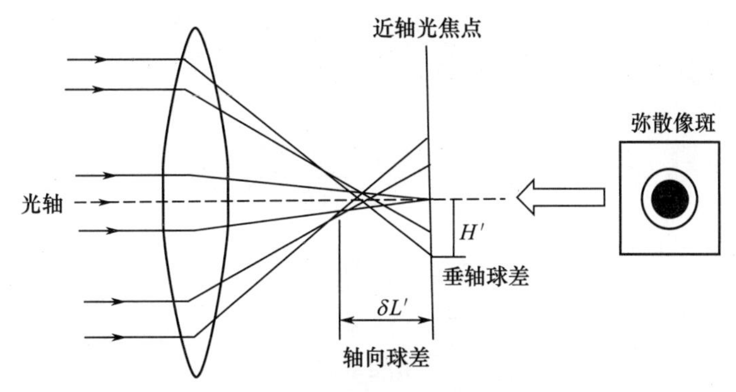

图 3-1-3　球差及其形成的弥散像斑

初级球差大小为

$$\delta L' = -\frac{h^2\varphi}{2\,(n-1)^2}\left[n^2-(2n+1)K+\frac{n+2}{n}K^2\right] \tag{3-1-1}$$

式中:为 h 为透镜的半通光孔径;φ 为光焦度;$K=c_1/(c_1-c_2)=c_1/c$,称为形状系数,$c_1=1/r_1$ 和 $c_2=1/r_2$ 为薄透镜的两个表面曲率;r_1 和 r_2 分别为曲率半径。孔径较小时,主要存在初级球差;孔径较大时,高级球差增大。

由初级球差引起的最小弥散圆斑(简称弥散斑)大约位于离理想焦点(3/4)$|\delta L'|$处,即离边缘光线焦点(1/4)$|\delta L'|$处,因而球差弥散斑直径 δd_s 应为

$$\delta d_s=\frac{1}{4}|\delta L'|(2u')=\frac{h^3\varphi^2}{4\,(n-1)^2}\left[n^2-(2n+1)K+\frac{n+2}{n}K^2\right] \tag{3-1-2}$$

球差弥散斑角直径近似为

$$\delta\theta_s=\frac{\delta d_s}{f}=\delta d_s\cdot\varphi=\frac{h^3\varphi^3}{4\,(n-1)^2}\left[n^2-(2n+1)K+\frac{n+2}{n}K^2\right] \tag{3-1-3}$$

由式(3-1-2)、式(3-1-3)可见,如果透镜的孔径和焦距已定,则球差弥散斑角直径 $\delta\theta_s$ 随折射率 n 和形状系数 K 而变。

当形状系数满足下述关系式时球差为最小

$$K_{\min}=\frac{n(2n+1)}{2(n+2)} \tag{3-1-4}$$

即

$$\frac{c_1}{c_2}=\frac{2n^2+n}{2n^2-n-4}\text{或}\frac{r_2}{r_1}=\frac{2n^2+n}{2n^2-n-4} \tag{3-1-5}$$

把式(3-1-5)代入薄透镜焦距公式,即可得到

$$\begin{cases} r_1=\dfrac{2(n-1)(n+2)}{(2n+1)n}f' \\ r_2=\dfrac{2(n-1)(n+2)}{2n^2-n-4}f' \end{cases} \tag{3-1-6}$$

把式(3-1-4)代入式(3-1-1)可得最小轴向球差为

$$\delta L'_{\min}=-\frac{h^2\varphi n(4n-1)}{8\,(n-1)^2(n+2)} \tag{3-1-7}$$

最小球差弥散斑角直径可将 $K_{\min}$ 值代入式(3-1-3)求得

$$\delta\theta_{\min}=\frac{h^3\varphi^3 n(4n-1)}{16(n-1)^2(n+2)} \tag{3-1-8}$$

若系统的入瞳(薄透镜的直径)为 D,则

$$h=\frac{D}{2},F=\frac{f'}{D}=\frac{f'}{2h}=\frac{1}{2h\varphi}$$

因此,式(3-1-8)可写为

$$\delta\theta_{\min}=p/F^3 \tag{3-1-9}$$

其中

$$p=\frac{n(4n-1)}{128(n-1)^2(n+2)} \tag{3-1-10}$$

例如:对锗薄透镜,$n=4$,最小球差时的透镜最佳形式可由式(3-1-6)求出

$$r_1=f',\quad r_2=1.5f'$$

若该锗透镜的 F 数为2,则最小球差角直径为

$$\delta\theta_{\min}=\frac{0.0087}{8}\approx 1.1\times 10^{-3}(\mathrm{rad})$$

图3-1-4是不同球差大小形成的弥散斑。

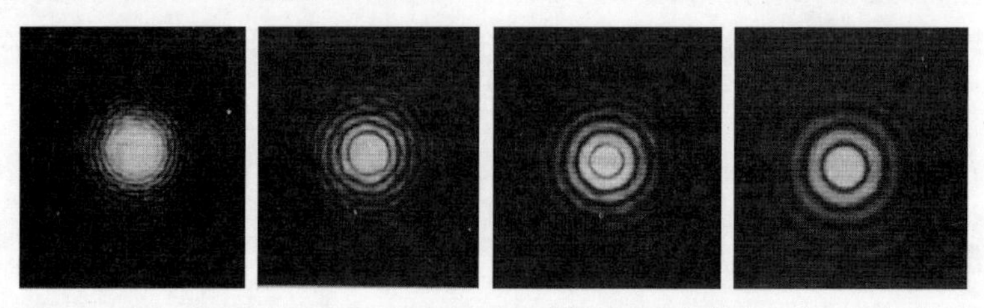

图3-1-4　不同球差大小形成的弥散斑

② 球差性质。

根据球差大小公式可知:球差是入射高度的函数;球差具有对称性;球差与视场无关,仅与孔径有关。

如何消除球差呢?单透镜自身不能校正球差。正透镜产生负球差,负透镜产生正球差,所以,可以采用正负透镜组合校正球差。

(2) 慧差。

工程光学中将轴外点发出的光束中通过入瞳中心的光线称为主光线,主光线和光轴构成的平面称为子午面,包含主光线并与子午面垂直的平面叫作弧矢面,如图3-1-5所示。

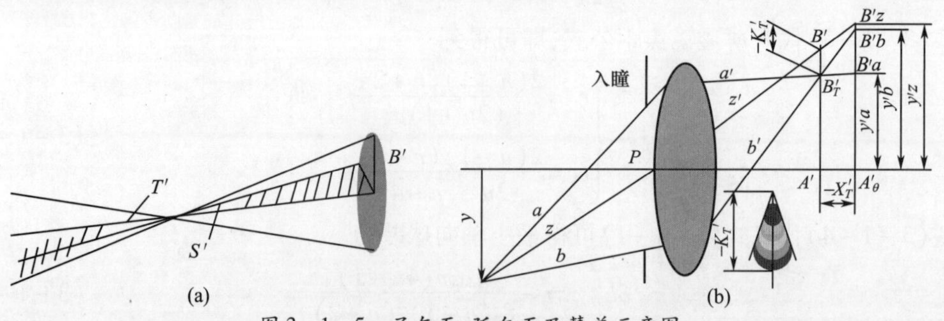

图3-1-5　子午面、弧矢面及慧差示意图

(a)子午和弧矢面;(b)子午慧差。

轴外物点在理想像面上形成的像点不是一个点，而是入瞳彗星状的光斑，主光线形成一亮点，远离主光线不同孔径的光线束形成的像点是远离主光线的不同圆环，即慧差。子午慧差是在子午面内，上、下光线的交点到主光线的垂轴距离；弧矢慧差是在弧矢面内，上、下光线的交点到主光线的垂轴距离。

① 慧差大小。

弧矢彗差弥散斑角直径为

$$\delta\theta_t = \frac{W}{8n(n-1)F^2}\left[-(n+1)K+n^2\right] \tag{3-1-11}$$

对于轴外细光束，不存在由于光束的不对称性引起的慧差。对于轴外宽光束，若系统存在较大彗差，则将导致轴外像点成为彗星状的弥散斑，影响轴外像点的清晰程度。图3-1-6是不同慧差大小形成的弥散斑。

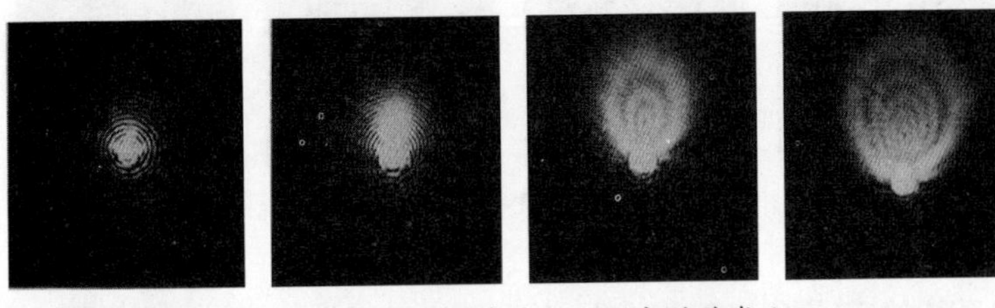

图3-1-6　不同慧差大小形成的弥散斑

② 慧差性质。

根据慧差大小公式，可知：慧差与孔径和视场都有关；孔径改变时，慧差的符号不变；视场改变时，慧差的符号反号。

慧差破坏轴外视场成像的清晰度。调整光阑的位置可消除慧差，如对称光学系统。

(3) 场曲。

场曲是由于球面的几何形状引起的像面弯曲。无论光束宽度如何，大视场光学成像均存在场曲。不同视场，子午像面和弧矢像面对于理想像面的偏离用 x'_t 和 x'_s 表示，分别称为子午场曲和弧矢场曲，如图3-1-7所示。

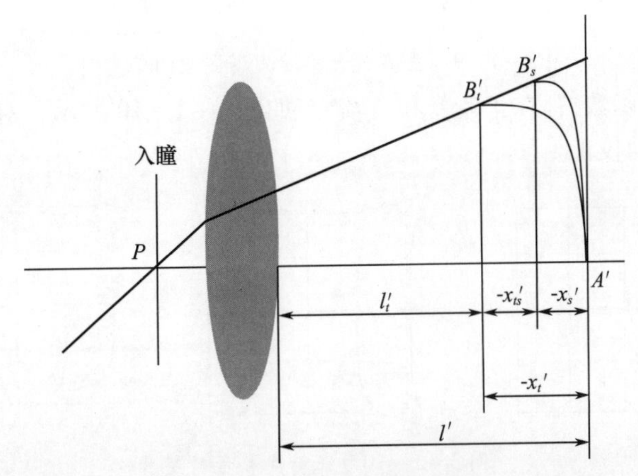

图3-1-7　场曲和像散示意图

垂直于光轴的平面物体只有在近轴区域才近似成像为一个平面，对较大物面，像面不是平面而是曲面，因此，在弯曲面上接收图像可消除场曲。

(4) 像散。

轴外细光束成像时，子午光线的像点和弧矢光线的像点并不重合，两者分开的轴向距离称为像散。像散和场曲两者之间既有联系，又有差别。像散必然增加像面的弯曲，但是即使像散为零，子午像面和弧矢像面重合在一起，像面也不是平的，因为场曲是球面本身几何形状所决定的。因此，有像散必有场曲，但像散为0时场曲不见得为0。

像散的弥散斑角直径为

$$\delta\theta_{n} = W^{2}/2F \tag{3-1-12}$$

式中，W 为半视场角；F 为系统的 F 数。像散与透镜形状无关。图3-1-8是不同像散大小形成的弥散斑。

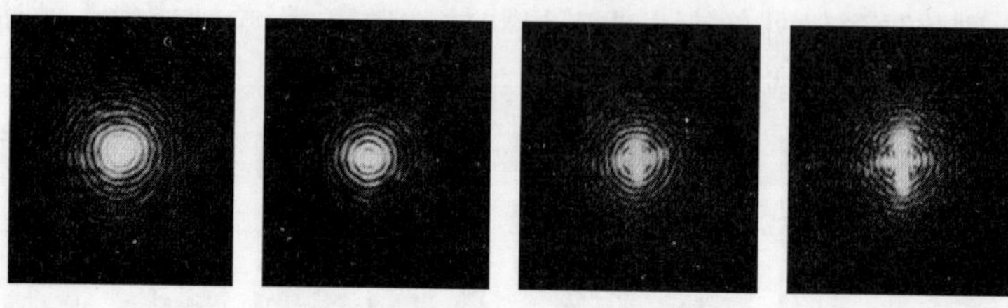

图3-1-8　不同像散大小形成的弥散斑

(5) 畸变。

理想光学系统的垂轴放大率为常数，在实际光学系统中，只有视场较小才具有这一性质。当视场较大或很大时，放大率要随视场而变，导致像与物失去相似性，这种成像缺陷称为畸变。畸变是垂轴像差，只改变轴外物点在理想像面的成像位置，使像的形状产生失真，但不影响像的清晰度。垂轴放大率随视场而变化的示意图如图3-1-9所示。

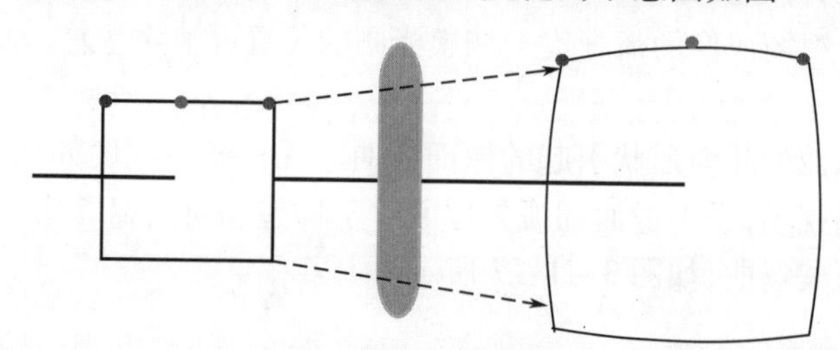

图3-1-9　垂直放大率随视场变化的示意图

畸变是视场的函数，存在正畸变和负畸变，如图3-1-10所示。对于 $\beta=-1$ 对称光学系统，畸变可自动校正。

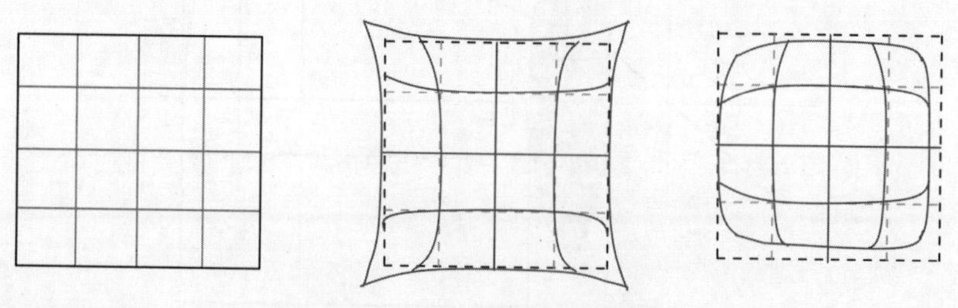

图3-1-10　正畸变和负畸变

(6) 位置色差。

所有色差起因都是由于折射率因波长不同而变化。白光中红光波长较长，传播速度大，折射率就小，而蓝光波长短，折射率大。由于折射率不同随之引起不同色光焦距的变化,导致光学成像位置和放大倍率的变化。位置色差是轴上点两种色光成像位置的差异,如图 3-1-11 所示。

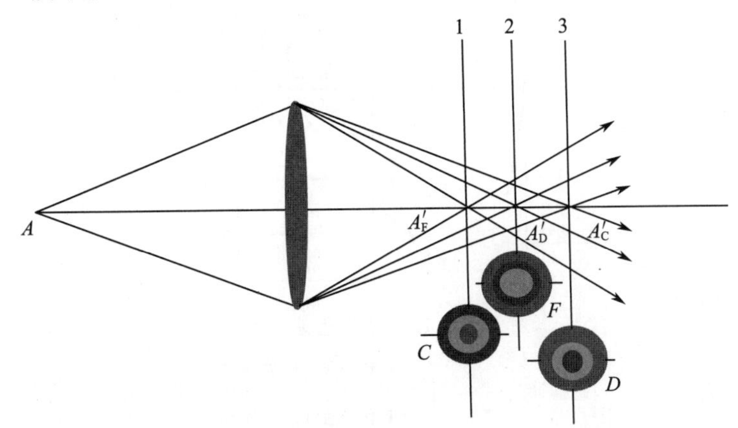

图 3-1-11　位置色差示意图

位置色差弥散斑角直径为

$$\delta\theta_{ch} = \frac{1}{2VF} \tag{3-1-13}$$

式中:V 为阿贝常数。单透镜的色差和 V 成反比,V 值越小色差越大。因此又称 V 为色散倒数。对于可见光波段,V 值由下式确定:

$$V = \frac{n_D - 1}{n_F - n_C} \tag{3-1-14}$$

式中:n_D,n_F 和 n_C 分别为光学材料的 D 光、F 光和 C 光的折射率。对于红外波段,V 值可由下式确定

$$V = \frac{n_m - 1}{n_s - n_1} \tag{3-1-15}$$

式中:n_s、n_1 和 n_m 分别为透镜材料在红外系统工作波段上的短波限折射率、长波限折射率和波段中点波长($\lambda_m = (\lambda_1 + \lambda_s)/2$)折射率。

位置色差仅与孔径有关。正透镜有负色差,负透镜有正色差,故单透镜不能校正色差,正负透镜组合的办法可以校正色差。

(7) 倍率色差。

倍率色差是轴外物点发出的两种色光的主光线在消单色光像差的高斯像面上交点高度之差,如图 3-1-12 所示。倍率色差的原因是不同波长的光对应的放大率不同,倍率色差仅与视场有关,倍率色差的叠加结果使像的边缘呈现彩色。

概括起来,不同像差的产生原因如图 3-1-13 所示。由于像差的存在,会引起图像模糊和变形,不同类型的像差与图像模糊和变形的对应关系分析如下。

对于一个垂直于光轴的物平面,理想的像要求具有下列条件:①物平面上每一个点都应该对应唯一的一个像点;②物平面的所有像点都应在一个平面上;③各像点的放大率必须是常数;④像的各部分应该保持与物同样的色彩。

如果条件①和②不满足,就会破坏像的清晰程度;如果条件②和③不满足,就使像变形;如果条件④不满足,会使像出现不准确的色彩,而且使像模糊。

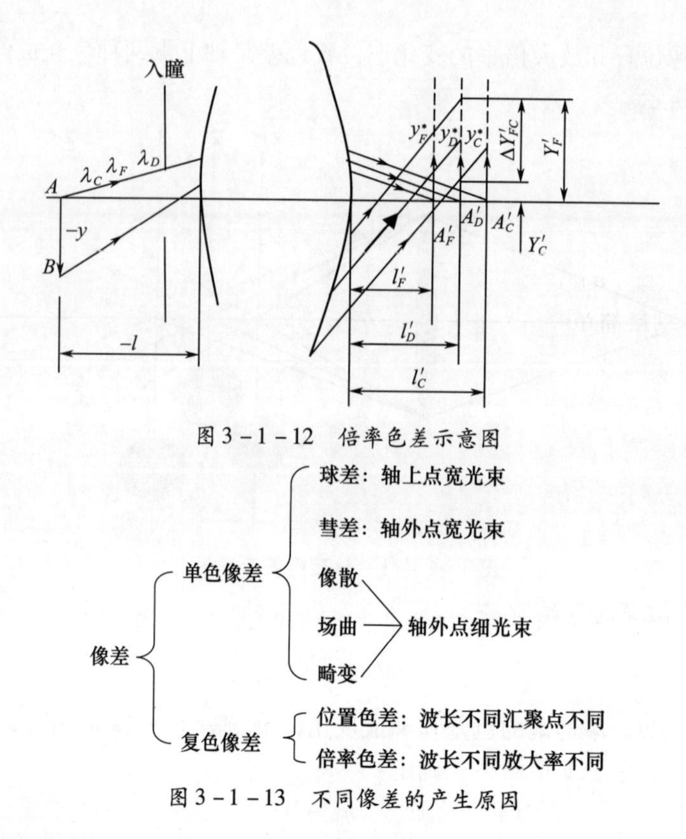

图 3-1-12　倍率色差示意图

图 3-1-13　不同像差的产生原因

二、折射式物镜

折射式物镜结构简单,装校方便,在各种光电系统中被广泛地采用。它可以由单片构成(单透镜),也可以由多片组成(复合透镜)。

(一) 单透镜

单透镜是一片会聚透镜,它是折射式物镜中最简单的一种。单透镜成像的质量较差,尤其是球差和色差较大,但在一些对像质要求不高的光电系统(如某些红外系统)中采用这种单透镜,结构简单又便宜。

(二) 复合透镜

当单透镜采用最佳形状,其像质仍不能满足系统的像质要求时,可以采用由双片或多片单透镜组成的复合透镜。

(1) 双胶合物镜。

如图 3-1-14 所示,双胶合物镜是由一正一负的两个透镜用胶黏合而成的,胶合面具有相同的曲率半径。由于正透镜产生负色差和负球差,负透镜产生正色差和正球差,所以双胶合物镜可以校正色差和球差。

设计双胶合物镜时,校正像差的顺序通常是先色差后球差。根据消色差要求,确定两块单透镜的光焦度 φ_1 和 φ_2 后,三个折射面中将有一个面的曲率半径是自由变数,通常把胶合面的曲率 c_2 作为变数。当 c_2 改变时,为保持 φ_1 和 φ_2 不变,另两个面的曲率 c_1 和 c_3 必须相应改变,这就是双胶合透镜的整体弯曲,即利用 c_2 的改变校正双胶合物镜的球差。如果适当选择二透镜的材料,能够在校正球差的同时校正彗差。

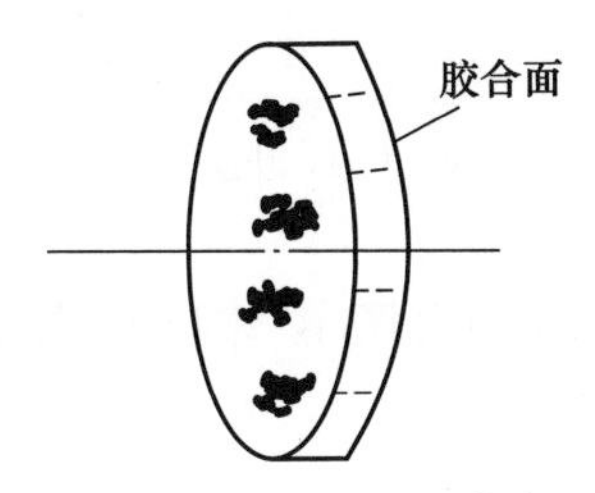

图 3-1-14　双胶合透镜

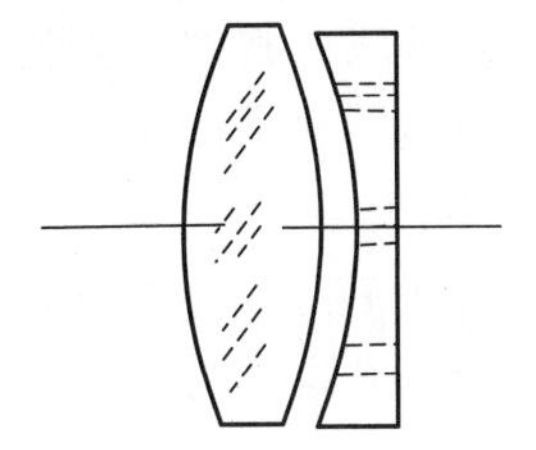

图 3-1-15　双分离物镜

双胶合物镜结构简单,装调方便,光量损失小,又可校正色差和球差,所以得到广泛的应用。但双胶合透镜轴外像差较大,视场一般不超过 8°～10°;最大口径不能超过 100mm,以免透镜重量过大而脱胶。

(2) 双分离物镜。

双胶合物镜只有在透镜材料选择恰当时,才能在满足焦距和消色差要求的同时,校正球差和彗差。但由于目前透红外光学材料还不太多,不容易选择,因此可采用双分离物镜,如图 3-1-15 所示。双分离物镜由于正负两块透镜之间有一定的间隙,所以 r_2 和 r_3 可以不等。二透镜之间的间距可以调整,则可以对任意选定的两种透镜材料在满足总的焦距要求时做到消色差、球差和彗差。

双胶合物镜的剩余球差限制了其相对孔径的增大,而双分离物镜可以利用空气间隙的距离来校正剩余球差,所以它可以具有较大的相对孔径。另外,双胶合物镜由于胶合工艺上的问题,口径不能做得太大,而双分离物镜则不存在这个问题。但双分离物镜比双胶合物镜多了两个与空气接触的表面,因而反射损失加大。此外,装校也比较困难,特别是两透镜的共轴性不易保证。

(3) 三片及多片透镜组。

双片透镜的视场和相对孔径都不大,若要达到较大的视场(如二三十度)和相对孔径(1/2 左右),必须选用三片以上的组合透镜,图 3-1-16 为三片组合透镜,视场为 15°～20°,F 数为 5～7。图 3-1-17 为六片组合透镜,视场角达 30°,F 数可达 1.4～2.5,像质优良。在像面扫描中,往往要采用这种大视场大相对孔径的折射式物镜。为减少反射损失,每面均应镀增透膜。这种多片组合透镜,由于反射、吸收和散射损失均有,所以总透射比不高。在红外系统中,由于透红外光学材料不多,要消色差也不容易。若波段较宽,剩余色差较大,因此,不如反射式物镜用得多。

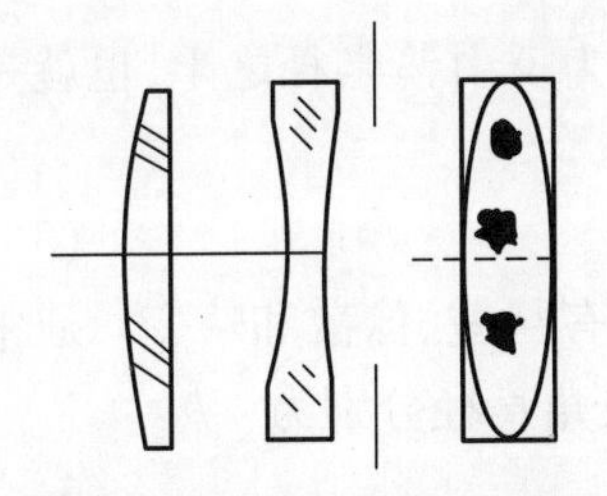

图 3-1-16　三片组合透镜

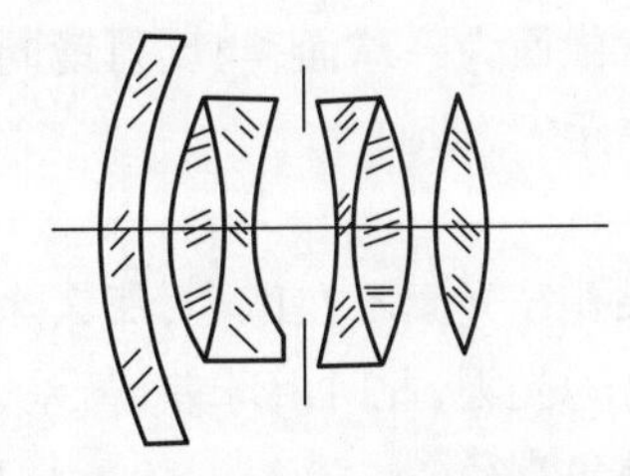

图 3-1-17　六片组合透镜

三、反射式物镜

反射式物镜和折射式物镜相比,具有以下优点:

(1) 可以制成大口径物镜,且取材容易。反射式物镜可以用金属制作,也可以在普通

玻璃上镀一层金属或其他介质膜;

(2) 反射镜的光量损失少,例如,最常用的镀铝反射镜面,对红外波段的反射比一般都在95%以上;

(3) 反射镜不产生色差。但反射镜也有一些缺点,例如视场小、体积大、加工难和成本高等。反射镜通常分为单反射镜和双反射镜。

(一) 单反射镜

单反射镜有球面反射镜和非球面反射镜,非球面反射镜包括抛物面反射镜、椭球面反射镜和双曲面反射镜。

(1) 球面反射镜。

球面反射镜是最简单的反射式物镜,它易于加工和装调,价格便宜,没有色差,其球差值也比相同口径和相同焦距的单透镜小。如图3-1-18所示,若孔径光阑置于球心 c 处,由于任一主光线(通过孔径光阑中心)都可以作为此物镜的光轴,因此,任一角度投射到物镜上的光束,其像质都和轴上点的像质一样,这样整个视场范围内得到均匀良好的像质。此时,因为主光线与球面法线重合,主光线入射角 $i_Z=0$,由初级像差理论可知,彗差、像散和畸变均为零,仅有的像差是球差和场曲。当物在无限远时,初级轴向球差为

$$\delta L' = h^2/4r \qquad (3-1-16)$$

式中:r 为球面反射镜半径;h 为孔径光阑半径。

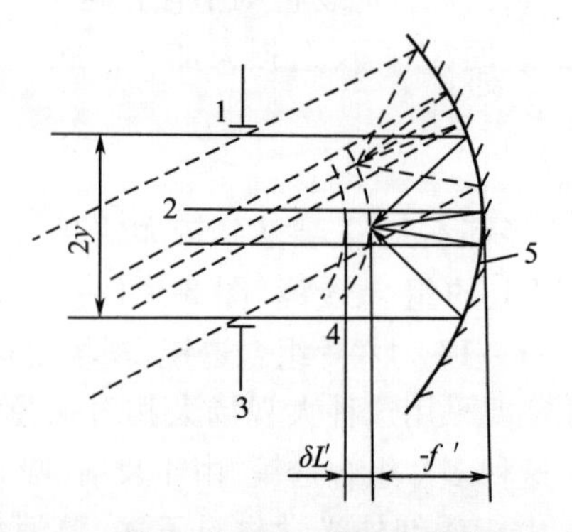

图3-1-18 球面反射镜

1—边缘光;2—近轴光线;3—孔径光阑;4—焦面;5—球面反射镜。

此时像面为一球面,与反射镜同心,像面曲率半径为反射镜半径之半,也就是等于反射镜的焦距 f',即

$$f' = r/2 \qquad (3-1-17)$$

如果孔径光阑不在球心,那么除球差和场曲外,尚有彗差、像散和畸变。通常都以反射镜本身为光阑,此时由球差、彗差、像散引起的弥散斑角直径分别为

球差角直径 $\delta\theta_t = 1/128F^3$ (rad) (3-1-18a)

弧矢彗差角直径 $\delta\theta_c = W/16F^2$ (rad) (3-1-18b)

像散角直径 $\delta\theta_a = W^2/2F$ (rad) (3-1-18c)

式中,W 为半视场角。

由上可见,当视场增大,F 数变小时,像质迅速恶化。因此,球面反射镜只能用于视场

较小,F 数较大的场合。为了使大视场的物镜能获得良好的像质,可采用非球面反射镜或加装校正透镜。

(2) 抛物面反射镜。

如图 3-1-19 所示的一条抛物线,其方程为

$$y^2 = 2r_0 x \qquad (3-1-19)$$

将此抛物线绕 x 轴旋转一周,即可得到一个旋转抛物面。把以此面做成的反射镜称为抛物面镜,x 轴称为主光轴。

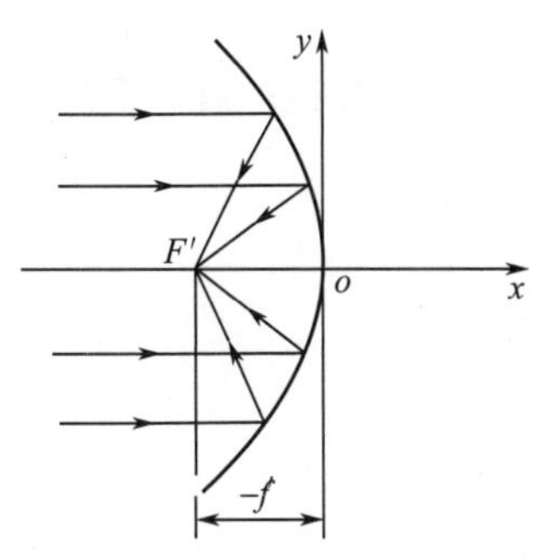

图 3-1-19 抛物面反射镜

所有平行于光轴的入射光线经抛物面镜反射后都将严格地会聚于焦点 F' 上,因此,对无限远轴上物点来说,抛物面反射镜没有像差,像质仅受衍射限制,弥散斑为艾里斑。所以抛物面反射镜是小视场应用的优良物镜。抛物面反射镜的焦距 f' 为顶点曲率半径 r_0 之半。

对于轴外物点,抛物面反射镜虽没有球差,但存在彗差和像散,它们的大小和光阑位置有关。抛物面反射镜的像质比球面反射镜要好得多,因为它对轴外物点不产生球差。但由于加工较困难,只有在球面反射镜无法满足要求时才使用抛物面反射镜。

图 3-1-20 是两种常用的抛物面反射镜的结构。图 3-1-20(a)的光阑位于焦面上,球差和像散均为零,像质较好,但光电器件必须放在入射光之中,要挡掉一部分中心光束,使用起来也不方便。图 3-1-20(b)为离轴抛物面反射镜,焦点在入射光束以外,但装校麻烦,非对称抛物面加工也较困难。

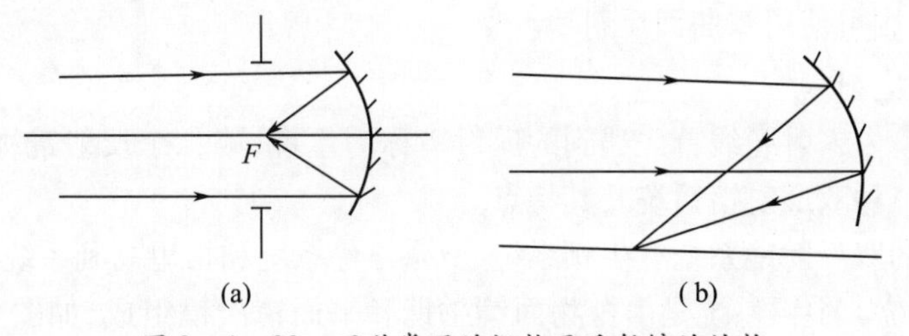

图 3-1-20 两种常用的抛物面反射镜的结构

(3) 双曲面反射镜。

双曲面反射镜是由方程为

$$\frac{x^2}{a^2} - \frac{y^2}{b^2} = 1 \qquad (3-1-20)$$

的两支双曲线中的一支绕对称轴 x 旋转一周,取其一部分所得的旋转双曲面,如图

3－1－21所示。双曲面既可利用凸面，也可利用凹面。

双曲面反射镜有一对共轭点 P、P'（称为双曲面的几何焦点，但不是光学焦点），由一个焦点 P 发出的光线将严格地会聚于另一焦点 P'，没有像差。也就是说，只有那些射向 P 点的光线才能无像差地在 P' 点成完善像，其他光线不能成完善像。

（4）椭球面反射镜是由方程为

$$\frac{x^2}{a^2}+\frac{y^2}{b^2}=1 \tag{3-1-21}$$

的椭圆绕其长轴（或短轴）旋转一周，取其一部分而得的旋转椭球面。如图 3－1－22 是椭圆绕其长轴（x 轴）旋转一周取一部分而得的旋转椭球面。椭球面反射镜一般利用内表面，但也可利用外表面。

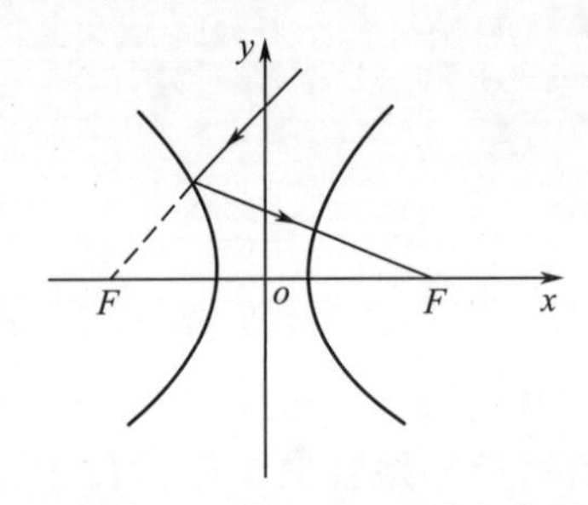

图 3－1－21　双曲面反射镜

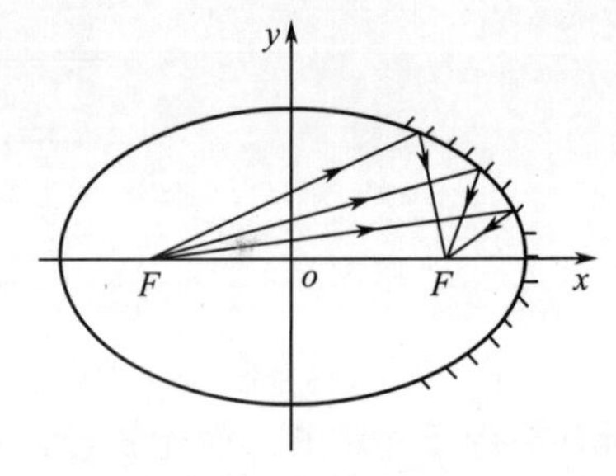

图 3－1－22　椭球面

椭球面反射镜也有一对共轭的几何焦点 P、P'，由 P 点发出的光线将严格地会聚于 P' 点，没有像差。也只有那些由 P 点发出的光线才能无像差地在 P' 点成完善像，其他光线不能成完善像。

椭球面反射镜和双曲面反射镜的彗差较大，像质不好，很少单独使用。通常在与其他反射镜组合的双反射镜系统中使用。

由上述讨论可见，球面反射镜和透镜一样，它不能把平行于光轴的光束会聚于光轴上一点（即有球差），但可以利用二次旋转曲面来克服这一缺点。例如，从无限远轴上物点发出的平行于光轴的光束，可以利用抛物面反射镜把光束很好地会聚在其焦点上；当要使从一点发出的光束会聚到另一点时，可利用椭球面反射镜；若要使会聚于一点的光束再会聚到另外一点，则可使用双曲面反射镜。

（二）双反射镜

在双反射镜中入射光线首先遇到的反射镜称为主镜，第二个反射镜称为次镜。下面先介绍常用的三种双反射镜系统及其特点。

（1）常见的双反射镜系统有牛顿系统、卡塞格伦系统和格里高利系统。

① 牛顿系统。牛顿系统是由抛物面镜主镜和平面镜次镜组成，如图 3－1－23 所示主镜对入射光线起会聚作用，次镜位于主镜的焦点附近，且与光轴成45°角。次镜的作用是使光线偏转方向，将焦点引到入射光束的外部，以便观察或接收。

由于牛顿系统的主镜是抛物面镜，所以对于无限远的轴上物点来说，没有像差，其像质只受衍射限制，但对轴外物点像差较大。牛顿系统常用于像质要求较高的小视场光电系统中。牛顿系统的镜筒很长，因而质量大。

② 卡塞格伦系统。卡塞格伦系统的主镜是抛物面反射镜，次镜是凸双曲面反射镜，

如图 3－1－24 所示。双曲面的一个焦点与抛物面的焦点重合，则双曲面的另一个焦点是整个物镜系统的焦点。系统对无限远轴上物点是没有像差的。卡氏系统的次镜位于主镜焦点之内。次镜的横向放大率 $\beta>0$，整个系统的焦距 f' 是正的，因而整个系统所成的像是倒像。

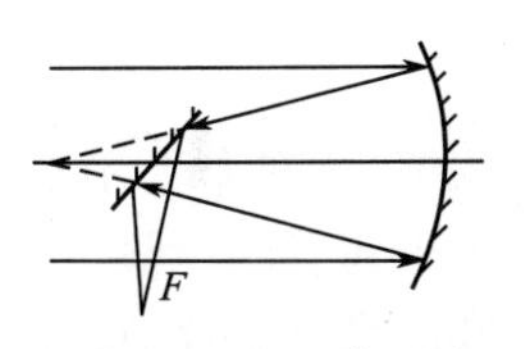

图 3－1－23　牛顿系统

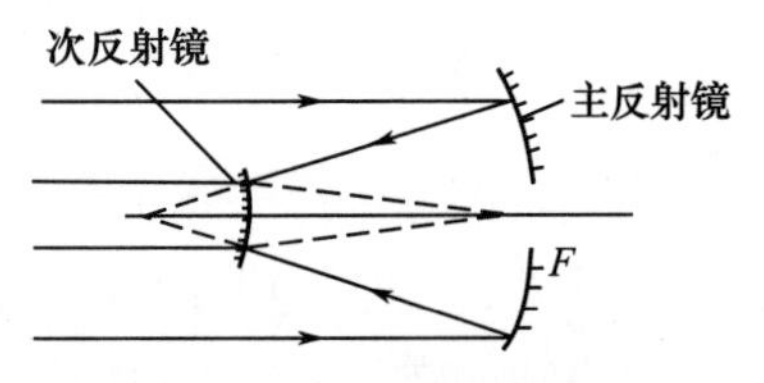

图 3－1－24　卡塞格伦系统

卡氏系统的优点是镜筒短，焦距长，而且焦点在主镜后面，便于在焦面上放置光电器件。为了消除不同的像差，卡氏系统已发展有多种结构。例如，主镜用椭球面镜，次镜用球面镜，可消球差；主镜和次镜都用双曲面镜时，可同时消球差和彗差等。

③ 格里高利系统。格里高利系统是由抛物面主镜和椭球面次镜组成，如图 3－1－25 所示。椭球面的一个焦点与抛物面的焦点重合，则椭球面的另一个焦点便是整个系统的焦点，即系统对无限远轴上物点是没有像差的。次镜位于主镜焦点之外，次镜的横向放大率 $\beta<0$，整个系统的焦距 f' 是负的，因而整个系统所成的像是正像。

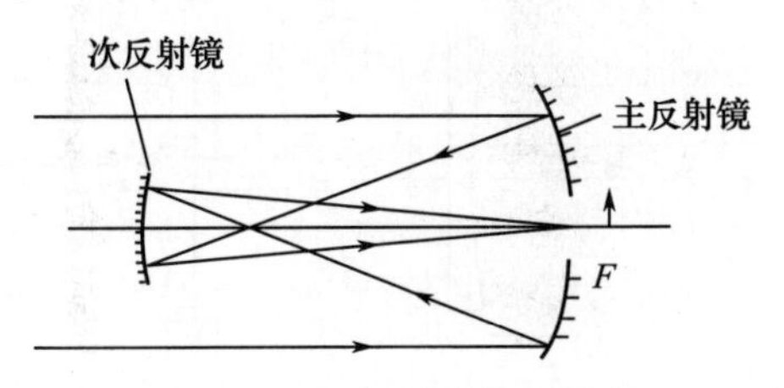

图 3－1－25　格里高利系统

格氏系统根据消像差的要求也可采用其他配合，例如：若主镜和次镜都采用椭球面，可同时消球差和彗差。双反射镜的次镜把中间一部分光挡掉，并且随着视场和相对孔径变大，像质迅速恶化，这是它的最大缺点。

（2）遮挡比和有效 F 数。

在双反射镜中，由于次镜的存在，都要发生挡光现象。描述挡光程度的量是双反射镜系统的一个重要参数，为此引入遮挡比 α，定义为

$$\alpha=D_2/D_1 \tag{3-1-22}$$

式中：D_1、D_2 为主镜和次镜的直径。

当发生遮挡时，F 数应为系统的焦距 f' 与有效通光孔径 D_e 之比，称为有效 F 数，即

$$F_e=f'/D_e \tag{3-1-23}$$

显然，有效通光面积为

$$\frac{1}{4}\pi D_e^2=\frac{1}{4}\pi D_1^2-\frac{1}{4}\pi D_2^2$$

由此可得

$$D_e=D_1\sqrt{1-\left(\frac{D_2}{D_1}\right)^2}=D_1\sqrt{1-\alpha^2} \tag{3-1-24}$$

因此，有效 F 数为

$$F_e=\frac{f'}{D_e}=\frac{f'}{D_1}\cdot\frac{1}{\sqrt{1-\alpha^2}} \tag{3-1-25}$$

当系统没有遮挡时，$D_2=0$，则式(3-1-25)变为一般 F 数。

四、折反射系统

反射镜和折射镜各有优劣，比如：反射镜可以无色差，但校正其他像差困难；折射镜可以矫正其他像差，但校正色差困难。折反射系统可以综合利用两者的优势。折反射系统是用球面反射镜同适当的校正透镜组合起来，以获得良好像质的物镜系统。加入校正透镜虽然能校正球面反射镜和某些像差，但却带来色差，因此校正透镜本身应当消色差，或做得很薄，以使色差尽可能地小。下面介绍几种常见的折反射系统。

(一) 施密特系统

施密特系统是由球面反射镜和一块非球面校正透镜(称为施密特校正板)构成，如图3-1-26所示。校正板放在反射镜的曲率中心处，它的边框起孔径光阑作用。因此，施密特系统没有彗差、像散和畸变，仅仅产生球差和场曲。校正板就是用来校正球面反射镜的球差。

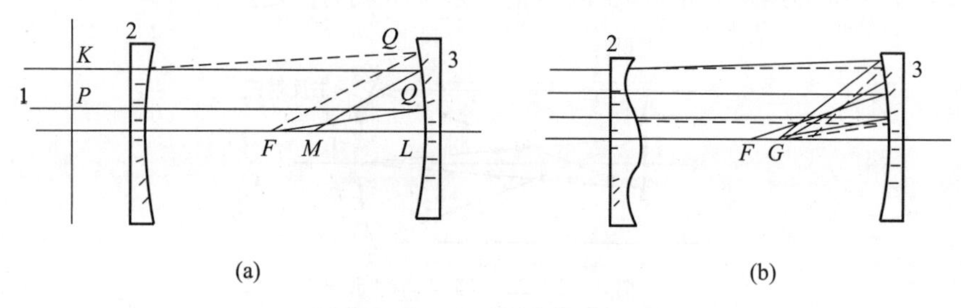

图3-1-26 施密特系统

1—平面波；2—校正板；3—球面反射镜。

施密特校正板的工作原理可由图3-1-26(a)所示，施密特校正板是由折射率为 n 的透光材料制成，它的一面为平面，另一面为非球面，边缘厚度较大，是为了产生与反射镜相反的球差。平行光入射，未加校正板时，近轴光线 PL 交于焦点 F' 处，由于球面反射镜有球差，故边缘光线 KQ 不交于 F' 点而交于 M 点，这时边缘光线的光程 $KQ+QM$ 小于近轴光线的光程 $PL+LF'$。在反射镜曲率中心处的校正板具有光楔的作用，可使边缘光线 KQ 发生偏折成为 KQ'，经反射后通过近轴焦点 F'。也就是说，由于校正板的边缘比中心厚，边缘光线通过校正板后光程有一个增量，如果这个增量恰好等于由反射镜引起的光程差，那么，根据费马原理，光线到达焦点 F' 时各光程相等，球差便得到了校正。

但是，由于光线通过这种校正板时，边缘会引起强烈的折射，因而产生很大的色差；同时这种校正板中心应为无限薄，不易加工。为了克服这种缺点，施密特又作了改进。改进后的施密特校正板如图3-1-26(b)所示，一面仍是平的，另一面的边缘部分微凹、起负透镜作用，中间部分微凸，起正透镜作用，当平行光入射时，边缘光线经负透镜折射后向上翘，使交点 M 移至 G，近轴光线经正透镜后向下弯，使交点 F' 也移至 G，而经过转折点的光线不偏折，刚好反射到 G，转折点大约在边缘高度的 $\sqrt{3}/2$ 处。这样，通过校正板的光线由球面镜反射后,不再是聚焦到近轴焦点上,而是会聚于最小弥散斑处。此时通过校正板的光线经反射后光程都相等,故能消球差,并且各光线都处于最小偏折状态,因而色差也趋于最小。

施密特系统的性能还可用下面几种方法加以改进:

(1) 使轴上点球差欠校正,以减少轴外像差的过校正;

(2) 使主镜轻微地非球面化,以减少校正板的贡献,从而也减少校正板造成的对轴外像差的过校正;

(3) 稍微修正校正板的曲率,使轴外像差的过校正减少;

(4) 采用多个校正板,进一步改进轴外像差;

(5) 采用消色差校正板,使色差减少。

施密特系统的视场可达25°,F 数可减小到2或1,可以得到小于1mrad的像点。但其镜筒较长,是焦距的两倍;校正板加工仍较困难,像面是弯曲的;校正板带来色差,而且随着视场增加,像散亦很快增加。这些缺点限制了它的广泛应用。

(二) 曼金折反射镜

曼金折反射镜是由一个球面反射镜和一个与它相贴的弯月形折射透镜组成,实际上也可以由弯月形透镜的第二球面镀反射膜产生内反射构成,如图3-1-27所示。对球面反射镜来说,这时光阑就是它本身,各种像差都有。弯月形透镜的作用是要减少球面反射镜的球差。透镜第二个面的曲率半径必须做得与球面反射镜一致,不能随意改变,但第一面的曲率半径可以改变。如果保持透镜的光焦度不变,合理地调整曲率半径,可以使彗差减小,总球差也是减小,但像散不变。当反射镜的相对孔径较大时,曼金折反射镜只能校正一个带的球差,仍有剩余球差存在。它的弧矢彗差约为类似球面镜的一半。由于负透镜会造成色差,所以其色差较严重。为此常常把透镜做成消色差复合透镜。曼金折反射镜的优点是造价低、加工和安装均较容易。

若把双反射镜系统中的次镜改成曼金折反射镜,则主镜和次镜都可以做成球面镜。要是把曼金次镜做成消色差复合透镜当然更好,这种双反射镜系统如图3-1-28所示。

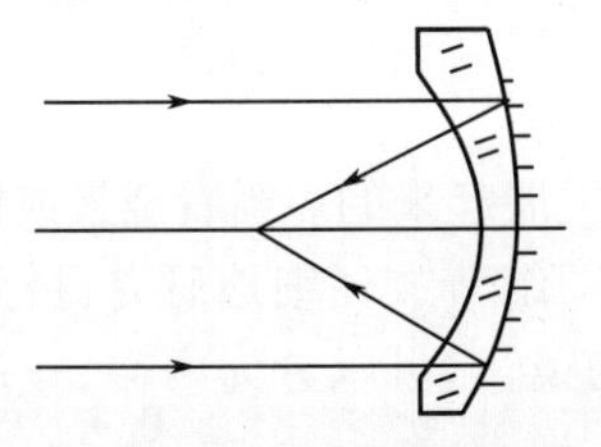

图3-1-27 曼金折反射镜

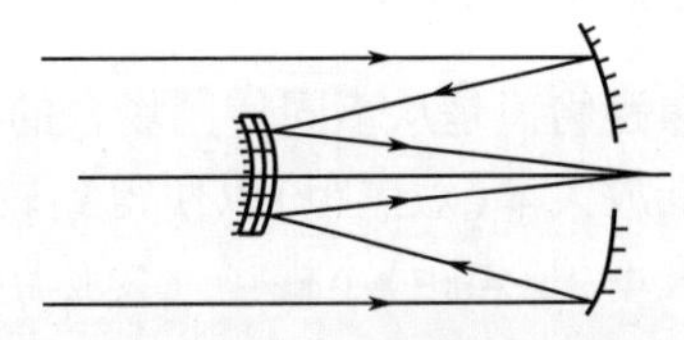

图3-1-28 具有消色差曼金次镜的双反射镜

(三) 包沃斯-马克苏托夫系统

图3-1-29是基本的包沃斯-马克苏托夫系统,可以把它看成是曼金折反射镜中的球面反射镜和负透镜被分开而得到。这种系统由于多了反射镜与弯月透镜第二面的间距 d_2 及透镜第二面的曲率半径 r_2 这两个变量,因此可以消去更多的像差,使像质得到改善。

如图3-1-29所示,三个面的曲率中心都取在同一点 O,并且孔径光阑就置于此处,这样整个系统与单球面反射镜一样没有彗差、像散和畸变。校正透镜通常选用弯月形负透镜,其作用与施密特校正板一样,主要用来校正球面反射镜的球差,但引进一些色差。

包沃斯-马克苏托夫系统的校正透镜也可以放在孔径光阑前面,如图3-1-29中虚线所示的位置，其曲率中心必须仍在反射镜球心上，这种系统可称为心前系统，其光学特性与上述的心后系统是完全一样的。心前系统常用在红外制导导弹系统中，这种校正透镜兼作整流罩。

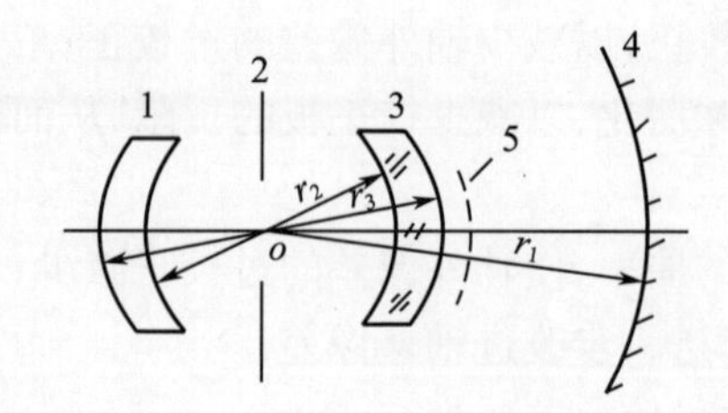

图 3-1-29　包沃斯-马克苏托夫系统

1—校正透镜(前)；2—孔径光阑；3—校正透镜(后)；4—球面反射镜；5—焦面。

包沃斯-马克苏托夫系统虽然是一种优良的物镜，但尚有剩余的球差和色差。为了校正剩余球差，可在包沃斯-马克苏托夫系统的共同球心处放一块施密特校正板，如图3-1-30所示。由于包沃斯-马克苏托夫系统的剩余球差不大，施密特校正板的非球面度可很小，因而加工容易。为了减小色差，有时把包沃斯-马克苏托夫系统的校正透镜做成消色差复合透镜，不过这样要破坏同心原理，使系统的彗差、像散和畸变有所增加。

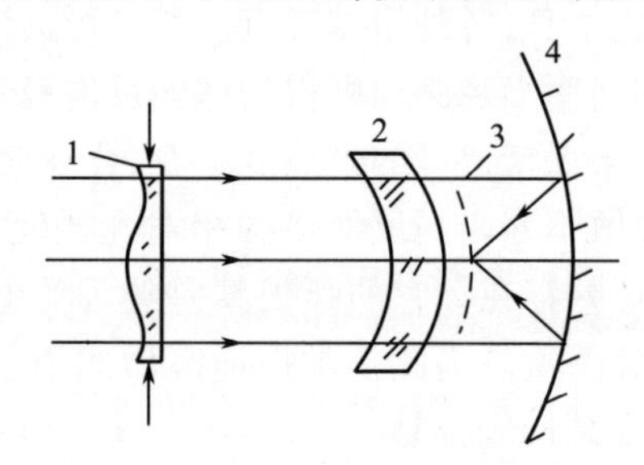

图 3-1-30　包沃斯-施密特系统

1—施密特校正板；2—同心校正透镜；3—焦面；4—球面反射镜。

五、变焦距物镜

变焦距物镜是从不同使用场合的实际需要中逐渐发展起来的。当看全景或搜索目标时使用低放大率(短焦距)以便得到较大的视场，而看某细节或仔细地研究目标时，则使用高放大率(长焦距)小视场。变焦距物镜又叫变倍物镜，它可以分为两类，一是间断变倍系统，二是连续变倍系统。

(一) 间断变倍系统

间断变倍系统就是系统可以改变某几个放大率。间断变倍的缺点是在变倍过程中观察必须中断。这对观察运动目标很不利，因为在观察中断的瞬间目标有可能跑出仪器视场。但它也有结构简单，设计制造容易，使用较方便等优点。主要有两种间断变倍的方法。

(1) 附加伽利略望远镜。

假设一个望远系统原来的放大率为 γ_2，如果在它的前面再加上一个放大率为 γ_1 的伽利略望远镜，如图 3-1-31 所示。无限远的物体通过伽利略望远镜后成像于无限远，对第二个系统来说，它的物体仍在无限远。因此，伽利略望远镜的加入并不会影响原来系统的成像特性。根据望远镜角放大率公式，有

$$\gamma_1 = \tan W'_2/\tan W_1, \qquad \gamma_2 = \tan W'_2/\tan W_2$$

由于第一个系统的出射光束就是第二个系统的入射光束，所以 $W'_1 = W_2$，将以上二式相乘得

$$\gamma_1\gamma_2 = \frac{\tan W'_1}{\tan W_1}\cdot\frac{\tan W'_2}{\tan W_2} = \frac{\tan W'_2}{\tan W_1}$$

根据角放大率的定义，$\tan W'_2$ 和 $\tan W_1$ 之比应该等于系统总的角放大率 γ，由此得

$$\gamma = \gamma_1\gamma_2 \tag{3-1-26}$$

式(3-1-26)表明，在望远系统前面加入一个放大率为 γ_1 的伽利略望远镜，可以使系统的放大率增加 γ_1 倍。

(2) 转动伽利略望远镜。

如果把图 3-1-31 中的伽利略望远镜转动 180°，如图 3-1-32 所示，则原来的目镜就变成了物镜，而原来的物镜就成了目镜。根据望远镜放大率公式 $\gamma = -f'_0/f'_e$，既然物镜和目镜互相对调，则倒置后的伽利略望远镜的放大率应为原来放大率的倒数$(1/\gamma_1)$。因此，伽利略望远镜倒转后，系统总的放大率 γ'应为

$$\gamma' = \gamma_2/\gamma_1$$

将 $\gamma_2 = \gamma/\gamma_1$ 代入上式，得

$$\gamma' = \gamma/\gamma_1^2 \tag{3-1-27}$$

由此可知，当伽利略望远镜倒转时，系统总的放大率改变了 γ_1^2 倍。

例如 $\gamma_2 = 10^\times$ 的望远系统加上 $\gamma_1 = 2^\times$ 的伽利略望远镜以后，系统总的放大率为$20^\times$；若将伽利略望远镜倒转后，则系统总的放大率为 $5^\times$。

显然，若将图 3-1-31 中的伽利略望远镜转动 90°，则系统总的放大率就是原望远系统的放大率，即原望远系统的放大率不变。

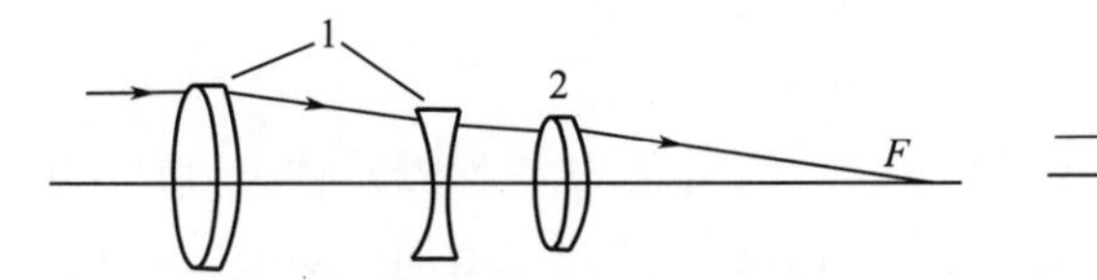

图 3-1-31 附加伽利略望远镜变倍系统

1—伽利略望远镜；2—物镜

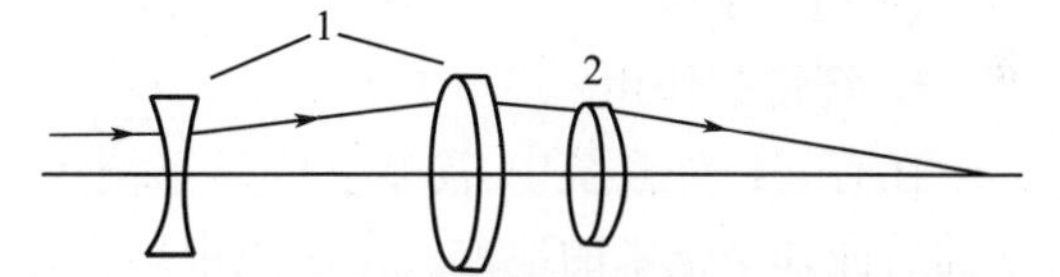

图 3-1-32 附加倒置的伽利略望远镜变倍系统

1—伽利略望远镜；2—物镜

(二) 连续变倍系统

连续变倍镜头是一种焦距可连续变化，而像面位置保持稳定和在变焦距过程中像质保持良好的镜头。一般情况下，在变焦距过程中光学系统的相对孔径是不变的。镜头变焦距范围的两个极限焦距，即长焦距和短焦距之比值称为变倍比。

为满足使用要求，变焦距镜头的性能应该是：高变倍比、大相对孔径大视场、对不同距离能进行调焦；在结构方面要体积小、质量轻；在像质方面要尽量达到定焦距物镜的质量。

一个变焦距物镜的焦距是由组成该物镜的各个透镜组的焦距以及透镜组之间的间隔所决定的。透镜组的焦距一般是不能改变的，故目前都是用改变透镜组之间的间隔来改变整个物镜的焦距。在移动透镜组改变焦距时，总是要伴随着像面的移动。因此，为了使像面保持稳定，就需要对像面的移动给以补偿。图 3-1-33 是一种典型的变焦距物镜示意图。透镜组 1 称为前固定组，透镜组 2 称为变倍组，透镜组 3 称为补偿组，透镜组 4 称

为后固定组。变倍组 2 可沿光轴做线性的往复运动，当透镜组 2 从左向右移动至 2^* 时，物镜的焦距由短变长，物体通过透镜组 1 和 2 所形成的像由 A'_2 移至 A'^*_2。为了使物镜的像面固定不动，应该在移动透镜组 2 的同时，按非线性规律移动补偿组 3，使像点 A'^*_2 通过透镜组 3^* 时仍成像在 A'_3 处。A'_3 通过透镜组 4^* 仍成像在 A'_4 处。这样就能保证变焦距物镜的像面是稳定的。透镜组 2 和 3 的移动是相关联的，它们靠精密凸轮机构来控制。

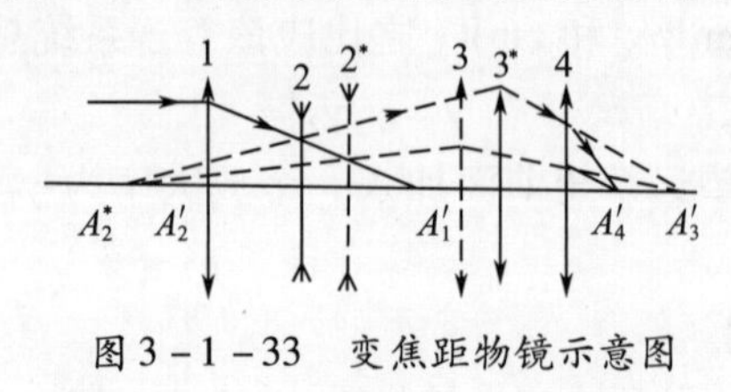

图 3－1－33　变焦距物镜示意图

第二节　辅助光学系统

一个最简单的红外系统，探测器就放在物镜的焦平面上。若物镜焦距为 f'，半视场角为 W，探测器光敏面直径为 d，则它们之间应满足下列关系：

$$d = 2f'\tan W \tag{3-2-1}$$

对于这种系统，半视场角 W 通常是很小的，因为探测器尺寸 d 一般只有十分之几毫米到几毫米。如果要进一步扩大视场角，就必须加大探测器尺寸，探测器的噪声也将变大，从而使红外系统的信噪比降低。有什么办法缩小探测器尺寸呢？通常是在物镜后放置场镜、光锥和浸没透镜等二次聚光元件，将光束会聚后再传送到探测器。除了需要聚光作用，在光学系统中还需要改变光的传播方向、选择特定波长的光线、控制照射到探测器上光线的强度、限制光束范围等作用的光学元件。上述光学元件统称为辅助光学系统。

（一）　场镜

1. 场镜的作用

在有些红外系统中，需要在光学系统焦平面上安放调制盘，这样探测器就必须放在焦平面后面几个毫米的地方。由于光束增大，探测器面积增大，噪声也增加。如果在焦平面后安放一块正透镜，也就是场镜，将边缘光束会聚后再送到探测器上，就可用较小的探测器接收通过视场光阑的全部辐射能。

场镜的另一个作用是使会聚到探测器的辐照度均匀化。由于场镜是把入瞳（或出瞳）而不是目标成像在探测器上，使焦平面上每一点发出的光线都充满探测器，这样在探测器上辐照度就很均匀。这种均匀性是极为重要的，因为探测器光敏面上各点的响应率往往不一致，若探测器上的辐照度不均匀，则可能产生虚假信号。

此外，场镜还有其他一些作用。例如在像面附近加一平像场镜，能使原是曲面的像面变成平面，从而可使用较易制作的平面探测器；当两个光学系统组合时，在前组的像平面上安放场镜，可以减小后组的通光口径。

2. 探测器尺寸的缩小倍数

系统使用场镜后，探测器尺寸能缩小到什么程度？探测器尺寸的极限值为

$$\frac{D_1}{d} = \frac{D_1}{Df'_1}(f' - f_1')$$

一般有 $f'\gg f'_1$，因此

$$\frac{D_1}{d}\approx\frac{f'/D}{f_1'/D_1}=\frac{F}{F_1} \tag{3-2-2}$$

即场镜使探测器缩小的倍数是物镜 F 数（F）与场镜 F 数（F_1）之比，其中物镜的孔径为 D，焦距为 f'，$F=f'/D$；场镜的口径为 D_1，焦距为 f'_1，$F_1=f'_1/D_1$；d 为探测器的直径。

（二） 光锥

光锥通常是一种空腔圆锥或具有合适折射率材料的实心圆锥。光锥内壁具有高反射比，其大端放在物镜焦面附近，收集物镜所会聚的光辐射，然后依靠内壁的连续反射把光引导到小端，通常在小端放置探测器。因此，光锥也是一种聚光元件，可以缩小探测器的尺寸。但光锥不是成像元件。

根据不同的使用要求，光锥可被制成空心的或实心的，其形状又可分为圆锥形、二次曲面形或角锥形。

1. 实心光锥

如图 3-2-1 所示，光轴与光锥轴线重合，光锥顶角为 $2a$。光线 AB 进入光锥前与光轴夹角为 u，在光锥大端界面折射后与光轴夹角变为 u'，并在光锥内壁 C 点发生第一次反射。不难看出，光线 BC 在 C 点的入射角 i_1，为

$$i_1=(90°-u')-\alpha$$

反射后的光线 CD 与光轴的夹角 u'_1 为

$$u'_1=90°-(i_1-\alpha)=u'+2\alpha$$

同理，对于 D 点，入射角 i_2 为

$$i_2=(90°-u'_1)-\alpha=90°-u'-3\alpha$$

第二次反射后的光线与光轴夹角 u'_2 为

$$u'_2=90°-(i_2-\alpha)=u'+4\alpha$$

依此类推，可得出光线入射角及其与光轴的夹角的一般表达式为

$$i_k=90°-[u'-(2k-1)\alpha] \tag{3-2-3}$$

$$u'_k=u'+2k\alpha \tag{3-2-4}$$

式中：$k=1,2,3,\cdots$ 为反射次数。

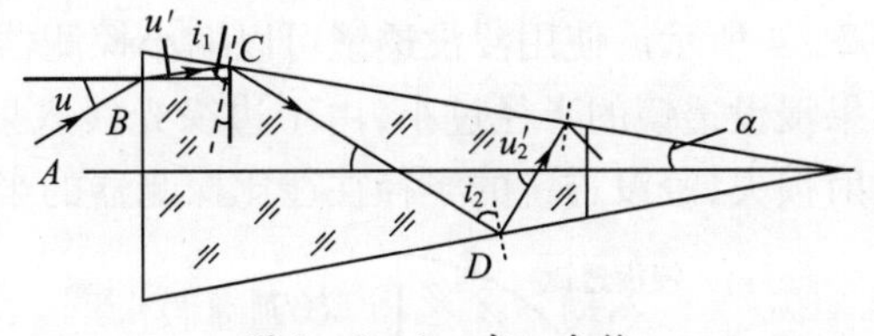

图 3-2-1 实心光锥

2. 二次曲面光锥

直线光锥的一个很大缺点是光线在光锥中的反射次数较多，反射损失较大，如果是实心光锥的话，吸收损失也较大。为此发展了用各种二次曲面（球面、椭球面、抛物面、双曲面）光锥。下面以椭球面光锥为例来说明这种光锥的工作原理。

图 3-2-2 表示一个椭球面光锥。图 3-2-2(a) 中，P_1P_2 为物镜的出瞳，A_1A_2 为光锥大端，B_1B_2 为光锥小端。光锥的母线 A_1B_1 恰是以 P_2、B_2 为焦点的椭圆的一部分，而母

线 A_2B_2 则是以 P_1、B_1 为焦点的椭圆的一部分。图 3-2-2(b)中,二次曲面光锥能将 P_1、P_2 出射的光线经 A_2B_2 面和 A_1B_1 面一次反射后分别会聚于小端的 B_1 和 B_2 点。显然,曲面光锥的聚光性能要比直线光锥好得多,特别是在入射光线的入射角较大时更为显著,其缺点是加工较困难。

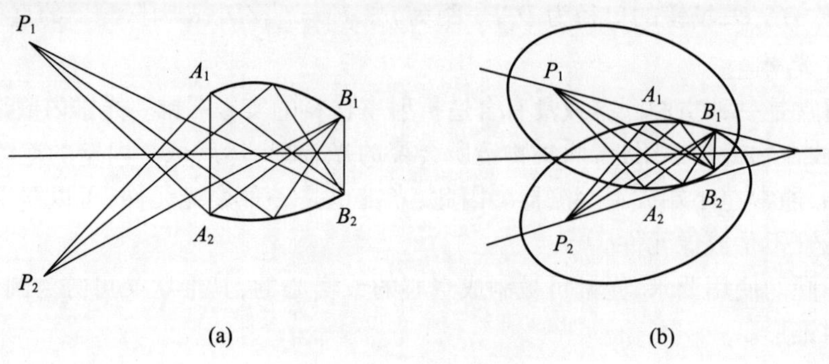

图 3-2-2　椭球面光锥

将光锥与场镜配合使用,可以提高系统的聚光效果。如图 3-2-3(a)所示,将场镜放在空心光锥的大端,或将实心光锥的大端磨成与场镜曲率一样的凸球面,如图 3-2-3(b)所示,这样可使入射光线的临界入射角增大。曲面光锥的大端也可以加场镜,这样往往能使二次曲面光锥的长度大为缩短。

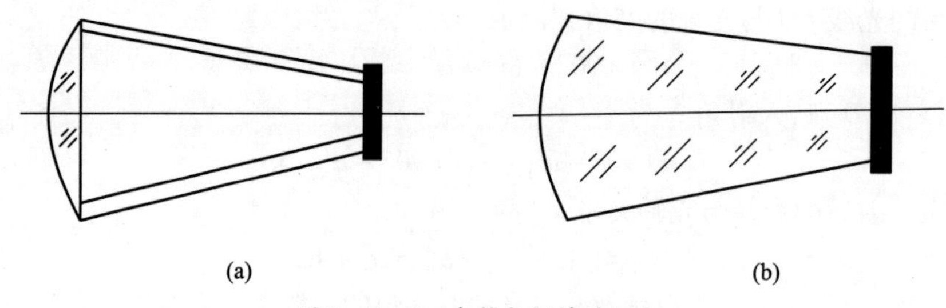

图 3-2-3　光锥与场镜的组合

(三) 浸没透镜

浸没透镜和场镜、光锥一样,也是一种二次聚光元件。浸没透镜是由一个单折射球面与平面构成的球冠体,探测器光敏面用胶合剂粘接在透镜的平面上,使像面浸没在折射率较高的介质中,如图 3-2-4 所示。使用浸没透镜可以缩小探测器的光敏面面积,从而提高探测器的信噪比。如果浸没透镜的半径过小,由于边缘光线入射角太大而造成反射损失也很大。为了减少反射损失,浸没透镜的半径往往比探测器的半径大很多。

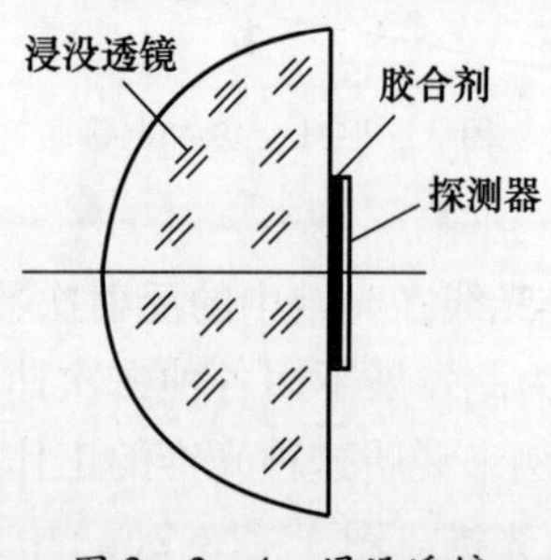

图 3-2-4　浸没透镜

（四） 滤光片

滤光片的种类多，有选择性吸收滤光片、选择性散射滤光片、选择性折射滤光片、偏振滤光片和窄带干涉滤光片等。实用的滤光片多采用基于多层膜反射干涉原理而工作的干涉滤光片。最常见的干涉滤光片是截止滤光片和带通滤光片。截止滤光片可以把所考虑的光谱区分成两部分：一部分不允许光通过（称为截止区）；另一部分要求光充分通过（称为带通区）。带通滤光片只允许光谱带中的一段通过，而其他部分全部被滤掉。干涉滤光片的中心波长与它对光源的倾角有关，设计接收光学系统时，应保证能够微调干涉滤光片的倾角，使它的中心波长正好对应激光信号的中心波长，以获得最佳信噪比。

（五） 衰减片

衰减片是在接收光学系统中实现光学自动增益的光学元件。它一般是用对某波长激光能量具有吸收性质的光学材料制成，利用激光通过的光学介质材料的损耗来改变光学透过率；也有的衰减片是用在透明光学玻璃上镀不同厚度的膜层来实现的。常用的衰减片有迭层衰减片和光楔衰减片，如图 3 -2 -5 所示。

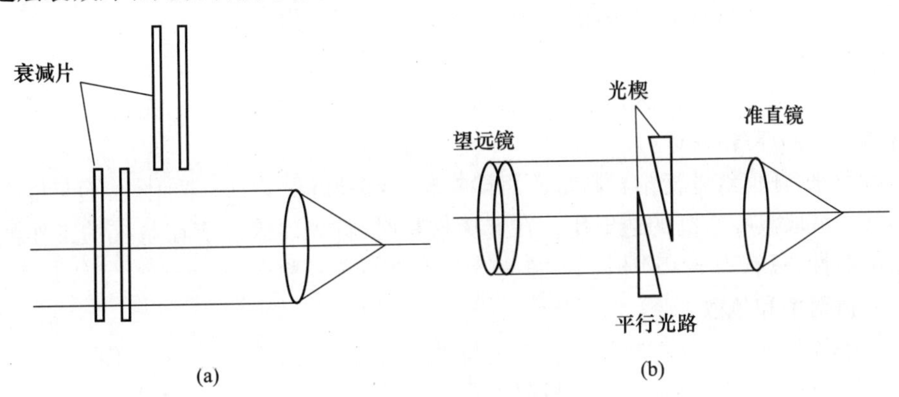

图 3 -2 -5　衰减片

(a)迭层衰减片；(b)光楔衰减片。

（1）迭层衰减片。衰减片由具有吸收特性的光学材料制成，做成相同厚度的平板衰减片。需要改变衰减量时，改变光路中衰减片的片数即可实现。此种方法衰减量的选择是阶梯式的。

（2）双光楔衰减片。利用具有对光吸收性质的材料做成光楔，两个光楔如图 3 -2 -5 放置。当两个光楔移动时，则在光路中光楔的厚度发生变化，从而使光学透过率也发生变化，达到改变光学增益的目的。双光楔衰减可以实现透过率连续变化。

（六） 光阑

组成光学系统的透镜、反射镜都有一定的孔径，它们必然会限制可用于成像光束的截面或范围，有些光学系统中还特别附加一定形状的开孔的屏，这些限制光束的光学元件的边缘和屏称为光阑。它们在光学系统中起拦光的作用。

光阑属于光学仪器中的一种光学元件。按其作用的不同，分为孔径光阑和视场光阑两种。孔径光阑为限制入射光束大小的孔，其大小和位置对透镜所成像的清晰程度、正确性和亮度都有决定性的作用，如照相机镜头上的圆形光阑（俗称光圈）。视场光阑是限制成像景物的面积大小（视场）所用的孔，例如照相系统中的底片框。

第三节 光学材料和光学薄膜

光学材料是用来制作光电仪器中的透镜、窗口、调制盘、滤光片、棱镜整流罩等光学元件的。选用什么样的光学材料好呢？如果光学材料不好，有何办法改善吗？本节主要介绍红外光学材料的性能和种类，以及提高光学材料透过率、反射率和可靠性的光学薄膜。

（一）红外光学材料

1. 红外光学材料应具有的性能

根据不同红外系统的使用要求，在选择红外光学材料时应考虑的主要性能有：光谱透射比及其随温度的变化、折射率和色散及它们随温度的变化、材料受热时的自辐射特性，以及材料的机械强度、硬度、化学稳定性等。

（1）光谱透射比。

红外光学材料的最重要的物理性质之一是它在某特定红外波段内的透射比。若不考虑反射损失，则各向同性的完善晶体材料的透射比可表示为

$$\tau = I/I_0 = e^{-\alpha t} \tag{3-3-1}$$

式中：I_0 为入射辐射强度；I 为透射辐射强度；α 为吸收系数（cm^{-1}），它是波长的函数；t 为被测材料的样品厚度（cm）。

一般说来，任何红外光学材料都不可能在整个红外波段均具有透射性，而只能在红外光谱的某一波段具有较高的透射比。在选择材料时，首先要求它能在系统的工作波段有良好的透射性，只有当 $\tau > 50\%$ 时，才能考虑用它作透射材料。

（2）折射率和色散。

折射率和色散是光学材料的另一重要特性。对用于制造窗口和整流罩的红外光学材料，为了减少反射损失，要求它们的折射率尽可能低一些。而对于棱镜、透镜及高放大率、宽视场角光学系统的一些光学零件，则要求使用高折射率的材料，有时为了消色差或其他像差，不但需要使用不同折射率的材料作复合透镜，而且对色散也有一定要求。对于较高温度下工作的光学系统，在选择光学材料时，还必须考虑它的光谱透射比和折射率随温度的变化。

（3）自辐射性能。

光学材料受热时的自辐射性能也很重要。为了避免辐射探测器中出现假信号，受热时红外光学材料在其透射波段内的自辐射应当尽量小。

（4）材料的其他性能。

光学材料的机械强度、硬度、化学稳定性等性质对于其使用也具有重要的意义。由于红外光学材料使用的多样性，它们应具有相应的机械强度以承受一定的负荷；应具有较高的表面硬度以便于加工、研磨和抛光。同时在用于各种飞行器外部窗口时不易被擦伤；也应具有较高的化学稳定性以经受住潮湿、各种腐蚀和化学溶剂的侵蚀。另外，当光学零件和其他零件（玻璃、金属、陶瓷等）相结合或封接时，必须使这些材料的热膨胀系数相匹配。对于超声速飞机、导弹和宇宙飞行器上使用的红外光学材料，还要求它们具有高熔点、高温下仍有良好的机械强度、耐热冲击和在高温、低温及辐射作用等各种苛刻条件下，其透射比等各种光学和物理化学性能均具有良好的稳定性。

2. 红外光学材料的种类

红外光学材料可分为玻璃、晶体、热压多晶、透明陶瓷和塑料等五类，下面分别予以简单介绍。

(1) 玻璃。

玻璃是最常见的红外光学材料。主要优点包括：光学均匀性好；可以熔铸成满足光学设计要求的各种形状和尺寸的零件；具有各种折射率，易于做复合透镜以消除某些像差；具有较高的机械强度；表面硬度较大，易于加工、研磨和抛光；大多数玻璃对大气的作用稳定，价格低廉。其缺点是透过波长较短，熔点低，只能在低于500℃的温度下使用。

(2) 晶体。

晶体是目前使用得最多的红外光学材料。主要优点包括：透射长波限较长（可达60μm），折射率和色散的变化范围大，不少晶体的熔点高、热稳定性好、硬度大，因而能满足各种使用要求。其缺点是不易培育成大尺寸的晶体，价格昂贵。

(3) 热压多晶。

热压多晶材料是在真空或惰性环境下，粉末态的微晶粒在高温高压作用下被挤压、压碎和再分布，并发生范性形变，从而挤掉晶体内部所有的微气孔，使晶粒紧密接触，形成高密度的热压多晶体。实验证明，热压多晶体的红外透射比几乎和同样组分的单晶体一样，其密度值也接近或达到同样组分的单晶体的密度。主要优点包括：耐高温、耐热冲击、机械强度好，化学性能稳定等。因此它们是火箭、导弹、卫星及宇宙飞行器等上红外装置中的窗口、整流罩的主要材料，也是制作其他各种耐高温红外光学零件的主要材料。

(4) 红外透明陶瓷。

普通陶瓷结构比较松散，体内存在大量的微气孔，由于气孔的散射作用，它们对可见光和红外辐射是不透明的。但是，如果在H_2、O_2或真空条件下烧结，并且控制晶粒的生长过程，那么可以完全消除陶瓷体中的气孔，从而获得高密度的红外透明陶瓷。和热压技术相比，用烧结工艺消除气孔，除范性形变外，还有固相扩散，形成一个稳定的透明陶瓷体。目前，已制成十多种红外透明陶瓷，主要有氧化铝、氧化镁等透明陶瓷。它们都可在高达1000℃以上的高温下使用，主要用于高速飞行器中红外装置的窗口和整流罩。

(5) 塑料。

塑料是一种无定形态的高分子聚合物。主要优点包括：价格便宜，容易成形，耐酸碱耐腐蚀，不溶于水，在近红外和远红外波段有良好的透射比。但是由于塑料是复杂的高分子聚合物，分子的振动和转动吸收带及晶格振动吸收带正好在中红外波段，因此，在中红外波段塑料的透射比很低。此外，塑料的机械强度不高，软化温度低，只能在较低温度下用作窗口和保护膜等。

（二） 光学薄膜

光学零件表面镀上适当的薄膜，可以显著地改变其透过性能和反射性能，还能防止大气中水汽的侵蚀和减轻机械擦伤。光学薄膜按其作用可分为增透膜、高反射膜和保护膜三种。

1. 增透膜

当光入射到光学系统的各折射面时，除了透射光外，还会有一部分反射光。反射光的强弱取决于折射面多少和光学材料折射率的高低。当光由空气($n_0=1$)垂直入射到光学零件的表面上时,其反射比 $\rho=(n-1)^2/(n+1)^2$,若 $n=1.5$,则 $\rho=0.04$,即反射光的能量等于入射光的能量的4%。这样,一个透镜将使8%左右的入射光变成不能通过透镜的反射光,组成光学系统的透镜越多,反射光所占的比例越大,系统接收到的辐射能也就越少。由于红外光学材料的折射率很高,所以红外光学系统的反射损失也很大。若光学零件是一块平行平板,并且在所考虑的波段内没有吸收,则不难求出,在不相干条件下界面的反射比为

$$\rho=(n-1)^2/(n^2+1)$$

对于硅平板,$n=3.42$,$\rho=0.46$;对于锗平板,$n=4$,$\rho=0.53$。可见反射损失是相当大的。不仅如此,由于光线在未镀增透膜的各种光学零件上多次反射成为杂散光,最后到达像平面,使像的对比度降低,影响成像质量。因此,为了减小这种有害的反射光,在光学零件表面镀以增透膜是十分必要的。

增透膜有单层和多层之分。它们都是利用光在膜层的各表面上的反射光干涉相消的原理使反射光减为最小。单层增透膜由于折射率和厚度不能随意改变,所以只能使某一波长的反射比为零,或使一有限波段内的反射比较低,其他波长的反射比仍很高。为了在较宽的波段内实现增透,必须采用二层或多层膜。图3-3-1所示为镀膜锗片在7~14μm波段内的透射比。峰值透射比在8~12μm间的透射比为86%或更大些。未镀膜锗片的透射比却只有47%。

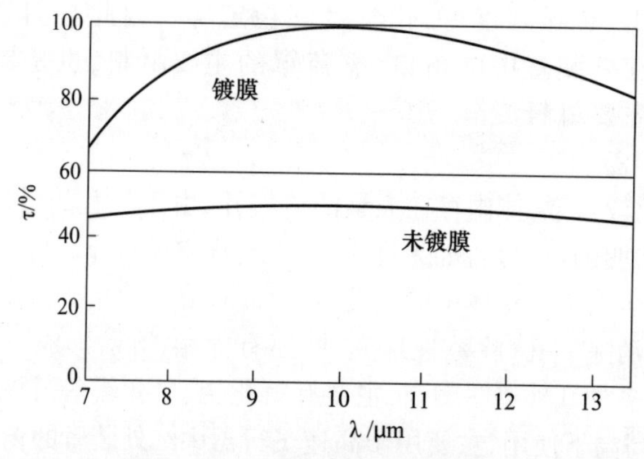

图3-3-1 镀和未镀增透膜锗片

由于使用增透膜是提高系统灵敏度的最廉价的方法之一,所以对于任何折射率大于1.6的透射元件都应该镀增透膜。

2. 高反射膜

在光学薄膜中,反射膜和增透膜几乎同样重要。将入射光的大部分反射回去的膜层称为高反射膜。例如红外探照灯中的抛物面反射镜,红外系统中的扫描反射镜和卡塞格伦双反射镜系统都需镀高反射膜。高反射膜有金属膜和介质膜两种。

(1) 金属高反射膜。

最常用的几种金属为银(Ag)、金(Au)、铝(Al)、铜(Cu)和铑(Rh)。

银的反射比虽然很高,而且也易蒸发,但是在空气中很快被氧化变黑,使反射比显著降低,而且银层与玻璃的附着力比铝差,容易剥落,保护膜也不易镀牢,这就使它只能用于暂时需要镀膜的零件。

金是红外区域最好的反射膜层镀料，不但在红外区域的反射比比铝高，而且在可见区域反射比迅速下降，这样就可减少可见光干扰。但是金不易镀在玻璃上，要用铬和镍打底作中间层才能镀牢。此外，金较软，不好擦拭，没有合适的保护膜，价格较贵。

铝很易蒸发，并且能牢固地镀在玻璃甚至塑料等基底上，有良好的紫外、可见、红外反射特性；在红外区域的反射比较高，可达95%。在空气中，它很快形成一层氧化层，虽然氧化后使反射比降低百分之几，但却能使内部不继续氧化。由于铝膜较软，不能摔，因此可在铝膜上再镀一层一氧化硅保护膜（用于近红外），或用电子枪加热镀上一层石英或蓝宝石保护膜。适当控制保护膜厚度，反射比约下降百分之几。

铜在红外区域的反射比虽然不算低，但由于它在空气中容易生成CuO，使反射比大大降低，因此应用不多。

铑在红外区域的反射比比金、银、铝和铜都低，但是在玻璃上可以镀得很牢，并且耐擦和抗腐蚀，对于反射比要求不高、经常擦拭的镜子，可以采用铑膜。

（2）介质高反射膜。

介质膜具有反射比高、吸收小等特点，而且它的高反射比只出现在特定的波段之内。单层介质膜的反射比不高，很少被利用，通常采用多层介质高反射膜。对于红外区，折射率为4的锗（在1.8～20μm）或折射率为5.5的碲化铅（在3.5～40μm）都是很好的高折射率膜料，而折射率为2.35的ZnS（在0.4～20μm）是很好的低折射率膜料。

3. 保护膜

大多数金属膜的化学稳定性较差，表面的机械性能也不太坚固，在大气中使用时性能将逐渐变坏，而且容易划痕。因此，一般在金属膜表面蒸镀一层化学及机械性能良好的膜，对内部膜层起保护作用，称为保护膜。比如：Al_2O_3、SiO、SiO_2和MgF_2常用作铝膜的保护膜。

第四节　典型军用光学系统

本节主要介绍激光测距仪光学系统、微光夜视仪光学系统、红外热像仪光学系统、电视跟踪光学系统和红外跟踪光学系统等五种典型的光学系统。衡量光学系统性能的参数有许多，主要有相对孔径、F数、视场和视场角等。相对孔径为入瞳直径D_0与焦距f之比，即D_0/f。相对孔径对像面照度有很大影响。相对孔径的倒数就是F数。视场是探测器通过光学系统能感知目标存在的空间范围，度量视场的立体角称为视场角。视场角的单位为球面度（sr），目前在习惯上常用平面角表示。

（一）激光测距仪光学系统

激光测距仪的光学系统一般由瞄准光学系统、发射光学系统、接收光学系统等三部分组成，其中瞄准光学系统的作用是瞄准目标；发射光学系统的作用是将截面较小而发散角较大的发射光束变成截面较大而发散角很小的光束，使其准直地传播到目标表面上；接收光学系统的作用是尽可能多地接收光能并使光束聚焦在光探测器上，提高接收信号的信噪比。为了最大限度地提高发射和接收光信号的效能，发射、接收和瞄准光学系统的光轴应相互平行或共轴，实际使用的激光测距仪的光学系统既有发射、接收、瞄准三个系统共轴型，也有发射、接收、瞄准三个系统异轴型，还有发射与接收系统共轴，瞄准系统异轴型或发射与瞄准系统共轴或接收与瞄准系统共轴等。

如图 3－4－1 所示是某型舰用激光测距仪的光学系统。除了发射、接收、瞄准等三个系统之外，它还有一个读数光学系统，其作用相当于一个放大镜，以便读出微型数码显示器上所显示的测距值。

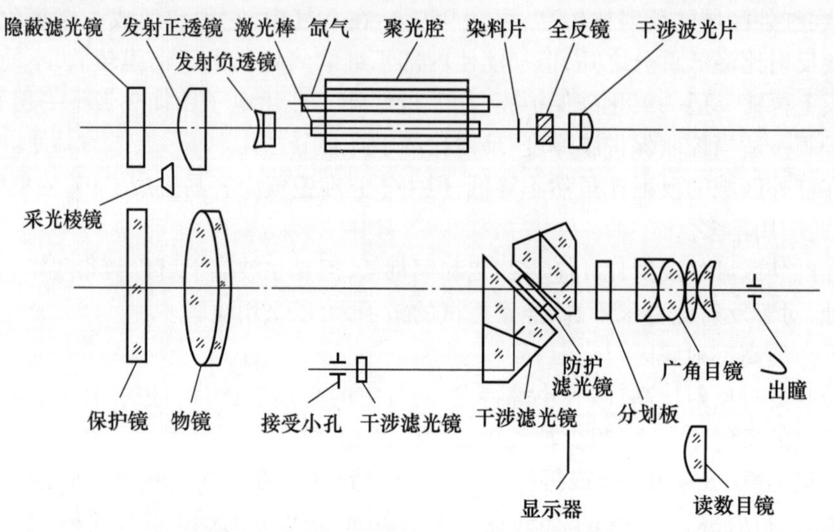

图 3－4－1　舰用激光测距仪的光学系统

（二） 微光夜视仪光学系统

如图 3－4－2 所示是某型微光夜视仪的光学系统，其物镜为折反物镜系统，由主反射镜 3、正弯月透镜 1 和负弯月透镜 2 及场镜 4 组成，负弯月透镜后表面中间部分镀反射层做为次反射镜（部分反射镜），来自目标的光线入射到主反射镜后，被反射到负弯月透镜的后表面靠近中央通孔部分的反射层上，把主反射镜反射的光线反射进中央光路，经场镜进一步校正像差后聚焦到像增强器的光阴极面上；4 是遮光筒，起防杂散光的作用，使系统杂光系数小于 4%；发光二极管 5、分划板 6 和投影透镜 7、8、9，构成分划板照明投影系统；10 为像增强器；透镜 11、12、13 构成目镜系统。

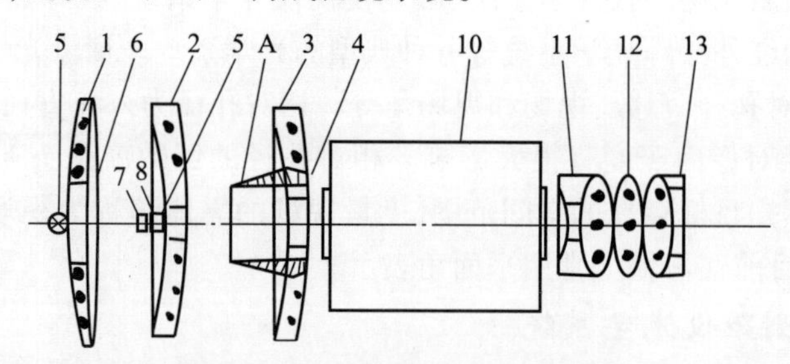

图 3－4－2　微光夜视仪光学系统

（三） 红外热像仪光学系统

红外热成像仪光学系统先将景物的红外辐射收集起来，再经过光谱滤波和光学扫描聚焦到探测器阵列上，探测器将强弱不等的辐射信号转换成相应的电信号，然后经过放大和视频处理，形成视频信号，送到视频显示器上显示出来。

如图 3－4－3 所示是由折反望远系统、八面外反射行扫描转鼓（5）、平面摆动帧扫描镜（6）和准直透镜所组成的热成像仪光学系统。其工作波段为 8 ~ 14μm，探测器(8)为单元碲镉汞器件。其中1为保护窗口,主镜2和次镜3组成了一个包沃斯－马克苏托夫－卡塞格伦物镜系统,与4(望远镜后组)一起组成了无焦望远系统,将光束压缩、准直为平行光束,使其中分别进行帧扫描和行扫描的扫描转鼓和平面摆镜被置于平行光路之中,以免产生扫描像差,准直透镜7的作用是使扫描光束会聚到探测器光敏面上。这种红外热像仪光学系统的 F 数约为1.6,$D = 110\text{mm}$,像点弥散圆直径小于0.15mm。

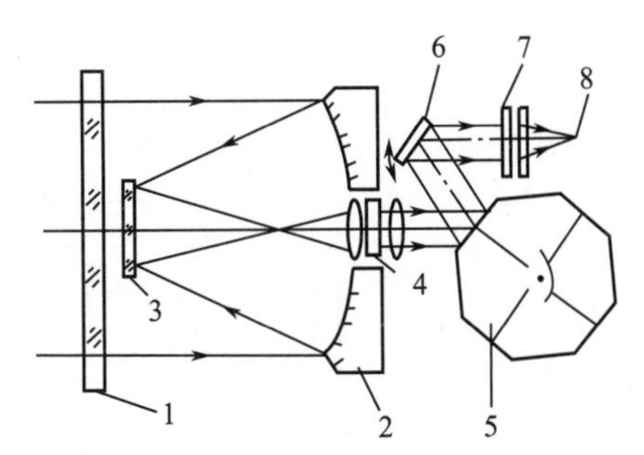

图3－4－3　热成像仪光学系统

包沃斯－马克苏托夫系统的焦点在球面反射镜和校正透镜之间,接收器必然造成中心部分挡光,并且使用起来很不方便,为此发展成包沃斯－马克苏托夫－卡塞格伦系统。这种系统把校正透镜的中心部分镀上铝、银等反射膜作次镜用,就可将焦点移到主反射镜之外。

(四) 电视跟踪光学系统

如图3－4－4所示是某型光电跟踪仪系统中的电视跟踪光学系统,为了确定所跟踪目标的方位,系统中有一个十字丝投影光学系统;为了使光电跟踪仪能分辨不同距离的目标,物镜系统是一个间断变倍光学系统。

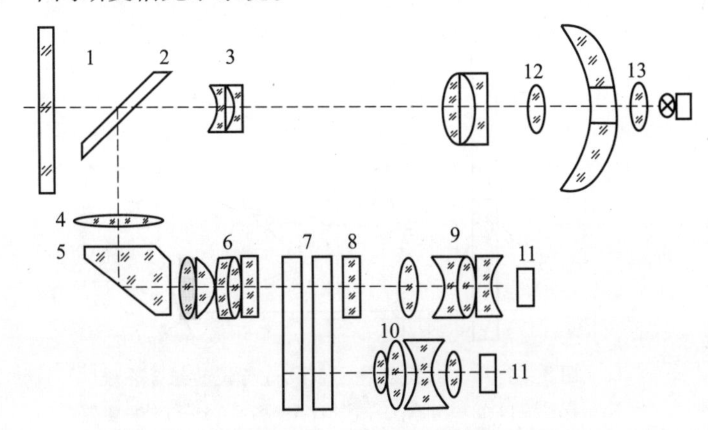

图3－4－4　光电跟踪仪中的电视跟踪光学系统

1—保护镜;2—小反射镜;3—次镜;4—场镜;5—转像棱镜;6—前组物镜;7—变密度盘;8—滤光片;9—后组物镜;10—后组物镜;11—像面;12—主反射镜;13—十字丝组。

(五) 红外跟踪光学系统

红外跟踪光学系统的作用是把目标的辐射能收集后聚焦到调制盘或多元探测器上,经调制盘旋转或光点在调制盘、多元探测器上旋转,变成调幅或调频等形式的载波辐射,再经场镜、光锥或浸没透镜等会聚后均匀地落到探测器上。红外跟踪光学系统分为十字形多元跟踪器系统和带探测器的跟踪系统两类。

1. 十字形多元跟踪器光学系统

如图 3-4-5 所示是十字形多元跟踪器光学系统，其中，图(a)是十字形多元探测器的形状及尺寸示意图，元件采用锑化铟器件，工作波段为 3～5μm，中心波长为 4μm，图(b)为偏轴双反射镜系统，其前面所安置的平行平板红外玻璃是起保护作用的窗口，次镜偏轴放置并作扫描转动，其扫描视场为瞬时视场的两倍，该系统的 F 数为 3，$D=230\text{mm}$，瞬时视场为 0.83°，次镜遮挡比为 1/3，像点弥散圆直径小于 0.2mm。

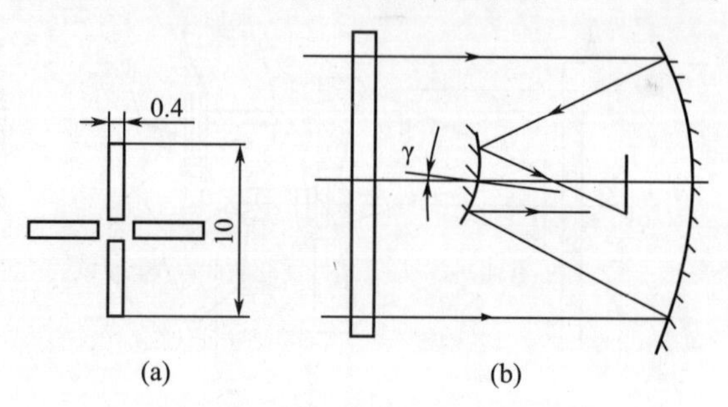

图 3-4-5　十字形多元跟踪器光学系统

2. 带探测器光学系统的跟踪系统

如图 3-4-6 所示是次镜作圆锥扫描的双反射镜主系统与场镜的组合系统，其探测器为单元锑化铟器件，工作波段为 3～5μm，中心波长为 4μm，光学系统由次镜偏轴作圆锥扫描的双反射镜卡氏系统加场镜与保护窗口共同组成，场镜位于次镜的焦平面上，各视场光线经场镜后能均匀地照在探测器上，调制盘花纹光刻于场镜的前平面上，所以系统的像质(即弥散圆斑直径)必须与调制盘的格宽相匹配，系统的 F 数为 5，$D=200\text{mm}$，视场为 1.5°，次镜遮挡比为 1/4，像点弥散圆直径小于 0.6mm(调制盘的格宽为 0.6mm)。

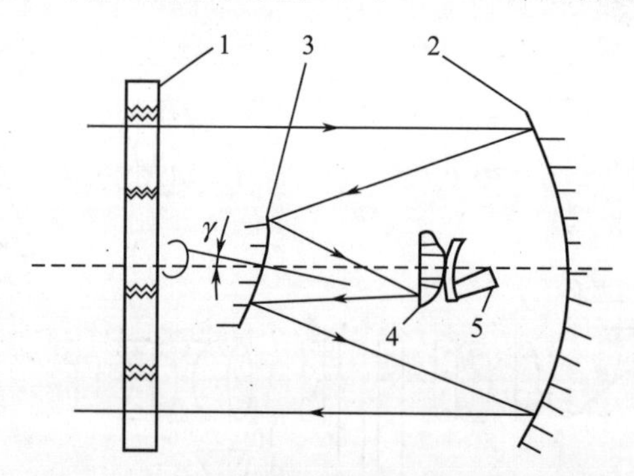

图 3-4-6　双反射镜主系统与场镜的组合系统

1—保护窗口；2—主镜；3—次镜；4—场镜；5—红外探测器。

如图 3-4-7 所示是同轴调制盘旋转的双反射镜主系统与光锥、浸没透镜的组合系统，其探测器为单元硫化铅器件，工作波段为 1～3μm，中心波长为 1.8μm，主系统为同轴的卡氏系统，由于采用了调制盘旋转的扫描形式(旋转轴为 AA')，主系统的焦平面位于主系统之外，调制盘为幅条式，条宽为 0.5mm，由于主系统的 F 数较小，故探测器光学系统采用了光锥与浸没透镜的组合系统，硫化铅元件用高折射胶直接黏结在浸没透镜的后表面中央，光锥大端尺寸等于或稍大于焦平面尺寸，半球型浸没透镜使通过光锥射到它上面的光线的入射角减小，从而减小了光线在镜面上的反射损失。系统的 F 数为 1.45，$D=$

230mm,视场角为 ±1.5°,次镜遮挡比为 1/3。

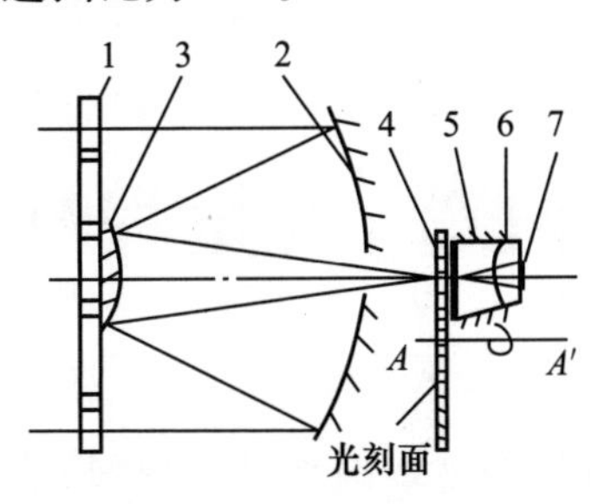

图 3-4-7　同轴调制盘旋转双反射主系统与光锥、浸没透镜的组合系统

1—保护窗口;2—主镜;3—次镜;4—调制盘;5—光锥;6—浸没透镜;7—探测器。

本章小结

本章主要介绍了光学系统的基本组成,包括光学系统的物镜和辅助光学系统,分析了实际成像过程中的各种几何像差,概况总结了光学材料和光学薄膜对光学系统的作用,并以典型军用光学系统为例进行了系统分析。

复习思考题

1. 在几何像差中,哪些影响成像的清晰度? 哪些影响几何形状?

2. 在几何像差中,哪些仅与孔径有光? 哪些仅与视场有关? 哪些与孔径和视场都有关?

3. 简述常用球面物镜的种类及特点。

4. 简述非球面反射镜是如何组成物镜的?

5. 简述变焦距物镜的基本原理。

6. 什么是场镜,场镜的作用及放置的物像关系。

7. 简述光锥的作用及聚光的限制。

8. 什么漫没透镜?

9. 简述增反和增透干涉膜的基本原理。

10. 典型军用光学系统的组成及特点。

第四章　光电探测器

早期,为了实现对军用目标的远距离探测,直接接收目标辐射信号的方法效果都不理想,而对目标所辐射或反射回来的信号进行调制,使其幅度、频率或相位携带目标的方位信息,再通过光电探测器和信号处理电路解调出目标的位置或空间方位,不仅目标探测距离远,而且精度还高。对目标光辐射的调制通常是利用光学调制盘来完成的[9]。然而,光电转化的核心还是光电探测器,而且光学调制盘随着成像器件的出现已逐渐淘汰。早期的光电探测器件将光信号转化成一维信号,随着成像原理的发展和工艺技术水平的进步,光电探测器构造成 CCD 阵列,将光信号转化成二维信号,可直接形成二维图像。因此,本章主要介绍基本光电探测器、CCD 成像器件、CMOS 成像器件等光电转换原理。

第一节　光电探测原理及器件

光电探测器是一种辐射能转换器件,是光电系统的核心组成部分,作用是发现信号、测量信号。

按照光谱特性来划分,光电探测器可分为红外热探测器、可见光探测器、紫外探测器和激光探测器。按照能量转换方式划分,光电探测器可分为光子探测器和热探测器两大类。其中,光子探测器的响应正比于吸收的光子数,而热探测器的响应正比于所吸收的能量。一般来说,热探测器响应波长选择性差,局限于对红外辐射的探测,响应速度慢,一般为毫秒级;光子探测器响应波长有选择性,响应快,一般为纳秒到几百微秒。光子探测器又分为两类,一类基于外光电响应的原理,另一类基于内光电效应的原理。被光激发所产生的载流子(自由电子或空穴)仍在物质内部运动,使物质的电导率发生变化或产生光生伏特的现象,称为内光电效应。而被光激发产生的电子逸出物质表面,形成真空中的电子的现象,称为外光电效应。内光电效应是半导体光电器件的核心技术,外光电效应是真空光电倍增管、摄像管、变像管和像增强器的核心技术。热探测器的换能过程包括:热阻效应、热伏效应和热释电效应。其中,热阻效应将温度变化转换为电阻(或电导)的变化;热伏效应将温度变化转换为电压的变化;热释电效应将温度变化转换为晶体表面电极化强度的变化。本节首先介绍固体能带理论,它是光电探测器的基础,然后讨论光子探测器和热探测器的基本原理及对应的光电转换器件[10]。

一、固体能带理论和半导体对光的吸收

固体能带是表示固体中电子能量分布方式的一种简便方法,有助于理解半导体对光的吸收以及探测器内部产生的光电效应。

（一） 固体能带理论

固体的原子靠得很近，根据量子力学理论，单个原子的分立能级扩展成近于连续的能带，这些能带被电子的禁带所隔离。能级最低的能带称为价带，价带为电子完全占有。价带完全充满时，价电子对材料的电导率没有贡献。下一个较高的能带，无论有无电子占有，都称为导带。导带中的电子对材料的电导率有贡献。将价带、导带隔离的能带称为禁带，禁带中不可能有电子占有。禁带的能带宽度也称带隙。

导电体、绝缘体和半导体有不同的能带结构（图4-1-1）。导电体的禁带较窄，仅有几分之一电子伏特，导带为电子部分充满，如图4-1-1（a）所示。绝缘体的电子刚好占据了价带中的全部能级，导带是空的。由于绝缘体的禁带很宽，为3eV或更大些。价电子不可能获得足够的能量跃迁到导带中去，如图4-1-1（b）所示。

半导体的导电率介于绝缘体和金属之间。纯净的本征半导体的禁带宽度也是介于绝缘体和金属之间，相对窄一些，如图4-1-1（c）所示。在室温下，半导体的一些价电子能获得足够的能量，跃过禁带而到达导带，这些电子原来占据的位置成了带正电荷的空穴，即产生电子空穴对载流子。存在外电场时，空穴也能像电子一样流过材料，但两者流动的方向相反，贡献各自的电导率。

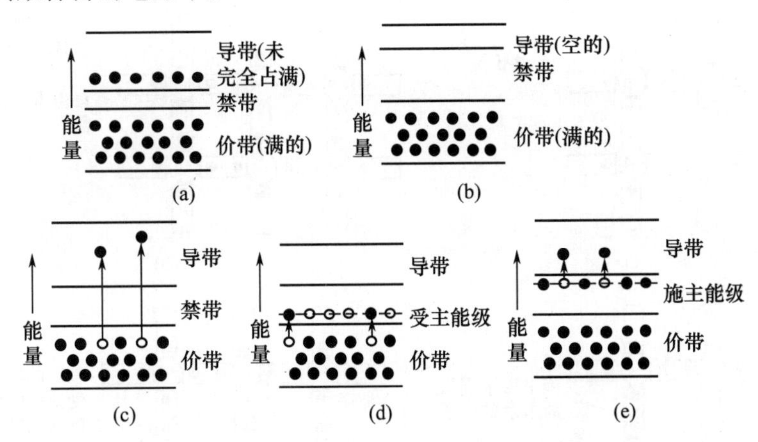

图4-1-1　导体、绝缘体、半导体的能带结构

（a）导电体；（b）绝缘体；（c）本征半导体；（d）P型半导体；（e）N型半导体。

入射光子的能量必须大于半导体材料禁带的宽度，电子才能被激发到导带，产生电子空穴载流子。因此，材料的禁带宽度决定了光子探测器光谱响应的截止波长。例如，本征硅的能带隙为1.12eV，硅探测器光谱响应的截止波长为1100nm，因此，硅探测器的光谱响应仅限于可见光、近红外波段。

普通本征半导体的禁带宽度均超过0.18eV，其响应的长波限将小于7μm，要增加探测器响应的长波限就必须减小半导体材料的禁带宽度。如碲镉汞探测器采用了通过改变镉的含量的方法改变碲镉汞材料的禁带宽度，其禁带宽度所对应的光子波长可覆盖整个红外波段。增加红外探测器响应长波限的另一种方法是在纯净半导体中加入少量的其他杂质，称为掺杂，所得到的材料称为非本征半导体。非本征半导体电子的能级跃迁发生在价带至杂质或杂质至导带之间。由于杂质的能级非常接近价带或导带，非本征半导体探测器响应的长波限可延伸至甚远红外。

决定半导体和光相互作用的主要是能带结构，这个能带结构是由原子按一定规则排列的晶体结构所决定的,如图 4-1-2 所示。许多红外探测器都将锗、硅作为非本征材料的主体材料。锗、硅原子有 4 个价电子,它们和 4 个周围的价电子构成共价键,如图 4-1-2(a)所示。吸收能量后会形成电子空穴对载流子,如图 4-1-2(b)所示。如果把 3 个价电子的杂质原子(如硼)掺到锗或硅中,短缺电子的杂质称为受主,受主从主体材料中接收电子,在价带中产生一个过剩的空穴,材料成为 P(Positive)型,如图 4-1-2(c)所示。由于杂质能级恰好靠近主体材料价带的顶部,电子从价带跃迁到杂质空穴,只需要很小的能量,留在价带中的空穴成为载流子,如图 4-1-1(d)所示。

如果掺入有 5 个(如磷)或更多价电子的杂质,多余电子的杂质成为电子的施主,掺杂后成为 N(Negative)型材料,如图 4-1-2(d)所示。由于杂质能级非常靠近主体材料导带的底部。杂质电子跃迁到导带只需要很小的能量,跃迁至导带中的电子成为载流子,如图 4-1-1(e)所示。

与本征半导体不同,非本征半导体材料只有一种载流子提供导电率,N 型材料的载流子是电子,而 P 型材拉的载流子是空穴[11]。

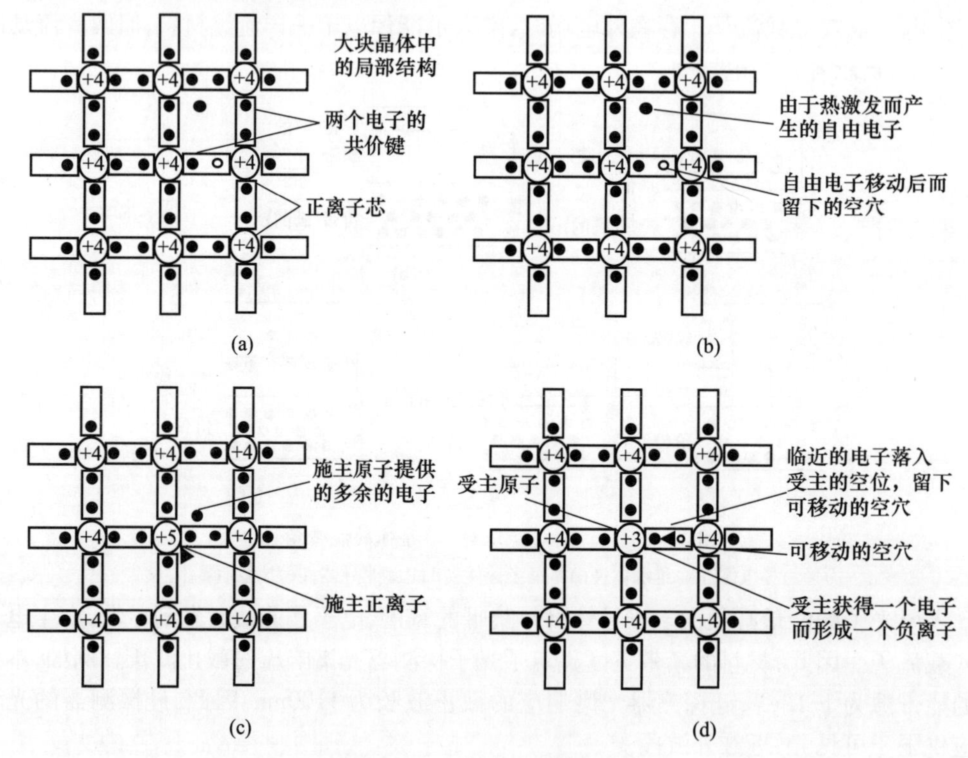

图 4-1-2 半导体的晶体结构

(二) 半导体对光的吸收

光照射半导体时,会产生本征吸收、杂质吸收、激子吸收、自由载流子吸收和晶格吸收等五种半导体对光的吸收现象。

(1) 本征吸收。

在不考虑热激发和杂质的作用时,半导体中的电子基本上处于价带中,导带中的电子数很少。当光入射到半导体表面时原子外层价电子吸收足够的光子能量,越过禁带,进入导带,成为可以自由运动的自由电子。同时,在价带中留下一个自由空穴,产生电子-空穴对。半导体价带电子吸收光子能量跃迁入导带，产生电子－空穴对的现象称为本征吸收(图4－1－3(a))。

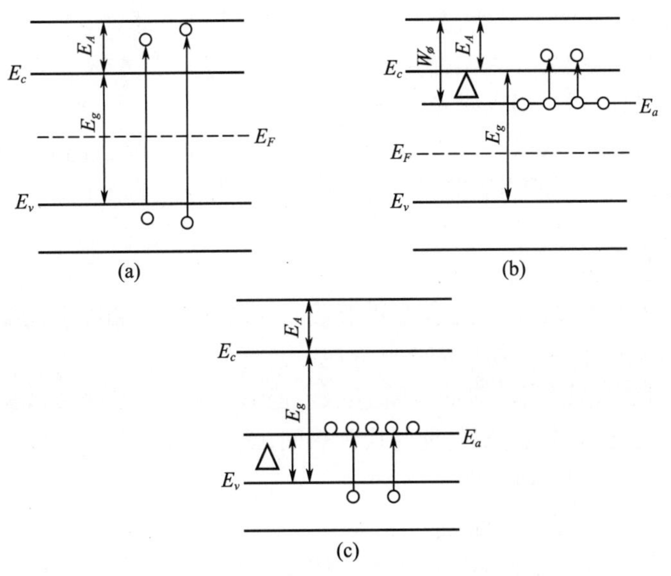

图4－1－3　本征吸收和杂质吸收

(a)本征半导体；(b)N型半导体；(c)P型半导体。

显然，发生本征吸收的条件是光子能量必须大于半导体的禁带宽度 E_g，这样才能使价带 E_v 上的电子吸收足够的能量跃入到导带低能级 E_c 之上，即

$$h\nu \geqslant E_g$$

由此，可以得到发生本征吸收的光波长波限为

$$\lambda_L \leqslant \frac{hc}{E_g} = \frac{1.24}{E_g}$$

只有波长满足上式的入射辐射才能使器件产生本征吸收而改变本征半导体的导电特性。

(2) 杂质吸收。

当入射光子不足以产生自由电子－空穴对，但能激发杂质中心时，激发产生自由电子或空穴的过程称为杂质吸收。

N型半导体中未电离的杂质原子(施主原子)吸收光子能量 $h\nu$。若 $h\nu \geqslant \Delta E_D$(施主电离能)，杂质原子的外层电子将从杂质能级(施主能级)跃入导带，成为自由电子(见图4－1－3(b))。同样，P型半导体中价带上的电子吸收能量 $h\nu \geqslant \Delta E_A$(受主电离能)的光子后，价电子跃入受主能级，价带上留下空穴。相当于受主能级上的空穴吸收光子能量跃入价带(见图4－1－3(c))。显然，杂质吸收的长波限为

$$\lambda_L \leqslant \frac{1.24}{\Delta E_D}, \lambda_L \leqslant \frac{1.24}{\Delta E_A}$$

由于 $E_g > \Delta E_D$ 或 ΔE_A，因此，杂质吸收的长波限总要长于本征吸收的长波限。杂质吸收会改变半导体的导电特性，也会引起光电效应。

(3) 激子吸收。

当入射到本征半导体上的光子能量 $h\nu$ 小于 E 或入射到杂质半导体上的光子能量 $h\nu$

小于杂质电离能(ΔE_D或ΔE_A)时,电子不产生能带间的跃迁成为自由载流子,仍受原来束缚电荷的约束而处于受激状态。这种处于受激状态的电子称为激子。吸收光子能量产生激子的现象称为激子吸收。显然,激子吸收不会改变半导体的导电特性。

(4) 自由载流子吸收。

对于一般半导体材料,当入射光子的频率不够高,不足以引起电子产生能带间的跃迁或形成激子时,仍然存在着吸收,而且其强度随波长增大而增强。这是由自由载流子在同一能带内的能级间的跃迁所引起的,称为自由载流子吸收。自由载流子吸收不会改变半导体的导电特性。

(5) 晶格吸收。

晶格原子对远红外谱区的光子能量的吸收,直接转变为晶格振动动能的增加,在宏观上表现为物体温度升高,引起物质的热敏效应。

以上五种吸收中,只有本征吸收和杂质吸收能够直接产生非平衡载流子,引起光电效应。其他吸收都程度不同地把辐射能转换为热能,使器件温度升高,使载流子运动速度加快,而不会改变半导体的导电特性。

(三) 半导体的载流子浓度

半导体的载流子浓度是指半导体中单位体积内参与导电的自由载流子的数目。半导体中存在两种载流子,即导带中的电子和价带中的空穴。N型半导体中杂质提供的自由电子是多数载流子,空穴是少数载流子,显负电性。N型半导体靠自由电子导电,掺入的杂质越多,多子(自由电子)的浓度就越高,导电性能也就越强。而少子的浓度决定于温度,原因是少子是本征激发形成的,与温度有关。比如:$T=300\text{K}$室温下,本征硅的电子和空穴浓度为$n=p=1.4\times10^{10}/\text{cm}^3$,掺杂后N型半导体中的自由电子浓度为$n=5\times10^{16}/\text{cm}^3$。

P型半导体则与N型半导体相反,空穴是多数载流子,自由电子是少量载流子。空穴容易俘获电子,成为受主杂质,由于少一电子,所以带正电,半导体中同时存在多子和少子。

二、光电导效应及器件

(一) 光电导效应

光电导效应可分为本征光电导效应与杂质光电导效应两种。本征半导体价带中的电子吸收光子能量跃入导带,产生本征吸收,导带中产生光生自由电子,价带中产生光生自由空穴。光生电子与空穴使半导体的电导率发生变化。这种在光的作用下由本征吸收引起的半导体的电导率发生变化的现象,称为本征光电导效应。杂质光电导效应是指光子激发杂质半导体,使电子从施主能级跃迁到导带,或者从价带跃迁到受主能级,产生光生自由电子或空穴,从而增加材料的电导率。实验表明,半导体的光电效应与入射辐射通量的关系为:在弱辐射作用的情况下是线性的,随着辐射的增强,线性关系变坏,当辐射很强时,变为抛物线关系。

(二) 光电导器件

利用具有光电导效应的材料(如硅、锗等本征半导体与杂质半导体,硫化镉、硒化镉、氧化铅等)可以制成电导率随入射光度量变化的器件,称为光电导器件或光敏电阻。光敏电阻具有体积小、坚固耐用、价格低廉、光谱和光强响应范围宽、工作电流大、灵敏度高、无选择极性之分等优点，广泛应用于微弱辐射信号的探测领域。

1. 光敏电阻的基本原理

图 4-1-4 所示为光敏电阻的原理图与光敏电阻的符号。在均匀的具有光电导效应的半导体材料的两端加上电极，便构成光敏电阻。当光敏电阻的两端加上适当的偏置电压 U_{bb}(图 4-1-4)后，便有电流 I_p 流过，用检流计可以检测到该电流。改变照射到光敏电阻上的光度量(如照度)，发现流过光敏电阻的电流 I_p 将发生变化，说明光敏电阻的阻值随照度变化。

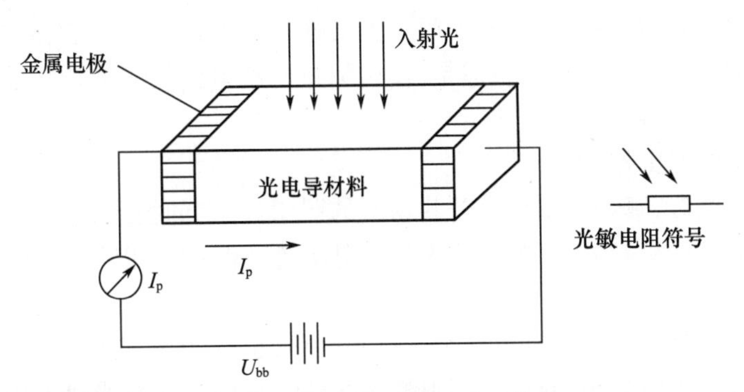

图 4-1-4　光敏电阻原理及符号

根据半导体材料的分类，光敏电阻有两大基本类型：本征型半导体光敏电阻与杂质型半导体光敏电阻。本征型半导体光敏电阻的长波长要短于杂质型半导体光敏电阻的长波长，因此，本征型半导体光敏电阻常用于可见光波段的探测，而杂质型半导体光敏电阻常用于红外波段甚至于远红外波段辐射的探测。

2. 典型光电导器件

(1) 硫化铅探测器。

硫化铅探测器是 1~3μm 波段应用很广的器件。它一般为多晶薄膜结构，有单元和多元线列器件，镶嵌结构可多达 2000 元。它阻值适中，响应率高，可以在常温工作，使用方便。它的主要缺点是时间常数较大，电阻温度系数大。由于硫化铅探测器工作在近红外(1~3μm)，所以适合高温目标探测。

(2) 硒化铅探测器。

硒化铅探测器是多晶薄膜光导型器件，工作在 3 ~5μm 波段，有单元和多元器件，可以在常温工作，其性能随工作温度降低有所提高，用半导体制冷器制冷到 200K 左右，是 3~5μm波段的重要器件。

(3) 锑化铟探测器。

工作在 3~5μm 波段，光导型器件可以在常温工作，但性能稍低。常用锑化铟探测器工作在 77K，光伏型为主，有单元、多元器件，线列可长达 256 元以上。它的灵敏度高、响应速度快，是目前 3 ~5μm 波段最成熟、应用最广的探测器。

(4) 碲镉汞探测器。

在实际应用中，碲镉汞探测器可在以下三个大气窗口中工作。在 1~3μm 波段，它的响应速度快，比在此波段的硫化铅约提高 3 个数量级以上；在 3~5μm 波段，它可以任意调整响应峰值波长，选择最合适的波长，与锑化铟形成竞争；在 8 ~ 12μm 波段，是目前最成熟、应用最广、最受重视的长波红外探测器。光电导型碲镉汞探测器已标准系列化，有30 元、60 元、120 元、180 元等。光伏型碲镉汞探测器有的 64 元、128 元等，高频器件工作带宽可达 GHz 以上，广泛用于热成像、跟踪、制导、告警等领域。

其他单晶光导型器件包括：掺杂性红外探测器，响应波长 3 ~ 5μm 和 8 ~ 14μm 或更长；硫化镉和硒化镉，响应可见光波段；多晶薄膜光导型器件包括碲化铅，响应波长3 ~ 5μm。

3. 光敏电阻的应用实例

与其他光电敏感器件不同，光敏电阻为无极性的器件，因此，可直接在交流电路中作为光电传感器完成各种光电控制。但是，在实际中光敏电阻的主要应用还是在直流电路中用作光电探测与控制。

（1）照明灯的光电控制。

照明灯包括路灯、廊灯与院灯等公共场所的照明灯，它的控制开关常采用自动控制。照明灯实现光电自动控制后，根据自然光的情况决定是否开灯，以便节约用电。

（2）照相机电子快门。

利用光敏电阻构成的照相机自动曝光控制电路，也称为照相机的电子快门。电子快门常用于电子程序快门的照相机中，其中测光器件常采用与人眼光谱响应接近的硫化镉光敏电阻。

三、光生伏特效应及器件

若在同一半导体内部，一边是 P 型，一边是 N 型，则 P 区一侧呈现负电荷，N 区一侧呈现正电荷。因此，空间电荷区出现了方向由 N 区指向 P 区的电场，由于这个电场是载流子扩散运动形成的，而不是外加电压形成的，故称为内电场。它对多数载流子的扩散运动起阻挡作用，所以空间电荷区又称为阻挡层。

内电场是由多子的扩散运动引起的，伴随着它的建立将带来两种影响：一是内电场将阻碍多子的扩散；二是 P 区和 N 区的少数载流子（P 区的自由电子和 N 区的空穴）一旦靠近 PN 结，便在内电场的作用下漂移到对方，这种少数载流子在内电场作用下有规则的运动称为漂移运动，结果使空间电荷区变窄。因此，扩散运动使空间电荷区加宽，内电场增强，有利于少子的漂移而不利于多子的扩散；而漂移运动使空间电荷区变窄，内电场减弱，有利于多子的扩散而不利于少子的漂移。在一定条件下（例如温度一定），多数载流子的扩散运动逐渐减弱，而少数载流子的漂移运动则逐渐增强，最后扩散运动和漂移运动达到动态平衡，交界面形成稳定的空间电荷区，这个空间电荷区就是 PN 结（见图 4 -1 -5）。

（一）光生伏特效应

光生伏特效应是基于半导体 PN 结基础上的一种将光能转换成电能的效应。当入射辐射作用在半导体 PN 结上产生本征吸收时，价带中的光生空穴与导带中的光生电子在 PN 结内建电场的作用下分开，并分别向如图 4 -1 -6 所示的方向运动，形成光生伏特电压或光生电流。

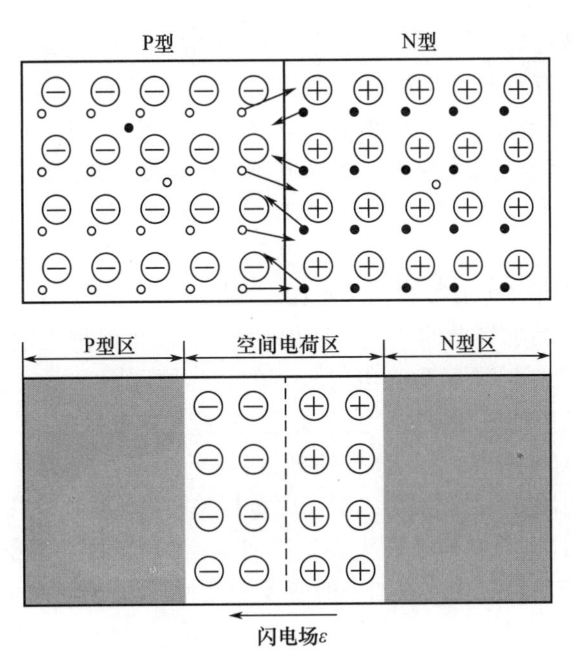

图 4-1-5　半导体 PN 结的形成过程

半导体 PN 结的能带结构如图 4-1-7 所示。当 P 型与 N 型半导体形成 PN 结时，P 区和 N 区的多数载流子要进行相对的扩散运动，扩散运动平衡时，它们具有如图 4-1-7 中所示的同一费米能级 E_F，并在结区形成由正、负离子组成的空间电荷区或耗尽区。空间电荷形成如图 4-1-6 所示的内建电场，内建电场的方向由 N 指向 P。当入射辐射作用于 PN 结区时，本征吸收产生的光生电子与空穴将在内建电场力的作用下做漂移运动，电子被内建电场拉到 N 区，而空穴被拉到 P 区。结果 P 区带正电，N 区带负电，形成伏特电压。

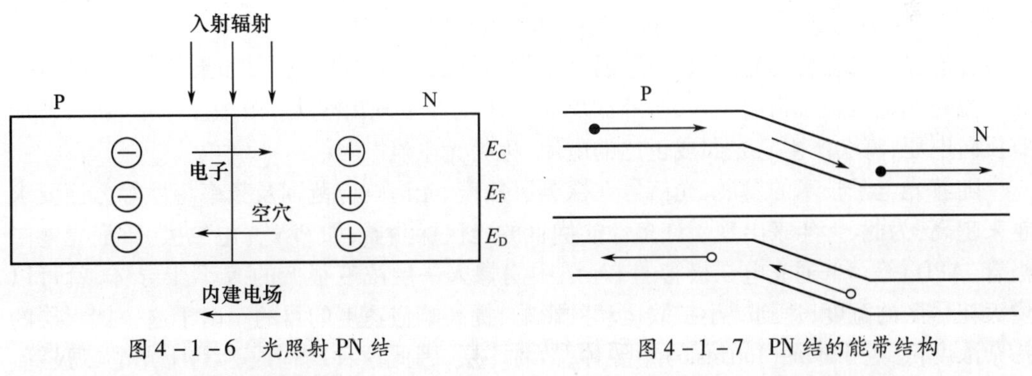

图 4-1-6　光照射 PN 结

图 4-1-7　PN 结的能带结构

（二）光生伏特器件

利用光生伏特效应制造的光电敏感器件称为光生伏特器件。光生伏特效应与光电导效应同属于内光电效应，然而两者的导电机理相差很大，光生伏特效应是少数载流子导电的光电效应，而光电导效应是多数载流子导电的光电效应。这就使得光生伏特器件在许多性能上与光电导器件有很大的差别。其中，光生伏特器件的暗电流小、噪声低、响应速度快、光电特性为线性以及受温度的影响小等特点是光电导器件所无法比拟的，而光电导器件对微弱辐射的探测能力和光谱响应范围又是光生伏特器件所望尘莫及的。

具有光生伏特效应的半导体材料有很多，如硅、锗、硒、砷化镓等半导体材料，利用这些材料能够制造出具有各种特点的光生伏特器件。由于制造工艺简单、成本低等特点，硅光电二极管是最简单、最具有代表性的光生伏特器件。其中，PN 结硅光电二极管为最基本的光生伏特器件，其他光生伏特器件是在其基础上为提高某方面的特性而发展的。

光电二极管可分为以 P 型硅为衬底的 2DU 型与以 N 型硅为衬底的 2CU 型两种结构形式。图 4-1-8(a)所示为 2DU 型光电二极管的结构原理图。在高阻轻掺杂 P 型硅片上通过扩散或注入的方式生成很浅(约为 1μm)的 N 型层，形成 PN 结。为保护光敏面，在 N 型硅的上面氧化生成极薄的二氧化硅保护膜，它既可保护光敏面，又可增加器件对光的吸收。图 4-1-8(b)所示为光电二极管的工作原理图。当光子入射到 PN 结形成的耗尽层内时，PN 结中的原子吸收了光子能量，并产生本征吸收，激发出电子-空穴对，在耗尽区内建电场的作用下，空穴被拉到 P 区，电子被拉到 N 区，形成反向电流即光电流。光电流在负载电阻 R_L 上产生与入射光度量相关的信号输出。图 4-1-8(c)所示为光电二极管的电路符号，其中的小箭头表示正向电流的方向(普通整流二极管中规定的正方向)，光电流的方向与之相反。图中的前极为光照面，后极为背面。

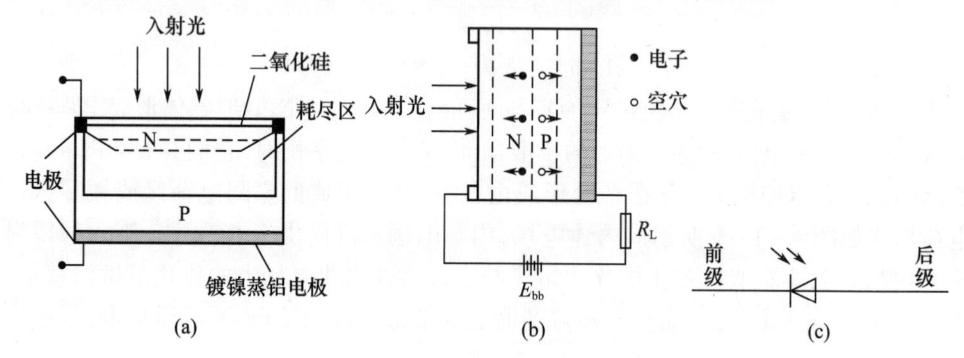

图 4-1-8　硅光电二极管

(a)结构原理；(b)工作原理；(c)电路符号。

普通光电二极管无光照时，与普通二极管一样具有单向导电性，如果外加正向电压，其电流与端电压呈现指数关系，若外加反向电压则会呈现出较大的电阻；有光照时，若加有反向电压，将会产生与光照成正比的电流，称为光电流。

随着光电子技术的发展，光信号在探测灵敏度、光谱响应范围及频率特性等方面要求越来越高，为此，近年来出现了许多性能优良的光伏探测器，如 PIN 光电二极、雪崩光电二极管(APD)等。普通光电二极管的 PN 结中间掺入一层浓度很低的 N 型半导体，就可以增大耗尽区的宽度，达到减小扩散运动的影响，提高响应速度的目的。由于这一掺入层的掺杂浓度低，近乎本征(Intrinsic)半导体，故称 I 层，因此这种结构成为 PIN 光电二极管。PIN 光电二极管提高了 PN 结光电二极管的时间响应，但未能提高器件的光电灵敏度，为了提高光电二极管的灵敏度，人们设计了雪崩(APD)光电二极管，使光电二极管的光电灵敏度进一步提高。在以硅或锗为材料制成的 PN 结上加上反向偏压后，射入的光被 PN 结吸收后会形成光电流。加大反向偏压会产生"雪崩"，即光电流成倍地激增的现象，提高检测灵敏度。这种管子响应速度特别快，带宽可达 100GHz，是目前响应速度最快的一种光电二极管。

光电三极管的工作原理分为两个过程：一是光电转换；二是光电流放大。光电三极管的电流灵敏度是光电二极管的β倍。相当于将光电二极管与三极管接成如图4-1-9所示的电路形式，光电二极管的电流I_p被三极管放大β倍。

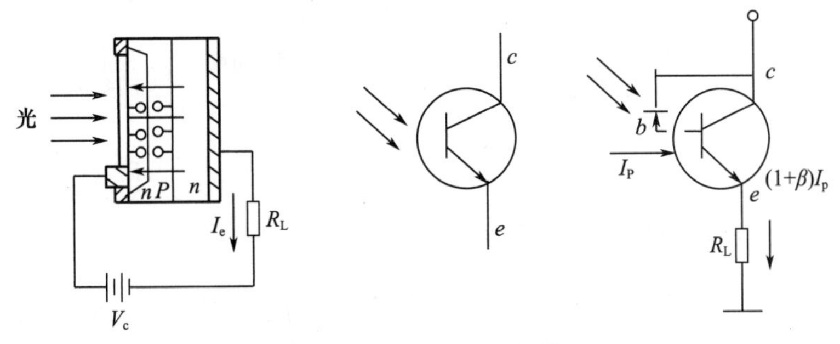

图4-1-9 光电三极管

光电池是一种不需加偏置电压就能把光能直接转换成电能的PN结光电器件。按光电池的功用可将其分为两大类：太阳能光电池和测量光电池。太阳能光电池主要用作向负载提供电源，主要是光电转换效率高、成本低。当光作用于PN结时，耗尽区内的光生电子与空穴在内建电场力的作用下分别向N区和P区运动，在闭合的电路中将产生如图所示的输出电流I_L，且负载电阻R_L上产生电压降为U（见图4-1-10）。显然，PN结获得的偏置电压U与光电池输出电流I_L与负载电阻R_L有关。

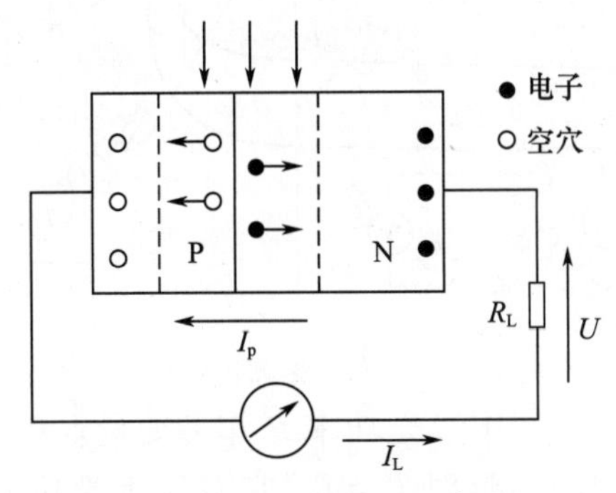

图4-1-10 光电池工作原理

（三） 光伏探测器与光电导探测器的区别

光电导效应和光伏效应有着质的区别，前者必须在外加偏压下才能正常工作，而光伏效应则可以不加偏压，其开路电压就反映了光辐射的信号。但光伏效应器件通常工作在反偏状态，即给器件加上反向电压，其反向电流即为光电流，此时可以说器件工作在光电导模式下。如图4-1-11所示为光伏器件两种工作模式下的电路示意图。注意对于光伏器件，其短路电流和开路电压中均没有载流子寿命，这与光电导器件不同。与光电导器件相比，光伏器件主要依赖于少数载流子寿命，这是因为对于本征半导体来说，必须要光子激发的电子与空穴同时存在时，才能观察到光电信号，当电子-空穴产生复合时，光电信号将消失。由于少数载流子寿命比多数载流子寿命短得多，故对同种材料而言，光伏探测器的频响要高于光电导器件。

图4-1-12是光伏探测器的伏安特性曲线。第一象限是正偏压状态，I_d本来就很大，所以光电流I_s不起重要作用。作为光电探测器，工作在这一区域没有意义。

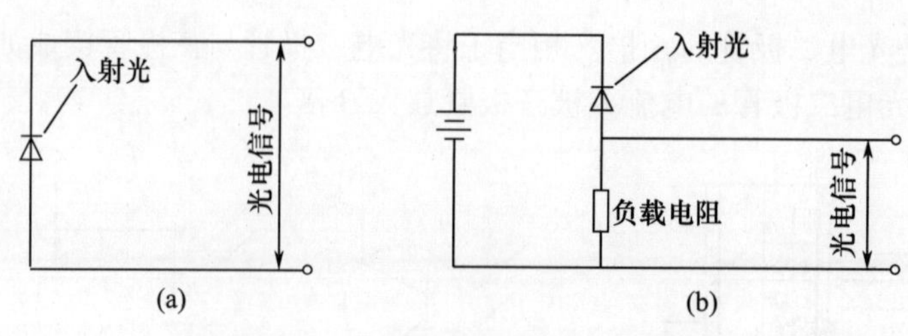

图 4-1-11　光伏器件的两种工作模式

(a)开路光电压(光伏效应);(b)反向偏压光电导型。

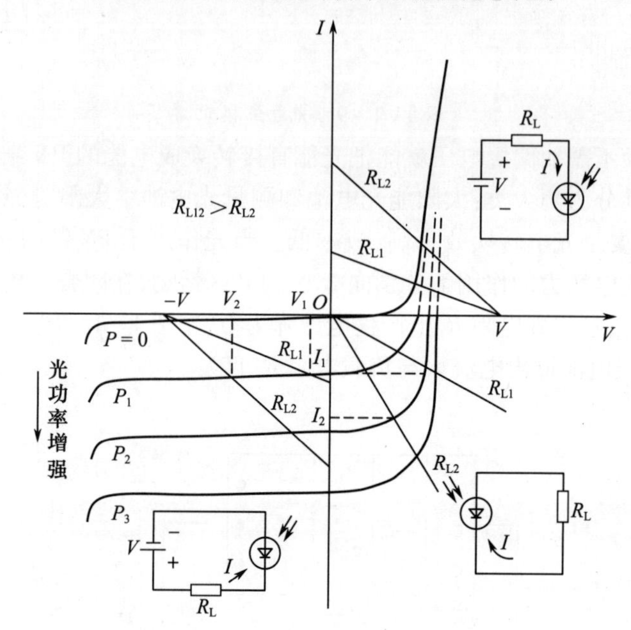

图 4-1-12　光伏探测器的伏安特性

第三象限是反偏压状态,图中以光功率 P 作参变量。$P=0$ 的曲线就是无光照时 PN 结的伏安特性,它通过原点,这时 $I_d=I_{sr}$,它对应于光功率 $P=0$ 时二极管中的反向饱和电流现在称为暗电流,其数值很小,光电流 $I_s=I-I_{sr}$。受光照时,伏安特性曲线向下移,入射辐射功率越大,光电流越大,曲线下移就越多。由于这种情况的外回路特性与光电导探测器十分相似,所以,反偏压下的工作方式称为光导模式,相应的探测器称为光电二极管。

第四象限中 PN 结无外加偏置电压,光电二极管用作光伏探测器。这时结电压为正而流过 PN 结的是反向电流,说明器件已成为电池向负载输出功率,即辐射功率转换成电功率。在第四象限,结电压就是光生电压。曲线与电压轴的交点相应于电流为 0 的开路情况,截距就是光生电动势或开路光生电压。不同的光通量(相应于不同的辐射功率)对应有不同的开路光生电压。曲线与电流轴的交点相应于电压为 0 的短路情况,截距给出短路电流。在第四象限中,相应的探测器称为光电池。

总之,光伏探测器与光电导探测器相比较,主要区别如下。

(1) 产生光电变换的部位不同,光电导探测器是均值型,光无论照在它的哪一部分,受光部分的电导率都要增大,而光伏探测器是结型,只有到达结区附近的光才产生光伏效应;

(2) 光电导探测器没有极性,工作时必须外加偏压,而光伏探测器有确定的正负极,不需外加偏压也可以把光信号交为电信号;

(3) 光电导探测器的光电效应主要依赖于非平衡载流子中的多子产生与复合运动,弛豫时间较大,同此,响应速度馒,频率响应性能较差,而光伏探测器的光伏效应主要依赖于结区非平衡载流子中的少子漂移运动,弛豫时间较小,因此,响应速度快,频率响应特性好。另外,像雪崩二极管和光电三极管还有很大的内增益作用,不仅灵敏度高,还可以通过较大的电流。

基于上述特点,光伏探测器的应用非常广泛。

四、外光电效应及器件

(一) 外光电效应

当物质中的电子吸收足够高的光子能量,电子将逸出物质表面成为真空中的自由电子,这种现象称为光电发射效应或外光电效应。光电发射时可以反射,也可以透射,如图4-1-13所示。

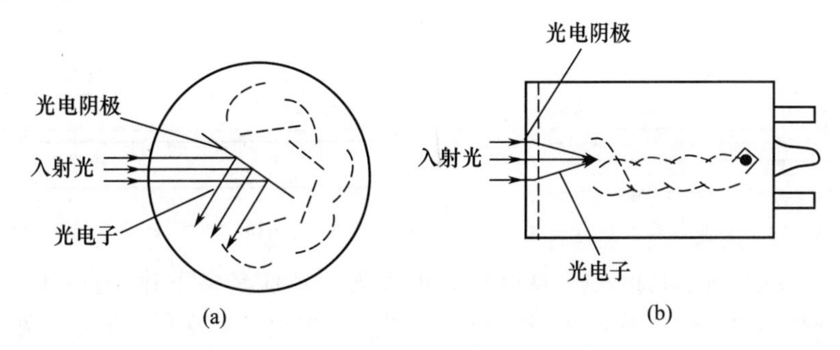

图4-1-13 光电发射的类型

(a)反射型;(b)透射型。

光电发射过程中,满足斯托列托夫定律和爱因斯坦定律。斯托列托夫定律是指当照射到光阴极上的入射光频率或频谱成分不变时,入射辐射通量越大(携带的光子数越多),激发电子逸出光电发射体表面的数量也越多,因而发射的光电流就增加,因此,饱和光电流(即单位时间内发射的光电子数目)与入射辐射通量(光强度)成正比:

$$I = k \cdot \phi \tag{4-1-1}$$

式中,I 为饱和光电流;k 为光电发射灵敏度常数;ϕ 为入射辐射通量。

光电发射效应中光电能量转换的基本关系为

$$hv = \frac{1}{2}mv_0^2 + E_{th} \tag{4-1-2}$$

式(4-1-2)表明,具有 hv 能量的光子被电子吸收后,只要光子的能量大于光电发射材料的光电发射阈值 E_{th},则质量为 m 的电子的初始动能 $\frac{1}{2}mv_0^2$ 便大于0,即有电子飞出光电发射材料进入真空。这是光电发射的爱因斯坦定律。

光电发射阈值 E_{th} 的概念是建立在材料的能带结构基础上的。对于金属材料,由于它的能级结构如图4-1-14所示,导带与价带连在一起,因此有

$$E_{th} = E_{vac} - E_f \tag{4-1-3}$$

式中:E_{vac}为真空能级,一般设为参考能级(为0)。因此费米能级 E_f 为负值;光电发射阈值 $E_{th}>0$。

对于半导体,情况较为复杂。半导体分为本征半导体与杂质半导体,杂质半导体中又分为P型与N型杂质半导体,其能级结构不同,光电发射阈值的定义也不同。图4-1-15所示为三种半导体的综合能级结构图,由能级结构图可以得到处于导带中的电子的光电发射阈值为

$$E_{th}=E_A \tag{4-1-4}$$

即导带中的电子接收的能量,大于电子亲和势为 E_A 的光子后,就可以飞出半导体表面。而对于价带中的电子,其光电发射阈值为

$$E_{th}=E_g+E_A \tag{4-1-5}$$

这说明电子由价带顶逸出物质表面所需要的最低能量,即为光电发射阈值。由此可以获得光电发射波长极限为

$$\lambda_L=h_c/E_{th}=1239/E_{th}(\mathrm{nm}) \tag{4-1-6}$$

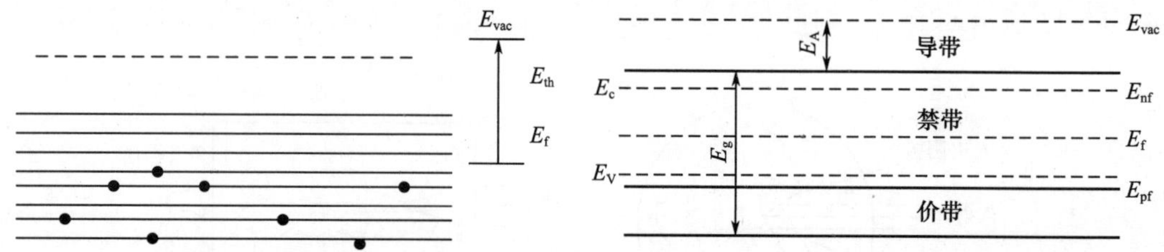

图4-1-14　金属材料能级结构图

图4-1-15　三种半导体的综合能级结构

从光电子发射效应可知,一个良好的光电发射材料应具备下述条件:①光吸收系数大;②光电子在体内传输过程中受到的能量损失小;③表面势垒低,使表面逸出概率大。金属由于其反射系数大、吸收系数小、体内自由电子多而引起碰撞损失能量大、逸出功大等原因而不满足上述三个条件。大多数金属的光谱响应都在紫外或远紫外区,只能适应对紫外灵敏的光电探测器。半导体光发射材料的光吸收系数比金属要大得多,体内自由电子少,散射能量损失小,因此其量子效率比金属大得多,光发射波长延伸至可见光和近红外波段范围。因此,半导体材料作为光阴极获得了广泛应用。

(二) 光电发射器件

利用具有光电发射效应的材料也可以制成各种光电探测器件,这些器件统称为光电发射器件。光电发射器件是包括真空光电二极管、光电倍增器、变像管、像增强器和真空电子束摄像管等器件。20世纪以来,由于半导体光电器件的发展和性能的提高在许多应用领域,真空光电发射器件已被性能价格比更高的半导体光电器件所占领。但是,由于真空光电发射器件具有极高的灵敏度、快速响应等特点,它在微弱辐射的探测和快速弱辐射脉冲信息的捕捉等方面应用很多,如在天文观测快速运动的星体或飞行物,材料工程、生物医学工程和地质地理分析等领域的应用。光电发射器件具有许多不同于内光电器件的特点:

(1) 光电发射器件中的导电电子可以在真空中运动,因此,可以通过电场加速电子运动的动能,或通过电子的内倍增系统提高光电探测灵敏度,使它能够快速地探测极其微弱的光信号,成为像增强器与变相器技术的基本元件;

(2) 容易制造出均匀的大面积光电发射器件，这在光电成像器件方面非常有利，一般真空光电成像器件的空间分辨率要高于半导体光电图像传感器；

(3) 光电发射器件需要高稳定的高压直流电源设备，使得整个探测器体积庞大，功率损耗大，不适于野外操作，造价也昂贵；

(4) 光电发射器件的光谱响应范围一般不如半导体光电器件宽。

1. 真空光电管的原理

真空光电管主要由光电阴极和阳极两部分组成，因管内经常被抽成真空而称为真空光电管。然而，有时为了使其某种性能提高，在管壳内也充入某些低气压惰性气体，形成充气型的光电管。无论真空型还是充气型，均属于光电发射型器件，称为真空光电管或简称为光电管。其工作原理电路如图 4－1－16 所示，在阴极和阳极之间加有一定的电压，且阳极为正极，阴极为负极。

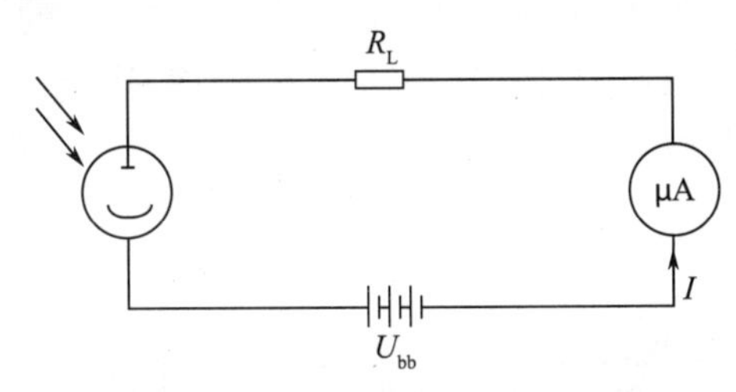

图 4－1－16　真空光电管原理电路

(1) 真空型光电管的工作原理。

当入射光透过真空型光电管的入射窗照射到光电阴极面上时，光电子就从阴极发射出去，在阴极和阳极之间形成的电场作用下，光电子在极间做加速运动，被高电位的阳极收集，其光电流的大小主要由阴极灵敏度和入射辐射的强度决定。

(2) 充气型光电管的工作原理。

光照产生的光电子在电场的作用下向阳极运动，由于途中与惰性气体原子碰撞而使其发生电离，电离过程产生的新电子与光电子一起被阳极接收，正离子向反方向运动被阴极接收，因此在阴极电路内形成数倍于真空型光电管的光电流。由于半导体光电器件的发展，真空光电管已基本上被半导体光电器件所替代。

2. 光电倍增管的基本原理

光电倍增管(Photo－Multiple Tube，PMT)是一种真空光电发射器件，它主要由光入射窗、光电阴极、电子光学系统、倍增极和阳极等部分组成。

如图 4－1－17 所示为光电倍增管工作原理示意图。从图中可以看出，当光子入射到光电阴极面 K 上时，只要光子的能量高于光电发射阈值，光电阴极就将产生电子发射。发射到真空中的电子在电场和电子光学系统的作用下，经电子限束器电极 F(相当于孔径光阑)会聚并加速运动到第一倍增极 D_1 上，第一倍增极在高动能电子的作用下，将发射比入射电子数目更多的二次电子(倍增发射电子)。第一倍增极发射出的电子在第一与第二倍增极之间电场的作用下高速运动到第二倍增极。同样，在第二倍增极上产生电子倍增。依此类推，经 N 级倍增极倍增后，电子被放大 N 次。最后，被放大 N 次的电子被阳极收集，形成阳极电流 I_a，I_a 将在负载电阻 R_L 上产生电压降，形成输出电压 U_0。

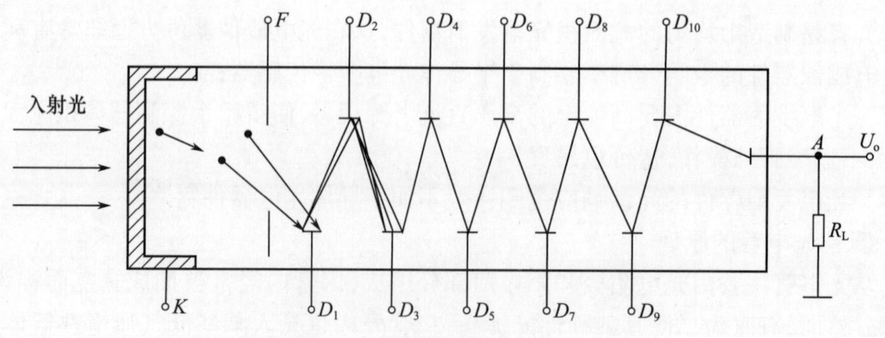

图 4-1-17　光电倍增管工作原理示意图

由于光电倍增管具有极高的光电灵敏度和极快的响应速度,它的暗电流低,噪声也很低,使得它在光电检测技术领域占有极其重要的地位。它能够探测低至 10^{-13} lm 的微弱光信号,能够检测持续时间低至 10s 的瞬变光信息。另外,它的内增益特性的可调范围宽,使其能够在背景光变化很大的自然光照环境下工作。因此,在微光探测、快速光子计数和微光时域分析等领域已得到广泛应用。

五、热辐射效应及器件

(一) 热辐射的一般规律

热电传感器件是将入射到器件上的辐射能转换成热能,然后再把热能转换成电能的器件。显然,输出信号的形成过程包括两个阶段:第一个阶段为将辐射能转换成热能的阶段(入射辐射引起温升的阶段),这个阶段是所有热电器件都要经过的阶段,是共性的。第二个阶段为将热能转换成各种形式的电能(各种电信号的输出),这是个性表现的阶段,随着具体器件而表现各异。

(二) 热辐射探测器件

热辐射探测器是不同于光子探测器的另一类光电探测器。它是基于光辐射与物质相互作用的热效应而制成的器件,也是研究历史最早,并且最早得到应用的探测器件。它具有工作时不需要制冷,光谱响应无波长选择性等突出特点,至今仍在广泛应用。在某些领域甚至是光子探测器所无法取代的探测器件。近年来,由于新型热探测器的出现,使它的应用已进入某些过去被光子探测器所独占的应用领域,以及光子探测器无法实现的应用领域。热探测器虽然探测率较低,时间响应速度慢,但是它的光谱响应跟波长无关的特性使它成为光子探测器光谱响应特性的检测基准,而且快速响应热释电探测器件的出现缓和了这一矛盾。

1. 热敏电阻

凡吸收入射辐射后引起温升而使电阻值改变,导致负载电阻两端电压的变化,并给出电信号的器件,称为热敏电阻。相对于一般的金属电阻,热敏电阻有如下特点:

(1) 电阻的温度系数大,灵敏度高,热敏电阻的温度系数一般为金属电阻的 10 ~ 100 倍;

(2) 结构简单,体积小,可以测量近似几何点的温度;

(3) 电阻率高,热惯性小,适宜做动态测量;

(4) 阻值与温度的变化关系呈非线性;

(5) 不足之处是稳定性和互换性较差。

大部分半导体热敏电阻由各种氧化物按一定比例混合,经高温烧结而成。多数热敏电阻具有负的温度系数,即当温度升高时,其电阻值下降,同时灵敏度也下降。由于这个原因,限制了它在高温情况下的使用。

2. 热电偶探测器

热电偶虽然是发明于1826年的古老红外探测器件,然而至今仍在光谱、光度探测仪器中得到广泛的应用,尤其是在高、低温温度探测领域中的应用,是其他探测器件所无法取代的。热电偶是利用物质温差产生电动势的效应探测入射辐射的。图4-1-18(a)所示为温差热电偶的原理图。两种材料的金属A和B组成一个回路时,若两金属连接点的温度存在着差异(一端高而另一端低),则在回路中会有如图4-1-18(a)所示的电流产生。即由于温度差而产生的电位差ΔU,形成回路电流$I=\Delta U/R$,式中,R称为回路电阻。这一现象称为温差热电效应,也称为泽贝克热电效应(Seebeck Effect)。

温度差电位差ΔU的大小与A、B的材料有关,通常由铋和锑所构成的一对金属有最大的温度差电位差,约为100μV/°C。接触测温度的测温热电偶,常用铂、铹等合金,它具有较宽的测量范围,一般为-200~1000°C,测量准确度高达0.001°C。测量辐射能的热电偶称为辐射热电偶,它与温差热电偶的原理相同,结构不同。如图4-1-18(b)所示,辐射热电偶的热端接收入射辐射,因此,在热端装有一块涂黑的金箔,当入射辐射通量Φ_e被金箔吸收后,金箔的温度升高,形成热端,产生温差电势,在回路中将有电流流过。图4-1-18(b)中用检流计G检测出电流为I。显然,图中结J_1为热端,J_2为冷端。由于入射辐射引起的温升ΔT很小,因此,对热电偶材料要求很高,结构也非常严格和复杂,成本昂贵。

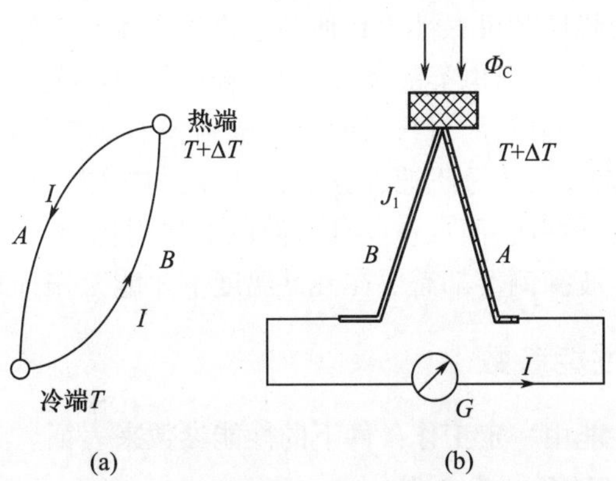

图4-1-18 热电偶
(a)温差热电偶;(b)辐射热电偶。

采用半导体材料构成的辐射热电偶不但成本低,而且具有更高的温差电位差。半导体辐射热电偶的温差电位差可高达500μV/°C。图4-1-19所示为半导体辐射热电偶的结构示意图。图中用涂黑的金箔将N型半导体材料和P型半导体材料连在一起构成热结,N型半导体及P型半导体的另一端(冷端)将产生温差电势,P型半导体的冷端带正电,N型半导体的冷端带负电。常将热电偶封装在真空管中,因此,通常称其为真空热电偶。

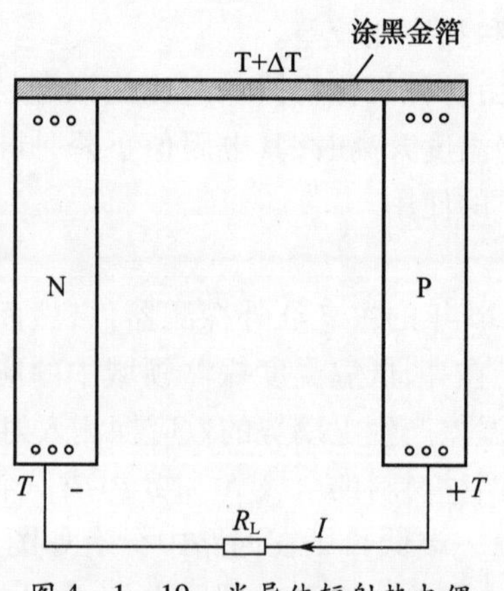

图 4-1-19　半导体辐射热电偶

3. 热释电器件

热释电器件是一种利用热释电效应制成的热探测器件。与其他热探测器件相比,热释电器件具有以下优点:

(1) 具有较宽的频率响应,工作频率接近兆赫兹,远远超过其他热探测器的工作频率。一般热探测器的时间常数典型值在 1 ~ 0.01s 范围内,而热释电器件的有效时间常数可低至$10^{-4} \sim 3 \times 10^{-5}$s;

(2) 热释电器件的探测率高,在热探测器中只有气动探测器的探测率比热释电器件稍高,且这一差距正在不断减小;

(3) 热释电器件可以有均匀的大面积敏感面,而且工作时可以不必外加偏置电压;

(4) 与热敏电阻相比,它受环境温度变化的影响更小;

(5) 热释电器件的强度和可靠性比其他多数热探测器都要好,且制造比较容易。

但是,由于制作材料属于压电类晶体,因而热释电器件容易受外界震动的影响,并且它只对入射的交变辐射有响应,而对入射的恒定辐射没有响应。由于热释电器件具有上述诸多特点,因而近年来发展十分迅速,已经获得广泛的应用。它不但应用于热辐射和从可见光到红外波段的光学探测,而且在亚毫米波段的辐射探测方面也在受到重视。因为其他性能较好的亚毫米波探测器都需要在液氦温度下才能工作,而热释电器件不需制冷。

六、工作条件和性能参数

光电探测器件的性能由一定工作条件下的性能参数来表征。

(一) 光电探测器的工作条件

探测器的性能参数与其工作条件密切相关,所以在给出性能参数时,要注明有关的工作条件,主要的工作条件如下。

1. 辐射源的光谱分布

很多红外探测器,特别是光子探测器,其信号是辐射波长的函数,仅对一定的波长范围内的辐射有响应。这种称为光谱响应的信号依赖于辐射波长的关系,决定了探测器探测特定目标的有效程度。所以在说明探测器性能时,一般都需要给出测定性能时所用的辐射源的光谱分布。如果辐射源是单色辐射,则需给出辐射波长。假如辐射源是黑体,那么要明确黑体的温度。当辐射经过调制时,则要说明调制频率。

2. 电路的通频带和带宽

我们知道,噪声限制了探测器的极限性能。在讨论过的各种噪声中,噪声电压或电流均正比于带宽的平方根,而且有些噪声还是频率的函数。所以在描述探测器的性能时,必须明确通频带和带宽。例如:德国 Advanced Laser Diode Systems 公司提供带宽可达35GHz、响应频率范围覆盖400nm~1.6 μm 的高速光电二极管。该光电二极管具有非常低的电容、电阻,因而具有极高的响应速度。

3. 工作温度

许多探测器,特别是用半导体材料制作的探测器,无论是信号还是噪声,都和工作温度有密切关系。所以必须明确工作温度。最通用的工作温度是:室温(295K)、干冰温度(195K)、液氮温度(77K)以及液氢温度(20.4K)。光电探测器工作温度不同时,工作性能将会有所变化,例如 HgCdTe 探测器,在低温(77K)工作时,有较高的信噪比。而锗掺铜光电导器件在4K左右时,能有较高的信噪比,但如果工作温度升高,它们的性能会逐渐变差,以致无法使用。例如 InSb 器件,工作温度在300K时,长波限为7.5μm,峰值波长为6μm,而工作温度为77K时,长波限为5.5μm,峰值波长为5μm,变化很明显。对于热辐射探测器,由于环境工作温度变化会使响应度和热噪声发生变化。

4. 光敏面尺寸

探测器的信号和噪声都和光敏面积有关,大部分探测器的信噪比与光敏面积的平方根成比例。参考面积一般为$1cm^2$。

5. 偏置情况

大多数探测器需要某种形式的偏置。例如光电导探测器和电阻测辐射热器需要直流偏置电源。信号和噪声往往与偏置情况有关,因此要说明偏置情况。

(二) 光电探测器的性能参数

1. 探测灵敏度

光电器件探测灵敏度又称为响应度,它定量描述光电器件输出的电信号与输入的光信号之间的关系。因大多数情况下输入辐射是经过调制的,所以输入和输出都是交变量。响应度的定义为光电器件输出的均方根信号电压 V_S(或电流 I_S)与入射辐射光通量 Φ(或光功率 P)之比,即

$$R_V = \frac{V_S}{\Phi} \tag{4-1-7}$$

$$R_I = \frac{I_S}{\Phi} \tag{4-1-8}$$

式中:R_V 和 R_I 分别称为光电器件的电压灵敏度和电流灵敏度,单位为 V/W 和 A/W。测量光电器件灵敏度的光源一般选用500K的黑体。如果使用波长为 λ 的单色辐射源,则称为单色灵敏度,用 R_λ 表示。如果使用复色辐射源,则称为积分灵敏度。

光谱响应度 R_λ 随波长的变化关系称为光谱响应。由于相对光谱响应更容易求得,因此,常用相对光谱响应来表示,即以最大光谱响应为基准来表示各波长的响应,以峰值响应的50%之间的波长范围定义光电器件的光谱响应宽度。

2. 量子效率

量子效率是描述光电器件光电转换能力的一个重要参数,它是在某一特定波长下单

位时间内产生的平均光电子数与入射光子数之比。波长为 λ 的光辐射的单个光子能量为 $h\nu = hc/\lambda$，设其光通量为 Φ，则入射光子数为 $\Phi/h\nu$，相应的光电流为 I_S，而每秒钟产生的光电子数为 I_S/q，q 为电子电荷，因此，量子效率可以表示为

$$\eta(\lambda) = \frac{I_S/q}{\Phi/h\nu} = \frac{hcI_S}{q\lambda\Phi} = \frac{hc}{q\lambda}R_I(\lambda) \tag{4-1-9}$$

量子效率 η 可以视为微观灵敏度，它是一个统计平均量，若 $\eta(\lambda)=1$，则入射一个光量子就能发射一个电子或产生一对电子－空穴对；但实际上 $\eta(\lambda)$ 通常小于 1，对于有增益的光电器件（如光电倍增管），常用增益或放大倍数来描述。

3. 响应时间和频率响应

通常，光电器件输出的电信号都要在时间上落后于作用在其上的光信号，即光电器件的电信号输出相对于输入的光信号要发生沿时间轴的扩展，其扩展特性可由响应时间来描述。光电器件的这种响应落后于作用光信号的特性称为惰性，由于惰性的存在，会使先后作用的信号在输出端相互交叠，从而降低了信号的调制度。如果探测器测试的是随时间快速变化的物理量，则由于惰性的影响会造成输出严重畸变。

表示时间响应选择性的方法主要有两种：一种是脉冲响应特性法，另一种是频率响应特性法。

（1）脉冲响应特性。

如图 4－1－20 所示，如果用阶跃光信号作用于光电器件，则光电器件的响应从稳态值的 10% 上升到 90% 所用的时间 t_r 叫作器件的上升时间，下降时间 t_f 定义为光电器件的响应从稳态值的 90% 下降到 10% 所用的时间。

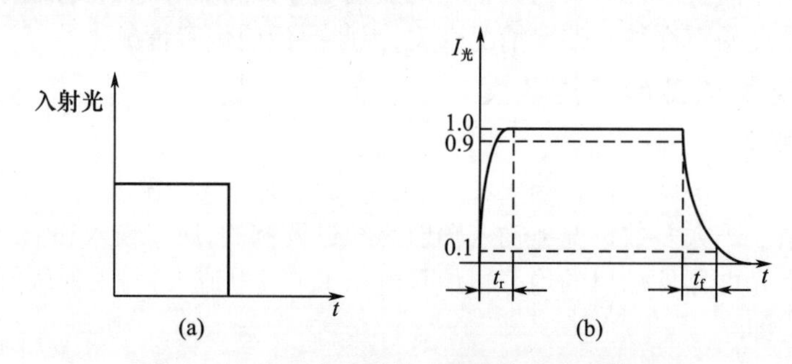

图 4－1－20　光电器件的脉冲时间响应特性

（a）探测器输入光脉冲；（b）探测器输出电信号。

（2）频率响应特性。

由于光电器件响应的产生和消失都存在一个滞后过程，因此，入射光辐射的调制频率对器件的灵敏度有较大影响，通常定义光电器件的响应随入射光的调制频率而变化的特性为频率响应特性。图 4－1－21 是典型的频率特性曲线，用公式表示为

$$R(\omega) = \frac{R_0}{(1+\omega^2\tau^2)^{1/2}} \tag{4-1-10}$$

式中，$R(\omega)$ 为器件的频率响应；R_0 为器件在零频时的响应度；$\omega = 2\pi f$，ω 为信号的调制圆频率；f 为调制频率；τ 为器件的响应时间。

当器件的输出信号功率降低到零频时的一半，即信号幅度下降到零频的 0.707 时，可得器件的上限截止频率，即

$$f_c = \frac{1}{2\pi\tau} \tag{4-1-11}$$

实际上,截止频率和响应时间是在频域和时域描述器件时间特性的两种形式。

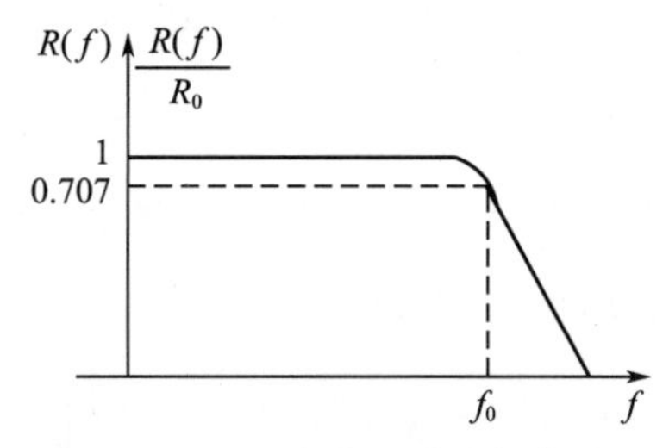

图 4-1-21 光电器件的频率响应

4. 信噪比

我们知道,光照射到光敏元件上后,就会有一个有用的信号产生,但光敏元件工作时除了有用信号之外,还有噪声存在。光敏元件存在着噪声,噪声限制了光敏元件对微弱信号的探测能力。信噪比是指在负载电阻 R_L 上产生的信号功率与噪声功率之比,即

$$\frac{S}{N} = \frac{P_s}{P_N} = \frac{I_S^2 R_L}{I_N^2 R_L} = \frac{I_S^2}{I_N^2}$$

5. 噪声等效功率(NEP)

探测器的极限探测性能受到噪声的限制。利用称为噪声等效功率的参数来描述探测器可探测的最小功率。当信号方均根电压 V_S 等于噪声方均根电压 V_N 时,入射到探测器上的辐射功率称为噪声等效功率。上述定义表明,噪声等效功率就是使探测器输出信噪比等于 1 的入射辐射功率,用公式表示为

$$\text{NEP} = \frac{\Phi_S}{V_S/V_V} = \frac{V_N}{R_V} \tag{4-1-12}$$

式中,V_S/V_N 为器件输出的信噪比;Φ_S 为入射光功率;R_V 为光电器件的电压灵敏度。NEP 的单位为瓦(W)。

试验中发现,许多光电器件的 NEP 与器件的光敏面积 A_d 和测量系统带宽 Δf 的乘积的平方根成正比。因为面积大接收到背景噪声功率也大,为了便于光电器件之间的性能比较,应该除去器件面积和测量带宽的影响。为此又引入归一化噪声等效功率,即

$$\text{NEP}^* = \frac{\Phi_s}{\frac{V_S}{V_N}(A_d \Delta f)^{1/2}} = \frac{V_N}{R_V (A_d \Delta f)^{1/2}} \tag{4-1-13}$$

6. 探测率 D 与比探测率 D^*、D^{**}

当比较几个探测器时,对于给定输入辐射功率,响应率高的探测器有较大的输出信号。在比较探测器的最小可探测功率时,等效噪声功率越小的探测器质量越好,这不符合人们的传统认知习惯。为此定义 NEP 的倒数为光电器件的探测率,作为衡量光电器件探测能力的一个重要指标,这样较好的探测器有较高的探测率。探测率 D 用公式表示为

$$D = \frac{1}{\text{NEP}} = \frac{V_S/V_N}{\Phi} \tag{4-1-14}$$

式中:D 的单位是 W^{-1},它描述的是器件单位输入光功率下所能获得的信噪比。

与归一化噪声等效功率相应的归一化探测度又称为比探测率,用 D^* 表示。

$$D^* = \frac{1}{\text{NEP}} = \frac{(A_d \Delta f)^{1/2}}{\text{NEP}} = \frac{V_S/V_N}{\Phi}(A_d \Delta f)^{1/2} = \frac{R_V}{V_V}(A_d \Delta f)^{1/2} \qquad (4-1-15)$$

光电器件光敏面积 A_d 的常用单位为 cm^2,带宽 Δf 的单位为 H_Z,噪声电压 V_N 的单位为 V,R_V 的单位为 V/W 时,D^* 的单位为 $cm \cdot Hz^{1/2} \cdot W$。

七、光电探测器的种类和性能比较

常用光子探测器和热探测器的种类见表 4-1-1 所列。

表 4-1-1　常用光子探测器和热探测器

光子探测器		热探测器	
本征光电导型	HgTeCd、InSb、PbS 和 PbSe	热敏	V_2O_5、多晶硅、锰钴镍氧化物
本征光伏型	HgTeCd、InSb、InGaAs、Si	热伏	双金属 半导体
非本征光电导型	Si:X,Ge:X	热释电	晶体:TGS、$LiTaO_3$ 陶瓷:$PbZrO_3$、$PbTiO_3$ 氧化物 铁电薄膜:BST 等
光发射型	PtSi		
量子阱	GaAs/AlGaAs		

光子探测器是选择性探测器,即光子波长有长波限。波长长于长波限的入射辐射不能产生所需的光子效应,因此无法被探测。波长短于长波限的入射辐射,功率一定时,波长越短,光子数越少,因此光子探测器的理论响应率应正比于波长。热探测器是非选择性探测器,光热效应与入射光子的性质无关,即光电信号取决于入射辐射功率与入射辐射的光谱成分无关。热探测器不需制冷可在室温下工作比光子探测器有更宽的光谱响应范围,可在 X 射线和毫米波段使用。但响应时间比光子探测器长,且取决于热探测器热容量的大小和散热的快慢。

目前性能较好的探测器均需要冷却,制冷可以降低热激发产生的载流子,从而降低探测器的噪声;制冷在一定程度上也可减少禁带宽度,从而加大截止波长。光子探测器和热探测器的性能比较见表 4-1-2 所列。

典型的光电探测器件选择时,在动态特性方面,即频率响应与时间响应,以光电倍增管和光电二极管(尤其是 PIN 管与雪崩管)为最好;在光电特性方面(即线性),以光电倍增管、光电二极管光电池为最好;在灵敏度方面,以光电倍增管、雪崩光电二极管、光敏电阻和光电三极管为最好。值得指出的是,灵敏度高不一定输出电流大,而输出电流大的器件有大面积光电池、光敏电阻、雪崩光电二极管与光电三极管;外加电压最低的是光电二极管、光电三极管,光电池不需外加电源;暗电流光电倍增管与光电二极管最小,光电池不加电源时无暗流,加反压后 I_d 也比光电二极管大;长期工作后,其稳定性方面,以光电二极管、光电池为最好,其次是光电三极管;在光谱响应方面,以光电倍增管和 CdSe 光敏电阻为最宽。在天基红外警戒设备中,通常选用的是光子探测器中的光伏探测器和光电导探测器。在大规模焦平面器件中,由于光伏探测器易与高阻抗的 CMOS 读出电路匹配而得到广泛的应用。

表 4-1-2　光电器件的频率响应

	光子探测器	热探测器
响应范围	存在波长阈值,光谱特性曲线有区间,存在峰值	对一切波长响应,光谱特性曲线为一直线
响应时间	纳秒级	毫秒级,而且取决于其容量的大小和散热的快慢
需否制冷	一般需要制冷	一般无须制冷

第二节　CCD 成像原理及器件

1970 年,美国贝尔实验室发表电荷耦合器件(Charge Coupled Devices,CCD)原理,从此光电成像器件的发展进入了一个新的阶段,即 CCD 固体摄像器件的发展阶段。

一、基本组成和工作原理

(一) CCD 的基本组成

CCD 图像传感器是一种大规模集成电路光电器件,简称 CCD 器件。CCD 是在 MOS 集成电路技术基础上发展起来的新型半导体传感器,由于 CCD 图像传感器具有光电信号转换、信息存储、转移、输出、处理以及电子自扫描等优点促进了各种视频装置普及和微型化。

CCD 是一种高性能光电图像传感器件,由若干个电荷耦合单元组成,其基本单元是 MOS(金属-氧化物-半导体)电容器结构,如图 4-2-1(a)所示,它是以 P 型(或 N 型)半导体为衬底,在其上覆盖一层厚度约 120nm 的 SiO_2 层,再在 SiO_2 表面依一定次序沉积一层金属电极而构成 MOS 的电容式转移器件。人们把这样一个 MOS 结构称为光敏元或一个像素。根据不同应用要求将 MOS 阵列加上输入、输出结构就构成了 CCD 器件[12]。

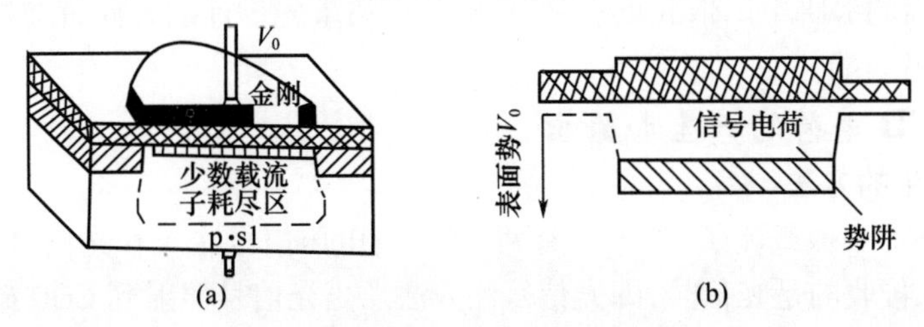

图 4-2-1　CCD 单元结构

(a)单个 MOS 电容器截面;(b)有信号电荷势阱图。

(二) MOS 的工作原理

1. 电荷存储

CCD 是由若干个电荷耦合单元(MOS 电容器)组成的。所有电容都能存储电荷,MOS 光敏元也不例外,但其方式不同。现以其结构中的 P 型硅半导体为例。当在其金属电极(或称栅极)上加正偏压 V_G 时(衬底接地),正电压 V_G 超过 MOS 晶体管的开启电压,由此形成的电场穿过氧化物 SiO_2 薄层,在 Si-SiO_2 界面处的表面势能发生相应的变化,附近的 P 型硅中的多数载流子-空穴被排斥到表面,半导体内的电子吸引到界面处来,从而在表面附近形成一个带负电荷的耗尽区,也称为表面势阱。对带负电的电子来说,耗尽区是个势能很低的区域。如果此时有光照射在硅片上,在光子作用下,半导体硅产生了电子-空穴对,由此产生的光生电子就被附近的势阱所吸引,势阱内所吸引的光生电子数量与入射到该势阱附近的光强成正比,存储了电荷的势阱被称为电荷包,而同时产生的空穴被电场排斥出耗尽区。在一定条件下,所加电压 V_G 越大,耗尽区就越深。这时,硅表面吸收少数载流子的表面势(半导体表面对于衬底的电势差)也就越大,同时 MOS 光敏面所能容纳的少数载流子电荷量就越大。将许多 MOS 电容器排列在一起,就构成电荷耦合器件 CCD。

2. 电荷转移

CCD 器件与其他半导体器件相比较,它是以电荷为信号,不像其他器件是以电流或电压为信号。CCD 器件的基本结构是彼此非常靠近的一系列 MOS 光敏元,这些光敏元用同一的半导体衬底制成,其上面的氧化层也是均匀、连续的,在氧化层上排列互相绝缘且数目不等的金属电极。相邻电极之间仅隔极小的距离,以保证相邻势阱耦合及电荷转移。任何可移动的电荷信号都将力图向表面势大的位置移动。此外,为保证信号电荷按确定方向和确定路线转移,在 MOS 光敏元阵列上所加的各路电压脉冲(即时钟脉冲),需严格满足相位要求的。下面具体说明电荷在相邻两栅极间的转移过程。

以三相时钟脉冲为例,把 MOS 光敏元电极分为三组,在图 4-2-2(b)中,MOS 元电极序号 1、4 由时钟脉冲 φ_1 控制,2、5 由时钟脉冲 φ_2 控制,3、6 由时钟脉冲 φ_3 控制。图 4-2-2(a)所示为三相时钟脉冲随时间变化波形,图 4-2-2(b)所示为二相时钟脉冲控制转移存储电荷的过程。在 $t=t_1$ 时,φ_1 相处于高电平,φ_2、φ_3 相处于低电平。因此,在电极 1、4 下面出现势阱。到 $t=t_2$ 时,φ_2 处于高电平,电极 2、5 下面出现势阱。由于相邻电极之间的空隙小,电极 1、2 及 4、5 下面的势阱互相连通,形成大势阱。原来在电极 1、4 下的电荷向电极 2、5 下势阱方向转移。接着 φ_1 电压下降,势阱相应变浅。当 $t=t_3$ 时,更多的电荷转移到电极 2、5 下势阱内,$t=t_4$ 时,只有 φ_2 电相处于高电平,信号电荷全部转移到电极 2、5 下面的势阱中。依此下去,信号电荷可按事先设计的方向,在时钟脉冲控制下从一端移位到另一端。

(三) CCD 电荷的产生和输出

1. 电荷产生的方法

CCD 的电荷(少数载流子)的产生有两种方式:电压信号注入和光信号注入。作为图像传感器,CCD 接收的是光信号,即光信号注入法。当光信号照射到 CCD 硅片上时,在栅极附近的耗尽区吸收光子产生电子-空穴对。这时在栅极电压的作用下,多数载流子(空穴)将流入衬底,而少数载流子(电子)则被收集在势阱中,形成信号电荷存储起来。一个势阱所吸收集的若干个电荷称为一个电荷包。这样高于半导体禁带宽度的那些光子,就能建立起正比于光强的存储电荷。

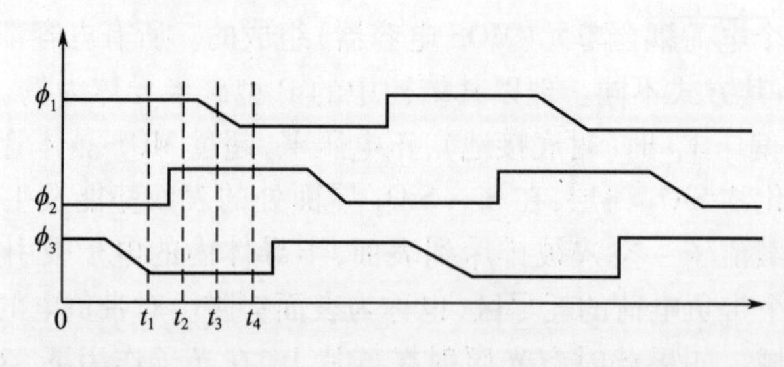

(a)

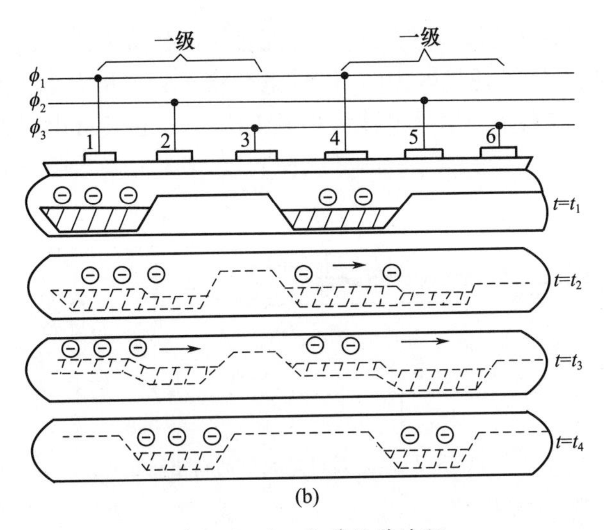

图 4-2-2　电荷转移过程

(a)三相时钟脉冲波形;(b)电荷转移过程。

光注入方式有三种,实用中常采用正面照射方式和背面照射方式。正面照射时,光子从栅极向透明的 SiO_2 绝缘层进入 CCD 的耗尽区。背面照射时,光从衬底射入。这时需将衬底减薄,以便于光线入射。还有一种是在每个单元的中心电极下开一个很小的孔,入射光直接照射到硅片上。图 4-2-3(a)所示为背面光注入方法,如果用透明电极也可用正面光注入方法。器件受光照射,光被半导体吸收,产生电子-空穴对,这时少数载流子被收集到较深的势阱中,而多数载流子迁往硅衬底内。收集在势阱中电荷包的多少,反映了入射光信号的强弱,从而可以反映像的明暗程度,以实现光信号与电信号之间的转换。

$$Q_{in} = \eta q N_{eo} A t_c \tag{4-2-1}$$

式中,η 为材料的量子效率;q 为电子电荷量;N_{eo} 为入射光的电子流速率;A 为光敏单元的受光面积;t_c 为光的注入时间。

图 4-2-3(b)是用输入二极管进行电注入,该二极管是在输入栅衬底上扩散形成的。当输入栅 IG 加上宽度为 Δt 的正脉冲时,输入二极管 PN 结的少数载流子通过输入栅下的沟道注入 φ_1 电极下的势阱中,注入电荷量 $Q = I_D \Delta t$。在三相时钟脉冲作用下依次向一定方向转移。

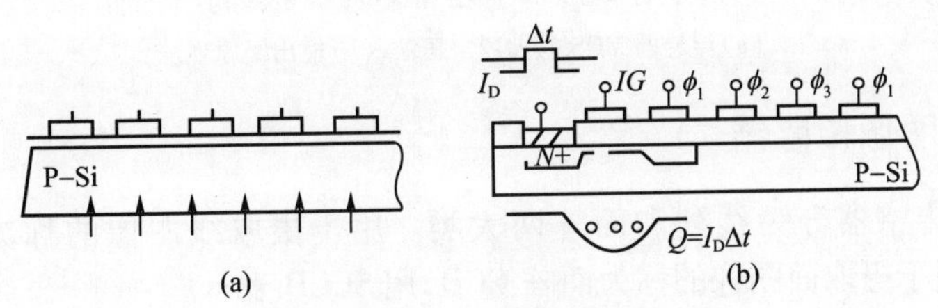

图 4-2-3　电荷注入方法

(a)背面光注入;(b)电压信号注入。

2. 电荷的输出方法

CCD 的信号电荷转移到输出端被读出的方法有以下两种。

(1) 利用二极管的输出结构。

如图 4-2-4 所示,在阵列末端衬底上扩散形成输出二极管,当输出二极管加上反相偏压时，在结区内产生耗尽层。当信号电荷在时钟脉冲作用下移向输出二极管，并通过输出栅 OG 转移到输出二极管耗尽区内时，信号电荷将作为二极管的少数载流子而形成反向电流 I_0。输出电流的大小与信号电荷大小成正比，并通过负载电阻 R_L 变为信号电压 U_0 输出。

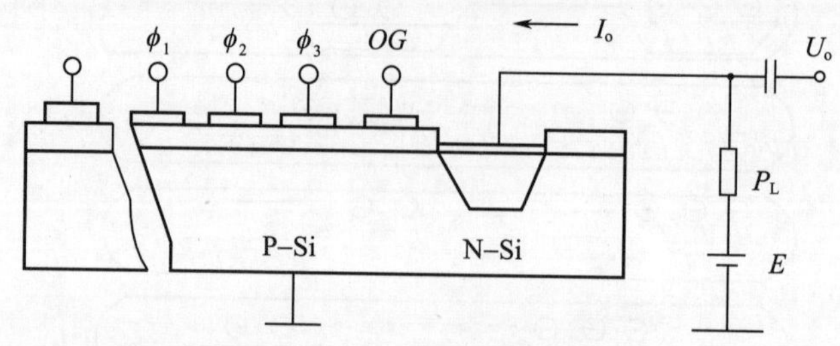

图 4－2－4　利用二极管的输出机构

（2）浮置栅 MOS 管输出。

图 4－2－5 所示为浮置栅 MOS 管输出结构示意，图 4－2－5（a）所示为一种浮置栅读取信号电荷的方法。在时钟脉冲的作用下，信号电荷包通过输出栅 OG 被浮置扩散结收集，所收集的信号电荷成为控制 MOS 场效应晶体管 V_2（集成在基片上）的栅极电压，于是在 MOS 管组成的源极跟随器的输出端获得随信号电荷变化的输出电压 V_0。在准备接受下一个信号电荷包之前，必须将浮置扩散结的电压恢复到初始状态，为此，引入 MOS 复位管 V_1，其栅极加复位窄脉冲 φ_R 时，V_1 导通，使浮置扩散结复位，即把信号电荷抽走。复位脉冲 φ_R 与转移脉冲以及视频同步。图 4－2－5（b）所示为 CCD 的 MOS 放大输出极的原理电路。

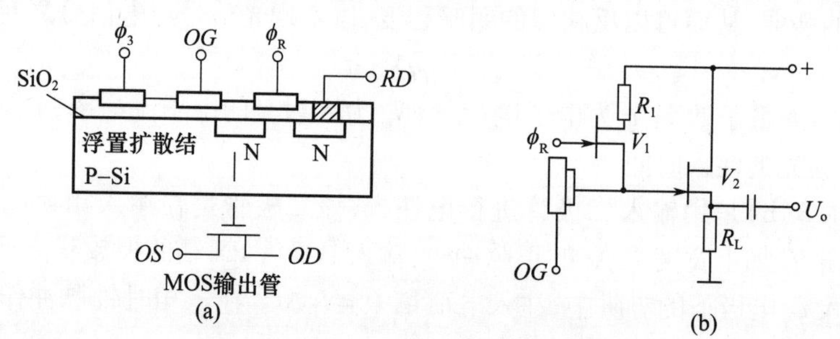

图 4－2－5　浮悬栅 MOS 管输出结构

（a）浮悬栅 MOS 放大器电压法；（b）输出级原理。

二、CCD 图像传感器

CCD 图像传感器分为线列和面阵两大类。用于摄取线图像的称为线列 CCD，用 LCCD 表示。用于摄取面图像的称为面阵 CCD，用 SCCD 表示。

（一）线型固态图像传感器

1. 线型传感器的构成方式

图 4－2－6 所示为线型固态图像传感器。大致有如下三种构成方式：①读出信道内光积蓄式（图 4－2－6（a））；②感光部与读出寄存器分离式（图 4－2－6（b））；③感光部两侧置以寄存器的双读出方式（图 4－2－6（c））。

光积蓄式的构造最简单，是感光部分、电荷转移部分合二为一的，但是因光生电荷的积蓄时间较转移时间长得多，所以再生图像往往产生“拖影”。另外，这种方式的读出过程必须用机械快门，无疑大大影响传感器响应速度。因此，这种方式一直未能付诸实用。分离式是感光部分与电荷转移部分相互分离。感光部分是MOS电容器构成的，受光照射产生光电荷后进行信号电荷积蓄。当转移控制栅极开启时，信号电荷被平行地送入读出寄存器，这就要求感光小单元的像素与读出寄存器的相应小单元一一对应。当控制栅极关闭时，MOS电容器阵列又立即开始下一行的光电荷积蓄。此间，上一行的信号电荷由转移寄存器读出。分离式传输的特点是结构简单，但电荷包转移所经过的极数多，传输效率低。

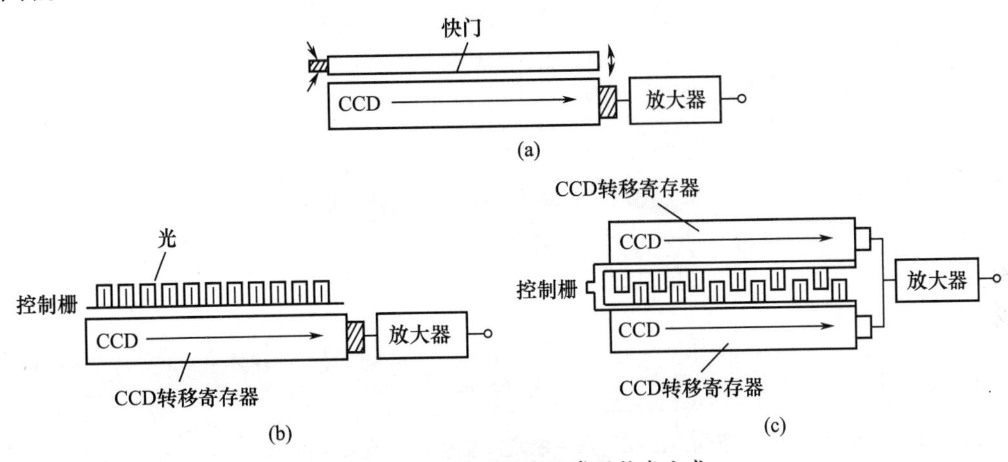

图4-2-6　线型图像传感器构成方式

(a)光积蓄式;(b)分离式;(c)双读出方式。

双读出式的转移寄存器分别配置在感光部分两侧，感光部分内的奇、偶数号位的感光像素，分别与两侧转移寄存器的相应小单元对应。这种构成方式，与长度相同的分离式相比较，可获得高出两倍的分辨率；同时，又因为CCD转移寄存器的级数仅为感光像素数的1/2，这就可以使CCD特有的电荷转移损失大为减少。因此，可以较好地解决因转移损失造成的分辨率降低问题。CCD本来已是细加工的小型固态器件，双读出式又将其分为两侧，所以在取得同一效果前提下，又可缩短器件尺寸。因为这些优点，双读出式已经发展成为线型固态图像传感器的主要构成方式。

2. CCD线型传感器结构

图4-2-7所示为线型固态图像传感器的结构。其感光部是光敏二极管线阵列，1728个PD作为感光像素位于传感器中央，两侧设置CCD转换寄存器。寄存器上面覆以遮光物。奇数号位的PD的信号电荷移往下侧的转移寄存器；偶数号位的则移往上侧的转移寄存器。以另外的信号驱动CCD转移寄存器，把信号电荷经公共输出端，从光敏二极管PD上依次读出。

通常把感光部分的光敏二极管做成MOS形式，电极用多晶硅，多晶硅薄膜虽能透过光像，但是它对蓝色光却有强烈的吸收作用，特别是以荧光灯作光源应用时，传感器的蓝光波前响应将变得极差。为了改善这一情况，可在多晶硅电极上开设光窗，如图4-2-8所示。由于这种构造的传感器的光生信号电荷是在MOS电容器内生成、积蓄的，所以容量加大，动态范围也大为扩展。

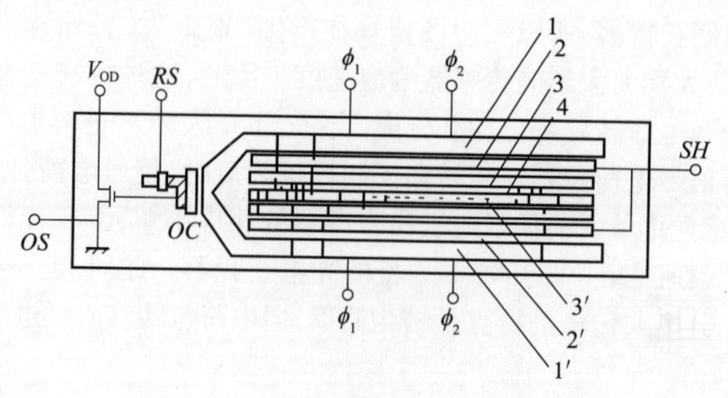

图 4-2-7　线型固态图像传感器结构

1,1′—CCD 转移寄存器；2,2′—转移控制栅；3,3′—积蓄控制电极；4—PD 阵列(1728 个)；*SH*—转移控制栅输入墙；RS—复位控制；V_{OD}—漏极输出；*OS*—图像信号输出；*OC*—输出控制栅。

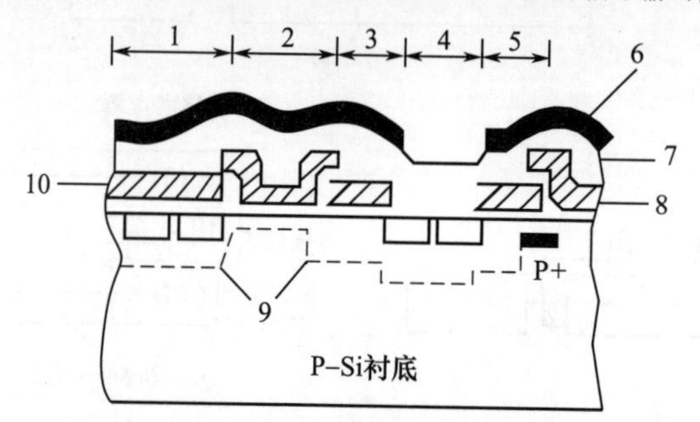

图 4-2-8　高灵敏度线型传感器截面构造

1—CCD；2—转移控制栅；3—积蓄电极；4—PD；5—积蓄电极；6—光屏蔽(Al 膜)；7—S_iO_2膜；8—第二层多晶硅；9—耗尽层；10—第一层多晶硅。

(二) 面型固态图像传感器

1. 面型图像传感器的构成方式

图 4-2-9 所示面型固态图像传感器也有四种基本构成方式。最早研制的是 $x-y$ 选址，如图 4-2-9(a)所示。它也是用移位寄存器对 PD 阵列进行 $x-y$ 二维扫描，信号电荷最后经二极管总线读出。$x-y$ 选址式固态图像传感器在日本、美国、德国等国家业已商品化。

图 4-2-9(b)所示为行选址方式，它是将若干个结构简单的线型传感器，平行地排列起来构成。为切换各个线型传感器的时钟脉冲，必须具备一个选址电路，最初是用 BBD 作选址电路。同时，行选址方式的传感器，垂直方向上还必须设置一个专用读出寄存器，当某一行被 BBD 选址时，就将这一行的信号电荷读至一垂直方向的读出寄存器。这样，诸行间就会有不相同的延时时间，为补偿这一延时往往需要非常复杂的电路和相关技术；另外，由于行选址方式的感光部分与电荷转移部分共用，于是很难避免光学拖影劣化图像画面现象。正是由于以上两个原因，行选址方式未能得到继续发展。

图 4-2-9(c)所示帧场传输(FT-CCD)式的特点是感光区与电荷暂存区相互分离，但两区构造基本相同，并且都是用 CCD 构成的。感光区的光生信号电荷积蓄到某一定数量之后，用极短的时间迅速送到常有光屏蔽的暂存区。这时，感光区又开始本场信号电荷的生成与积蓄过程。此间，上述处于暂存区的上一场信号电荷，将一行一行地移往读出寄存器依次读出，当暂存区内的信号电荷全部读出之后，时钟控制脉冲又将使之开始下一场

信号电荷的由感光区向暂存区迅速转移。总之,感光区在当前场正程期间实现光信号到电荷的转换和存储,在场逆程期间,电荷由感光区转移到暂存区;在下一个场正程中,行逆程时,一行电荷平移到读出寄存器;行正程时,读出寄存器输出电信号。

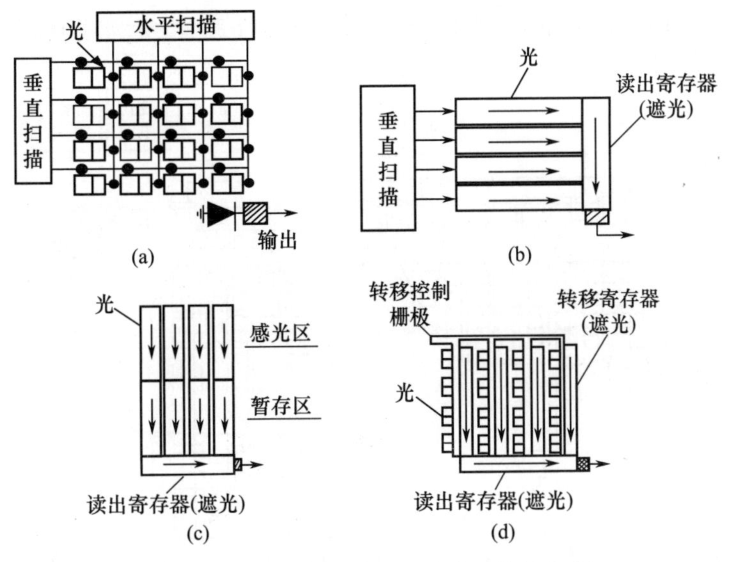

图 4-2-9 面型固态图像传感器构成方式

(a) $x-y$ 选址式;(b)行选址式;(c)帧场传输式(FT-CCD);(d)行间传输式(IT-CCD)。

图4-2-9(d)所示行间传输(IT-CCD)方式的基本特点是感光区与垂直转移寄存器相互邻接。这样,可以使帧或场的转移过程合二为一。在垂直转移寄存器中,上一场在每个水平回扫周期内,将沿垂直转移信道前进一级,此间,感光区正在进行光生信号电荷的生成与积蓄过程。若使垂直转移寄存器的每个单元对应两个像素,则可以实现隔行扫描。帧场传输式及行间传输式是比较可取的,尤其后者能够较好消除图像上的光学拖影的影响。

2. 帧场传输 CCD 面型传感器结构

帧场传输 CCD 面型固态图像传感器可简称为 FT-CCD,图 4-2-10 是其结构,它是由感光区与暂存区构成的。每个像素中产生和积蓄起来的信号电荷,依图示箭头方向,一行行地转移至读出寄存器,然后,在信号输出端依次读出。

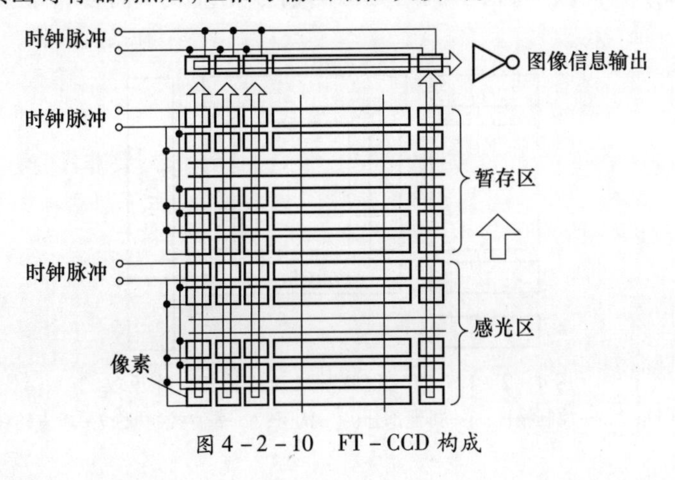

图 4-2-10 FT-CCD 构成

3. 行间传输 CCD 面型传感器

行间传输 CCD 固态图像传感器可简称为 IT－CCD。图 4－2－11 所示为它的结构，它的感光区与 CCD 转移寄存器(其表面有光屏蔽物)是相邻接的。信号电荷按图示方向转移，IT－CCD 与 FT－CCD 相比，其信号电荷转移级数(段数)大为减少。

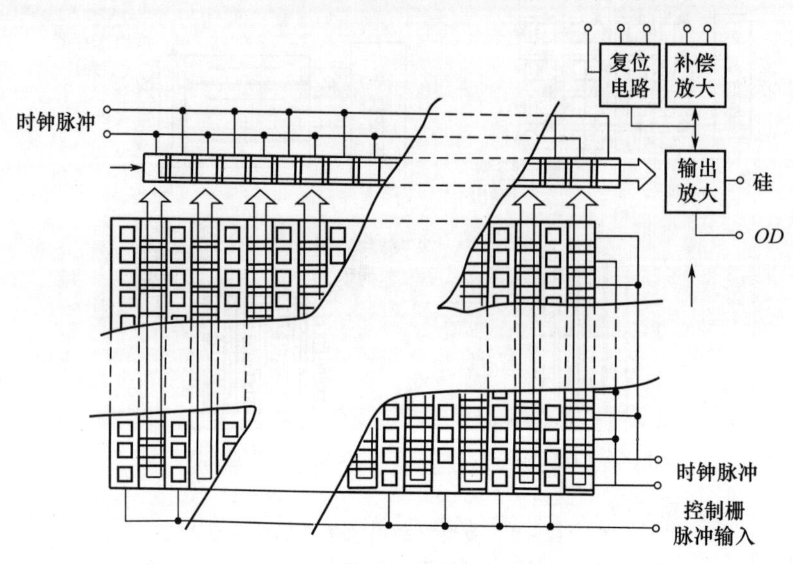

图 4－2－11　IT－CCD 的结构

图 4－2－12 所示为 IT－CCD 一级(或称一个单元)的结构及工作原理。其中，光敏元件的功能是产生并积蓄信号电荷；排泄电荷部分的作用是排泄过量的信号电荷；控制栅极与排泄电荷部分的共同作用是避免过量载流子沿信道从一个势阱溢泄到另一个势阱从而造成再生图像的光学拖影与弥散；光敏元件两侧的沟阻(CS)的作用是将相邻的两个像素隔离开来。合乎要求的正常的光生信号电荷，在控制栅(它受时钟脉冲控制)和寄存控制栅双重作用下，进入转移寄存器(它在寄存控制栅极的下面，图 4－2－12 中未示出)；其后，在转移栅控制之下，沿垂直转移寄存器的体内信道，依次移向水平转移寄存器读出。

因为垂直 CCD 转移寄存器的表面有光屏蔽，所以有时称 IT－CCD 为“隐线传输固态图像传感器”。显然，仅仅就利用光像的信号光量效率而言，IT－CCD 的“隐线”确实是个浪费。

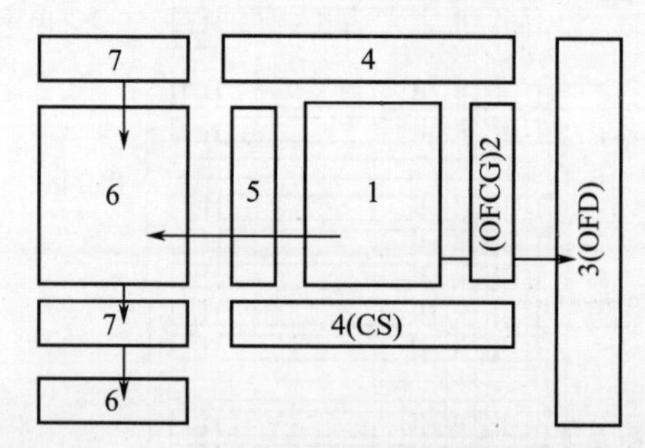

图 4－2－12　IT－CCD 一级的结构及工作原理

1—光敏元件；2,5—控制栅极；3—排泄部分；4—沟阻；6—寄存控制栅；7—垂直转移寄存器。

三、性能参数

1. 转移效率和转移损失率

当CCD中电荷包从一个势阱转移到另一个势阱时，若Q_1为转移的电荷量，Q_0为原始电荷，则转移效率为

$$\eta = \frac{Q_1}{Q_0} \tag{4-2-2}$$

转移损失率ε表示残留于原势阱中的电量Q与原电量Q_0之比，即

$$\varepsilon = \frac{Q}{Q_0} = \frac{Q_0 - Q_1}{Q_0} \tag{4-2-3}$$

若CCD有n个栅极板时，则总转移效率为

$$\frac{Q_n}{Q_0} = \eta^n = (1-\varepsilon)^n \tag{4-2-4}$$

转移效率通常小于1，原因主要有两个：一是表面态对电子俘获；二是时钟频率过高。提高转移效率的方法主要有：

（1）采用偏置电荷技术，即在接收信息电荷之前，就先给每个势阱都输入一定量的背景电荷，使表面态填满。预先输入一定的背景电荷，零信号也有一定电荷，称为胖零（Fat zero）技术；

（2）采取体内沟道的传输形式，有效避免了表面态俘获，提高了转移效率和速度。

2. 工作频率

（1）工作频率的下限

电荷包在相邻两电极之间的转移时间$t < \tau_c$，τ_c是非平衡载流子的平均寿命，则对三相CCD，频率下限为

$$t = \frac{T}{3}, f_{下} > \frac{1}{3\tau_c} \tag{4-2-5}$$

对二相CCD，频率下限为

$$t = \frac{T}{2}, f_{下} > \frac{1}{2\tau_c} \tag{4-2-6}$$

（b）工作频率的上限

对三相CCD，频率上限为

$$f \leqslant \frac{1}{3\tau_g} \tag{4-2-7}$$

式中，τ_g为电荷从一个电极转移到另一个电极的固有时间。

根据工作频率上限和下限，可得到工作频率范围为

$$\frac{1}{3\tau_c} \leqslant f \leqslant \frac{1}{3\tau_g} \tag{4-2-8}$$

3. 空间分辨率

空间分辨率是表示CCD能以何种细微程度观测目标，是表征CCD成像清晰度的主要参数。空间分辨率有两种表示方法。

（1）极限分辨率。

用在图像(光栅)范围内能分辨的等宽黑白线条数表示(如水平800线、垂直500线);也用线对/mm表示,即每1mm的长度内所含明、暗光条纹线的对数(明、暗相间两条纹线为一对)。极限分辨率是在一定的测试条件之下定义的。当以一定性质的鉴别率图案(有100%对比度的专门的测试卡)投射到CCD光敏面时,在输出端观察到的最小空间频率(即用眼睛分辨的最细黑白条纹对数)就是该器件的极限分辨率。主要不足是:①每个人的视觉不一样,观测值带有主观性;②测试卡的对比度与几何尺寸以及观测时的照度不一样,观测的结果也会有不同。如当被摄图像对比度低于30%时,观测的分辨率值就会明显下降;③观测的分辨率值是系统的总体特性,而不能分摊到各个部件上。

(2)调制传递函数MTF。能客观地测试器件对不同空间频率信号的传递能力。MTF在第六章将详细讨论。

实际中,CCD器件的分辨率一般用像素数表示,像素越多,则分辨率越高。

4. 输出饱和特性

CCD的每一个光敏元存储电荷的能力都是有限的,超过这个量便会自动溢出流入基体。因此,CCD图像器件输出的信号电压有个最大值,称为饱和输出电压,与其对应的曝光量称为饱和曝光量。这种状态称为输出饱和特性。

图4-2-13所示为某线列(1024个像素)图像传感器的光电特性呈现饱和状态的实例。CCD图像传感器处于饱和状态以上的输出电压往往是不可信的。

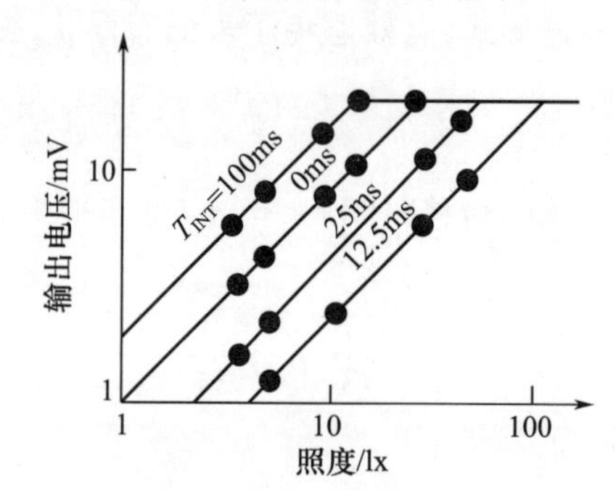

图4-2-13 图像传感器输出饱和特性

5. 灵敏度

一般用单位入射光量下产生的光电流来表示CCD传感器的灵敏度,即

$$s=\frac{1}{A}\frac{Q_S}{E_S} \tag{4-2-9}$$

式中:A为传感器受光面积(诸像素面积之和);s为传感器的灵敏度,即单位照度所对应的输出光电流;Q_s为饱和电荷量;E_s为饱和曝光量。

6. 信噪比与动态范围

信噪比即图像传感器输出有用信号电流(或电压)与噪声电流(或电压)信号之比,通常取对数并乘以20,即以dB为单位表示之。动态范围反映器件的工作范围,它和信噪比有关,通常以饱和信号电压与均方根噪声电压之比表示。

7. 暗电流

在无光照条件下,图像传感器仍能产生的输出噪声电流称为暗电流。此电流越小,噪声干扰越小，传感器的信噪比越大。

暗电流起因于热激励产生的电子－空穴对，其中耗尽区内产生的热激励是主要的，其次是耗尽区边缘的少数电荷的热扩散，还有界面上产生的热激励。暗电流的产生需要一定的时间，势阱存在时间越长，暗电流也越大。为了减小暗电流，应尽量缩短信号电荷的存储与转移时间。暗电流限制了图像器件的灵敏度与动态范围。

暗电流的大小与温度的关系极为密切，温度每降低10℃，暗电流约减小一半。周围温度对暗电流 I_{GR} 的影响可由下式表达，即

$$\begin{cases} I_{GR} = \dfrac{A_S q h n_i}{\tau_p + \tau_n} \\ n_i = 3.9 \times 10^{16} T^{3/2} \exp(1.21/kT) \end{cases} \tag{4-2-10}$$

式中：A_S 为 MOS 电容器的 SiO_2 与 Si 基体间结面积；q 为电子电荷量；h 为耗尽层厚度；n_i 为本征载流子浓度；τ_p 为空穴寿命；τ_n 为电子寿命；k 为波耳兹曼常数；T 为周围环境温度。

8. 光谱特性

光谱响应曲线又称光谱灵敏度曲线，它是描述图像传感器对不同波长光线的响应程度，如图4－2－14所示。

光谱响应特性，取决于半导体基体材料的光电性质。现在可以将 PD 及其阵列的灵敏度做到接近于理论最高极限。但是，将 PD 阵列组图像传感器接受正面入射光像时，就很难达到单个 PD 所具有的灵敏度值。采用多晶硅透明电极，虽然光谱响应和器件灵敏度有所提高和改善，但由于光像信号在 Si－SiO_2 界面上的多次反射也会造成相关波长间的干涉，这就是正面照光式图像传感器光谱响应特性呈现多次峰谷波动的物理原因（图4－2－14中曲线1）。

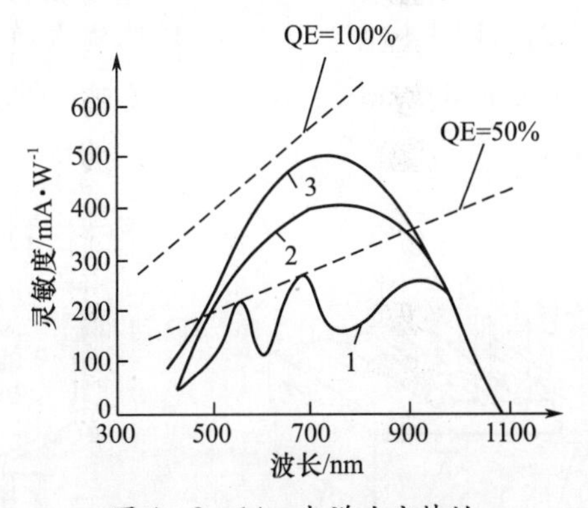

图4－2－14　光谱响应特性

实践表明，当光像从背面照射图像传感器时，能够较有效改善量子效率，并可在某种程度上克服正面光照造成的光谱响应的起伏现象。通常背面照光器件的基体厚度必须加工至10μm左右，只有这样薄，才能保证不会因光生载流子横向扩散而影响其空间分辨率（图4－2－14中曲线2）。若将背面照光式传感器涂以抗反射性的涂层以增强其光学透射，则可更进一步提高其灵敏度和光谱响应（图4－2－14中曲线3）。

目前广泛应用的 CCD 摄像器件是以硅为衬底的器件，其光谱响应范围均在400～1100nm。

四、红外与微光固态图像传感器

Si－CCD 图像传感器的波长敏感区通常在 0.4～1.1μm 范围内(可见光及近红外范围)。由于在红外区,该器件对光不敏感,不能直接将 Si－CCD 原封不动地作为红外摄像器件应用。红外 CCD 摄像器件用多元红外探测器阵列替代可见光 CCD 摄像器件的光敏元部分,光敏元部分主要的光敏材料有 Insb、PbsnTe 和 HgCdTe 等,其光谱范围延伸至 3～5μm 和 9～14μm。为了提高图像传感器的信噪比和灵敏度,必须保持这些材料在要求的低温条件下工作。

目前,按光电转换与信号处理功能完成的形式,IR－CCD 的设计方案分为混合式和单片集成式两类。

(一) 混合式 IR－CCD 传感器

混合式红外传感器的红外光敏部分和信号电荷转移部分分开,红外光敏部分由窄禁带半导体(如 InAs、HgCdTe、Pb－SnTe 等)红外敏感材料制成,并在冷却状态下完成光电转换功能。而信号转移部分通常由 Si－CCD 组成,且在常温状态下完成信号处理输出。两种芯片在冷端上互连。典型的有如 InAs＋Si－CCD,HgCdTe＋Si－CCD 混合式红外传感器。

图 4－2－15 所示为这类传感器的基本结构。采用混合式,存在着光敏部分与转移部分之间的连接困难。为了获得足够高的红外分辨率,必须用数百个像素构成面阵传感器。显然,像素数量越多,红外光敏部分与硅 CCD 之间的连接技术难度越大。还有如何把红外传感器收集的信号电荷有效地传递到 Si－CCD 的势阱中。通常有两种耦合模式:一种是把红外传感器发出的电荷直接注入硅 CCD 势阱中,称为直接注入型;另一种是红外辐射不直接变换为信号电荷,而是用来控制注入硅 CCD 读出沟道的电荷量,它的电势由照度控制,这样注入 CCD 的电荷量便和照度值成一定的比例关系,这称为间接注入型。

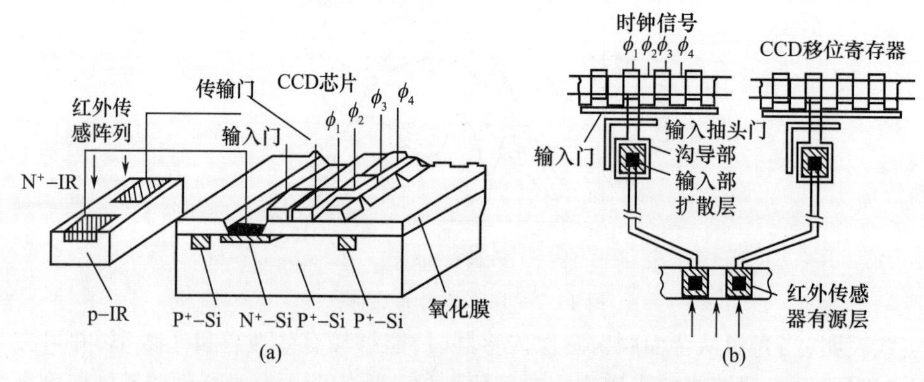

图 4－2－15　混合式红外 CCD 传感器的基本结构

(a)连接法;(b)布局。

(二) 单片集成式 IR－CCD 传感器

这是一种把红外光敏部分和 CCD 转移部分集成在一块芯片上的红外 CCD 像传感器,通常有以下四种。

1. 掺杂硅型(非本征焦平面阵)

它是利用离子注入技术,在硅基体的光敏面内适当掺杂,例如磷、镓或铟。当温度足够低时，这些杂质处于未电离状态。当其受到红外照射时易发生电离，电离产生的载流子和红外辐射强度有关。

该方法能够利用优质的硅材料和成熟的大规模集成电路技术。可探测的红外波长为 3 ~ 5μm 及 8 ~ 13μm。但必须在很低的温度下工作，且量子效率较低。

2. 窄禁带半导体型（本征焦平面阵）

窄禁带半导体种类很多，它们的吸收限在红外光谱范围内。把红外光敏阵列和 CCD 多路传输集成在同一块窄禁带半导体基体上，便构成了窄禁带半导体红外像传感器。常用于制造这类图像传感器的窄禁带半导体材料有 InAs、InSb、HgCdTe 和 PbSnTe 等。

窄禁带引起的主要问题是暗电流大，因此，器件必须工作在低温环境，以便获得足够的灵敏度和积分时间，但它对低温的要求没有掺杂硅类那么严。由于基体材料是本征的，光吸收一般比较强，故可得到较高的量子效率和探测能力。

3. 硅肖特基势垒型

这种类型是利用硅上面直接淀积金属制成肖特基势垒。当它们接触时，电荷发生重新分布，形成空间电荷区，使半导体的能带弯曲。在出现阻挡层时，能带弯曲形成表面势垒（称为肖特基势垒）。对肖特基势垒加反向偏压，使硅表面层进入耗尽状态；然后去掉偏压，当红外辐射作用于金属电极表面时，被金属吸收并产生“热”电子。这个过程使耗尽层缩小并使肖特基势垒降低，降低的量正比于光信号强度。在帧周期结束时，单元恢复到起始耗尽电平，这个复位电流便提供了图像的视频信号，通过 CCD 读出。

硅肖特基势垒红外像传感器，可利用成熟的大规模和超大规模集成电路工艺制造，故成本低。与混合式红外像传感器比，它的均匀性好。由于它工作在多数载流子从硅化物注入到硅基体的情况，故不会造成相邻光敏单元间的串扰，且有自生的抗光晕能力。

4. 异质结 CCD 型

为了降低暗电流，除低温条件外，应选用宽禁带材料，但为了得到宽带响应，又应采用窄禁带材料。解决这一矛盾，可利用异质结结构。通常 CCD 电荷转移沟道层采用宽禁带材料，而光吸收区则采用窄禁带材料；前者有利于抑制暗电流，后者满足谱响应的要求。

综上所述，由于单片集成式封装密度高，可靠性好，便于大规模集成，最终将成为发展的主导方向。但在目前还有若干工艺和技术问题尚待很好解决情况下，混合式更多被用于制作优良的红外 CCD 像传感器。

（三） 红外焦平面阵列

红外焦平面热像仪是一种可探测目标的红外辐射，并能通过光电转换、电信号处理等手段，将目标物体的温度分布图像转换成视频图像的设备，是集光、机、电等尖端技术于一体的高科技产品。因其具有较强的抗干扰能力，隐蔽性能好、跟踪、制导精度高等优点，在军事领域获得了广泛的应用。

目前，由于混合式的工艺比较成熟，所以它的进展比单片式快，尤其是 $HB_{0.7}Cd_{0.3}Te$ 和 InAsSb 两种，形成焦平面阵列。

1. 红外焦平面阵列原理

焦平面探测器的焦平面上排列着感光元件阵列，从无限远处发射的红外线经过光学系统成像在系统焦平面的这些感光元件上，探测器将接收到光信号转换为电信号并进行积分放大、采样保持，通过输出缓冲和多路传输系统，最终送达监视系统形成图像。

2. 红外焦平面阵列分类

(1) 根据制冷方式划分:根据制冷方式,红外焦平面阵列可分为制冷型和非制冷型。制冷型红外焦平面目前主要采用杜瓦瓶/快速起动节流制冷器集成体和杜瓦瓶/斯特林循环制冷器集成体。由于背景温度与探测温度之间的对比度将决定探测器的理想分辨率,所以为了提高探测仪的精度就必须大幅度的降低背景温度。当前制冷型的探测器其探测率达到 10^{11} cmHz$^{1/2}$W^{-1},而非制冷型的探测器为 10^{9} cmHz$^{1/2}$W^{-1},相差为两个数量级。不仅如此,它们的其他性能也有很大的差别,前者的响应速度是微秒级而后者是毫秒级。

(2) 依照光辐射与物质相互作用原理划分,包括:光子探测器与热探测器两大类。

(3) 按照结构形式划分:红外焦平面阵列器件由红外探测器阵列部分和读出电路部分组成。因此,按照结构形式分类,红外焦平面阵列可分为单片式和混成式两种。其中,单片式集成在一个硅衬底上,即读出电路和探测器都使用相同的材料。混成式是指红外探测器和读出电路分别选用两种材料,如红外探测器使用 HgCdTe,读出电路使用 Si。混成式主要分为倒装式和 *Z* 平面式两种。

(4) 按成像方式划分:红外焦平面阵列分为扫描型和凝视型两种,其区别在于扫描型一般采用时间延迟积分(TDI)技术,采用串行方式对电信号进行读取;凝视型则利用了二维阵列形成一张图像,无须延迟积分,采用并行方式对电信号进行读取。凝视型成像速度比扫描型成像速度快,但是其需要的成本高,电路也很复杂。

3. 读出电路

读出电路是红外焦平面阵列的重要环节之一。对于周围物体的黑体辐射,被测物体的辐射信号相当微小,电流大小为纳安或者是皮安级,要把这么小的信号读出可不是一件容易的事,尤其这种小信号很易受到其他噪声的干扰。下面介绍八种典型读出电路的性能和特点。

(1) 自积分型读出电路(SIROIC)。

在所有读出电路结构中,自积分(SI)电路最为简单,仅有一个 MOS 开关元件,其像元面积可以做得很小。在 SI 电路中,光生电流(或电荷)直接在与探测器并联的电容上积分,然后通过多路传输器输出积分信号。此读出电路的输出信号通常是取其电荷而非电压,其后接电荷放大器,在每帧结束时需由像元外的电路对积分电容进行复位。积分电容主要为探测器自身的电容,但也包括与之相连的一些杂散电容。在某些探测器中,此电容可能是非线性的(如光电二极管的结电容),随积分电荷的增加,其会造成探测器的偏置发生变化,可能引起输出信号的非线性。该电路的另一个缺点是无信号增益,易受多路传输器和列放大器的噪声干扰。

(2) 源随器型读出电路(SFDROIC)。

为了给多路传输器提供电压信号,并增加驱动能力,往往在 SI 后加缓冲放大器。实现此功能的通常方法是在每个探测器后接一个 MOS - FET 源随器(SFD),即构成源随器型读出电路。源随器型读出电路是一种直接积分的高阻抗放大器,探测器偏压由复位电平决定,故不存在探测器偏压初值不均匀的问题,但偏压会随积分时间和积分电流变化,引起探测器偏置变化。SFD 电路在很低背景下具有较满意的信噪比,但在中、高背景下,与硅读出电路一样,其也有严重的输出信号非线性问题。复位 MOS 开关会带来 KTC 噪声,而源随器 MOS 管的 $1/f$ 噪声和沟道热噪声也是主要的噪声源。

(3) 直接注入读出电路(DIROIC)。

直接注入(DI)电路是探测器阵列使用最早的读出前置放大器之一。它首先用于CCD红外焦平面阵列,现也用于CMOS红外焦平面阵列。在此电路中,探测器电流通过注入管向积分电容充电,实现电流到电压的转换,电压增益的大小主要与积分电容的大小有关,当然也受电源电压的限制。此电路在中、高背景辐射下,注入管的跨导较大,这主要是因积分电流较大的缘故。此时,读出电路输入阻抗较低,光生电流的注入效率相对较高。在低背景下,因注入管的跨导减小,使读出电路的输入阻抗增大,会降低光生电流的注入效率。在一定的范围内,DI电路的响应基本上是线性的。但因各像元注入管阈值电压的不均匀性,会在焦平面阵列输出信号中引入空间噪声,因而抑制焦平面阵列的空间噪声是一个非常棘手的问题。

(4) 反馈增强直接注入读出电路(FEDIROIC)。

反馈增强直接注入电路(FEDI)以DI读出电路为基础,在注入管栅极和探测器间跨接一反相放大器,其目的是在低背景下,进一步降低读出电路的输入阻抗,从而提高注入效率和改善频率响应。视反馈放大器的增益不同,FEDI的最小工作光子通量范围可以比DI低一个或几个数量级,响应的线性范围也比DI的更宽,但像元的功耗和面积也随之增加。

(5) 电流镜栅调制读出电路(CMROIC)。

电流镜栅调制电路(CM)可使读出电路在更高的背景辐射条件下工作。通常,读出电路的积分电容是在像元电路内,因受面积的限制,故不可能做得很大。在高背景的应用中,很大的背景辐射电流可使积分电容电压很快地处于饱和状态,从而使读出电路失去探测信号的功能。CM读出电路可避免这种情况的发生,这种电路的电流增益与探测器输出电流的平方根成反比例关系,即随探测器输出电流的增大,电流增益自动减小。但是,CM电路不能为探测器提供稳定和均匀的偏置,其响应也是非线性的。因而,读出电路的总体性能受限。

(6) 电阻负载栅调制读出电路(RLROIC)。

电阻负载栅极调制电路(RL)的构造思想和目的与CM几乎一样,其效果也差不多,只是用电阻替代了MOS管,使像元$1/f$噪声更小,并提高了探测器偏压的均匀性。由于大电阻的制造与数字CMOS工艺是不兼容的,RL的阻值不可能很大。此外,因电路结构的原因,当探测器电流很小时,此读出电路的均匀性和线性度都相当差。在大多数的应用中,需要对其输出增益和偏移进行校正才能获得满意的效果,故此类读出电路不常用。

(7) 电容反馈跨阻抗放大器(CTIAROIC)。

CTIA是由运放和反馈积分电容构成的一种复位积分器,探测器电流在反馈电容上积分,其增益大小由积分电容确定。它可以提供很低的探测器输入阻抗和恒定的探测器偏置电压,在从很低到很高的背景范围内,都具有非常低的噪声,且输出信号的线性度也很好。此电路的功耗和芯片面积较一般的电路大,复位开关也会带来CKT噪声。

(8) 电阻反馈跨阻抗放大器(RTIAROIC)。

RTIA和CTIA相似,只是由电阻代替了积分电容和复位开关。此电路无积分功能,故只能提供与探测器电流成比例的连续输出电压,如要提供高的输出增益,需要大的反馈电阻,但大的电阻占用芯片面积大,且不适宜CMOS工艺。因此,几乎不用此电路结构。

4. 红外焦平面阵列的发展现状

目前的红外焦平面阵列技术已具备了以下的特点。

(1) 高温下工作。

目前的光量子类红外焦平面阵列,如 PtSi、Nibs、HgCdTe 和 GaAlAs/GaAs 等都是已投产和准备投产的品种。为获得良好的系统性能,它们都要求在低温制冷状况下工作,用杜瓦瓶液氮制冷或小型斯特林制冷器和电子制冷器均可满足≥77K 的工作要求,而 1 ~ 3μm 波段的 InGaAs 焦平面阵列则不用制冷即可在室温下稳定工作。最近几年非制冷长波红外焦平面阵列技术的发展已实现了长波红外摄像不用制冷工作的目标。

(2) 高像素分辨率。

目前的红外焦平面阵列像素分辨率极高,不但有第二代 TDI 工作模式的阵列,而且像 640 × 480、1024 × 1024 和 2048 × 2048 元的凝视阵列业已投产,如 PtSi、InSb 和 HgCdTe 与 GaAlAs 阵列;同时,分辨率为 320 × 240、640 × 480 的非制冷红外焦平面阵列已投产,1024 × 1024 元阵列也在发展中,非制冷阵列在制作工艺上已趋于成熟。

(3) 高的 NETD 性能。

焦平面阵列的 NETD 值是评价系统性能的关键性能参数。目前,光量子类红外焦平面阵列的 NETD 值范围通常在 0.1 ~ 0.01K,使用 *f*/2 光学透镜时,InSb、GaAlAs 和 HgCdTe 的第Ⅱ代 320 × 256 元阵列和第Ⅲ代 1024 × 768 元阵列的 NETD 值都可达到 0.01K,适合于高性能的系统应用。非制冷型红外焦平面阵列 NETD 为 0.1℃,可满足中低档的军用装备应用。

(4) 双波段和多波段阵列。

双色和多色红外焦平面阵列是一个重要发展方向。GaAlAs/GaAs 量子阱红外光电探测器焦平面就是该技术的代表,其双波段的阵列规模已达到 640 × 512 单元,而目前一些大公司和研究所正在合作研发 1024 × 1024 单元阵列,如 NASA 的喷气推进实验室(JPL)和麻省理工学院林肯实验室合作研发的 1024 × 1024 元水平集成四色 QWIP 阵列,目前工作温度约为 77K,未来将有可能达到 120K。这个项目起初是 JPL 和林肯实验室研制,后来一些大型军火商集团和军方研究所也迅速介入,如雷声、洛克希德 · 马丁和洛克威尔科学中心等以及陆军、空军和海军的研究实验室,组成了一个强大的研制、发展和生产集团,并取得了显著成果。

(四) 微光 CCD 图像传感器

由于夜空的月光和星光辐射主要是可见光和近红外光,其波段正好在硅 CCD 的响应范围之内,所以硅 CCD 在室温下可摄取月光下的景物,低温下可摄取星光下的景物。

利用像增强器和 CCD 耦合起来,可得到光电灵敏度很高的微光 CCD 图像传感器,在非冷却条件下便可在低照度下摄取景物光像。图 4 - 2 - 16 所示为这种 CCD 像增强器结构,它是一种真空管式的摄像管,光敏面使用在光纤端面上带有光电阴极的结构,在另一端封装有背面照光式的 CCD,中间配置静电聚焦用的电极;把入射光在光纤光电阴极面上图像,再从光电阴极上发射光电子,并用数千伏的电压加速它,使增强的光电子束像再次在 CCD 的背面上聚焦。用这种方法,灵敏度可提高几千倍。这类微光摄像器件已发展到相当高的水平和夜视应用。还可以用不同的技术制作微光 CCD,如利用时间 - 延迟 -

积分(TDI)模式。这是利用增加像素的数目来增加积累电荷数的方法以提高图像传感器对微光的灵敏度。

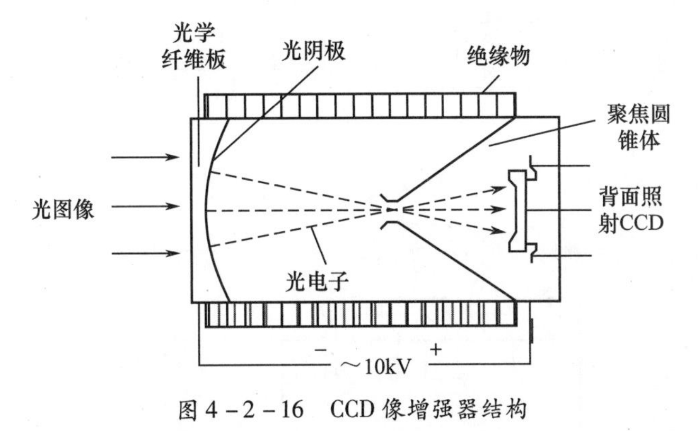

图4-2-16　CCD像增强器结构

第三节　CMOS、MOS和CID成像原理及器件

在上述CCD成像原理及器件分析的基础上,本节进一步阐述CMOS、MOS和CID成像原理及器件,并以数码相机为例进行系统应用分析。

一、CMOS成像原理及器件

互补金属氧化物半导体(Comple mentarg Metal Oxide Semiconductor CMOS)指在同一晶片上制作了PMOS和NMOS元件。由于PMOS与NMOS在特性上为互补,故得此名。后来发现CMOS经过加工也可以作为数码摄影中的图像传感器,CMOS传感器也可细分为被动式像素传感器(Passive Pixel Sensor CMOS)与主动式像素传感器(Active Pixel Sensor CMOS)。CCD和CMOS采用类似的色彩还原原理,但是CMOS传感器信噪比差,敏感度不够的缺点使得目前CCD技术占据了数码摄影大半壁江山。不过CMOS技术也有CCD难以比拟的优势,普通CCD必须使用3个以上的电源电压,而CMOS在单一电源下就可以工作,因而CMOS耗电量更小。与CCD产品相比,CMOS是标准工艺制程,可利用现有的半导体制造流水线,不需额外投资设备,且品质可随半导体技术的提升而进步,CMOS传感器的最大优势是售价比CCD便宜近1/3。

(一) 结构与工作原理

CMOS图像传感器的光电转换原理与CCD基本相同,其光敏单元受到光照后产生光生电子。而信号的读出方法却与CCD不同,每个CMOS源像素传感单元都有自已的缓冲放大器,而且可以被单独选址和读出。

图4-3-1上部给出了MOS三极管和光敏二极管组成的相当于一个像元的结构剖面,在光积分期间,MOS三极管截止,光敏二极管随入射光的强弱产生对应的载流子并存储在源极的PN结部位上。当积分期结束时,扫描脉冲加在MOS三极管的栅极上,使其导通,光敏二极管复位到参考电位,并引起视频电流在负载上流过,其大小与入射光强对应。图4-3-1下部给出了一个具体的像元结构,MOS三极管源极PN结起光电变换和载流子存储作用,当栅极加有脉冲信号时,视频信号被读出。

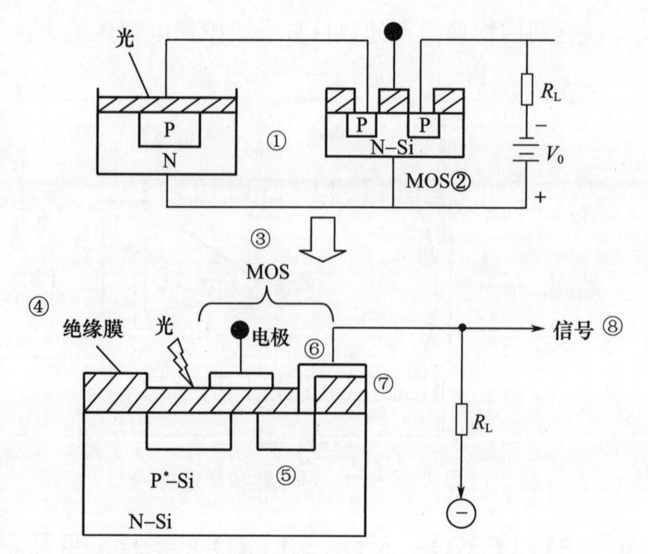

图4-3-1 光敏二极管和CMOS三极管组成的光电转换及存储结构

(二）CMOS图像传感器与CCD图像传感器的比较

CCD与CMOS图像传感器相比,具较好的图像质量和灵活性,仍然保持高端的摄像技术应用,如天文观测、卫星成像等应用。

灵敏度代表传感器的光敏单元收集光子产生电荷信号的能力。CCD灵敏度较CMOS高30%~50%。

电子-电压转换率表示每个信号电子转换为电压信号的大小。由于CMOS在像元中采用高增益低功耗互补放大器结构,其电压转换率略优于CCD。

动态范围表示器件的饱和信号电压与最低信号阈值电压的比值。在可比较的环境下,CCD动态范围约较CMOS的高两倍。

CCD信号输出速度较慢,CMOS图像传感器在采集光信号的同时就可以取出电信号,还能实时处理各单元的图像信息,速度比CCD图像传感器快很多。目前市场上应用的高速成像器件多为CMOS成像器件。

CMOS具有可通过编程对局部像素图像进行随机访问的优点,因而在只采集很小区域的窗口图像时,可以获取很高的帧频。这是CCD无法做到的。

CCD与CMOS图像传感器的特性比较见表4-3-1所列。CMOS成功的关键是低能源消耗、片内集成以及较CCD更低的成本。用CMOS图像传感器开发的数码相机、微型和超微型摄像机已大批量进入市场。CMOS传感器目前在低端成像系统中具有更为广泛的应用。

表4-3-1 CCD和CMOS的特性比较

特征	CCD	CMOS
像素转移	电荷	电压
芯片输出	模拟信号	数字信号
相机输出	数字信号	数字信号
填充系数	高	中
系统噪声	低	中

（续）

特征	CCD	CMOS
系统复杂程度	高	低
传感器复杂程度	低	高
相机组成	传感器+多路驱动电路+镜头	传感器+镜头
研发成本	低	高
响应度	中	较高
动态范围	高	中
速度	中/高	较高
抗晕性	从无到高	高
功耗比	需外加电压,功耗高	直接放大,功耗低

二、MOS成像原理及器件

（一）MOS线型传感器

图4-3-2为MOS线型固态图像传感器构成方式,由扫描电路和光敏二极管阵列集成在一块片子上制成。扫描电路实际上是移位寄存器。MOS-FET是其选址扫描开关,以固定延时间隔的时钟脉冲,对PD阵列逐个扫描,最后,信号电荷经公共图像输出端一行行地输出,如图4-3-3所示。

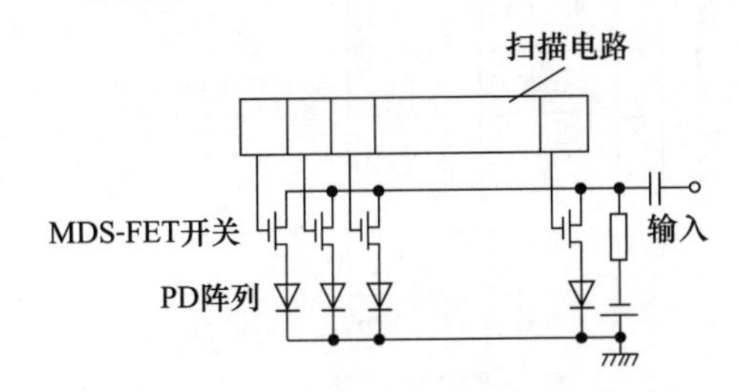

图4-3-2　MOS线型固态图像传感器构成方式

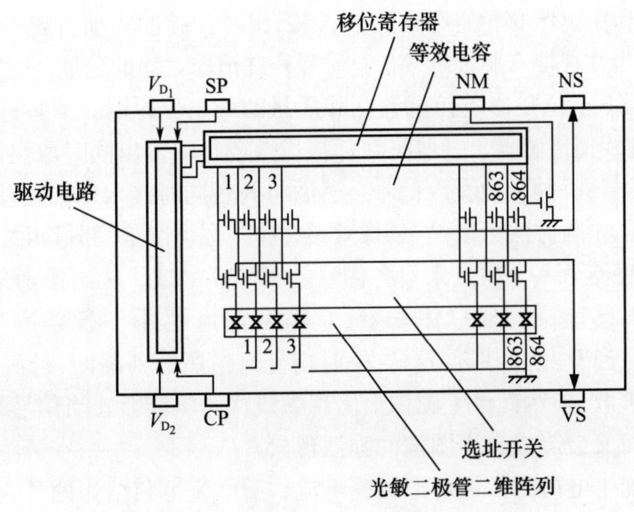

图4-3-3　MOS线型固态图像传感器结构

MOS 线型传感器最大缺点是，MOS - FET 的栅漏区之间的耦合电容会把时钟脉冲也耦合而漏入信号，从而造成再生一维图像的“脉冲噪声”。目前，最典型的消除方法是再配置一个与选址开关完全对称的等效电容器阵列，将后者输出的纯是噪声的信号与含有噪声的正常输出图像信号，同时输入外置差动放大器消除之。但是，用这种方法难以完全消除脉冲噪声影响，因此，往往还需另外配置一套特别的信号处理电路消除这种干扰。

尽管 MOS 线型传感器与 CCD 线型传感器相比存在以上缺点和麻烦，但因暗电流较之 CCD 式的小一个数量级，所以 MOS 传感器用于低速读出和低频工作范围。

（二） MOS 面型传感器

图 4 - 3 - 4 所示为 MOS 面型固态图像传感器的构成。因 MOS 器件没有电荷转移功能，所以必须有 $x-y$ 选址电路。如图所示，传感器是许多个像素的二维矩阵。每个像素包括两个元件：一个是 PD，一个是 MOS - FET。PD 是产生并积蓄光生电荷的元件，而 MOS - FET 是读出开关。当水平与垂直扫描电路发出的扫描脉冲电压，分别使 MOS - FET(SW_H)以及每个像素里的 MOS - FET(SW_V)均处于导通时，矩阵中诸 PD 所积蓄的信号电荷才能依次读出。

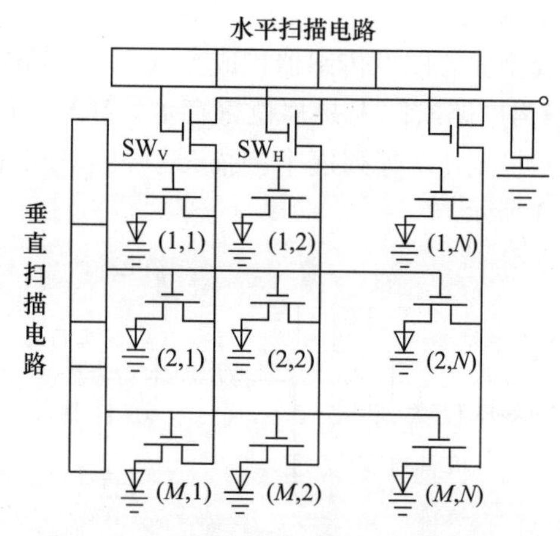

图 4 - 3 - 4　MOS 面型图像传感器的构成

扫描电路一般用 MOS 移位寄存器构成，用二相时钟脉冲驱动。MOS 面型图像传感器输出图像信号中，也往往混入脉冲噪声。这种噪声在诸像素间的分散，便会形成再生图上固定形状的“噪声图像”。这是影响传感器图像质量的最主要原因。消除这种噪声的主要办法，大体同于 MOS 线型传感器。一般是在邻接像素或行间输出同时取出两种信号：一种是含有噪声的图像信号；一种是纯噪声信号。然后将两者同时接入外部差动放大器消除。根据信号出处的相异，消除方法可以是“邻像素相关法”，也可以是“邻行相关法”。

MOS 面型传感器另一个缺点来自各像索的 MOS - FET。从诸像素来看，它们起读出开关的作用，以供选址。但从总体来看，它们又都可视作一条条读出行或列。由于 MOS - FEI的漏区与 PD 相邻甚近，这样，一旦信号光像照射到漏区，衬底内也会形成光生电荷并且向各处扩散，必然在再生图像上出现纵线状光学拖影。当信号光像足够强烈时，由于光点的扩展而又会造成再生图像的弥散现象。

上述衬底内光生电荷的扩散可形成漏电流。漏电流可归结为两种：一种是 PD 与 N^+ 层信道间形成的“侧向晶体管”所致漏电流；另一种是栅极与场氧膜下方所流的电流。

采用图 4-3-5 所示方法，可以比较有效地防止这些漏电流漫延而消除再生图像的拖影与弥散。图 4-3-5(a) 的方法是设置一个 P^+ 层把 N^+ 层包围起来，图 4-3-5(b) 所示的方法是再增加一个 N-Si 衬底，在原 P-Si 衬底上形成 PN 结，后增的 N-Si 衬底对原 P-Si 衬底而言是一个反向偏置。

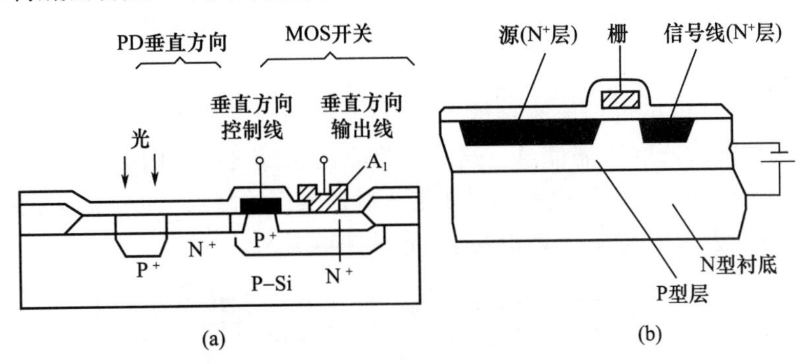

图 4-3-5　防止拖影和弥散的两种方法

(a) P^+ 层包围 N^+ 层信道；(b) 反向偏置。

前一种方法的图像传感器对红外光谱有某种程度的灵敏度，所以可用于黑白摄像；后者有意识抑制红外光谱响应，故可用于不需要红外光谱响应的彩色摄像。另外，为尽量减少在 PD 匿影期间过量积蓄信号电荷，可以在同一块集成片上加上一个“抗弥散回扫激励电路”RBA，RBA 可读出过量的信号电荷。

三、CID 成像原理及器件

由于 CID 不具有电荷转移的功能，所以 CID 面型传感器也必须有 $x-y$ 选址电路，以读出光生信号电荷（图 4-3-6）。CID 面型传感器每个像素有两个 MOS 电容器。4-3-6(b) 表示这两个成对的电容器信号电荷积蓄与读出过程。V_C，V_R 是水平和垂直扫描电路的扫描电压。成对电容器其中之一的电极接于此，另一个 MOS 电容器的电极接近于 V_C，当同时对一个像素加上 V_C 与 V_R，并且 $V_C > V_R$ 时，因下方势阱较 V_C 下方势阱深，于是光生信号电荷将积蓄于像素右侧（V_R 下方势阱内），这种状态称为“非选址状态”。当 V_R 继续增大而 V_C 继续减小至零时，信号电荷全部积蓄于 V_R 电极之下，这种状态称为“积蓄状态”。

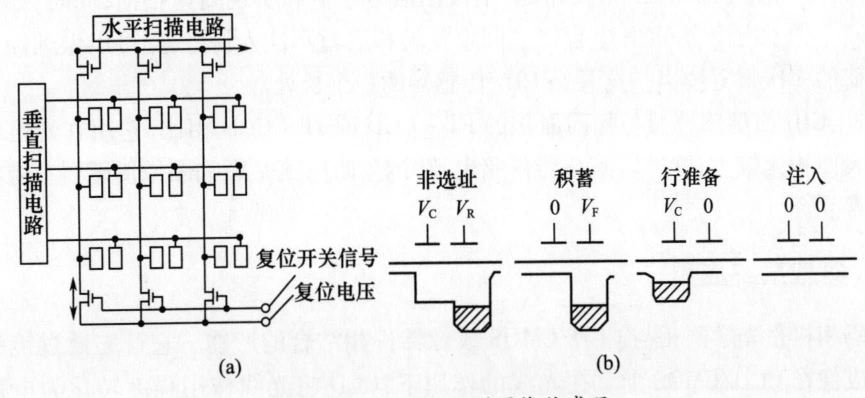

图 4-3-6　CID 面型图像传感器

(a) CID 面型图像传感器构成；(b) 信号电荷的积蓄与读出。

CID 传感器的实际读出过程是：首先把“积蓄状态”的 V_R 减为零，而给 V_C 以某一定值，这时，信号电荷积蓄于 V_C 电极下方的势阱内，然后，将水平扫描电压 V_C 从左向右依次减为零，于是，在诸像素内的信号电荷也就会依次注入衬底。这时，与这一注入过程相对应的电流即可取作输出信号。显然，注入信号电荷时，V_C 与 V_R 均为零。所以称 V_C、V_R 为零时的状态为“注入状态”，而注入状态之前的状态，应是“行读出的准备状态”，简称“行准备”。

不难发现，上述读出过程虽然是依次进行的，但是也完全可以做到在 CID 传感器面矩阵的某一部位随时选取所需信息。这一点是它的长处之一。因为 CID 面型传感器也必须选址才能读出，因此，同样也有信号中混入脉冲噪声的缺点。但是，若采用图 4-3-7 所示“并行注入法”，则能够比较彻底地消除脉冲噪声。

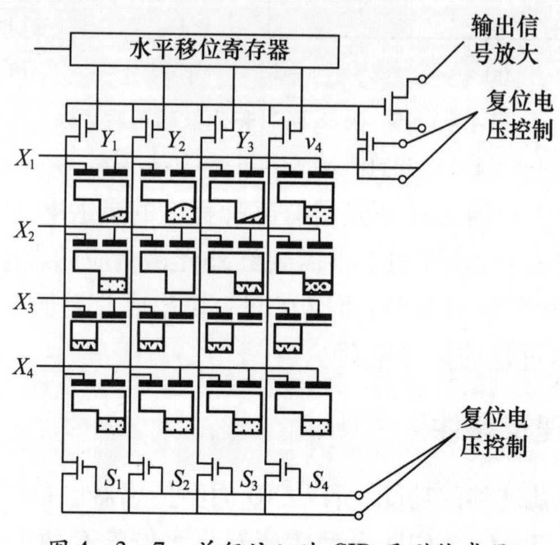

图 4-3-7　并行注入法 CID 面型传感器

并行注入法的措施是在像素内的某个 MOS 电容器内的信号电荷未注入到衬底之前，就首先检测出它的电位，并以此电压作输出信号。然后，在水平扫描电压 V_C 的作用下，将该 MOS 电容器的信号电荷注入衬底。与此同时，即在水平扫描匿影期间，使相毗邻的同一像素内的另一 MOS 电容器内所积蓄的信号电荷“并行地”转移入该 MOS 电容器。显而易见，并行注入法可以保证“非破坏性”地读出信号电荷和实现高速扫描；同时，如果信号电荷在同一像素内两个 MOS 电容器之间重复转移而暂不注入衬底，则可以做到同一像素信号电荷的多次重复读出。这又是 CID 传感器的一个长处。

此外，CID 面型传感器与相同面积的 FT-CCD 或 IT-CCD 相比，它用在光生信号电荷的硅表面积比较大，这可以减小器件暗电流，因为暗电流是影响图像传感器室温性能的主要因素。

四、典型系统应用

数码相机是光学照相与 CCD/CMOS 成像器件相结合的产物。它首先通过镜头将被摄景物成像在 CCD/CMOS 上。在光线的作用下，CCD 将光线作用强度转化为电荷的积累，并经模数转换（A/D）芯片转换成数字信号，传输给相机中的缓存。然后，微处理器 MPU 读出缓存中的数字信号，判读成图像信号后，再将其压缩，存放在相机内部的闪速存储器或磁盘卡中，形成图像文件。需要时，即可通过相机接口与计算机相连，将图像文件传输给计算机，进行各种图像处理。数码相机上一般都配背有彩色液晶显示屏(LCD)，用以观看拍摄到的景象。数码相机的成像过程如图4－3－8所示。

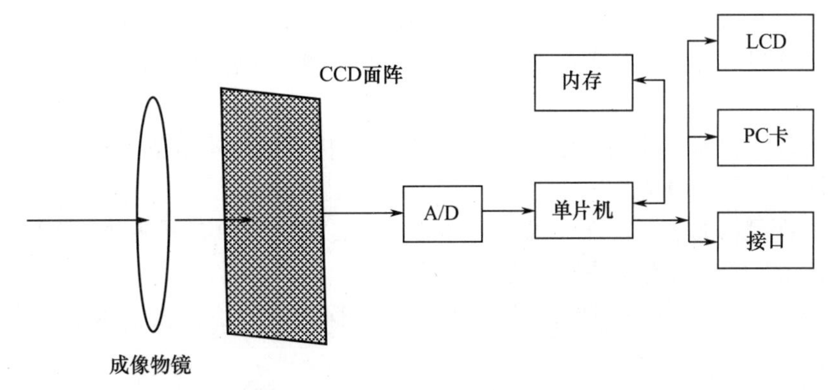

图4－3－8　数码相机的成像过程

数码相机的主要指标如下。

(1) CCD大小，对角线为16mm，长12.8mm，宽9.6mm是标准CCD大小，长宽比是4∶3；

(2) 有效像素，最高像素的数值是CCD的真实像素，通常包含了感光器件的非成像部分，而有效像素是CCD实际能使用的像素值，如日立VK－S274ER，总像素为47万，有效像素为44万，CCD有一部分没有参与成像；

(3) 光圈，调节光圈可控制单位时间照射到CCD上的光通量；

(4) 快门，快门可以调节曝光时间的长短；

(5) 光学变焦\数字变焦，光学变焦是通过镜片移动来放大与缩小需要拍摄的景物，光学变焦倍数越大，能拍摄的景物就越远，数字变焦是通过数码相机内的处理器，把图片内的每个像素面积增大，从而达到放大目的；

(6) ISO值，感光度越高感受光线的速度就越快，一般我们常接触到的感光度值有ISO 50、100、200、400、800、1600、3200等，每一档数值的感光速度为前一档的2倍；

(7) 图像处理速度，拍完照片后，数码相机必须把图像存储在记忆卡里，时间从几秒钟到几十秒不等，其间相机无法工作，所以时间越短越好。

本章小结

本章主要介绍了光电探测原理及器件，并进一步详细阐述了CCD、CMOS、MOS、CID成像原理及器件，这是军用光电技术的核心。最后以数码相机为例进行系统成像分析，建立光电转换的整体概念。利用光电探测器将光信号转换为电信号以后，可基于丰富的信号和信息处理理论开展目标特征分析与识别。

复习思考题

1. 光子探测器与热探测器在原理和特性上有什么不同，它们各有哪些类型？
2. 什么是光电发射效应？举例典型的光电发射探测器。
3. 什么是光电导效应？举例典型的光电导探测器。

4. 什么是光伏效应？举例典型的光伏探测器。

5. 什么是光电热效应？举例典型的光电热探测器。

6. 试说明为什么本征光电导器件在越微弱的辐射作用下，时间响应越长，灵敏度越高。

7. 为什么发光二极管必须在正向电压作用下才能发光？反向偏置的发光二极管能发光吗？

8. 半导体激光器有什么特点？LD 与 LED 发光机理的根本区别是什么？为什么 LD 光的相干性要好于 LED 光？

9. 光伏探测器的伏安特性曲线是怎样的？在实际应用中有哪两种工作模式？相应的器件叫什么？它们的用途是怎样的？

10. 试以光电导探测器为例，说明为什么光子探测器的工作波长越长，工作温度就越低。

11. 已知某种光电器件的本征吸收长波限为 1.4μm，试计算该材料的禁带宽度。

12. 标志探测器性能的主要参量有哪些，说明它们的物理意义。

13. 比探测率的定义，以及在估算探测距离时如何使用。

14. 红外探测器要求哪些工作条件？为什么？

15. 已知某探测器的面积为$(3\times4)\mathrm{cm}^2$，$D^* = 10^{11}\mathrm{cmHz}^{1/2}\mathrm{W}^{-1}$，光电仪器的带宽为 300Hz，该仪器所能探测的光辐射的最小辐射功率为多少？

16. 某光电导探测器对黑体的响应率为 5A/W，它的电阻值为 106Ω，探测器有效面积是 $A = 1\mathrm{mm}^2$，$\Delta F = 10$ Hz。设器件在室温下工作，其噪声主要是热噪声，计算噪声等效功率和比探测率。

17. 简述 CCD 工作时的电荷耦合原理。

18. 面阵 CCD 有几种工作模式？各有什么优缺点？

19. 对于一个二相 CCD，若移动 m 位，需经过 $n = 2\times m$ 个电极。若 $\eta = 0.999$，$m = 512$，则最后输出电荷量为输入电荷量的多少的倍？

20. 红外 CCD 是怎样分类的？各有什么优缺点？你对红外 CCD 的前景有什么看法？

21. 微光 CCD 与普通 CCD 有什么区别？CCD 实现微光下使用主要可采用哪些措施？其效果如何？

22. 什么是 CCD 的转移效率？怎样计算？提高转移效率有哪几种方法？

23. 非制冷红外焦平面阵列有哪些形式？各有什么特点？

24. CMOS 图像传感器与 CCD 图像传感器的主要区别是什么？

第五章　光电信息检测与信号处理

在各类光电系统中，首先要对景物信息进行检测，然后再对检测到的信号进行处理。本章首先介绍光电信号的检测，然后阐述光电信号处理。

第一节　光电信息的检测

景物信息通常是某一确定的辐射量，光电系统对景物辐射进行检测时，对获取的景物辐射总是先行调制或对景物进行扫描，然后再提取有用信息。由于景物的辐射过程、经大气传输产生吸收和散射的衰减过程等都具有随机性质，故系统接收到的光辐射也具有随机性，而在光电转换及信号处理等过程中也将不断有各种噪声的影响，因此，检测过程必然受到来自系统内部各种噪声以及背景噪声的影响。由于这些噪声都具有统计特性，因此，光电信息的检测就是利用信号和噪声的统计特性来尽可能地抑制噪声而提取有用信息。

（一）　噪声分析

在光电系统中，任何虚假的和不需要的信号统称为噪声，噪声的存在干扰了有用信号，影响了系统信号的探测极限，必须对系统所存在的噪声进行分析[13]。

1. 噪声的主要类型

对于一个光电探测系统来说，噪声通常可分为外部和内部噪声。来自外部的干扰噪声就其产生原因又可分为人为噪声和自然噪声两类。外部人为噪声通常来自电器电子设备，如无线电发射、电火花和气体放电等，它们都会产生不同频率的电磁干扰；外部自然噪声主要来自大气和宇宙间的干扰，如雷电、太阳、星球的辐射等。可以通过采用适当的屏蔽、滤波等方法来减少或消除这些干扰所引起的噪声。系统内部的噪声也可分为人为噪声和固有噪声两类。内部人为噪声主要是指寄生反馈造成的自激震荡等干扰，这些干扰也可通过合理地设计和调整将其消除或降到允许的范围内；而内部固有噪声是由于系统各元器件中带电微粒不规则运动的起伏所造成的，这些噪声对实际元器件来说是不能消除的，只能通过电路来控制它们对检测结果的影响。常见的固有噪声类型如下。

（1）电阻热噪声。

当某电阻处于环境温度高于绝对零度的条件下，由于内部自由电子杂乱无章的热运动，会形成起伏变化的噪声电流，其大小与极性均随机变化，长时间的平均值为零。该噪声常用噪声电流的均方值 I_{nT}^2 或对应电阻两端产生的噪声电压均方值 E_{nT}^2 表示：

$$I_{nT}^2 = \frac{4kT\Delta f}{R};E_{aT}^2 = 4ktR\Delta f \tag{5-1-1}$$

式中：R 为电阻阻值；k 为波尔兹曼常数；T 为电阻所处的绝对温度；Δf 为电路系统的频带

宽度。电阻热噪声是一种白噪声。

低温工作的探测器的热噪声将大大减小,因此,往往将探测器放置于液氦(4K)、液氮(77K)的深冷状态。另外,在信号不失真的条件下,尽量缩短工作频带也可降低热噪声。

(2) 散粒噪声。

电子发射的随机起伏所引起的噪声称为散粒噪声。散粒噪声会使微观的随机起伏叠加在元器件中所通过的直流电平上,散粒噪声的电流均方值 $I_{n\,sh}^2$ 表示为

$$I_{nth}^2 = 2qI_{DC}\Delta f \tag{5-1-2}$$

式中:q 为电子电荷;I_{DC}为流过电流的直流量。

散粒噪声也是白噪声,与频率无关,但是它与热噪声的根源不同,热噪声起源于热平衡条件下电子的运动性,因而依赖于 kT,而散粒噪声直接起源于电子的粒子性,因而与 e 直接有关。散粒噪声通常存在于光电子发射器件、光生伏特器件中。

(3) 温度噪声。

温度噪声是热敏器件因温度起伏引起的噪声,表示为

$$\Delta T_n^2 = \frac{4kT^2 \cdot \Delta f}{G_Q(1 + w^2\tau^2)} \tag{5-1-3}$$

式中:T 为热敏器件的绝对温度;G_Q 为器件的热导。温度噪声直接影响着热敏探测器的探测极限。

温度噪声与热噪声在产生原因、表示形式上有一定的差别,主要区别在于:热噪声是材料的温度 T 一定,引起粒子随机性波动,从而产生了随机性电流;温度噪声是材料温度有变化 ΔT,从而导致热流量的变化 $\Delta\varphi$,此变化就表示了温度噪声的大小。在热探测器件中必须考虑温度噪声的影响。

(4) 产生-复合噪声。

光电导探测器因光(或热)激发产生载流子和载流子复合这两个随机过程引起电流的随机起伏,从而形成产生-复合噪声。该噪声电流的均方值为

$$I_n^2 = \frac{4qI(\tau/\tau_e) \cdot \Delta f}{1 + 4\pi^2 f^2 \tau^2} \tag{5-1-4}$$

式中:I 为流过光电导器件的平均电流;τ 为载流子的平均寿命;τ_e为载流子在光电导器件两电极间的平均漂移时间。该噪声与频率 f 有关,属非白噪声,但在相对低频的条件下,即 $4\pi^2 f^2 \tau^2 \ll 1$ 时,该噪声可近似为白噪声。

(5) $1/f$ 噪声。

也叫闪烁噪声、电流噪声或低频噪声。由于元器件中存在局部缺陷或微量杂质会引起 $1/f$ 噪声。常用以下经验公式表示:

$$I_n^2 = \frac{K_1 I^\alpha \Delta f}{f^\beta} \tag{5-1-5}$$

式中:K_1 为与元器件有关的参数;α 为与流过电流 I 有关的常数,通常取 $\alpha=2$;β 为与元器件材料性质有关的系数,约在 0.8~1.3 之间,常取 $\beta=1$。由于其噪声电流均方值与电路频率 f 成反比,故称为 $1/f$ 噪声,其噪声功率谱集中在 lkHz 以下的低频区,有时又称为低频噪声,它是有“色”噪声而不是白噪声。工作频率大于 1 kHz 后,与其他噪声相比,这种噪声可忽略不计。在实际使用中采用较高的调制频率可避免或大大减小电流噪声的影响。

(6) 背景辐射的光子噪声。

探测器所接收到的目标和背景辐射都具有起伏特性,这种入射辐射通量的起伏引起探测器产生的噪声,统称为背景辐射的光子噪声,也称背景限噪声。对于某个确定的探测器来说,除前面所述的各种固定噪声外,还必然存在着光子噪声,固定噪声往往还可以通过设计、制造工艺的控制及处理等方法来加以抑制,而背景辐射所引起的光子噪声只与接收到的平均光子数有关,当器件噪声以光子噪声为主时,形成了背景噪声限的探测器。

2. 噪声的特性分析

以上讨论的各种噪声都具有随机性,它是微观世界服从统计规律的反映。要想在信号加噪声中检测出目标,需要描述噪声。如何描述这些无规则的随机噪声呢?

在一般情况下可以把噪声当作平稳随机过程来处理,其特征是随机过程的数学期望和方差不依赖于观察时间 t,且相关函数仅依赖于时间差 Δt。如果一个平稳随机过程的任意样本函数 $x(t)$ 的时间平均恒等于它任意时刻 t 的统计平均值,则该平稳随机过程称为各态历经的平稳随机过程,其数学表达式为

$$[x(t)] = \lim_{T \to \infty} \frac{1}{T} \int_0^T x(t) \mathrm{d}(t) \tag{5-1-6}$$

这就是说可以用测量其时间平均值的方法去确定其统计平均值。光电系统中的噪声一般都可当作各态历经的平稳随机过程看待,在噪声值测量时可用均方根来表示其统计平均值。设噪声电压的瞬时值为 $E_1, E_2, \cdots, E_i, \cdots$ 等,对应出现的概率为 $P(E_1), P(E_2), \cdots P(E_i), \cdots$,等,其规律符合高斯分布,则其算术平均值 $\bar{E}$ 为

$$\bar{E} = (E_1 + E_2 + \cdots + E_n)/n \tag{5-1-7}$$

其均方值 σ^2 为

$$\sigma^2 = \frac{(E_1 - \bar{E})^2 + (E_2 - \bar{E})^2 + \cdots (E_n - \bar{E})^2}{n} \tag{5-1-8}$$

其概率分布函数 $P(E)$ 为

$$p(E) = \frac{1}{\sqrt{2\pi\sigma}} \exp\left[\frac{-(E - \bar{E})^2}{2\sigma^2}\right] \tag{5-1-9}$$

(二) 信号分析

从统计检测角度分析,光电探测系统信号的主要特点如下。

(1) 光电探测系统的信号是按选定的调制或扫描方式确定的。在规定的工作条件下,信号的幅值、相位、频率均为已知,虽然大气对信号幅值存在着随机干扰,但常将大气衰减当作已知量来处理,因此,信号幅值被认为是确定的。

(2) 光电探测系统的检测通常是属于信号有无的检测,但是景物是否会在视场中出现却是无法预先知道的,如 H_0 为信号不存在的假设,H_1 为信号存在的假设,则消息的先验概率 $P(H_0)$ 和 $P(H_1)$ 无法预知。

在进行信号检测时,总要在一定门限情况下对所接收到的信号进行判断,由于检测是从统计观点出发的,所以会发生以下四种情况:正确报警,实际有信号而报信号存在;正确不报警,实际无信号而报信号不存在;虚警,实际无信号而报信号存在;漏警,实际有信号

而报无信号存在。以上各类情况发生时,通常用各类加权因子去表示系统所承受风险的大小。

(3) 光电系统信号可能包含着各种不同的频率成分,且各种频率分量具有各自的幅角和相位,但通常在进行信号检测分析、计算时都只取基频成分,若还需计算其他频率成分,则可类比进行。因此光电探测系统信号可表示成幅值为 a、频率为 ω_0 的余弦信号:

$$S(t) = a\cos\omega_0 t \tag{5-1-10}$$

(三) 信噪比

光电器件中的噪声是物理过程中固有的,为了提高信噪比,可增大信号值或减小噪声大小。一般应尽可能减小噪声以提高信噪比。

如果某个信号的功率为 S,噪声的均方根(RMS)值为 N,则信噪比为

$$\text{SNR} = E/N \tag{5-1-11}$$

设第 i 次测量的信号值为 E_i,经过 n 次测量获得的信号均值为

$$\bar{E} = \sum_{i=1}^{n} E_i/n \tag{5-1-12}$$

均方根噪声就是信号 n 次测量的标准偏差,具体为

$$N_{\text{RMS}} = \sqrt{\sum_{i=1}^{n} (E_i - \bar{E})^2/(n-1)} \tag{5-1-13}$$

针对某红外光电探测系统[14],信噪比(SNR)计算示例如下。

假设点目标的红外辐射强度为 J(W/sr),探测距离为 l,目标到探测系统的大气透过率为 τ_a,则探测系统入口处接收到的目标辐射照度为

$$H = \frac{J\tau_a}{l^2} \tag{5-1-14}$$

红外光电探测系统,其入瞳通常为圆形,取系统的有效通光孔径为 D_0,光学系统的透过率为 τ_0,则到达系统探测的目标辐射功率为

$$P = H \cdot A_0 \cdot \tau_0 = \frac{\pi D_0^2 J\tau_a\tau_0}{4l^2} \tag{5-1-15}$$

这里考虑红外点目标探测,需要考虑系统的信号过程因子 δ,则根据探测器的电压响应率 R 的定义可得,探测器产生的信号电压为

$$V_s = P \cdot R = \frac{J\pi D_0^2}{4l^2} \cdot \delta\tau_a\tau_0 R \tag{5-1-16}$$

根据红外探测器比探测率 D^* 的定义有

$$R = \frac{V_n}{\text{NEP}} = \frac{V_n D^*}{\sqrt{A_d \Delta f}} \tag{5-1-17}$$

式中:V_n 为噪声电压;A_d 为探测器单元的面积;Δf 为系统的噪声等效带宽。

将式(5-1-17)代入式(5-1-16)得,系统的信噪比 SNR 为

$$\text{SNR} = \frac{V_s}{V_n} = \frac{P \cdot R}{V_n} = \frac{\pi\delta\tau_a\tau_0 D_0^2 D^* J}{4l^2\sqrt{A_d \Delta f}} \tag{5-1-18}$$

在点目标跟踪系统中,噪声等效带宽 Δf 与探测器的积分时间 τ_d 之间满足如下关

系式：

$$\Delta f = \frac{1}{2\tau_{\mathrm{d}}} \tag{5-1-19}$$

（四） 信号检测方法

信号检测的基本内容就是如何从噪声干扰中提取更多有用信息，由于信息随机性的客观存在，合适的方法是采用统计学的方法。在有限观测时间内，从混合波形中判断信号，可能会出现两种错误，即虚警和漏警。虚警出现的频率称为虚警概率，用 P_{fa} 表示；漏警出现的频率称为漏警概率；通常把有信号存在而能正确地判断其存在的频率称为探测概率，用 P_{d} 表示。当信号出现与否的先验概率为未知，代价权因子也无法确定时，通常先定出一个允许的虚警概率值，同时使发现概率值到达最大值，即

$$P_{\mathrm{fa}} = 常值, P_{\mathrm{d}} = 最大 \tag{5-1-20}$$

这个检测准则称为聂曼－皮尔逊准则。根据光电探测系统的信号特征可知，奈曼－皮尔逊准则是适用于光电探测系统的最佳，也是唯一可以使用的检测准则。

1. 单次检测

根据虚警概率的定义，在噪声干扰时的虚警概率即接收机输出的干扰信号包络超过门限 U_{T} 的概率，也是图 5－1－1 中输出噪声的电平分布超过 U_{T} 部分的面积。

$$P_{\mathrm{fa}} = \int_{U_{\mathrm{T}}}^{\infty} \frac{U}{\sigma^2} \mathrm{e}^{-\frac{U^2}{2\sigma^2}} \mathrm{d}U = \mathrm{e}^{-\frac{U_{\mathrm{T}}^2}{2\sigma^2}} \tag{5-1-21}$$

根据聂曼－皮尔逊准则，对于给定的虚警概率 P_{fa}，可由式(5－1－21)唯一地确定检测门限 U_{T}：

$$U_{\mathrm{T}} = \sqrt{-2\ln P_{\mathrm{fa}}}\,\sigma \tag{5-1-22}$$

对于红外点目标探测系统，信号变化速率远小于噪声的变化，在一定的时域内，信号是时间的确定性函数，则探测器输出的目标信号 y_{s} 和噪声 y_{n} 之和的总信号 y_{sn} 的振幅概率密度函数为

$$p(y_{\mathrm{sn}}) = \frac{2}{\sqrt{2\pi\sigma}} \cdot \exp\left(-\frac{(y_{\mathrm{sn}} - y_{\mathrm{s}})^2}{2\sigma^2}\right) \tag{5-1-23}$$

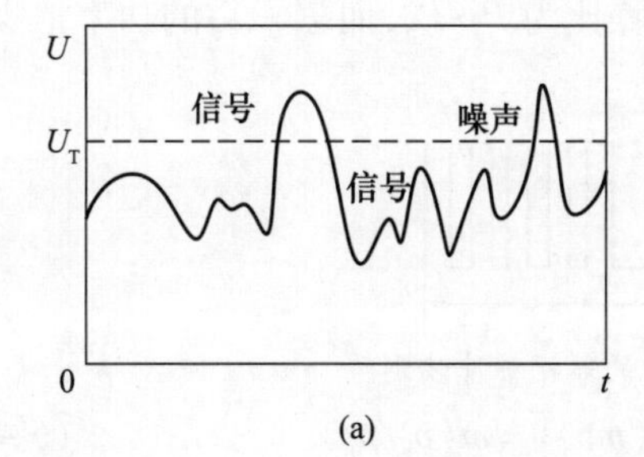

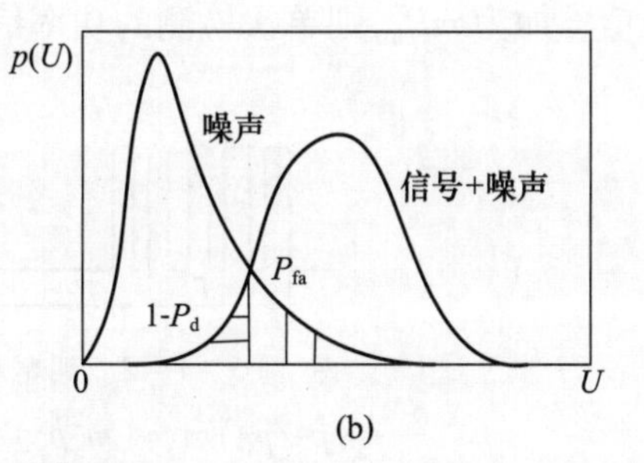

图 5－1－1 信号检测

（a）输出波形；（b）聂曼－皮尔逊准则。

根据检测概率的定义，利用公式(5－1－23)可以得出系统检测概率的表达式为

$$P_{\mathrm{d}} = \int_{T}^{\infty} p(y_{\mathrm{an}})\,\mathrm{d}y_{\mathrm{an}} \xrightarrow{x = (y_{\mathrm{an}} - y_{\mathrm{s}})/\sigma} p_{\mathrm{d}} = \int_{\mathrm{TNR-SNR}}^{\infty} \frac{1}{\sqrt{2\pi}} \exp\left(-\frac{x^2}{2}\right) \mathrm{d}x \tag{5-1-24}$$

式(5-1-24)实际是对一个标准正态分布的概率密度函数的积分,根据正态分布函数的定义:

$$\Phi(x)=\int_{-\infty}^{x}\frac{1}{\sqrt{2\pi}}\cdot\exp\left(-\frac{t^2}{2}\right)\mathrm{d}t \tag{5-1-25}$$

且正态分布函数具有如下性质:

$$\begin{aligned}\Phi(x)&=\int_{-\infty}^{x}\frac{1}{\sqrt{2\pi}}\cdot\exp\left(-\frac{t^2}{2}\right)\mathrm{d}t\\&=\int_{-x}^{\infty}\frac{1}{\sqrt{2\pi}}\cdot\exp\left(-\frac{t^2}{2}\right)\mathrm{d}t=1-\Phi(-x)\end{aligned} \tag{5-1-26}$$

所以,红外点目标探测系统的检测概率可以表述为

$$\begin{aligned}P_{\mathrm{d}}&=\int_{\mathrm{TNR-SNR}}^{\infty}\frac{1}{\sqrt{2\pi}}\cdot\exp\left(-\frac{x^2}{2}\right)\mathrm{d}x=\\&\Phi(\mathrm{SNR}-\mathrm{TNR})=\Phi\left(\mathrm{SNR}-\sqrt{-2\ln(P_{\mathrm{fa}})}\right)\end{aligned} \tag{5-1-27}$$

式中,TNR 为阈噪比。在红外点目标探测系统中,在给定系统的虚警概率和目标检测的信噪比(SNR)后,即可通过式(5-1-27)采用标准正态分布函数求解系统的检测概率。所以计算系统检测概率的关键是计算对目标探测的 SNR,然后求解标准正态分布函数值。

结合式(5-1-22)和式(5-1-27)可知,如要求 p_{d} 高而 p_{fa} 较低时,则应取较大的门限值 U_{T},对应信噪比也要求大,这时系统的作用距离就要变小。为了更为有效的检测光电信息,并尽可能增加系统的作用距离,可根据信号和噪声的不同特性来制定提高有用信息量的检测方法,如积累检测,相关检测等。

2. 积累检测

积累检测系统属于最佳检测系统,它在保证虚警概率不大于某一给定值的情况下,利用信号的多个脉冲进行积累后进行检测,使探测概率为最大或者使所需要的信噪比为最小。目标光辐射经调制后形成 m 个幅度相等的脉冲(图 5-1-2),在理想情况下,m 个脉冲的全部频率分量可同相相加,则积累后的功率为 m^2p_{s},若噪声功率为 P_{n},噪声的积累按均方根值叠加为 mP_{n},则单次检测的功率信噪比为 $P_{\mathrm{s}}/P_{\mathrm{n}}$,而累积后的功率信噪比 $(P_{\mathrm{s}}/P_{\mathrm{n}})m$,即

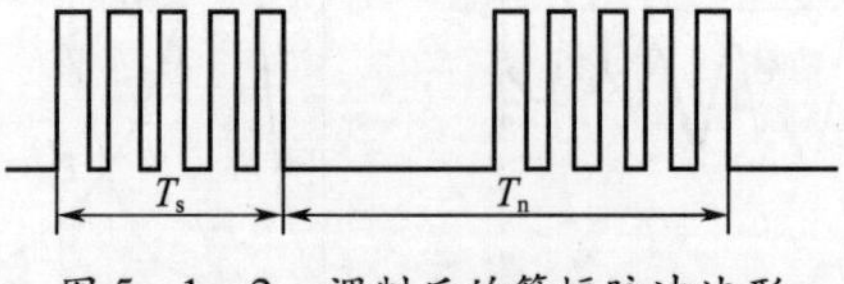

图 5-1-2 调制后的等幅脉冲波形

$$(p_{\mathrm{s}}/p_{\mathrm{n}})m=(m^2p_{\mathrm{s}})/(mp_{\mathrm{n}})=m(p_{\mathrm{s}}/p_{\mathrm{n}}) \tag{5-1-28}$$

可见信噪比提高了 m 倍。二次门限积累器检测系统就是这类检测系统之一,其结构如图 5-1-3 所示,它是在单次检测基础上增加积累器Ⅰ和比较器Ⅱ组成。输入信号每有一个脉冲的幅值超过第一门限 V_0 时,比较器Ⅰ就有一次输出;积累器Ⅰ将比较器Ⅰ的积累值 j 送到比较器Ⅱ与第二门限 k 进行比较;在 Δt 时间内积累值 j 超过门限 k 时,则判定有输出,反之判定为无信号。可见该系统的检测性能是由 V_0 和 k 共同决定的。

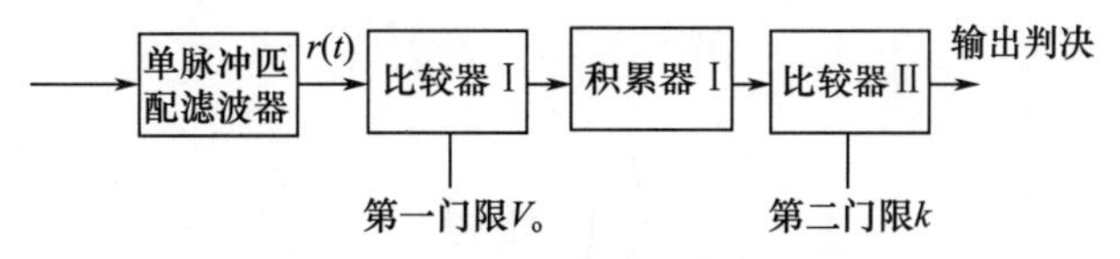

图 5-1-3　二次门限积累器的探测系统

光电探测系统可能产生的信号脉冲个数 m 为积累器Ⅰ的最大可能积累数，积累器Ⅰ的工作时间 Δt 可按输入一串脉冲的总延续时间 $T_s = T_m/2$ 取固定值；也可按实际输入脉冲的个数和脉宽为变化的量，连续脉冲的个数越多，脉宽越宽，则积累器工作时间 Δt 便越长。积累后的虚警概率 P_{fa} 和探测概率 P_d 都服从二项式分布规律，表达式为

$$p_{fa} = \sum_{j=k}^{m} C_m^j P_{fa}(1-P_{fa})^{m-j};\ P_d = \sum_{j=k}^{m} C_m^j P_d(1-P_d)^{m-j} \qquad (5-1-29)$$

式中：C_m^j 是从 m 中取 j 的组合。

3. 相关检测

相关检测就是利用信号与噪声相关特性上的差异，来检测淹没在随机噪声中的微弱周期信号的一种重要方法，有自相关检测和互相关检测之分。

1）自相关检测

设信号 $S(t)$ 和噪声 $N(t)$ 的混合波形为 $f(t)=S(t)+N(t)$，把 $f(c)$ 送到如图 5-1-4 所示的自相关器中做自相关函数运算。相关器有两条通路，一路将 $f(t)$ 直接送乘法器；另一路经延时 τ 后送 $f(t-\tau)$ 到乘法器，两路信号乘积后送给积分器积分，这里积分的作用就是对时间求平均。这就可得到相关函数上的一个点的数据，改变 τ，重复进行计算就得到自相关函数曲线，混合波形 $f(z)$ 的自相关函数 $R_f(\tau)$ 为

$$\begin{aligned} R_f(\tau) &= \lim_{T\to\infty}\frac{1}{2T}\int_{-T}^{T}[S(t)+N(t)][S(t-\tau)+N(t-\tau)]\mathrm{d}t \\ &= R_{ss}(\tau)+R_{NN}(\tau)+R_{SN}(\tau)+R_{NS}(\tau) \end{aligned} \qquad (5-1-30)$$

式(5-1-30)右边四项中前两项分别为信号和噪声的自相关函数，后两项为信号与噪声的互相关函数。现分别讨论这四项的计算结果。

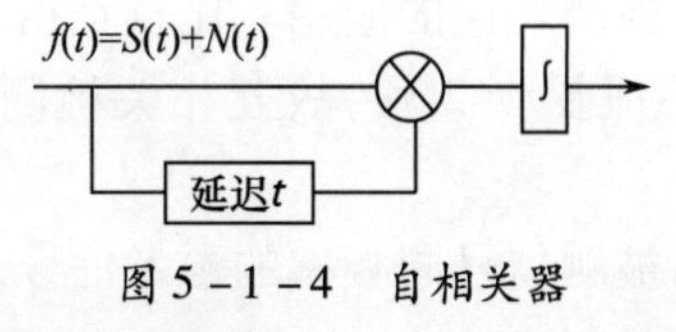

图 5-1-4　自相关器

设信号为余弦函数，其自相关函数为

$$R_s(\tau) = \lim_{T\to\infty}\frac{1}{2T}\int_{-T}^{T}A_s\cos(wt+\varphi_s)\times A_s\cos[(wt+\Phi_\tau)+\varphi_s]\mathrm{d}t = A_s^2\cos\varphi_\tau \qquad (5-1-31)$$

式中：φ 为不同延时 τ 所对应的相位角，自相关函数仍是余弦函数，只是变量为 τ，且失去了初相位。

若信号是由多个周期性分量组成（基波和各次谐波），那么信号的自相关函数也应包含同样的周期性分量，可见周期性信号的自相关函数仍有周期性。

通过计算可知噪声的自相关函数有如图 5-1-5 所示的规律，当 τ 较小时，自相关函数值较大，随 τ 的增加自相关性迅速下降，并趋于零。

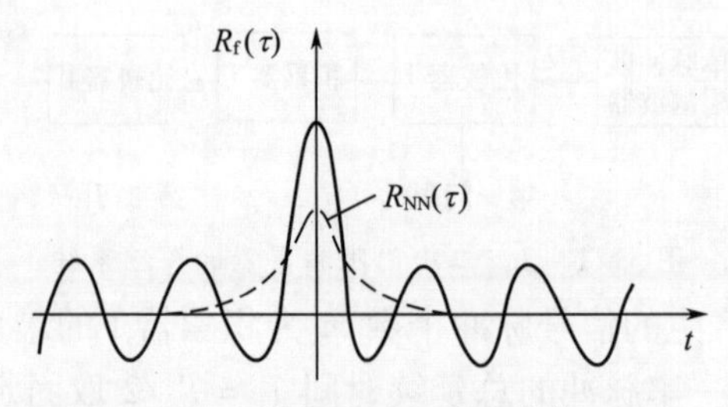

图 5-1-5　自相关器输出的自相关函数

由于信号与噪声互相独立,互相关项为

$$R_{SN}(\tau)=R_{NS}(\tau)=E[S(t)N(t+\tau)]=E[S(t)]E[N(t)] \tag{5-1-32}$$

只要其中一项为零,通常噪声的 $E[N(t)]=0$,所以互相关项 $R_{sn}(\tau)=R_{ns}(\tau)=0$,故对平稳随机过程,由图 5-1-5 所示的自相关器输出函数 $R_f(\tau)$ 的关系可以看出,随着延时 τ 的增加,输出信噪比越来越高。

2) 互相关检测。

如果把信号和噪声的混合波形 $f(t)$ 送进互相关器中,与参考信号 $S(t-\tau)$ 进行互相关运算,就得到:

$$\begin{aligned} R_{ft}(\tau) &= \lim_{T\to\infty}\frac{1}{2T}\int_{-T}^{T}f(t)S(t-\tau)\mathrm{d}t = \\ &\lim_{T\to\infty}\frac{1}{2T}\int_{-T}^{T}[S(t)+N(t)]S(t-\tau)\mathrm{d}t = \\ &R_s(\tau)+R_{NS}(\tau) \end{aligned} \tag{5-1-33}$$

式中:$R_s(\tau)$ 为信号与参考信号的互相关函数;$R_{NS}(\tau)$ 为噪声与参考信号的互相关函数。由于噪声与参考信号不相关,所以 $R_{NS}(\tau)=0$。可见互相关检测比自相关检测更为有效,因为它不存在噪声的互相关项。但困难的是必须事先知道信号的形式 $S(t)$ 才能构成参与运算的参考信号 $S(t-\tau)$。

在弱光信号的检测过程中,大量使用相关方法,光外差接收就是一种互相关检测,跟踪技术中的相关跟踪也是相关检测理论的应用。比较互相关和自相关的输出,可以发现:

(1) 互相关检测噪声有关项要少 2 项,故互相关检测比自相关检测抑制噪声的能力强;

(2) 互相关检测要求用与被测信号同频率的参考信号,当被测信号未知时,要取得与其同频率的信号在某些情况下是困难的。

第二节　光电信号的处理

所谓信号处理就是将包含有用信息和噪声干扰的微弱信号进行放大、限制带宽、整形、鉴幅等处理,从中提取出有用信息,再将信号送到终端进行显示、测量、控制和计算机运算等。光电探测系统中的信号处理系统实际上是一个电子系统,它由光电探测器的偏置电路、放大器、滤波器、自动增益控制电路等部分组成。

(一) 光电探测器的偏置

一个性能良好的光探测器,如不为其提供一定条件的偏置,光探测器仍不能正常地工作,正确地设置光探测器的偏置对提高探测灵敏度,降低噪声,提高响应频率,发挥光探测器的最佳性能具有重要意义。不同类型的光探测器需要不同的偏置方式,通常可将光探测器的偏置分为以下两类。

1. 自生偏置或零偏置

热电偶、热释电探测器、光磁电探测器等不需外加偏置电源,其在光照下产生的光电流经过一定耦合方式(直接耦合、变压器耦合或阻容耦合)与前置放大器相连,就可以实现对信号的有效放大,这种类型的光探测器需根据其运用特点,确定具有合适输入阻抗的前置放大器与其耦合。光伏探测器可以工作于零偏压状态(即无偏置),也可工作于反偏压状态。

2. 外加偏置

光电导探测器、光电子发射探测器需要通过外加偏置电源才能形成光电流,图 5-2-1 给出了其信噪比与偏置工作点的关系曲线,从曲线可看出,对应于最大信噪比的偏流有一个范围,不同类型的探测器这个范围不同。需要注意的是,偏置电流过大,一方面会引起光探测器的电阻降低,输出信号减小,另一方面又会引起光探测器中消耗的功率增大,所产生的焦耳热会使探测器温度迅速上升,甚至使探测器损坏。

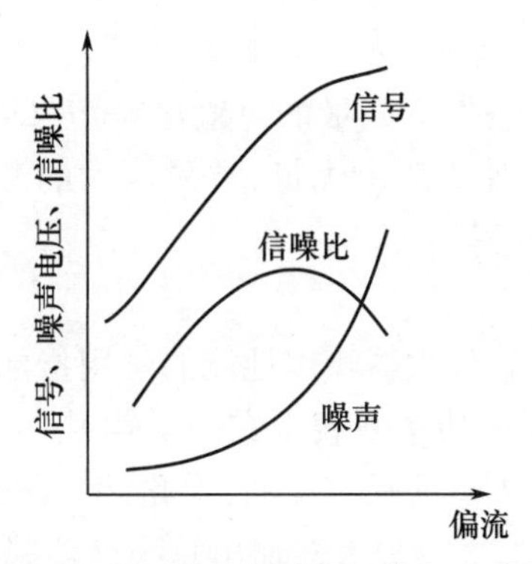

图 5-2-1 信噪比与偏执工作点的关系

无论采用哪种偏置电路,所必须遵循的基本要求是供给稳定的电流或电压;引入尽可能小的噪声;最好地发挥光探测器的性能。

(二) 光电信号的放大

光探测器的输出信号一般是很微弱的,要有效地利用这种信号,还必须将信号放大才能实现;光探测器的放大方式对光探测器性能的发挥有很大的影响,不同类型的光探测器要求不同的放大电路,通常要求性能良好的低噪声放大器作为光探测器的前置放大器。为了便于讨论,下面先讨论放大器噪声,然后讨论光探测器的放大。

1. 放大器噪声

任何放大器本身就是一个噪声源,对某些光探测系统来说,还可能是一个主要的噪声源。一个放大器是由许多有源器件(电子管、晶体管、集成电路等)和无源器件(电阻、电感、电容等)组成的,它们都会带来噪声,放大器和光探测器一样也包含有许多个噪声源,通常有热噪声、散粒噪声、电流噪声等,为了简化对放大器噪声的分析,通常把放大器归结为只含有 E_n 和 I_n 两个噪声参数的放大器噪声模型。

(1) 放大器 E_n-I_n 噪声模型。

图5-2-2为放大器的E_n-I_n噪声模型示意图，它把放大器内的所有噪声源都折算到输入端，也就是用阻抗为零的噪声电压发生器E_n和输入端串联，并用阻抗为无限大的噪声电流发生器I_n和输入端并联，而放大器本身则被假设为一个无噪声的理想放大电路。图中V_{si}为信号电压，R_s为信号源内阻，E_{ns}是信号源噪声，K_v为放大器增益，Z_i为放大器输入阻抗，V_{so}、E_{no}为放大器输出端的信号和噪声电压。

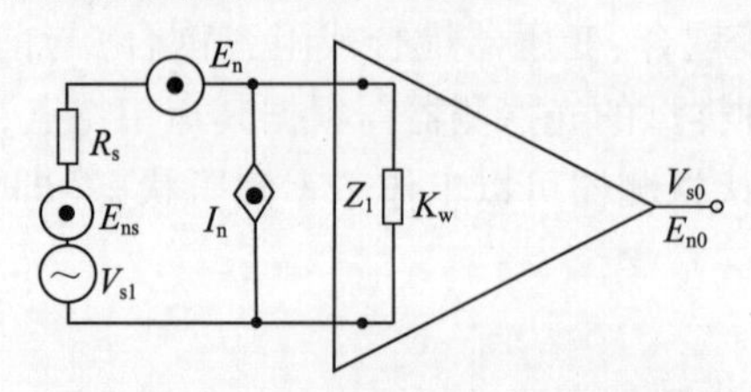

图5-2-2　放大器E_n-I_n噪声模型

为了使分析和计算更进一步简化，常希望用一个等效输入噪声E_{ni}来代替图5-2-2中的E_{ns}、E_n及I_n三个噪声源。具体说来就是将放大器内外全部噪声源用一个等效到信号源处的噪声E_{ni}来代表，根据放大器噪声模型可以导出等效输入噪声的表达式：

$$E_{nl}^2=E_{ns}^2+E_n^2+I_n^2R_s^2 \tag{5-2-1}$$

显然，如果使R_s等于零，则E_{ns}、I_nR_s两项均为零，这样得到的等效输入噪声就是电压发生器E_n。因此，在$R_n=0$条件下测量的总输出噪声，即为K_vE_n，然后除以放大器增益K_v就得到E_n；要测量I_n，必须使I_nR_s占优势，常采用大的源电阻，测得放大器输出噪声电压，除以系统增益K_v和R_s，就得到I_n。

(2) 放大器噪声系数。

噪声系数是用来衡量前置放大器噪声性能的常用指标。对于一个放大器虽然可用输出端的噪声电压(电流)或噪声功率来表示它的噪声性能，但它与放大器的增益有关，不能比较直观和真实的反映放大器的噪声性能，为此，引入噪声系数F，其定义为

$$F=\frac{\text{放大器输出总噪声功率}}{\text{原电阻产生的输出噪声功率}} \tag{5-2-2}$$

经过简单推导，可得

$$F=\frac{\text{放大器总的等效输入噪声功率 N}_{p_1}}{\text{输入端源电阻热噪声功率}(N_{R_S})_i} \tag{5-2-3}$$

根据式(5-2-1)，放大器噪声系数F可表示为

$$F=\frac{E_{ni}^2}{E_{ns}^2}=\frac{E^2+E_s^2+I_n^2R_n^2}{E_{ns}^2}=1+\frac{E_n^2}{4ktR\Delta f}+\frac{I_n^2}{4k\Delta fT} \tag{5-2-4}$$

式(5-2-4)表明，噪声系数F与源电阻R_s、带宽Δf有关；对于一个理想的无噪声的放大器，$F=1$；对于一个实际具有噪声的放大器，$F>1$，且F越大，放大器本身的噪声电平越高，也就是说放大器引入的噪声比一个源电阻R_s引起的热噪声大得多。显然，噪声系数F确实可以反映出放大器的噪声使系统信噪比变坏的程度，可以作为衡量放大器噪声性能好坏的重要指标。

(3) 最佳源电阻$R_{S(OPT)}$

由式(5-2-4)看出噪声系数直接与源电阻R_s有关，选择最佳源电阻R_s可使噪声系数F最小。通过对式(5-2-4)求导，即可求得最佳源电阻：

$$R_{S(OPT)}=\frac{E_n}{I_n} \tag{5-2-5}$$

所以，当源电阻等于 E_n/I_n 时，噪声系数最小，此时，源电阻为最佳源电阻 $R_{S(OPT)}$。据此可以得到最小噪声系数 F_{min}：

$$F_{min}=1+\frac{E_nI_n}{2kT\Delta f} \tag{5-2-6}$$

噪声系数 F 与源电阻 R_s 的变化关系曲线如图 5-2-3 所示，当源电阻 $R_s=R_{OPT}$ 时，噪声系数 F 达到最小值；在相同源电阻的条件下，随着乘积 E_nI_n 的增加，F 也增加；乘积 E_nI_n 小的曲线，F 随 R_s 变化缓慢；乘积 E_nI_n 大的曲线 F 随 R_s 变化急剧。应指出的是，最佳源电阻并不等于功率传输最大时的源电阻，$R_{n(OPT)}$ 是使放大器输出端的信噪比达到最大，而最大传输功率时的电阻只是使放大输出信号最大，此时放大器工作于匹配状态，其输入电阻等于信号源内阻。

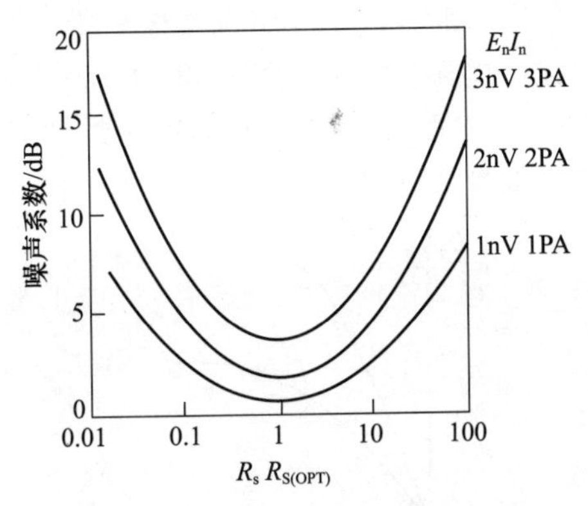

图 5-2-3　噪声系数与源电阻关系

2. 前置放大器

为了放大光电探测器所输出的微弱信号，实际的光电探测系统常采用多级级联放大器，级联放大器的总噪声系数可表示为

$$F=F_1+\frac{F_2-1}{K_{p_1}}+\frac{F_3-1}{K_{p_1}K_{p_2}} \tag{5-2-7}$$

式(5-2-7)表明，其第一级放大器噪声性能最为重要，减小第一级放大器噪声系数 F_1 和提高第一级放大器功率增益 K_{p_1} 可以得到噪声性能较好的低噪声多级放大器。

（三） 自动增益控制

自动增益控制电路是光电系统中常用的电路，其主要作用是当输入信号在很宽的动态范围变化时，使输出维持在一定的范围以内，保证放大器不堵塞或饱和，以便对系统信号进行探测或解调等处理。

例如：某光电跟踪系统对宇宙飞船进行定位跟踪，由于距离的远近不同，其输入信号可从 1μV 到 10mV 变化，其动态范围达 80dB。显然，在接收弱信号时，要求放大器有较大的增益；而在接收强信号时，要求放大器不至于堵塞或饱和。特别是按调幅信号工作的接收装置，其信号的幅值包络代表着目标位置的信息，若信号经放大而产生失真，接收装置将不能正常工作。因此，要求放大器能自动改变增益，使输出维持一定电平，这就要自动增益控制(AGC)电路来实施。

下面介绍闭环 AGC 控制原理及其特性。图 5-2-4 所示为闭环自动增益控制电路的方框图，它由检波器、滤波器、直流放大器和受控增益放大器组成，输入信号 U_i 经受控增益放大器放大后输出为 U_0，U_0 经检波器、低通滤波器变为直流信号，去控制受控放大器的增益，这是一种简单的 AGC 电路，若加入门限电压 U_{ah} 后，如图中虚线框，则构成延迟式 AGC 电路，增加直流放大器是为了提高 AGC 的控制能力。

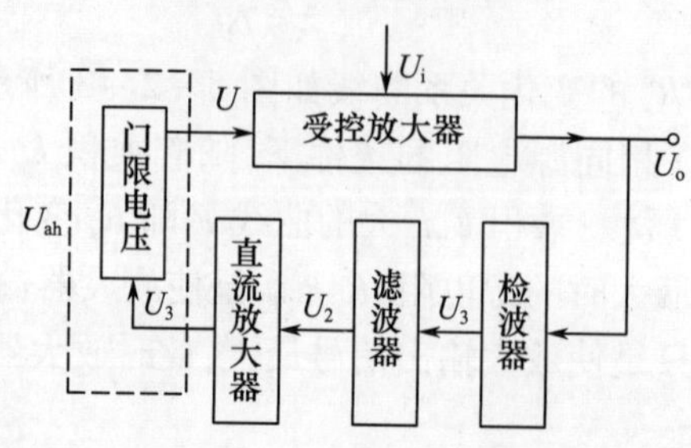

图 5-2-4　AGC 电路框图

AGC 系统的重要特性之一的振幅特性如图 5-2-5 所示，它描述了 U_0 和 U_i 的函数关系。图中曲线 2 是未加 AGC 晶体管的工作特性，它有一线性工作区存在，这时放大器增益与 U_i 无关。曲线 1 为增加简单 AGC 时的结果，增益 A_0 随输入电压 U_i 的增大而减小。

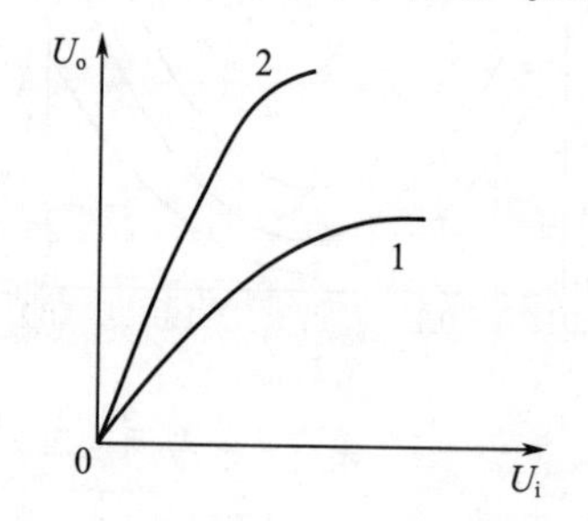

图 5-2-5　简单的 AGC 振幅特性

（四）工作带宽

工作带宽是电子系统最重要的特征参量之一，它直接决定了信号波形的失真。所谓带宽是指电路或网络的电压（或电流）输出的频率特性下降到最大值的某个百分比时所对应的频带宽度。例如，低频放大器的三分贝带宽是指输出电信号频率特性下降到最大值信号的 0.707 倍时，对应从零频到该频率间的频带宽度。

系统的工作带宽应根据信号带宽来确定，而信号最佳带宽的选取决定于信号的频谱特性。假设信号是一宽度为 t_d 的脉冲信号，它的数学表达式为

$$S(t)=\begin{cases}A_m, & |t|\leqslant\dfrac{t_d}{2}\\[2ex] 0, & \dfrac{t_d}{2}<|t|<\dfrac{T}{2}\end{cases}\tag{5-2-8}$$

式中：A_m 为脉冲幅值；T 为周期。将上述脉冲周期函数用傅里叶级数表示为

$$S(t) = b_0 + \sum b_n \cos n2\pi f_0 t \tag{5-2-9}$$

式中：$f_0 = 1/T$ 为基频；$b_0 = [1/T]\int_0^T S(t)\,\mathrm{d}t = t_d A_m/T$ 为信号的直流分量，而 b_n 可表示为

$$b_n = \frac{2t_d}{T}A_m\left[\frac{\sin n\pi f_0 t_d}{n\pi f_0 t_d}\right] \tag{5-2-10}$$

以 $x = n\pi f_0 t_d$ 为横坐标，可得到上式的谱线分布图如图 5-2-6 所示，图中每条谱线对应信号的一个谐波分量，谱线幅值的包络按 sinc 函数变化，在 $x=\pi$，即 $n' = 1/f_0 t_d$ 处，谱线幅值为零，这是谱线的第一个零点，此后随着 x 增加还有无穷多条谱线和无穷多个零点。但在第一个零点之后的所有谐波分量的平均功率是很小的，可以忽略。如果取第一个零点以前的信号所占的频带宽度为信号的带宽，它是基频的 n' 倍，则信号带宽 B_s 可表示为：

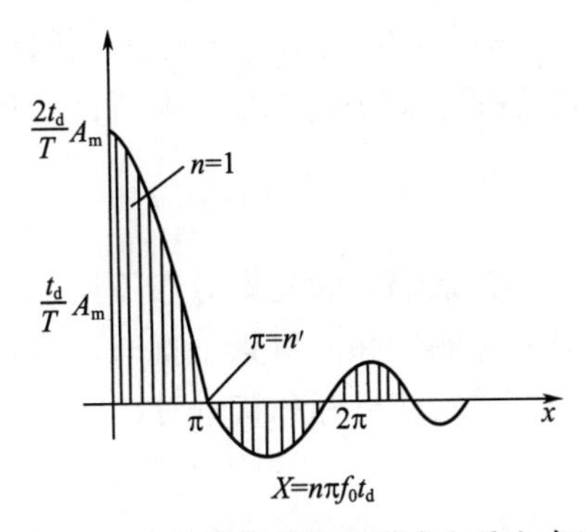

图 5-2-6　脉冲周期函数各谱线分量分布图

$$B_s = n' f_0 = 1/t_d \tag{5-2-11}$$

因此可以得出结论：矩形脉冲信号的带宽 B_s 与脉冲信号的持续时间 t_d 成反比。如果从允许波形失真的情况考虑，则需分析带宽与波形的关系。图 5-2-7 说明了所需保持波形和电路 3dB 带宽 Δf 之间的关系，$\Delta f \times t_d < 0.5$ 时，信号峰值幅度能保持；当 $\Delta f \times t_d = 1$ 时，有一点脉冲波形的轮廓；如要较正确复现波形，则需 $\Delta f \times t_d = 4$。如果从抑制白噪声的角度来看，希望电路带宽越窄越好，因为系统输出的噪声功率与系统的带宽成正比。

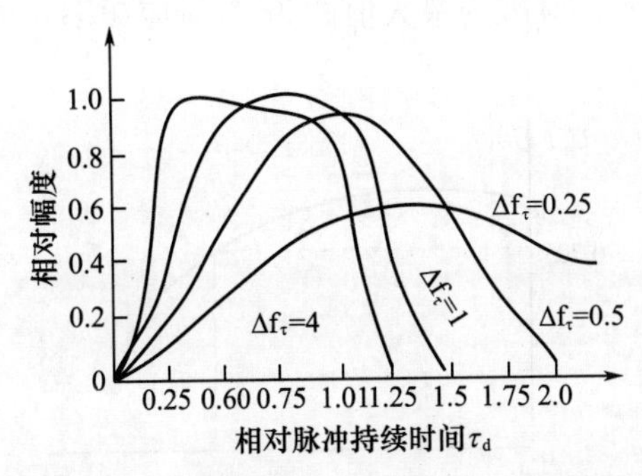

图 5-2-7　带宽对矩形脉冲形状及幅值的影响

为了获得系统的最佳带宽就应在以上三个因素之间进行综合考虑，当要求系统的输出信噪比最大时，对于矩形脉冲所要求的带宽关系为 $\Delta f \times t_d = 0.5$ 或 $\Delta f = (1/2)t_d$。如要求恢复脉冲波形的形状则要求 $\Delta f \times t_d$ 取更大的值。

（五）滤波

为了提高系统的信噪比，在光电系统中通常采用多种滤波方式来提取有用信息，抑制噪声，如光谱滤波、空间滤波和时间滤波等，其信号处理系统主要采用电子滤波。在红外光电系统中，针对背景的不同特性采用了相应的滤波技术。利用目标和背景信号在空间分布特性上的不同，采用空间滤波技术抑制背景；利用目标和背景信号在光谱分布特性上的不同，采用光谱滤波技术抑制背景；利用目标和背景信号在时间分布特性上的不同，采用时域滤波技术抑制背景。

1. 空间滤波

空间滤波是指利用目标和背景信号空间分布特性上的差异，抑制背景信号，提高目标和背景对比度的一项技术。根据目标和背景空间分布特性的不同，相应的空间滤波方法是不同的。总的来说有两类：一类是增强小张角目标（点源）的信号，而抑制大张角背景（面源）的信号；另一类是增强系统探测视场内物体（目标）的信号，而抑制系统探测视场之外的物体（背景）的信号。

2. 光谱滤波

光谱滤波是指如果目标和背景辐射的光谱分布不同，那么为使目标的一定被段范围的红外辐射通过光学系统进入探测器并使背景干扰减弱，可以使用滤光片或双色调制盘等措施，对入射辐射进行光谱选择，使目标和背景对比度最大时所对应的谱段的辐射到达探测器。

3. 电子滤波

在光电探测系统中，常采用下述三种电子滤波的方法。

（1）当要求放大器只让信号通过而与之混在一起的噪声不能通过时，这需要对信号和噪声性质进行分析，并设计具有特定传输性质的匹配滤波器，所谓匹配滤波器是针对信号为确知信号的情况下，在线性范围内以最大信噪比为准则的滤波器。

（2）当调制波经过检波后要滤去高频分量，而让代表信号的包络通过时，这将由低通滤波器来完成，低通滤波器可使低频通过，而使高频衰减，因此被称为低通滤波器。低通滤波器模的频率响应曲线如图 5－2－8 所示，随着频率增加，响应值下降，当下降到最大值的 0.707 时，用分贝表示的衰减为最大值的 3dB，对应频率 ω_0 或 f_0 称为 3dB 频率，对应的低频带宽称为 3dB 带宽。

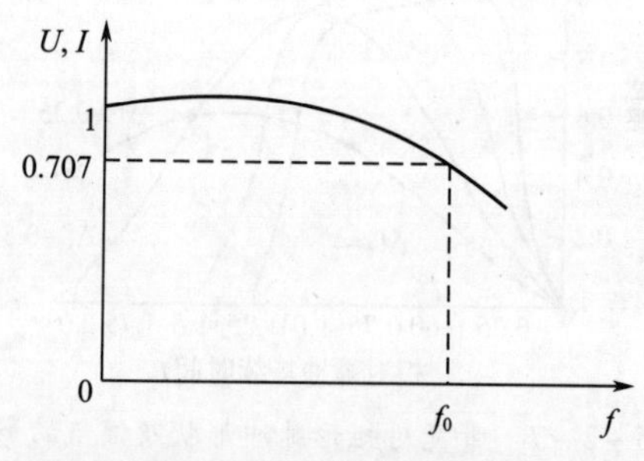

图 5－2－8　低通滤波器的频率响应

（3）当要求只让代表信号波形的基波或某次谐波通过时，就使用带通滤波器，如图 5－2－9所示为带通滤波器的典型频率响应曲线，带通滤波器允许两个限定频率之内的频率不衰减地通过，而衰减两个限定频率以外的频率。

上述滤波的实现可以采用模拟滤波器，也可采用数字滤波器，模拟滤波器是适当选用电感、电容、电阻，晶体管或运算放大器等组成满足规定传输特性的电路，在连续应用过程中达到要求滤波的目的，而数字滤波器则是将输入数列按既定要求转换成输出数列，通常利用数字相加、乘某个常数和延时等，来达到滤波的目的。

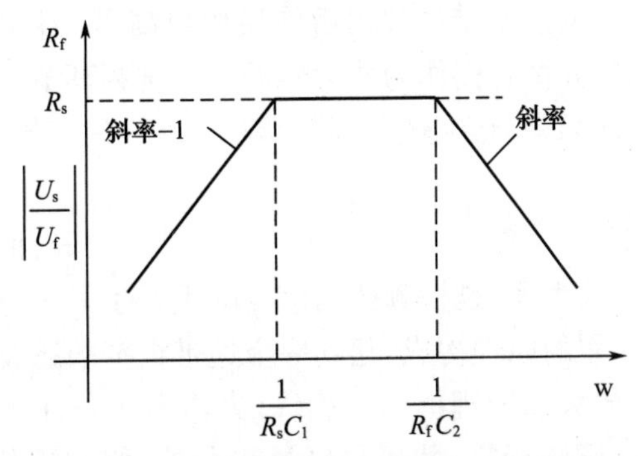

图 5-2-9　带通滤波器的频率响应

利用信号的功率谱密度较窄而噪声的功率谱相对很宽的特点，重点讲一下带通滤波。由于窄带通滤波器只让噪声功率的很小一部分通过，而滤掉了大部分的噪声功率，所以输出信噪比能得到很大的提高。

对一个白噪声来说，当其通过一个电压传输系数为 K_v，带宽为 $B=f_2-f_1$ 的窄带滤波器后，则输出噪声功率为

$$P_{n0}=\frac{P_{ni}}{B_i}\cdot K_v^2\cdot B_f \tag{5-2-12}$$

式中：B_i 是噪声带宽，B_f 是信号带宽，也是窄带滤波器的带宽 B。

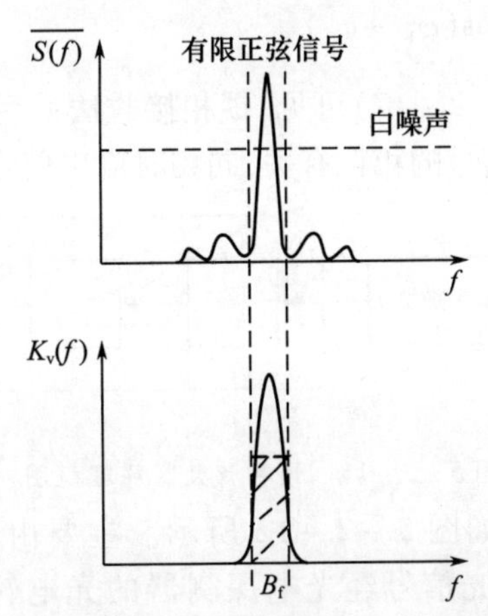

图 5-2-10　有限正弦信号及白噪声的功率谱密度曲线

输出端信号功率为

$$P_{s0}=\left(\frac{P_{si}}{B_f}\right)\cdot K_v^2\cdot B_f=P_{si}K_v^2 \tag{5-2-13}$$

输出信噪比为

$$\frac{P_{s0}}{P_{n0}}=\frac{P_{si}K_v^2}{\frac{P_{ni}}{B_i}K_v^2B_f}=\frac{B_i}{B_f}\cdot\frac{P_{si}}{P_{ni}} \tag{5-2-14}$$

输出和输入信噪比的变化为

$$\mathrm{SNIR}=\frac{P_{s0}/P_{n0}}{P_{si}/P_{ni}}=\frac{B_i}{B_f} \tag{5-2-15}$$

由于通常 $B_f<B_i$,所以通过窄带滤波器后信噪比提高了。利用各种带通滤波器原理可设计成各种窄带滤波器,并把它们作为放大器的一个选频环节,即构成多种类型的选频放大器。比如:选频放大器频率与光电信号调制频率一致,使信号放大,噪声消除,从而提高信噪比。

(六) 锁相放大器

锁相放大器又称锁定放大器,是检测微弱信号的重要手段之一,它是利用信号和噪声相关特性的差异和同步积累的原理构成,起到一个通带极窄的滤波器的作用。

图 5-2-11 是锁相放大器原理框图。$V_1(t)$为输入信号,$V_2(t)$为参考信号,这两个信号同时输入乘法器进行乘法运算,然后再经过积分器,假设积分器的积分时间常数为 $T=\frac{2\pi}{\omega}$,而且积分时间也取 $t=T$,则输出信号 $V_0(t)$为

$$V_1(t)=V_{s1}(t)=V_{s1}\sin(\omega_1 t+\varphi_1),V_2(t)=V_2\sin(\omega_2 t+\varphi_2)\quad \omega_1=\omega_2=\omega$$

$$V_1(t)\cdot V_2(t)=V_{s1}V_2\sin(\omega t+\varphi_1)\sin(\omega t+\varphi_2)=\frac{V_{s1}V_2}{2}[\cos(\varphi_1-\varphi_2)-\cos(2\omega t+\varphi_1+\varphi_2)] \tag{5-2-16}$$

$$\begin{aligned}V_0(t)&=\frac{1}{T}\int_0^T K_v\cdot\frac{V_{s1}V_2}{2}[\cos(\varphi_1-\varphi_2)-\cos(2\omega t+\varphi_1+\varphi_2)]\mathrm{d}t\\&=\frac{K_v}{2}V_{s1}V_2\cos(\varphi_1-\varphi_2)\end{aligned} \tag{5-2-17}$$

由式(5-2-16)和式(5-2-17)可见,锁相接收法最后得到的是直流输出信号,而且这个直流信号的大小和两信号的相位有关,同相时输出信号最大。

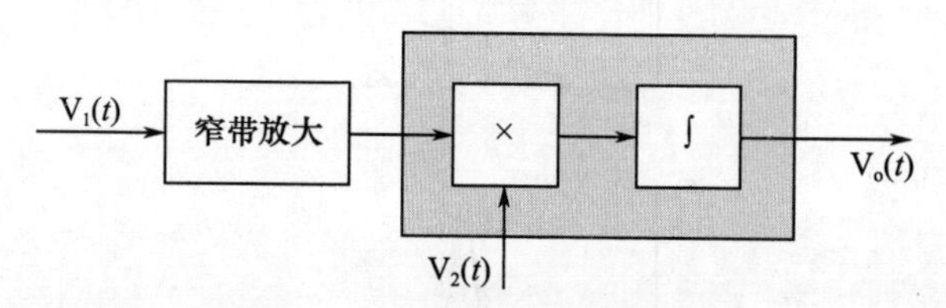

图 5-2-11 锁相放大器原理框图

锁相放大器的实现框图如图 5-2-12 所示。主要由本地振荡器、移相器、鉴相器和低通滤波器组成。调制光信号经光电探测器的光电转换后形成电信号,把再经交流放大后的信号 U_s输入鉴相器;本地振荡器输出振荡电信号,其频率可调,通过移相器可平移相位,此信号作为参考信号 U_L也输入到鉴相器中;鉴相器是一个相位比较器,把两信号相位进行比较,当两者相位完全相同时,信号经低通滤波器后,输出信号的直流分量达到最大。

在实际检测中,当被测信号的频率和相位预先不确切知道时,锁相放大器可人为地改变本地振荡,使 U_L的频率和相位连续可调,直到输出电流最大,两信号相位差为零,称为相位锁定状态,这时输出电压的幅度正比于输入信号的振幅。锁相放大器之所以能把淹没于噪声中的微弱信号检测出来,是因为利用了模拟电路实现同步积累的探测方法,由于 U_L和 U_s 同频同相,达到同步积累状态,经积分器得到信号输出为最大值,而噪声的随机

性不可能和 U_L 严格同步，此外高频部分完全被滤波器滤除，滤波器时间常数越大，交变成分滤去越多，积分器输出信噪比越高。

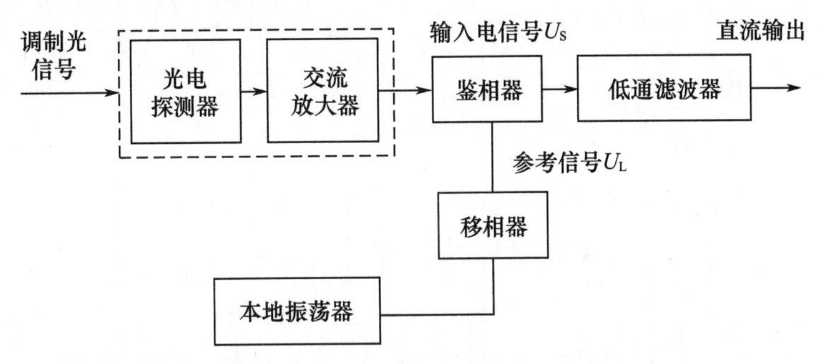

图 5－2－12　锁相放大器实现框图

锁相放大器的带宽极窄，一般都能低于 0.01Hz，其通过噪声的能力极小，且带宽与信号频率的高低无关。锁相放大器所要求信号应该是频谱宽度极窄的单频信号，且被测量的变化也应该是很缓慢的，否则检出的信息将因丢失高频分量而畸变。

（七）相位检波

光电系统中所获得的调制信号不仅包含着信号的大小，还包含着信号的相位，它们分别代表着待测信息的不同内容，必须通过解调把它们从信号中分离出来，以达到探测的目的。

从信号中将相位信息解调出来，通常采用相位检波的方式来实现。例如在跟踪系统的调制盘所产生的载波信号中，目标位置方位角的信息含在调制相位中，偏离光轴的误差角信息则含在调制信号的幅值中，通过相位解波可将目标的方位角解出。

相位检波的电路形式很多，图 5－2－13 所示为一种检测两输入信号相位差在 ±180°范围内的线性相位检波器的框图，对应图中各环节波形分析如图 5－2－14 所示。基准信号和待测信号分别加到不同的过零检测器上，将其变换为方波；图 5－2－14(a)为两信号同相位的情况，将基准信号由同相端输入运算放大器，待测信号由反向端输入，所以 U_1 与 U_2 相位相反，分别经微分器和限幅器后，各取上升沿产生的尖脉冲 U_3 和 U_4，再将它们送至双稳态触发器上，产生脉冲 U_5 后经低通滤波器取其直流分量，由于 U_5 的正、负极性持续期相等，则直流分量 $U_0=0$；图 5－2－14(b)是 U_B 滞后 U_A 90°的情况，这时 U_5 负极性持续时间为 3T/4，而正极性持续时间为 T/4，所以直流分量 $U_0<0$；而图 5－2－14(c)是 U_B 超前 U_A 90°的情况，同理 $U_0>0$。由于正、负极性持续时间正比于两输入信号的相位差，可见直流分量 U_0 的大小正比于相位差，是一种线性相位检波器。当相位差 φ 超过 ±180°时，所反映的只是小于 180°的 $\varphi-n(180°)$，所以该相位检波器只适于 ±180°的工作范围。

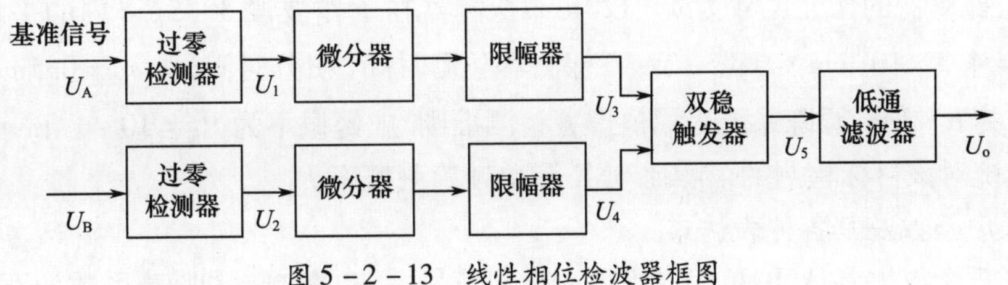

图 5－2－13　线性相位检波器框图

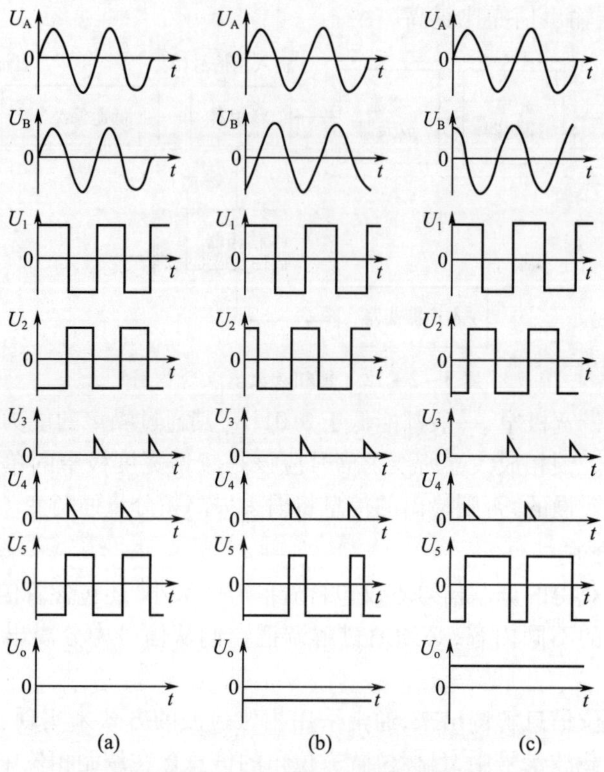

图 5-2-14　线性相位检波器相位图

本章小结

本章主要介绍了光电信息检测和信号处理的相关方法,其中信号处理的目的是为了更加有利于信息检测,而信息检测的目的是为了从信号中提取出有用的信息。

复习思考题

1. 主要噪声类型、表达式及其特点。

2. 窄带滤波器对噪声和信号的作用。

3. 信号检测的基本方法及特点。

4. 如果抑制所探测目标在 3 ~ 5μm 波段范围内的辐射强度为 $J = 1030\text{W/Sr}$;红外凝视跟踪系统到目标的距离为 $l = 100\text{km}$;目标到探测系统的 3 ~ 5μm 波段的大气透过率为 $\tau_a = 0.3$。红外凝视跟踪系统的参数如下:光学孔径为 $D_0 = 80\text{mm}$;光学系统的透过率为 $\tau_a = 0.43$;探测器的像元尺寸为 $a = 120\mu\text{m}$;探测器在工作波段 3 ~ 5μm 内的平均比探测率为 $D^* = 4.3 \times 10^{10}\text{cm} \cdot \text{Hz}^{1/2} \cdot \text{W}^{-1}$;探测器驻留时间(积分时间)为 $\tau_d = 0.5\text{ms}$;取信号过程因子为 $\delta = 2/3$;跟踪系统采用恒虚警检测准则,虚警概率为 $P_{fa} = 10^{-5}$。试求:红外凝视跟踪系统对该目标检测的信噪比 SNR 和单帧检测概率 P_d。

5. 噪声系数及其各种表达式。

6. 将三个放大器 A、B、C 串联来放大微弱信号,其功率增益和噪声系数如下表:

放大器	功率增益	噪声系数
A	10	1.5
B	15	2.5
C	100	4

如何连接三个放大器使得噪声系数最小?

7. 带宽对传输信号波形的影响。
8. 各类滤波器的功能。
9. 闭环 AGC 控制系统原理及特性。
10. 相位检波器的功能及用途。

第六章　光电系统性能分析

光电系统的性能分析研究,通常也称为系统静态性能的研究。其主要内容是讨论表征光电系统综合参量和极限特性,并结合目标、大气因素以及探测器上的基本要求,利用这些极限综合参量估算系统可能作用的距离。例如,对于红外热成像系统,表征其综合特性的主要有噪声等效温差、调制传递函数以及标志极限特性的最小可分辨温差和最小可探测温差等。然后再讨论目标特性、大气条件、探测概率、极限信噪比等要求和条件的基础上,结合系统的极限特性,如最小可分辨温差,估算系统可能作用的距离。

军用光电探测系统依工作原理可分为三大类,即采用单元探测器的系统,采用成像式探测器的系统以及测距系统。每类系统内的情况也不尽相同,单元探测系统可能是针对点源目标,如搜索、跟踪、导引、测距等系统;也可以是针对扩展源目标,如测温系统等。四象限探测器亦可看作是这类系统。成像式探测系统通常包括电视系统、直视及电视型的微光夜视系统和各类红外热成像系统。这些系统的主要作用是对景物进行探测,并提供清晰的图像信息。有时也用成像系统对点源目标进行探测,这时的处理方法将有所不同[15]。测距系统有主动式,如激光测距、选通测距等;也有被动式的,如双探测系统等。本章在介绍人眼视觉特性和图像探测原理的基础上,分析微光成像和红外热成像探测系统的静态性能。

第一节　人眼视觉特性与图像探测

成像系统的性能与人眼的视觉特性密切相关,各种光电成像装置是人们用以改善和扩展视觉能力的辅助工具,人眼借助这些装置获得肉眼不能直接得到的图像信息。因此,本节首先介绍人眼的视觉特性,并给出人眼对目标的探测和识别模型。

一、人眼的视觉特性

(一)　视觉的适应

人眼能在一个相当大(约 10 个数量级)的范围内适应视场亮度。随着外界视场亮度的变化,人眼视觉响应可分为三类:

(1) 明视觉响应,当人眼适应大于或等于 3cd. m^2的视场亮度后,视觉由锥状细胞起作用;

(2) 暗视觉响应,当人眼适应小于或等于 3×10^{-5}cd. m^2视场亮度之后,视觉只由杆状细胞起作用,由于杆状细胞没有颜色分辨能力,故夜间人眼观察景物呈灰白色;

(3) 中介视觉响应,随着视场亮度从 3cd. m^2降至 3×10^{-5}cd. m^2,人眼逐渐由锥状细胞的明视觉响应转向杆状细胞的暗视觉响应。

当视场亮度发生突变时,人眼要稳定到突变后的正常视觉状态需经历一段时间,这种特性称为适应,适应主要包括明暗适应和色彩适应两种。适应由两个方面来调节:

(1) 调节瞳孔的大小,改变进入人眼的光通量;

(2) 视细胞感光机制的适应,这种适应是由视细胞中的色素在光的刺激下,产生化学反应而引起的。

人眼的明暗视觉适应分为亮适应和暗适应对视场亮度由暗突然到亮的适应称为亮适应,大约需要 2~3min 场亮度由亮突然到暗的适应称为暗适应,暗适应通常需要 45min,充分暗适应则需要一个多小时。

(二) 人眼的阈值对比度

人眼的视觉探测是在一定背景中把目标鉴别出来。此时,人眼的视觉敏锐程度与背景的亮度及所在背景有关,通常用对比度来表示,即

$$C = \frac{Lt - Lb}{Lb} \tag{6-1-1}$$

式中, Lt 和 Lb 分别为目标和背景的亮度。有时也将 C 的倒数称为反衬灵敏度。

背景亮度 Lb、对比度 C 和人眼所能探测的目标张角 α 之间具有下述关系(Wald 定律)

$$Lb \cdot C \cdot \alpha^{x} = const \tag{6-1-2}$$

式中, x 的值在 0~2 之间变化。

对于小目标 $\alpha < 7'$,则 $\chi = 2$,式(6-1-2)变为

$$Lb \cdot C^2 \cdot \alpha^2 = const \tag{6-1-3}$$

即著名的 Rose 定律。若 $\alpha < 1'$,就很难发现目标。若目标无限大,则 $x \to 0$。

二、图像目标探测与识别

目标侦察包括搜索、定位以及目标的探测、识别和确认等环节,可归结为光电成像系统显示器上目标所在位置的获得、位置确定及进一步的确认。搜索定位是指与时间有关的任务,人们常把搜索归入此类问题,此时目标的存在及位置未知,找出目标并确定所在位置至关重要。探测、识别和确认是指目标的位置已经大致知道,完成接下来的任务时间并不重要,通常认为与时间无关,一般假设观察者有足够的时间去完成任务。

搜索是利用光电成像系统的显示或肉眼视觉搜索含有潜在目标的景物,以定位捕获目标的过程;定位是通过搜索过程确定目标的位置。观察是指在观察者可察觉目标细节量的基础上确定看得清的程度。观察的等级包括探测、定向、识别和辨别四个等级。探测是指把一个目标同其所处背景或其他目标区别开来;定向是指可大致区分目标是否对称及方位;识别是指把分类目标再细分(坦克、卡车等);辨别是指把已识别的目标进行辨认(型号、细节)。

在对目标探测、定向、识别和辨别时,包含人为的主观判断,因而在目标搜索中存在着搜索概率问题。搜索概率的大小,在一定程度上提供了光电成像系统性能的评估,通常可以写成各种条件概率的乘积。

$$\begin{aligned} P(\mathrm{Acq}) = {} & P[\mathrm{Iden/Rec,Clas,Det,Look,In}] \times P[\mathrm{Rec/Clas,Det,Look,In}] \times \\ & P[\mathrm{Clas/Det,Look,In}] \times P[\mathrm{Det/Look,In}] \times P[\mathrm{Look/In}] \times P[\mathrm{In}] \end{aligned}$$

表 6-1-1 搜索等级的符号及意义

符号	意义	符号	意义
In	在搜索视场内出现目标	Clas	观察人员分类的目标
Look	观察人员扫视到目标	Rec	观察人员识别的目标
Det	观察人员探测到目标	Iden	观察人员辨别的目标

假设目标一定在视场内出现，并且上述每一项都是互相独立的，即某一搜索任务的发生，不影响下一个搜索任务产生的概率，则上式可简化如下：

$$P(\mathrm{Acq}) = P[\mathrm{Iden}] \times P[\mathrm{Rec}] \times P[\mathrm{Clas}] \times P[\mathrm{Det}] \times P[\mathrm{Look}] \quad (6-1-4)$$

约翰逊根据实验把目标的探测与等效条带图案探测联系起来，提出了约翰逊识别准则。目标的等效条带图案是一组黑白间隔相等的条带状图案，其总高度为基本上能被识别的目标临界尺寸，即目标的最小投影尺寸，条带长度为垂直于临界尺寸方向的横跨目标的尺寸。通过光电系统成像后所占方波图案系统可分辨的线对数称为可分辨周期数，表示为"周/临界尺寸"。约翰逊提出了要求观察等级与可分辨周期数的关系，如表 6-1-2 所示。这时的观察概率为 50%。有时为记忆方便，把发现识别和认清记为 1、4 和 8。

根据上述准则，如果要识别一个人，则要求在像增强器光阴极面上人像的宽度应占极限分辨力 4 对线条的空间位置，这时识别的概率是 50%，如要求更高的概率，则相应要求占更多的线对数的空间位置。

表 6-1-2 观察等级的约翰逊准则

观察等级	含义	所需线对数
探测	在视场内发现目标	1.0 ±0.25
定向	可大致区分目标是否对称及方位（侧面或正面）	1.4 ±0.35
识别	可将目标分类（如坦克、卡车等）	4.0 ±0.8
辨别	可区分目标的型号及特征（如 T-72 坦克、豹Ⅱ坦克）	6.4 ±1.5

第二节 微光成像系统的静态性能

微光成像系统的静态性能分直视微光系统和微光电视系统两种情况进行分析讨论。

（一）直视微光系统的静态性能

用于在夜间自然天空微光照射下，一种实现直接观察的直视微光系统的工作原理如图 6-2-1 所示。目标反射夜天光的照射，经大气传输后由光学系统接收，并将目标像成在像增强器的输入光阴极面上，经三级像增强器使目标的图像增强，由输出端荧光屏显示被增强后的目标图像，人眼通过目镜对其进行观察。

1. 像增强器的主要特性

在直视微光探测系统（图 6-2-1）中，影响探测性能极限的主要是像增强器，其主要参数是光阴极的光谱特性和有效直径、像增强器的放大倍数、亮度增益、暗背景、分辨力和极限分辨特性等。

像增强器光阴极的光谱特性主要由光阴极材料和输入窗材料决定。通常将光阴极与标准“A”光源(2856K)的匹配系数用 α_A 表示,在视距估算时给予修正。

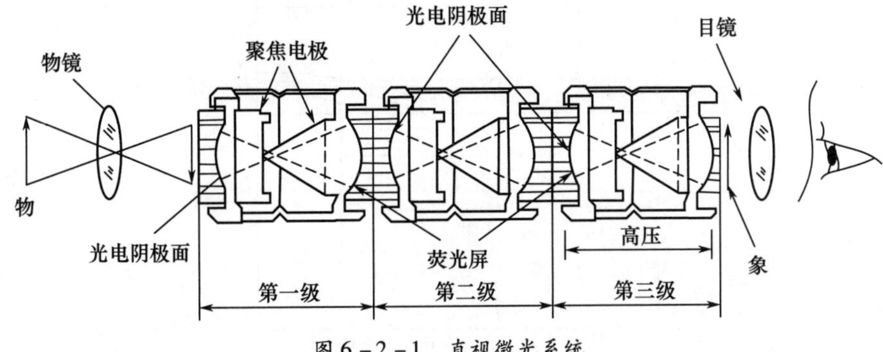

图 6-2-1　直视微光系统

光阴极的有效面积直接影响微光系统的特性,因此常作为基本特性参量给出,用 D_a 表示。

像增强器的放大率是指输出荧光屏上中心附近线段与输入光阴极上相应线段之比,用 M 表示。

像增强器的亮度增益通常定义为 π 倍的输出屏亮度 L_a 与输入光阴极照度 E_c 之比,记为

$$G = \pi L_a / E_c \tag{6-2-1}$$

像增强器无输入光照时的暗背景直接影响着图像的对比度。通常用等效背景照度 E_{co} 或等效背景亮度 L_{ao} 表示,它们之间的关系为

$$L_{a0} = G E_{c0} / \pi \tag{6-2-2}$$

像增强器的分辨力通常是指在分辨力板照度适当的条件下,且分辨力板黑白条纹的对比度为 1 时,人眼通过目镜放大后所能观察到的折算到光阴极面上的最大分辨力,用 R_0(lp/mm)表示。

像增强器的极限分辨特性,是表征像增强器的综合极限参量,是直视微光系统夜视性能估算的基本依据。影响像增强器分辨力的工作条件主要是测试靶在光阴极面上形成的对比度和照度。典型的像增强器的极限分辨力曲线如图 6-2-2 所示。图中横坐标表示目标在光阴极面上产生的照度,纵坐标表示极限分辨力,曲线参量为对比度。图 6-2-3 所示为对比度为 100% 时,典型二代、二代半和三代微光像增强器的极限分辨力特性。根据推算和实验证明,有了 $c_0 = 100\%$ 的极限分辨力曲线,可以求出不同对比度 c 时的极限分辨力。当要求极限分辨力不变,对比度由 c_0 下降到 c 时,光阴极照度应由 E_c 增加到 E_c'

$$E_c' = E_c / c^2 \tag{6-2-3}$$

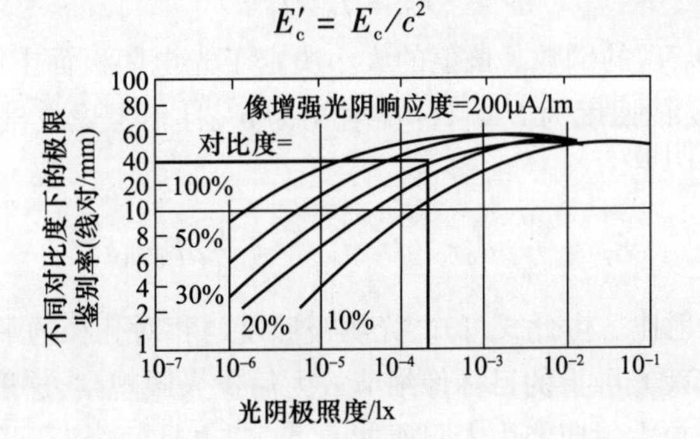

图 6-2-2　不同对比度下的像增强器极限分辨率曲线

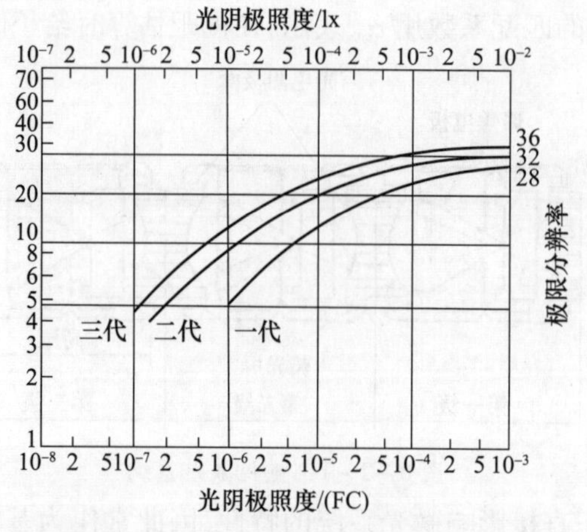

图 6-2-3 各代像增强典型极限分辨力曲线

2. 直视微光系统的主要特性

描述直视微光系统特性的参量很多,其中主要有:物镜焦距与 F_0 数、目镜焦距与 F_e 数、系统的视场、放大率、分辨角和极限分辨角等。

物镜的焦距 f_0' 决定目标在阴极面上的大小。当目标点入射物镜的倾角为 α 时,在焦平面上的像高 $y' = f_0' \cdot \text{tg}\alpha$,如图 6-2-4 所示。对应相同 α,f_0' 越大 y' 也越大。设光阴极面的有效直径为 D_d,系统的视场角为 2ω,则 $2\omega = 2\text{arctg}(D_d/2f_0)$,所以

$$2\omega \approx D_d/f_0 \tag{6-2-4}$$

显而易见,系统视场与像增强器光阴极有效直径成正比,与光学物镜焦距成反比。

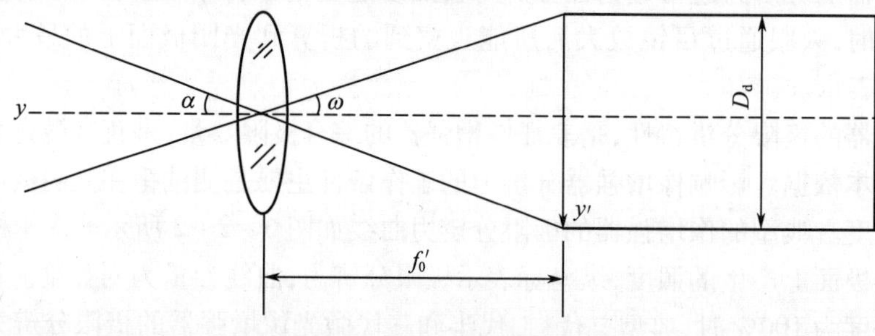

图 6-2-4 物像关系

系统物镜的 F_0 数是物镜焦距 f_0' 与有效口径 D_0 之比,即

$$F_0 = f_0'/D_0$$

它是相对孔径 D_0/f_0' 的倒数。该值的大小决定了光电阴极面上的实际照度。设目标为朗伯体,天空对目标的照度为 E_o,目标反射比为 ρ,且不考虑大气衰减,则光电阴极照度 E_c 为

$$E_c = \frac{1}{4}\rho E_0 \tau_0 \left(D_0/f_0'\right)^2 = \frac{1}{4}\rho E_0 \tau_0 F_0^{-2} \tag{6-2-5}$$

式中,τ_0 为物镜的透射比。由此式可知,光阴极照度与相对孔径的平方成正比。

目镜的作用是将荧光屏上的目标像细节放大后供人眼观察,这里主要考虑的是,屏上可能分辨的细节通过放大后应能为人眼所能看清,这也是一个匹配的问题。这里目镜相当于放大镜,其放大倍数为

$$m_e = 250/f'_e$$

设像增强器光阴极面的分辨力为 R_c，对应放大率为 m，则荧光屏的分辨力为 $R_a = R_c/m$，每对线所对应的宽度 $\Delta = 1/R_a$，经目镜放大后 $\Delta' = m_e/R_a = 250/(f'_e \cdot R_a)$，若人眼的极限分辨角为 α，两者的匹配关系为

$$\alpha = \Delta'/250 = 1/(f'_e \cdot R_a) = m/(f'_e \cdot R_c) \tag{6-2-6}$$

同理

$$f'_e = 1/\alpha R_a = m/\alpha R_c \tag{6-2-7}$$

目镜的 F_e 数是目镜焦距 f'_e 与目镜有效直径 D_e 之比。它表征目镜收集荧光屏发光的能力，由于荧光屏的发光类似于朗伯体，因此希望目镜的 F_e 数小一些。

在已知像增强器阴极面分辨力 R_c 和物镜焦距 f'_0 时，直视微光系统的角分辨力 α_s 为

$$\alpha_s = 1/R_c \cdot f'_0 \tag{6-2-8}$$

直视微光系统的总放大率为

$$M = (f'_0/f'_e)m \tag{6-2-9}$$

3. 直视微光系统的视距估算

视距估算就是用像增强器的极限分辨力曲线，按系统的工作条件、大气特性、目标特性、观察等级等情况和要求，进行极限观察距离的估算。

（1）大气对直视微光系统成像的影响。

夜间微光是以可见光到近红外波段的辐射为主，该波段为透过大气窗口，因此，大气吸收在此波段造成辐射的衰减可不考虑，而主要的影响因素是大气散射。散射作用减少了目标在系统光阴极面上的照度，因此，需将式(6-2-5)修正为

$$E_c = \frac{1}{4}\rho E_0 \tau_0 \tau_a (D_0/f'_0)^2 \tag{6-2-10}$$

式中，τ_a 为大气的透射比。

值得注意的是，τ_a 不仅与大气条件有关，还与波长、距离等因素有关。可通过取波长间隔平均值的近似方法，解决与波长有关的问题。另一方面，散射还引起图像信噪比的下降，表现为图像对比度的变坏。设目标亮度为 L_o，背景亮度为 L_b，则有

$$L_0 = E_0\rho_0/\pi \tag{6-2-11}$$

$$L_b = E_0\rho_b/\pi \tag{6-2-12}$$

式中，ρ_0 为目标的反射比；ρ_b 为背景物的反射比；E_o 为夜天光对地面的照度。

此时固有对比度 c_0 为

$$c_0 = \frac{L_0 - L_b}{L_0 + L_b} \tag{6-2-13}$$

引入表观亮度，则表观对比度为

$$c = \frac{L_0 - L_b}{(L_0 + L_b) + 2L_g(1/\tau_a - 1)} \tag{6-2-14}$$

式中，L_g 为探测处测得地平天空的亮度。

（2）直视微光系统的视距估算。

视距估算实质上是使用条件与系统特性匹配的过程。如图 6-2-5 所示为忽略大气影响时的视距 R 的估算过程。要对视距估算必须预先知道下列参量：夜天光对地面的照

度 E_0、目标及背景物的反射比 ρ_0 和 ρ_b；物镜的基本参量 f_0'，D_0 和 τ_0；像增强器的极限分辨力曲线；要求的观察等级和目标的临界尺寸 Δ。

视距估算过程简述如下：在已知夜天光照度 E_0，目标和背景物反射比分别为 ρ_0 和 ρ_b 的条件下，计算出目标和背景的亮度 L_0 和 L_b，进而计算出目标和背景的对比度 C_0；引入光学物镜的基本参量计算出像增强器光阴极面上的照度 E_c；如夜天光谱与像增强器性能测试光源光谱相差很大时，还应对 E_c 进行光谱校正；以 E_c 和 C_0 查像增强器的极限分辨力曲线的对应点，如无对应 C_0 对比度的曲线，则可按式(6－2－3)修正后找出对应的分辨力，计算出对应每线对的宽度；按所要求的观察等级，从约翰逊准则中找到必需的线对数，并计算出对应的像宽 Δ'，最后按目标临界尺寸 Δ，物镜焦距 f_0'，用成像关系公式计算出观察目标的最远距离。

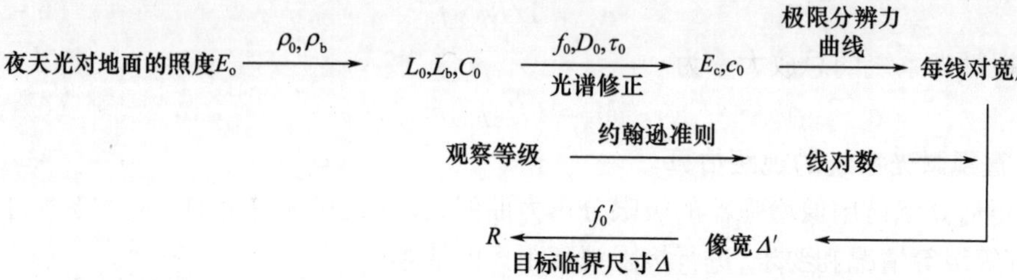

夜天光对地面的照度 E_0 —(ρ_0,ρ_b)→ L_0,L_b,C_0 —(f_0,D_0,τ_0；光谱修正)→ E_c,c_0 —(极限分辨力曲线)→ 每线对宽度

观察等级 —(约翰逊准则)→ 线对数 →

像宽 Δ' —(f_0'；目标临界尺寸 Δ)→ R

图 6－2－5　直视微光系统视距估算程序

例：已知 $E_0 = 2\times10^{-2}\mathrm{lx}$，$\rho_0 = 0.1$，$\rho_b = 0.05$，$f_0' = 100\mathrm{mm}$，$D_0/f_0' = 1/1.5$，$\tau_0 = 0.9$，$H\mathrm{m} = 2\mathrm{m}$，要求能"识别"此目标，即 $n = 4$ 估算其识别距离 d_R。

解：(1) 由式(6－2－11)～式(6－2－13)有

$$c_0 = \frac{\rho_0 - \rho_b}{\rho_0 + \rho_b} \quad 所以\ c_0 = 0.3$$

(2) 由式(6－2－10)，有

$$E_c = 0.25\times0.1\times2\times10^{-2}\times0.9\times\left(\frac{1}{1.5}\right)^2\mathrm{lx} = 2\times10^{-4}\mathrm{lx}$$

(3) 由 c_0 和 E_c 查像增强器极限分辨力曲线得到相应的 $N_c = 24\mathrm{lp}\cdot\mathrm{mm}^{-1}$。

(4) 识别距离为

$$d_R = \frac{f_0' H\mathrm{m} N_c}{n_R} = 100\times2\times24/4\mathrm{m} = 1200\mathrm{m}$$

如果考虑大气散射对直视微光系统观察的影响，其视距的估算过程将较复杂，其基本思路如图 6－2－6 所示。由于大气的影响是距离的函数，因此估算过程需反复进行。该过程简述如下：同样利用 E_0，ρ_0 和 ρ_b 计算出 L_0，L_b 和 C_0；按规定的大气条件和设定的距离 R_i，计算出到达系统处的表观对比度 c 和大气透射比 τ_a；再利用光学物镜参数 f_0'，D_0 和 τ_0 计算出 E_c 和 c；通过查像增强器极限分辨力曲线，得到相应线对宽度；由观察等级、约翰逊准则找到光阴极处像宽 Δ'；利用 f_0' 和 Δ 计算出 R_{i+1}；给出允许的估算距离误差 ΔR，当 $|R_{i+1} - R_i| = \Delta R' > \Delta R$ 时，用 R_{i+1} 代替 R_i 重新进行计算，直至 $\Delta R' < \Delta R$，用 R_{i+1} 作为估算的距离值 R。

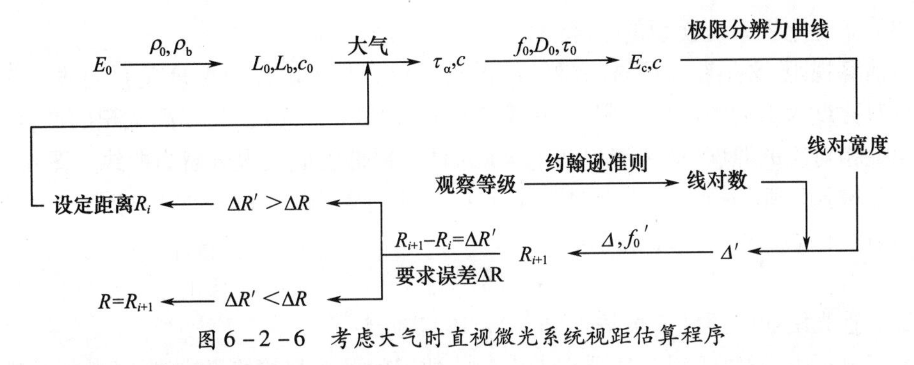

图 6－2－6　考虑大气时直视微光系统视距估算程序

(二) 微光电视系统的静态性能

微光电视系统的类型很多，其主要差别在于所采用的摄像系统不同。目前大多采用微光像增强器与摄像管或 Si－CCD 摄像器耦合而成，将微弱照度的图像转换为全电视信号，以供高频发射或闭路传输，最终由电视机或监视器显示。

微光电视系统的静态性能与直视微光系统有许多相同处，这里主要针对不同点进行讨论。

(1) 微光电视系统的视场。

由于标准电视系统的输出均以高度比为 3∶4 的形式，实际上只利用了有效光电敏感面的一个内接长方形。当光电面的有效直径为 D_0时，有效长方形幅面宽为 $4D_0/5$，高为 $3D_0/5$、对角线为 D_0。欲计算相应视场，只需引入光学物镜的焦距f_0'即可进行。

(2) 微光电视系统的极限分辨力。

表征性能综合极限的参量是光敏面或靶上的极限分辨力曲线。这里的极限分辨力不是以每毫米中的线对数来表示，而是以每幅图中可分辨的电视线数 N_0来表示。像增强器通过其光纤面板与摄像管耦合组成的微光摄像系统的极限分辨力曲线如图 6－2－7 所示。图中 I－SIT 为像增强器＋硅增强靶管；I－ISOCON 为像增强器＋分流管；I－SEC 为像增强器＋二次电子传导管；I^3－V 为三级串联像增强器＋光导摄像管。曲线上对应的百分数为对比度。

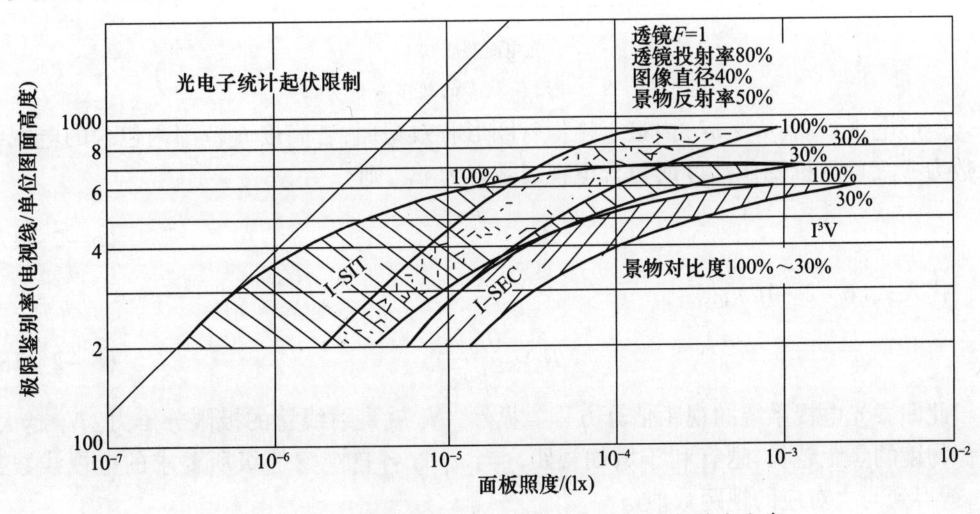

图 6－2－7　像增强器耦合摄像管的典型极限分辨力曲线

(3) 微光电视系统视距的估算。

为估算视距,必须获得所选摄像管的极限分辨力与光电面上照度关系曲线。它可以用一组对比度为1的黑白条带靶,经物镜成像在光敏面上,通过改变测试靶的照度,记录光敏面上相对应的照度,就可测出在 $c_0=1$ 条件下摄像管的极限分辨力曲线。图6-2-8所示为硅增强靶管的极限分辨力曲线($c_0=1$)。在同样分辨力的条件下,求取不同对比度 c 时所需的光敏面照度 E 的公式为

$$E = E_{0,100\%}/c^2 \tag{6-2-15}$$

摄像管光敏面的照度仍可按式(6-2-10)进行计算。

微光电视中,观察等级与所要求的电视线数间的关系与约翰逊准则不同,根据观察实践,要发现目标需占5~6行电视线;识别目标需取10~16行;认清目标则需20~22行。

微光电视视距的估算过程原则上与直视微光系统相似,唯一的差别是在计算光敏面上对应的像宽 Δ' 时,直视微光系统中为所要求极限线对数对应的宽度,而在微光电视中为所要求极限电视线数所对应的宽度。

图6-2-9是微光电视的成像关系,H 是目标高度,H' 是像高,在阴极面即摄像物镜后焦面上度量;h 是摄像管靶面的高度,ω 是其宽度。由图6-2-9知,视距 R 为

$$R = \frac{Hf'}{H'} \tag{6-2-16}$$

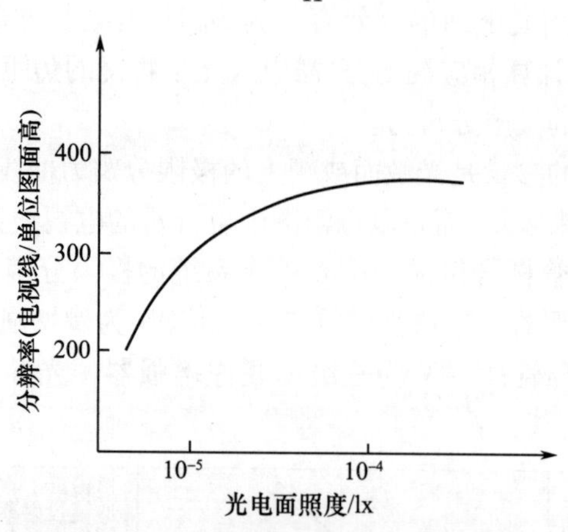

图6-2-8 硅增强靶管的极限分辨力曲线

矩形电视画面($h\times\omega$)内接于摄像管圆形有效靶面,若高度 h 范围内包含的电视线总数为 N_T,而目标图像高度所包含电视线数目为 n_T,则

$$H' = \frac{hn_T}{N_T} \tag{6-2-17}$$

代入式(6-2-16),得

$$R = \frac{Hf'N_T}{hn_T} \tag{6-2-18}$$

此即微光电视系统的视距估算方程。显然,N_T 就是射线管的极限分辨力。N_T 越大,摄像物镜的焦距越长,越有利于增加视距。当 n_T 取各自观察等级所要求的电视线数目时,就得到与之对应的视距数值。

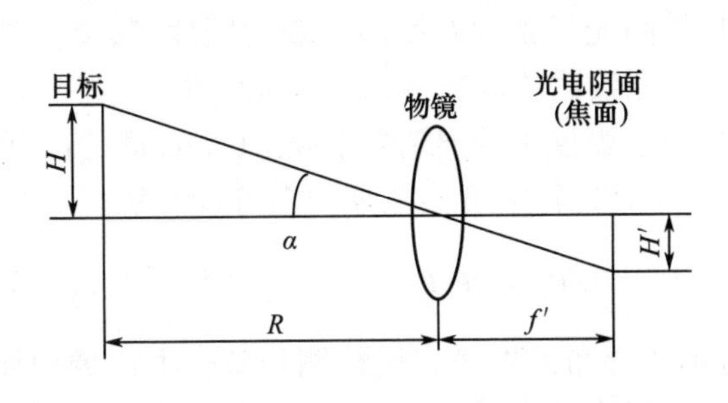

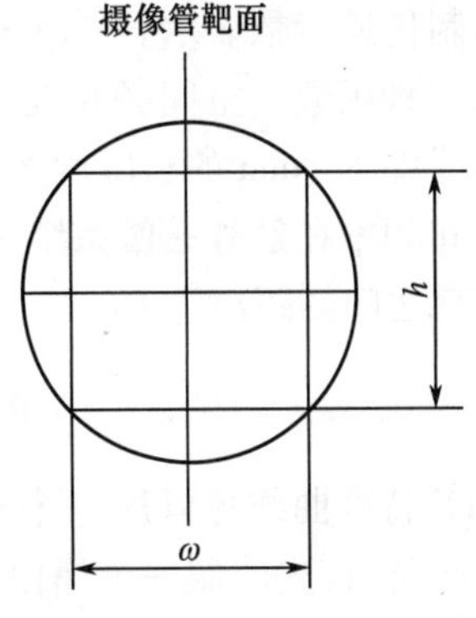

图 6-2-9　微光电视成像光路图

概括起来，微光电视系统的视距估算步骤为

(1) 按已知条件计算 $E_{1.0}$。

(2) 由 $E_{1.0}$ 从图 6-2-8 的 $N_T \sim E_{1.0}$ 曲线查 N_T。

(3) 由观察等级要求按式(6-2-18)计算 R。注意，在摄像管选定后，其有效光敏面直径 D_0 已知，又因为电视画面高宽比为 3:4，故式(6-2-18)中的 $h = 0.6D_0$。

例：如果某微光电视系统的摄像物镜 $f' = 90$，$\frac{D}{f'} = 1$，$\tau = 0.8$；大气通过率 $\tau_a = 0.6$；目标反射比 $\rho = 0.4$；景物对比度 $c = 0.33$；射线管直径 $D_0 = 16$；目标临界尺寸取：坦克高 3m，人宽度 0.4m。估算该系统在典型夜天光辐照度下对人和坦克的识别距离。

解：首先计算 $E_{1.0}$，结合式(6-2-10)和(6-2-15)，得到

$$E_{1.0} = 0.25E_0 \times 0.8 \times 0.6 \times 0.4 \times 1^2 \times 0.33^2 = 5.2 \times 10^{-3}E_0$$

以晴朗星光(无月光)夜为例，地面景物辐照度约为 $E_0 = 10^{-3}\text{lx}$，则 $E_{1.0} = 5 \times 10^{-6}\text{lx}$。

然后由 $E_{1.0}$ 查摄像管 $N_T \sim E_{1.0}$ 关系曲线，得 $N_T = 100$。

最后对临界尺寸为 $H_人 = 0.4\text{m}$ 的人，取 $n_T = 10$ 为“识别”要求的电视线数目，且 $h = 0.6D_0 = 9.6$，由式(6-2-18)得

$$R_人 = \frac{0.4 \times 90 \times 100}{10 \times 9.6}\text{m} \approx 38\text{m}$$

对临界尺寸为 $H_坦 = 3\text{m}$ 的坦克，在取 $n_T = 10$ 时，识别距离为 $R_坦 \approx 281\text{m}$。

第三节　红外热成像系统的静态性能

红外热成像系统目前主要应用在 3 ~ 5μm 中红外波段和 8 ~ 14μm 远红外波段的大气窗口中，目前在军事上已广为应用，民用也在大力发展中。

(一) 红外热成像系统的静态特性

热成像系统的静态特性主要是指描述空间分辨率的调制传递函数(MTF)和描述温度分辨率的噪声等效温差(NETD)、最小可分辨温差(MRTD)和最小可探测温差(MDTD)。

1. 调制传递函撒(MTF)

评价图像传感器识别微小光像和再现光像能力的主要指标是其分辨率，一般用传感

器的调制传递函数表示。MTF 是以空间频率为参变量描述传感器输入光像与输出信号之比的一种函数。空间频率是指明、暗相间光线条纹在空间出现的频度，其单位是“线对/mm。”即每 1mm 的长度内所含明、暗光条纹线的对数（明、暗相间两条纹线为一对）。

空间频率在红外成像系统中通常用单位弧度中的周期数来表示（c/mrad），若观察点 O 与图案之间的距离为 R（m），如图 6－3－1 所示，则角度周期和空间频率为

$$\theta_x = \frac{T_X}{R}, f_x = 1/\theta_x = R/T_x \tag{6-3-1}$$

MTF 特性曲线可以用一个辉度为正弦分布的图谱在受检测传感器上成像而测得。具体做法是：首先绘制一个黑白相间、幅度渐小的线谱，如图 6－3－2 所示；然后，使其不同相间幅度处的黑白线对分别在传感器上成像，并测出相应的输出电信号的振幅即可。图 6－3－3 所示为用此法而测得的 MTF 特性曲线。MTF 曲线的横坐标取归一化数值 f/f_0（f 为光像的空间频率，f_0 为像素的空间分布频率）。例如，某一影像在 CCD 传感器上所成光像的最大亮度间隔为 300μm，而像素间距为 30μm，则此时的归一化空间频率应为 0.1。

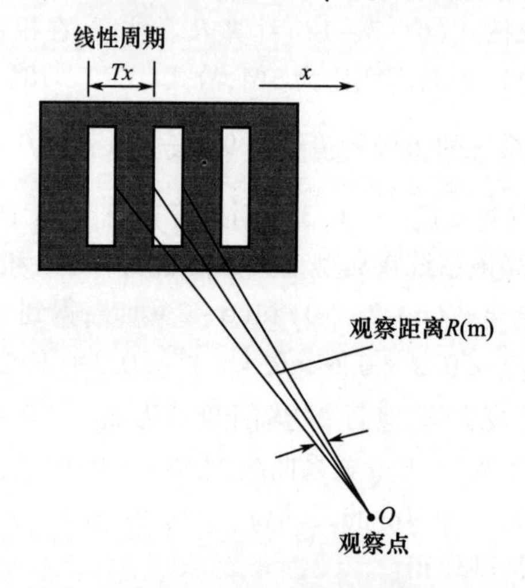

图 6－3－1　角度周期与线性周期的关系

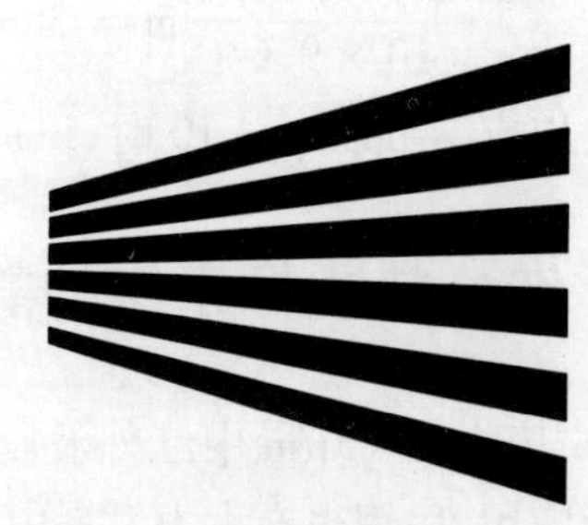

图 6－3－2　MTF 测量用的黑白线谱

MTF 特性曲线的纵坐标 MTF 值，其实也是“归一化”数值。它取归一化空间频率为零时的 MTF 值为 100%。显然，MTF 特性曲线随归一化空间频率的增加而变低。其物理意义是，光像空间频率越高，所用传感器像素的空间频率越低，表明该传感器的分辨能力越差。

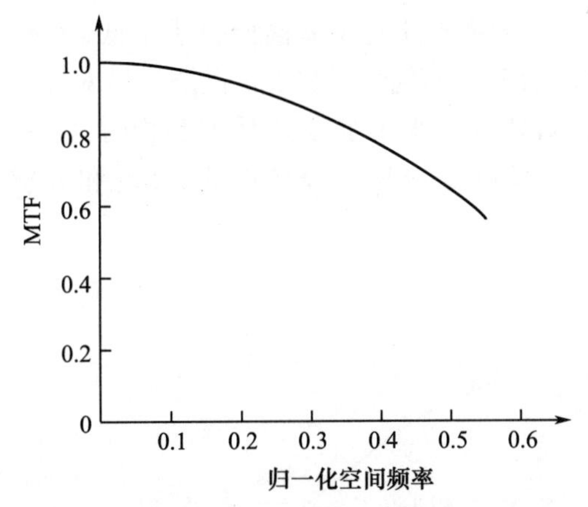

图 6-3-3　MTF 特性曲线

MTF 曲线既可以通过测量得到,也可以通过计算获取。从调制度的角度,光学系统对某一频率的调制传递函数是输出调制度与输入调制度的比值。当输入正弦光波时,CCD 的输出也将是随时间变化的一种正弦波,设波峰为 A,波谷为 B,则能量起伏 $b_1=(A-B)/2$,平均能量 $b_0=(A+B)/2$,如图 6-3-4 所示,则调制度及调制传递函数为

$$M_0=\frac{b_1}{b_0}\text{ , }\mathrm{MTF}(f_x)=\frac{M_0}{M_i}\tag{6-3-2}$$

式中,M_0为输出调制度;M_i为输入调制度。图像在传送过程中,调制度 M 是随空间频率的增大而减小的。如果把调制度的损失程度以百分数表示,则调制度与空间频率的关系曲线,就是调制传递函数。

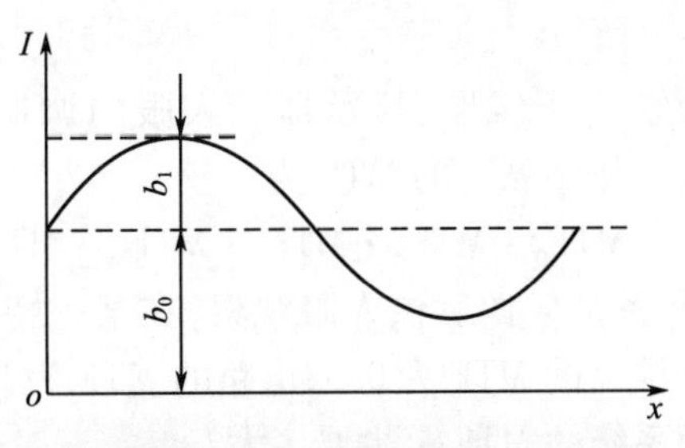

图 6-3-4　正弦光波示意图

(1) 如何评价调光学系统成像质量的优劣。

MTF 可以综合反映光学系统的对比度传递情况和空间分辨率,要评价一个光学系统成像质量优劣,也需要从这两个方面综合考虑。主要原则有以下 5 个:

① MTF 曲线越高,说明镜头光学质量越好;

② MTF 曲线越平直,说明边缘与中间一致性好,若曲线右端严重下降,说明该镜头边角尤其是四角反差与分辨率较低;

③ 低频 MTF 曲线,代表镜头的反差特性,这条曲线越高,镜头反差越大;

④ 高频 MTF 曲线,代表镜头的分辨率特性,这条曲线越高,镜头分辨率越高;

⑤ 综合反差和分辨率来看,MTF 曲线以下包含的面积越大越好。

当然,在评价光学系统的成像质量时,不能单纯地从 MTF 曲线来说哪个更好,要结合具体使用目的来分析 MTF 曲线。如图 6-3-5 所示,A、B、C 三条曲线代表三种光学素质

完全不一样的摄影镜头。其中镜头 A 是反差高而分辨率低;镜头 B 则正好相反,分辨率高而反差低。镜头 A 与 B 有各自的优势。在表现微弱光度对比,细小明暗差别以及轻柔的色彩变化时,镜头 A 有明显的优势;在拍摄高反差影物时,镜头 B 表现非凡,它拍摄的黑白线条清晰锐利。镜头 C 则是一只十分罕见的,反差和分辨率都极高的优质摄影镜头。

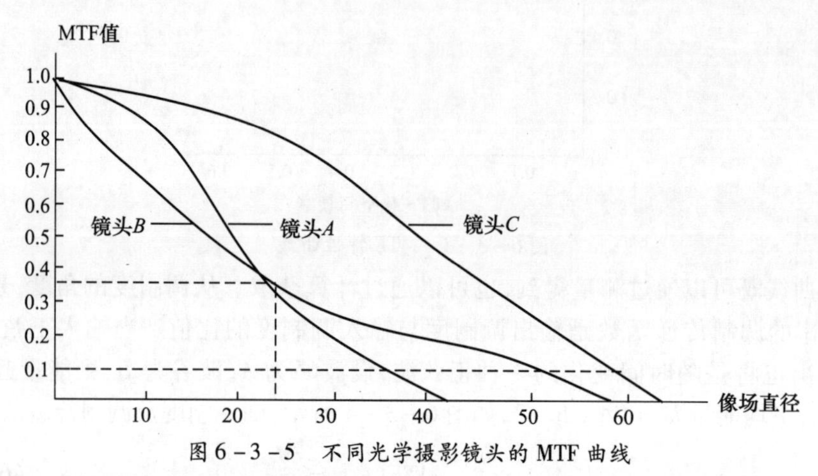

图 6-3-5 不同光学摄影镜头的 MTF 曲线

(2) 红外热成像系统的调制传递函数。

热成像系统是由一系列具有一定空间或时间频率特性的分系统组合而成。根据线性不变的理论,逐个求出各个分系统的频率特性或传递函数,它们之乘积就是整个热成像系统的传递函数。各分系统主要有光学系统、探测器、电子线路、显示器及人眼等,如图 6-3-6 所示。

令光学系统、探测系统、电子线路、显示器及人眼的调制传递函数分别为 MTF_0、MTF_d、MTF_e、MTF_m 和 MTF_{eye},则整系统的 MTF 为

$$MTF = MTF_0 \cdot MTF_d \cdot MTF_e \cdot MTF_m \cdot MTF_{eye} \tag{6-3-3}$$

例:一目标经红外成像系统成像后供人眼观察,在某一特征频率时,目标调制度为 0.5,大气的 MTF 为 0.9,探测器的 MTF 为 0.5,电路的 MTF 为 0.95,CRT 的 MTF 为 0.5,则在这一特征频率下,光学系统的 MTF 至少要多大?

解:根据式(6-3-3)可知:$0.5 \times 0.9 \times 0.5 \times 0.95 \times 0.5 \times MTF_0 \geqslant 0.026$

则:$MTF_0 \geqslant 0.24$

即光学系统的 MTF 至少为 0.24。

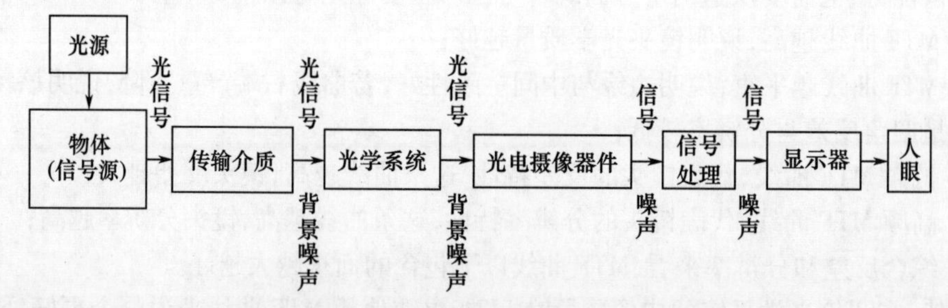

图 6-3-6 典型红外热成像系统组成框图

2. 噪声等效温差(NETD)

噪声等效温差是指热成像系统的基准电子滤波器的输出信号等于系统均方根噪声时,产生信号的两黑体目标间的温差,如图 6-3-7 所示。当探测器或使用的光谱范围为 $\lambda_1 \sim \lambda_2$ 时,NETD 的基本表达式为

$$\mathrm{NETD} = \frac{\pi V_n}{\alpha\beta A_0 \int_{\lambda_2}^{\lambda_1} \tau_{a\lambda}\tau_{0\lambda}R_\lambda \frac{\partial M_{\lambda,\mathrm{T}}}{\partial T}\mathrm{d}\lambda} \tag{6-3-4}$$

式中,V_n 为系统输出的均方根噪声电压;α 为探测器水平瞬时视场;β 为探测器垂直瞬时视场;A_0为物镜系统的入瞳面积,$A_0 = \pi D_0^2/4$;$\tau_{a\lambda}$ 为大气的光谱透射比;$\tau_{0\lambda}$ 为物镜系统的光谱透射比;R_λ 为探测器的光谱响应度;$M_{\lambda,\mathrm{T}}$ 为目标的辐射出射度。

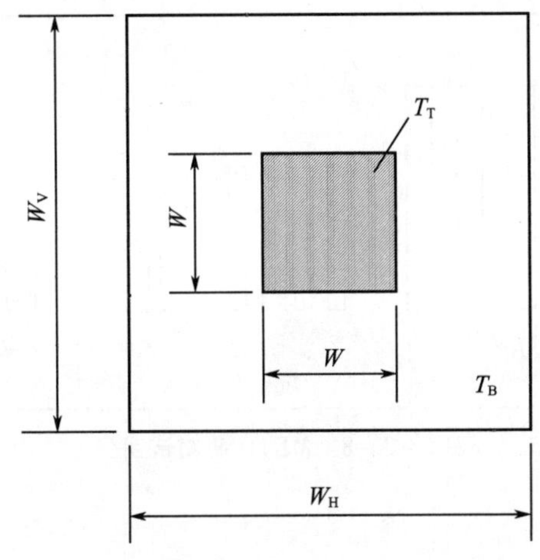

图 6-3-7　NETD 的测试图案

NETD 的主要不足为

(1) NETD 反映的是客观信噪比限制的温度分辨率,没有考虑视觉特性的影响;

(2) NETD 反映的是系统对低频景物(均匀大目标)的温度分辨率,不能表征系统用于观测较高空间频率景物时的温度分辨性能。

3. 最小可分辨温差(MRTD)

在热成像系统中,MRTD 是综合评价系统温度分辨力和空间分辨力的主要参数,它不仅包括了系统的特性,也包括了观察者的主观因素。其定义为:对具有某一空间频率的四个条带(每一条带长宽比为 7:1)标准图案目标(图 6-3-8),通过热成像系统,由观察者在显示屏上作无限长时间的观察,当目标与背景〔条带与衬底)间温差从零逐渐增大到观察者以 50% 概率分辨时,这时的温差称为该空间频率的最小可分辨温差。当目标图案的空间频率 f 变化时,构成最小可分辨温度的函数关系,记为 MRTD(f)。理想积分模型的 MRTD 可表示为

$$\mathrm{MRTD} = \mathrm{SNR}_{\mathrm{DT}}\left(\frac{\alpha_0}{2\varepsilon T_\mathrm{e}}\right)^{\frac{1}{2}} \cdot Bf\beta(f)^{1/2}\frac{\mathrm{NETD}}{(\Delta f_{\mathrm{ur}})^{\frac{1}{2}}R_{\mathrm{sf}}(f)} \tag{6-3-5}$$

式中,$\mathrm{SNR}_{\mathrm{DT}}$为阈值显示信噪比;$\alpha_0$为图像的纵横比,$\alpha_0 = 3/4$;$\varepsilon$ 为条带长宽比,$\varepsilon = 7/1$;Δf_{ur}为基准视频带宽,$\Delta f_{\mathrm{ur}} = \eta_\mathrm{p} \cdot \Delta f$;$B$ 为由“电视线/幅高”变换为“线对/毫弧”的空间频

率转换系数；$\beta(f)$为噪声滤波函数，$\beta(f)=[1+(f/N_{ef})^2]^{-1/2}$，$N_{ef}=\int_0^{\infty}R_{0f}^2(f)\,df\approx\sum_{i=1}^{\infty}R_{0fi}^2\cdot\Delta f$为位于探测器与前放间的噪声插入点后的噪声等效带宽，R_{0f}为噪声插入点后的调制传递函数，R_{sf}为方波通量响应，$R_{sf}(f)=\frac{8}{\pi^2}\sum_{k=1}^{\infty}\frac{R_{0s}[(2k-1)f]}{(2k-1)^2}$，$R_{0s}(f)$为系统调制传递函数。

典型的MRTD曲线如图6-3-9所示，曲线表示了热成像系统在空间分辨力和温度分辨力方面的极限性能。对系统观察各类目标的视距估算，就是依靠了这个基本综合极限特性。最小可分辨温差曲线可以按式(6-3-5)计算获得，也可以按定义通过实验得到。

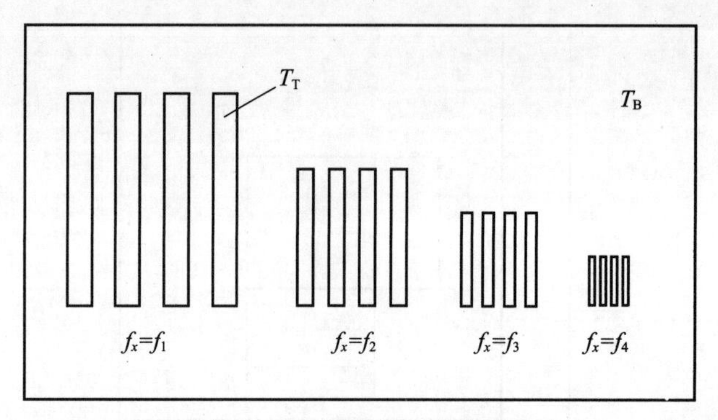

图6-3-8 MRTD的测试图案

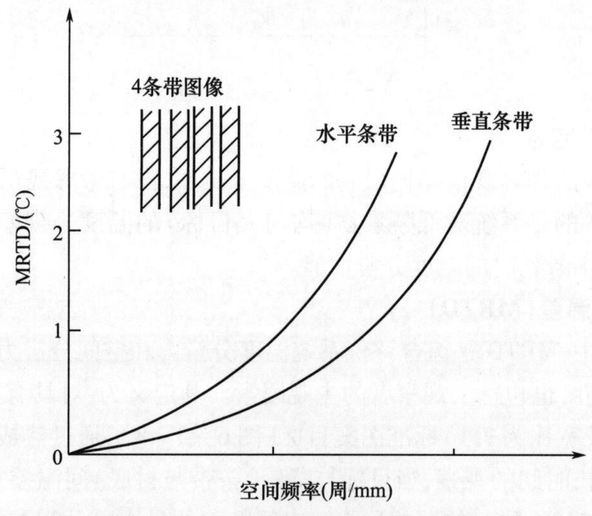

图6-3-9 热成像典型的MRTD曲线

4. 最小可探测温差(MDTD)

热成像系统的MDTD反映了系统的空间分辨力和温度分辨力的特性，是系统重要的基本参量之一。与MRTD不同之处主要在于目标图形的差异，常把MRTD表示为空间频率的函数，而把MDTD表示为目标尺寸的函数。MDTD定义为观察者时间不限，在显示屏上恰能分辨出一块一定尺寸的方形或圆形目标及其所处的位置时(图6-3-10)，目标与背景间的温差称为最小可探测温差。

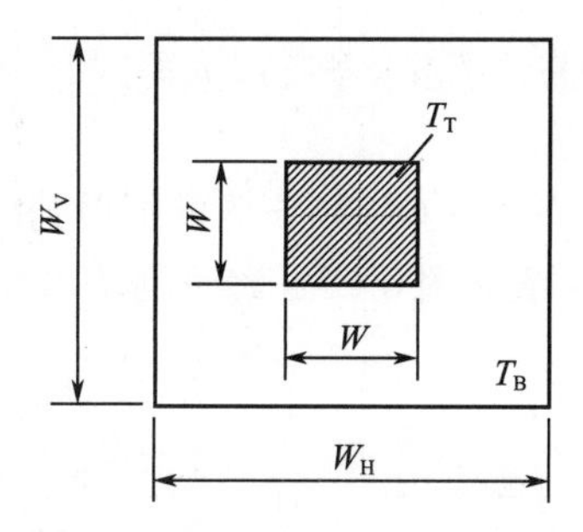

图 6-3-10 MDTD 的测试图案

MDTD 的理想积分器模型表达式为

$$\mathrm{MDTD} = \mathrm{SNR}_{\mathrm{DT}}\left(\frac{\alpha}{2\varepsilon T_{\mathrm{e}}}\right)^{\frac{1}{2}} \times Bf[\Gamma(f)\xi(f)]\frac{\mathrm{NETD}}{(\Delta f_{\mathrm{ur}})^{\frac{1}{2}}} \quad (6-3-6)$$

式中，$\xi(f)$ 为噪声增量函数，$\xi(f)=[1+(f/N_{\mathrm{es}})^2]^{-1/2}$，$N_{\mathrm{es}}=\int_0^{\infty}R_{0\mathrm{s}}^2(f)\mathrm{d}f\approx\sum_{n=1}^{\infty}R_{\mathrm{osn}}^2\cdot\Delta f$ 为整个系统的噪声等效带宽；$\Gamma(f)$ 为噪声滤波函数，表达式为

$$\Gamma(f) = \left[1+\left(\frac{f}{N_{\mathrm{en}}}\right)^2+\left(\frac{f}{N_{\mathrm{ef}}}\right)^2\right]^{\frac{1}{2}} \Big/ \left[1+\left(\frac{f}{N_{\mathrm{eN}}}\right)^2+2\left(\frac{f}{N_{\mathrm{ef}}}\right)^2\right]^{\frac{1}{2}},$$

$$N_{\mathrm{eN}} = \int_0^{\infty}R_{0\mathrm{N}}^2(f)\mathrm{d}f \approx \sum_{n=1}^{\infty}R_{0\mathrm{Nn}}^2\Delta f$$

为噪声插入点前的噪声等效带宽，$R_{0\mathrm{N}}$ 为插入点前的调制传递函数。

对方形或圆形目标观察时的视距估算，可利用 MDTD 这个基本综合极限特性进行。MDTD 采用 MRTD 的观测方式，为显示屏上刚能分辨出目标时所需的目标对背景的温差。但 MDTD 采用的标准图案是位于均匀背景中的单个方形目标，其尺寸 W 可调整，可认为是 NETD 与 MRTD 标准图案的综合。

（二） 估算中应考虑的主要因素

MRTD 和 MDTD 都是在标准条件下获得的，与实际情况间的差异则需修正，视距估算中大气的影响等因素也需考虑。

1. 传输衰减

对于小温差目标图像的探测，近似认为热成像系统所接收到的目标与背景辐射通量之差与其温度之差成正比。设黑体目标与背景间的固有温差为 ΔT_0，经 R 距离大气传输后到达热像系统时，目标与背景间的表观温差 ΔT 可表示为

$$\Delta T = \Delta T_0 \mathrm{e}^{-\sigma R} = \Delta T_0 \cdot \tau(R) \quad (6-3-7)$$

式中，σ 为工作波段内 R 距离行程上大气的平均衰减系数；$\tau(R)$ 为对应的平均大气透射比。

实际上大气衰减对热成像系统视距的影响是很大的，不同大气条件产生衰减的差别也很大。因此，在估算热成像系统的视距时，必须明确大气条件，如大气压力、温度、相对湿度、能见距离、传输路径、光谱范围等。通常采用专门的计算软件进行计算。

2. 等级的确定

通常热成像系统对目标的观察等级也可用约翰逊准则表示，见表 6-1-2 所列。一般不用线对数，而用所谓空间频率的半周期数，即所需的条带数来表示，该数相当于线对

数的二倍。通常随机噪声限制发现性能，系统放大率限制定向性能，调制传递函数限制识别性能，扫描光栅限制认清性能。

上述观察等级所需条带数 N_e 均是在50%概率下得到的，当要求其他观察概率时，对应条带数应修正为 N，其修正关系如图6-3-11所示。

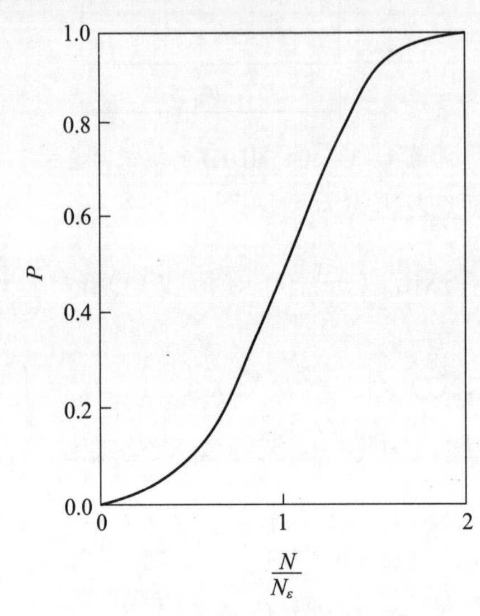

图6-3-11　概率 P 与目标条带数 N 的关系

3. 形状的影响

在讨论MRTD时所采用的测试图案的长宽比为7:1，实际目标的等效条带一般不满足上述条件。因此在视距估算时，应按实际情况修正MRTD。

设目标高度为 λ，目标方向因子 a_m 定义为高宽比，当观察等级要求的等效条带数为 N_e 时，则目标等效条件的方向因子为

$$\varepsilon = \begin{cases} N_e\alpha_m, x\ 方向 \\ N_e/\alpha_m, y\ 方向 \end{cases} \tag{6-3-8}$$

考虑到实际目标长宽比的变化，线条越长积累越大的关系，MRTD应修正为

$$\mathrm{MRTD}_e = (7/\varepsilon)^{\frac{1}{2}}\mathrm{MRTD} \tag{6-3-9}$$

4. 信噪比SNR对视角的修正

人眼通过光电成像系统对景物目标观察时，不仅与目标对系统的张角 α 有关，而且与人眼接收到图像的信噪比SNR有关。也就是说，对图像观察的灵敏度可能是受分辨力的限制，也可能受量子噪声的限制。当大气条件很好，视频图像信噪比也很高时，视距主要受极限分辨力的限制；当大气条件很差时，视距主要受信噪比限制。通过实验发现，在最佳观察距离处，极限信噪比 SNR_{DT} 在较大的空间频率范围内基本保持为一常数，因此，取该常数为极限信噪比的值，即 $\mathrm{SNR}_{DT}=2.8$。

实际所获得的信噪比不一定就等于 SNR_{DT} 之值，因此，对其影响极限空间频率的视角进行必要的修正，以体现不同信噪比对视距的影响。图6-3-12所示以一个舰船轮廓作目标，通过实验得到SNR与视觉探测所需角分辨率 θ 和张角 α 所对应角分辨率 θ_0 之比的修正关系。具体修正是计算 θ_0，由SNR的实际值，按图中曲线找到 θ 值，并以 θ 作为估算

视距的依据。

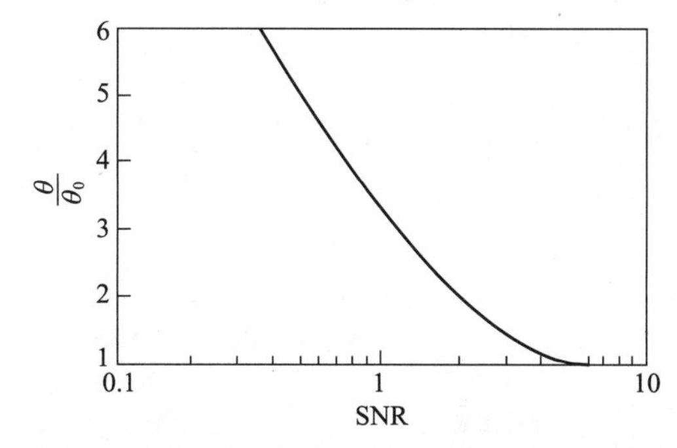

图 6-3-12　SNR 与实际所需角分辨率间的关系

5. 其他修正

热成像系统由于使用环境条件、目标位置及目标性质有很大的差别，因此，在进行视距估算时，必须对不符合实验室假设的因素进行修正，以保证视距估算的可靠性。当目标和背景不是黑体时，需将比辐射率引入计算。当目标和背景的温差很大时，需将辐射与温差间的非线性关系引入计算。当热成像系统与目标不在一个水平面时，需引入大气斜程的计算等。

（三）热成像系统的视距估算

热成像系统的视距估算实质上就是利用系统的综合极限持性 MRTD 或 MDTD 为依据，综合考虑目标、大气的实际情况和观察要求，通过计算在它们匹配的条件下获得估算的视距。

1. 对扩展源目标的视距估算

当辐射源目标的角宽度超过成像系统的瞬时视场时，称为扩展源或面源目标。热成像系统所面临的目标有许多都是扩展源目标，如军事目标（坦克、车辆、伪装物和军舰等）的发现、识别和认清。因此，不仅要考虑目标辐射的能量大小，还要考虑目标的几何尺寸和形状、辐射特性以及要求的观察等级等因素。视距估算模型应尽可能统筹考虑诸多因素，模拟系统对扩展源目标的观察情况。目前较公认的方法是利用表征系统静态性能的 MRTD 法。

MRTD 的估算流程如图 6-3-13 所示。该过程可简要叙述如下：按照目标温度 T_0，比辐射率 ε_0 和背景温度 T_b，比辐射率 ε_b，计算出等效的固有温差 ΔT_0；预置系统视距 R_i，引入大气条件计算出相应的透射比 $\tau(R_i)$，得到热成像系统的表观温差 ΔT；从要求对目标的观察等级，按约翰逊准则，找到对应的条带数 N，再按观察概率 P 的要求将条带数修正为 N_e；用 N_e 结合目标的极限宽度，计算出目标的方向因子 ε，并以此修正系统的 MRTD 为 MRTDe(f)；再令表观温度 ΔT 等于 MRTDe(f) 时，由曲线可找到对应的空间频率 f_0，并可换算成空间分辨力 θ_0，按实际的表观温差 ΔT 与系统的等效噪声温差 NETD 之比，可计算出相应的信噪比 SNR，并用 SNR 的实际值去修正 θ_0 而获得系统实际的空间分辨力 θ；由 θ 可计算出每条带所对应的宽度 Δ'，与要求条带数 N_e 相乘，则可得到这时对应的像宽 Δ；利用目标的极限宽度，像宽 Δ 和物镜焦距，按成像关系公式就可计算出可以观察的距离 R_{i+1}；设定估算视距允许的最小误差为 ΔR，当估算视距 R_{i+1} 与预置视距 R_i 之差的绝对值大于 ΔR 时，说明估算精度没有达到要求，令 $R_i = R_{i+1}$ 重复上述过程，直到

$|R_{i+1} - R_i| < \Delta R$ 时,认为精度已满足估算要求,则令 $R = R_{i+1}$ 作为估算视距的结果。

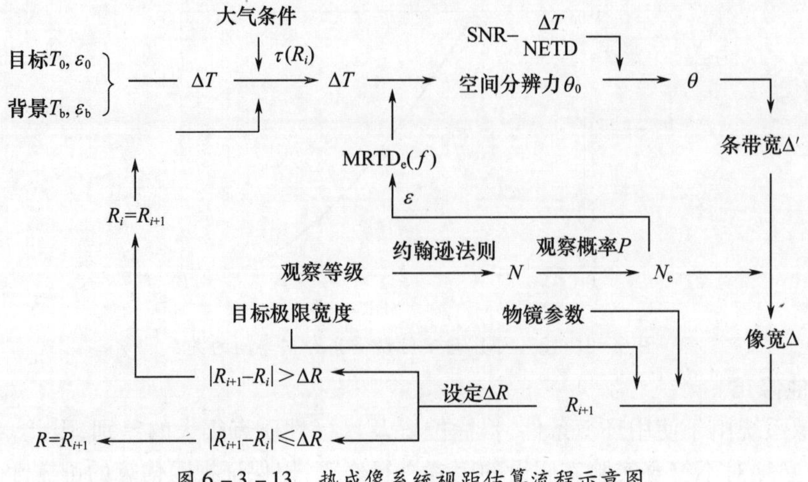

图 6-3-13　热成像系统视距估算流程示意图

2. 对点源目标探测的视距估算

当热成像系统探测很远的目标(如卫星、导弹、飞机等)时,目标张角小于或等于系统瞬时视场,称目标为点目标。显然点目标是个相对概念,并非目标尺寸一定很小。在点目标探测情况下,目标细节已不可能探测,但从能量的角度,只要信号足够大就可能探测,即要求信噪比达到探测阈值。点目标的视距估算方法有很多方法,其间的区别主要是考虑因素的多少。这里主要介绍基于 NETD 法和基于 MDTD 法。

(1) 基于 NETD 的点目标探测模型。

在 NETD 的推导中,要求目标的角尺寸 W 超过系统的瞬时视场若干倍,但在点目标探测时,目标像不能充满系统的单个分辨元,因此,需要对 NETD 进行修正。

设目标对系统的张角为 α' 和 β' , $\alpha' < \alpha$, $\beta' < \beta$,则对于未充满瞬时视场的情况,对 NETD 的修正为

$$\text{NETD}_\text{P} = \frac{\alpha\beta}{\alpha'\beta'}\text{NETD} \tag{6-3-10}$$

由于 $\alpha\beta > \alpha'\beta'$,所以 $\text{NETD}_\text{P} > \text{NETD}$,即点目标探测时的噪声等效温差比成像探测时的大,且是 α' 和 β' (即目标大小和距离)的函数。

设目标为方形,其面积 $S = A \times B$,目标与背景之间的实际温差为 ΔT ,系统至目标的距离为 R ,则

$$\alpha'\beta' = \frac{A}{R}\frac{B}{R} = \frac{S}{R^2} \tag{6-3-11}$$

代入式(6-3-10),有

$$\text{NETD}_\text{P} = \frac{R^2\alpha\beta}{S}\text{NETD} \tag{6-3-12}$$

由于系统的 NETD 只是探测能力的一种标志,并不是说目标对背景的温差等于系统的 NETD 就一定能探测,需要大于对应探测概率的阈值信噪比,即

$$\text{SNR}_\text{DT} = \frac{\Delta T_0 \text{e}^{-\sigma R}}{\text{NETD}_\text{P}} \tag{6-3-13}$$

或

$$\Delta T_0 e^{-\sigma R} = \alpha\beta \mathrm{SNR_{DT}} \mathrm{NETD} \frac{R^2}{S} \quad (6-3-14)$$

式中，σ 为大气消光系数。

对式(6－3－14)取对数，并经整理得

$$2\ln R + \sigma R = \ln\left(\frac{\Delta T_0 S}{\alpha\beta \cdot \mathrm{SNR_{DT}} \cdot \mathrm{NETD}}\right) \quad (6-3-15)$$

此即为基于 NETD 的点目标探测视距模型。该模型较为简单，适宜分析计算，缺点是未考虑系统传递函数等的影响。

(2) 基于 MDTD 的点目标探测模型。

人眼通过热成像系统对点源目标视距估算的基本要求是系统的信噪比应大于或等于阈值信噪比，即对于空间张角角频率为 f 的点目标，其与背景的实际温差在经过大气传输到达热成像系统时，仍大于或等于系统对应阈值信噪比及频率 f 下的 MDTD 为

$$\begin{cases} \dfrac{1}{f} \leqslant \dfrac{2h}{R} \\ \Delta T_0 \cdot \tau(R) \geqslant \mathrm{MDTD_a}(f, T_b) \end{cases} \quad (6-3-16)$$

式中，f 为目标空间张角的空间频率；$\mathrm{MDTD_a}$ 为经过修正后的 MDTD。满足式(6－3－16)要求的最大距离 R_{max} 即为热成像系统对点源目标的视距。

对于小目标探测，目标对系统的水平张角 α' 和垂直张角 β' 将可能对应地小于探测器单元，对系统的水平张角 α 和垂直张角 β，分析 NETD 的理论模型，可知对应点目标的 $\mathrm{NETD_P}$ 将修正为

$$\mathrm{NETD_P} = \max\left\{1, \frac{\alpha}{\alpha'}\right\} \cdot \max\left\{1, \frac{\beta}{\beta'}\right\} \cdot \mathrm{NETD} \quad (6-3-17)$$

由于 α' 和 β' 是目标大小和距离的函数，NETD 的变化将造成 MDTD 的变化，因此，对应点探测阈值信噪比下的 MDTD 也将受目标大小和距离的影响。

本章小结

本章首先介绍了人眼视觉特性和图像探测模型，它是光电系统性能分析的基础。然后重点分析了微光成像系统和红外热成像系统的静态性能。通过静态性能分析，可以估算一个光电系统的成像能力、探测能力等核心能力，从而为光电系统应用奠定基础。

复习思考题

1. 直视微光系统的视距估算原理。

2. 微光夜视仪 $f' = 100$mm，若要求在 1000m 距离上识别高度为 2m 的汽车，则像管的分辨力不能低于多少？

3. 目标搜索的约翰逊(Johnson)准则把探测水平分为几个等级？各是怎么定义的？

4. 山林背景中有一中型坦克高度 $H = 2.37$m，目标反射比 $\rho = 0.25$，对比度 $C_0 = 0.33$，夜视仪的物镜焦距 = 100mm，F 数 = 1，透射比 $\tau_0 = 0.7$，若测得像增强器光阴极面照度 E_c 与分辨力 m 的关系如下表($C = 100\%$)，试问在夜天光照度 $E_0 = 5 \times 10^{-3}$ lx，能见距

离 $R_v = 15$km 的晴天条件下，微光夜视仪能否识别距离 800m 的坦克？（对于山林背景和晴天条件，取 $K = 4$）

E_c/lx	5×10^{-7}	2×10^{-6}	5×10^{-6}	1×10^{-5}	1×10^{-4}	5×10^{-4}	1×10^{-3}
m/(lp/mm)	6	15	19	25	35	40	45

5. 热成像系统对扩展源目标作用距离的估算方法主要基于什么原理？包含有哪些修正因素？

6. 怎样估算热成像系统对点源目标的作用距离？

7. 某无选择探测器，其光敏面积为 $50\times50\mu m^2$，比探测率 $D^*(500,800,1) = 5\times10^{10}$ $cm\cdot Hz^{1/2}/W$，当探测电路宽为 20Hz，调制频率为 800Hz 时，试求该系统对温度 1000K，比辐射率为 0.8，直径为 0.5m 的飞机喷口在信噪比为 1 条件下的探测距离（$\sigma = 5.67\times10^{-8}\ W\cdot m^{-2}\cdot K^{-4}$）。

8. 热成像系统的噪声等效温差 NETD 是如何定义的？为什么说它可以评价系统的温度分辨力，但并不全面？

9. 并行处理前视红外系统，探测器为 120 像元 HgCdTe，$D^*(\lambda_p) = 2\times10^{10}\ cm\cdot Hz^{1/2}/W$，$\lambda_1 = 8\mu m$，$\lambda_2 = 11.5\mu m$，尺寸 $a\times b = 50\times50\mu m^2$，聚光系统焦距 $f' = 50$cm，通光口径 $D = 4$cm，透射比 $\tau_0 = 0.8$，扫描系统为隔行扫描，扫描效率 $\eta_{sc} = 0.64$，$f_p = 30$Hz，过扫比 $O_s = 1$，总视场 $W_a\times W_b = 400\times300\text{mrad}^2$，求背景温度为 300K 时的 NETD。

10. 试述热成像系统的最小可分辨温差 MRTD 的定义，为什么说它是综合评价参量？

11. 试述热成像系统的最小可探测温差 MDTD 的定义，它与 MRTD 有何不同？

第七章　光电被动侦察

根据侦察目的进行划分,光电侦察可分为战略情报侦察和战术情报侦察两类;根据侦察方式进行划分,光电侦察可分为主动侦察和被动侦察两种方式。

战略情报侦察是指战前通过卫星、雷达、侦察机、无人机等平台侦察某区域的光辐射来获得敌方武器设施、兵力部署等战略情报;战术情报侦察是指在战斗即将发生前及战斗过程中对战场光辐射环境进行实时侦察,以便为光电对抗提供实时可靠的情报;主动侦察是指主动向目标发射光辐射,通过目标所反射回来的光谱来获得情报的侦察方法,如激光测距、激光雷达等;被动侦察则是通过接收目标自身所发射光辐射或反射的自然光辐射来获得情报的侦察方法,如红外警戒、激光报警、红外热像仪等。

本章讨论用于观察瞄准的光电被动侦察系统,主要包括电视、微光夜视仪、微光电视和红外热像仪。用于威胁告警的光电被动侦察系统,比如:红外告警系统和激光告警系统等,在后续章节讨论。在介绍光电被动侦察系统的基本原理之前,首先概述光电成像的基本情况。

第一节　光电成像概述

现代人类生活在信息时代,获取图像信息是人类文明生存和发展的基本需要,但是由于视觉性能的限制,通过直接观察所获得的图像信息是有限的。首先是灵敏度的限制,夜间无照明时人的视觉能力很差,其次是分辨力的限制,没有足够的视角和对比就难以辨认,又有时间上的限制,已变化过的景象无法留在视觉上;还有光谱的限制,人眼只对电磁波中很窄的可见光区敏感。总之,人类的直观视觉只能有条件地提供图像信息。光电成像技术极大地拓展了人类视觉的灵敏度、光谱范围、时间瞬时性、作用距离、微小物体可见性等,具体表现在:①在空间上扩大人类视觉机能的图像传输技术;②在时间上扩大人类视觉能力的图像记录、存储技术;③扩大人类视觉光谱响应范围的图像变换技术;④扩大人类视觉灵敏机能的图像增强技术。

光电成像技术的核心是图像传感器。图像传感器按工作方式可分为直视型和扫描型两类。直视型图像传感器用于图像的转换和增强。其工作原理是将入射辐射图像通过外光电效应转化为电子图像,再由电场或电磁场的加速与聚焦进行能量的增强,并利用二次电子的发射作用进行电子倍增,最后将增强的电子图像激发荧光屏产生可见光图像。因此,直视型图像传感器基本由光电发射体、电子光学系统、微通道板、荧光屏及管壳等构成,通常称为像管。直视型图像传感器包括变像管和像增强管两类,其中变像管的光阴极对红外或紫外线等光线敏感,完成图像光谱变换,比如红外变像管;像增强管的光阴极只对可见光光线敏感,完成图像强度的变换,比如微光夜视仪。

扫描型图像传感器通过电子束扫描、光机扫描或固体自扫描方式将二维光学图像转换成一维时序信号输出。这里首先解释一下这三种扫描方式：

(1) 电子束扫描。景物整个成像在摄像管的靶平面上，然后通过电子束扫描去分割景物的像，并依次取出相应小单元的信号，最后获得整个图像信息；

(2) 光机扫描。利用偏转反射镜，使光学系统作方位偏转和俯仰偏转时，单元探测器所对应的瞬时视场也作相应的方位与俯仰扫描，从而获得整个观察空间的图像信息；

(3) 固体自扫描，也称为凝视，景物成像在面阵探测器上，面阵中每个探测器单元对应于景物空间的一个小单元。

通过采样技术对图像进行分割，并使各探测器单元感受到的景物信号依次输出，从而获得整个景物的图像信息。无论哪种扫描方式，这种代表图像信息的一维信号称为视频信号。视频信号通过信号放大和同步控制等处理后，通过相应的显示设备(如监视器)还原成二维光学图像信号。或者将视频信号通过 AD 转换器输出具有某种规范的数字图像信号，经数字传输后，通过显示设备(如数字电视)还原成二维光学图像。视频信号的产生、传输与还原过程中都要遵守一定的规则，才能保证图像信息不产生失真，这种规则称为制式。例如广播电视系统中所遵循的规则被称为电视制式。根据计算机接口方式的不同，数字图像在传输与处理过程中也规定了许多种不同的制式。扫描型图像传感器的典型实例包括：电视、微光电视和红外热像仪等。

当前，扫描型图像传感器的应用范围远远超过了直视型图像传感器的应用范围[16]。基于这个原因，本小节将以扫描型图像传感器为例来解释光电成像原理。

一、摄像机的基本原理

图 7-1-1 所示为光电成像的原理框图。光电成像系统由摄像系统与显像系统两部分组成。摄像系统由光学成像系统、光电变换系统、同步扫描和图像编码等部分构成，输出全电视视频信号。图像显示系统由信号接收部分(对于电视接收机为高频头，而对于监视器则直接接收全电视视频信号)、锁相及同步控制系统、图像解码系统和荧光显示系统等构成。

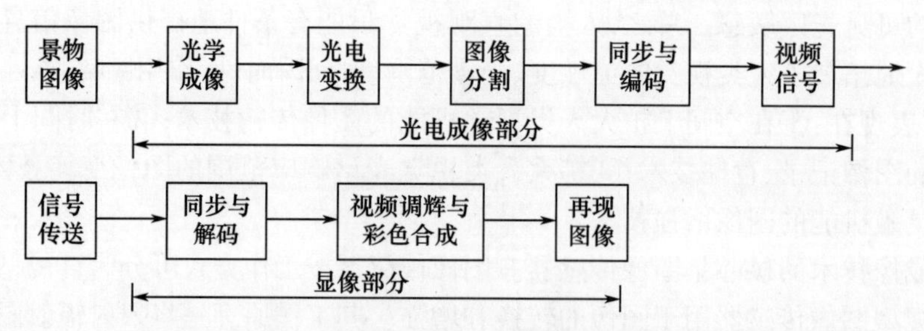

图 7-1-1 光电成像的原理框图

光学成像系统主要由各种成像物镜构成，其中包括光圈、焦距等的调整系统。光电变换系统包括光电变换器、像束分割器与信号放大器等电路。同步扫描和同步控制系统包括光电信号的行、场同步扫描、同步合成与分离等技术环节。图像编码、解码系统是形成各种彩色图像所必备的系统，内容非常丰富。荧光显示系统为输出光学图像的系统，它能够完成图像的辉度显示、彩色显示与显示余辉的调整功能，以便获得理想的光学图像，即构成监视器或电视接收机。

在外界照明光照射下或自身发光的景物经成像物镜成像在物镜的像面上，形成二维空间光强分布的光学图像。光电图像传感器完成将光学图像转变成二维“电气”图像的工作。这里的二维“电气”图像由所用的光电图像传感器的性质决定，比如：超正析像管为电子图像，摄像管为电阻图像，面阵 CCD 为电荷图像。“电气”图像在二维空间的分布与光学图像的二维光强分布保持着线性关系。组成一幅图像的最小单元称为像素或像元，像元的大小或一幅图像所包含的像元数决定了图像的分辨率，分辨率越高，图像的细节信息越丰富，图像越清晰，图像质量越高，即将图像空间分割的越细。

高质量的图像来源于高质量的摄像系统，主要取决于高质量的光电图像传感器。对于光电图像传感器，像元通常称为传感器的像敏单元。像敏单元的大小直接影响它的灵敏度，通常像元尺寸越大灵敏度越高，动态范围也会提高。因此，有时为提高灵敏度和动态范围不得不以牺牲分辨率或增大像元尺寸为代价。

二、图像的分割与扫描

将一幅图像分割成若干像素的方法有很多：超正析像管利用电子束扫描光电阴极的方法分割像素；面阵 CCD，CMOS 图像传感器用光敏单元分割。被分割后的电气图像经扫描才能输出一维时序信号。扫描的方式也与图像传感器的性质有关。例如，真空摄像管采用电子束扫描方式输出一维时序信号；面阵 CCD 采用转移脉冲方式将电荷包顺序转移出器件，输出一维时序信号；CMOS 图像传感器采用顺序开通行、列开关的方式完成像素信号的一维输出。因此，也称面阵 CCD，CMOS 图像传感器为具有自扫描功能的器件。

传统的扫描方式是，基于电子束摄像管的电子束按从左向右、从上向下的扫描方式进行扫描，并将从左向右的扫描方式称为行扫描，从上向下的扫描方式称为场扫描。为确保图像任意点的信息能够稳定地显示在荧光屏的对应点上，在进行行、场扫描的同时必须设定同步控制信号，即行与场的同步控制脉冲。由于监视器或电视接收机的显像管几乎都是利用电磁场使电子束偏转而实现行与场扫描的，因此，对于行、场扫描的速度、周期等参数有严格的规定，以便显像管显示理想的图像。例如，对于如图 7-1-2(a)所示的亮度按正弦分布的光栅图像，电子束扫描一行将输出如图 7-1-2(b)所示的正弦时序信号，其纵坐标为与亮度 L 有关的电压 u，横坐标为扫描时间 t。若图像的宽度为 W，图像在 x 方向的亮度分布为 L_x，设正弦光栅图像的空间频率为 f_x。则电子束从左向右扫描（正程扫描）的时间频率应为

$$f = f_x \frac{W}{t_{hf}} \tag{7-1-1}$$

式中，t_{hf} 为行扫描周期；W/t_{hf} 为电子束的行扫描速度，记为 v_{hf}，则式(7-1-1)变形为

$$f = f_x v_{hf} \tag{7-1-2}$$

式(7-1-1)和式(7-1-2)均可以描述将光学图像转换成一维时序信号的过程，当需要转换的图像的细节 f_x 确定时，视频信号的时间频率 f 与电子束的扫描速度 v_{hf} 成正比。

CCD 与 CMOS 等图像传感器只有遵守上述的扫描方式才能替代电子束摄像管，因此，CCD 与 CMOS 图像传感器的设计者均使其自扫描制式与电子束摄像管相同[17]。

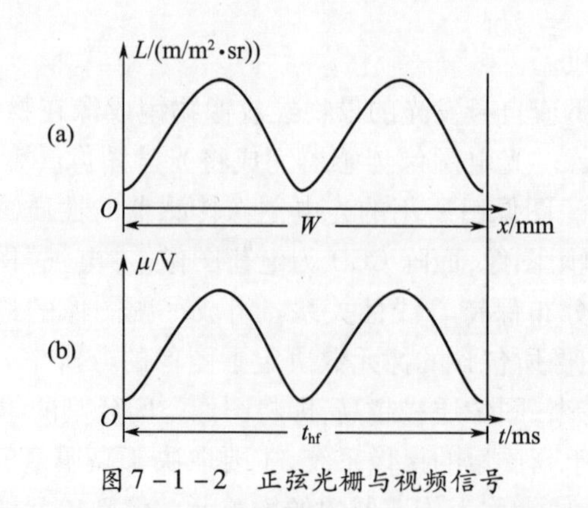

图 7-1-2　正弦光栅与视频信号

1）电视制式。

在电视的图像发送与接收系统中，图像的采集与图像显示器必须遵守同样的分割规则才能获得理想的图像传输，这个规则被称为电视制式。电视制式常包含电视画面的宽高比、帧频、场频、行频和扫描方式等重要参数。

目前，正在应用中的电视制式一般有三种：

（1）NTSC 彩色电视制式，这种制式于 20 世纪 50 年代由美国研制成功，主要用于北美、日本及东南亚各国的彩色电视制式，该电视制式确定的场频为 60Hz，隔行扫描每帧扫描行数为 525 行，伴音、图像载频带宽为 4.5MHz；

（2）PAL 彩色电视制式，这种制式于 20 世纪 60 年代由德国研制成功，主要用于我国及西欧各国的彩色电视制式；

（3）SECAM 彩色电视制式，SECAM 彩色电视制式于 20 世纪 60 年代由法国研制成功，主要应用于法国和东欧各国，SECAM 制式场频为 50Hz，隔行扫描每帧扫描行数为 625 行。

下面主要讨论我国现行的 PAL 电视制式。

（1）电视图像的宽高比。

若用 W 和 H 分别代表电视屏幕上显示图像的宽度和高度，则将二者之比称为图像的宽高比，即

$$a = W/H \tag{7-1-3}$$

电视选用早期电影屏幕的宽高比（4:3）。电影画面的宽高比是通过影院对银幕图像的观测实验得到的，4:3 宽高比的银幕效果最佳。

（2）帧频与场频。

每秒钟电视屏幕变化的数目称为帧频。由于电视系统出现在电影系统之后，因此，其帧频也受到电影系统的影响。电影放映机受机械运动和胶片耐热性的限制，采用每秒 24 幅画面（即帧频为 24Hz），并在每幅画面放映期间再遮挡一次，使场频变为 48Hz，人眼基本分辨不出画面的跳动。因此，电视的场频应该大于等于 48Hz。此外，为了消除交流电网的干扰，应尽量使电视的场频与本国的电网频率相等。我国电网频率为 50Hz，因此，采用 50Hz 场频和 25Hz 帧频的隔行扫描的 PAL 电视制式。

（3）扫描行数与行频。

帧频与场频确定后，电视扫描系统中还需要确定的参数是每场扫描的行数，或电子束

扫描一行所需要的时间,又称为行周期。行周期的倒数称为行频。

扫描行数越多,图像在垂直方向上的分辨率越高,电子束在水平方向上的扫描速度 v_{hf} 加快。根据式(7-1-2),在图像空间频率 f_x 确定的情况下,时间频率 f 与扫描速度 v_{hf} 成正比。由于图像信号 f_x 的低频分量可以接近于零,因此,电视扫描系统中用视频信号的上限频率 f_B 来代表视频的带宽。因此,视频的带宽与扫描行数之间必须进行折中。PAL 制式规定每帧的扫描行数为 625 行,行频为 15625Hz,每帧图像的水平分辨率为 466 线,垂直分辨率为 400 线。

综合以上讨论,我国现行电视制式(PAL 制式)的主要参数为:宽高比 $\alpha=4:3$;场频 $f_V=50\text{Hz}$;行频 $f_1=15625\text{Hz}$;场周期 $T=20\text{ms}$,其中场正程扫描时间为 18.4ms,场逆程扫描时间为 1.6ms;行周期为 64 μs,其中行正程扫描时间为 52 μs,行逆程扫描时间为 12 μs。

2)扫描方式。

电视图像的监视器与电视接收机的显示部分的原理是相同的,它们都是应用荧光物质的电光转换特性来显示图像的。在监视器中电子束在显像管的电磁偏转线圈产生的洛伦兹力的作用下,产生水平方向和垂直方向的偏转。电子束扫描的同时,由视频信号的幅度控制电子束轰击荧光屏的强度。

电视图像扫描常分为逐行扫描与隔行扫描两种方式,通过这两种扫描方式摄像机将景物图像分解成为一维视频信号,图像显示器将一维视频信号合成为电视图像,而且摄像机与图像显示器必须采用同一种扫描方式。

(1) 逐行扫描。

显像管的电子枪装有水平与垂直两个方向的偏转线圈,线圈中分别流过如图 7-1-3 所示的锯齿波电流,电子束在偏转线圈形成的磁场作用下同时进行水平方向和垂直方向的偏转,完成对显像管荧光屏的扫描。

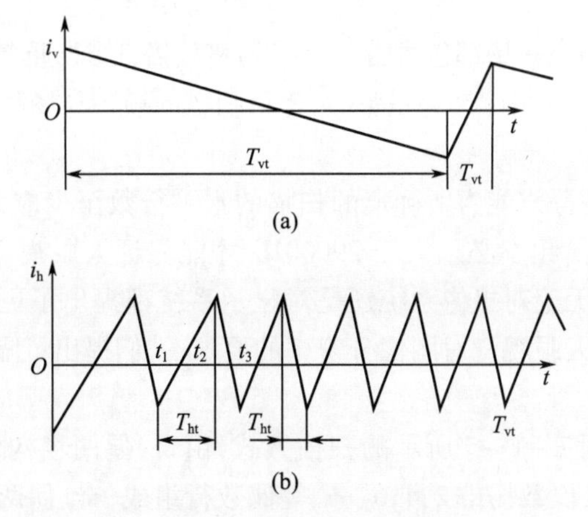

图 7-1-3 逐行扫描电流波形

(a)场扫描锯齿波电流;(b)场扫描锯齿波电流。

场扫描电流的周期 T_{vt} 远大于行扫描的周期 T_{ht},即电子束由上到下的扫描时间远大于水平扫描的时间,在场扫描周期中可以有几百个行扫描周期,而且场扫描周期中电子束由上到下的扫描为场正程,场正程时间 T_{vt} 远大于电子束从下面返回到初始位置的场逆程

时间 T_{vr}，即 $T_{vt} \gg T_{vr}$。电子束上、下扫一个来回的时间称为场周期，场周期 $T_v = T_{vt} + T_{vr}$。场周期的倒数为场频，用 f_v 表示。

行扫描周期中电子束自左向右的扫描为行正程，即 $t_1 \sim t_2$ 时刻的扫描为行正程时间 T_{ht}。电子束从右返回到左边初始位置的回扫过程为行逆程，即行逆程时间 T_{hr} 为 $t_2 \sim t_3$ 时刻的时间。显然，$T_{ht} \gg T_{hr}$。电子束左、右扫一个来回的时间称为行周期，即行周期 $T_h = T_{ht} + T_{hr}$。行周期的倒数为行频，用 f_h 表示。

在行、场扫描电流的同时作用下，电子束受水平偏转力和垂直偏转力的合力作用进行扫描。由于电子束在水平方向的运动速度远大于垂直方向的运动速度，所以，在屏幕上电子束的运动轨迹为如图 7－1－4 所示的稍微倾斜的"水平"直线。图 7－1－4 中一场中只有 8 行"水平"光栅，因此光栅的水平度很差。当一场中有很多行时（例如几百行），行扫描线的水平度将很高，即一场图像由很多行扫描光栅构成。无论是行扫描的扫描逆程，还是场扫描的扫描逆程都不希望电子束使荧光屏发光，这就需要加入行消隐与场消隐脉冲，使电子束在行逆程与场逆程期间截止。实际上，行消隐脉冲的宽度稍大于行逆程时间，场消隐脉冲的宽度也大于场逆程时间，以确保显示图像的质量。

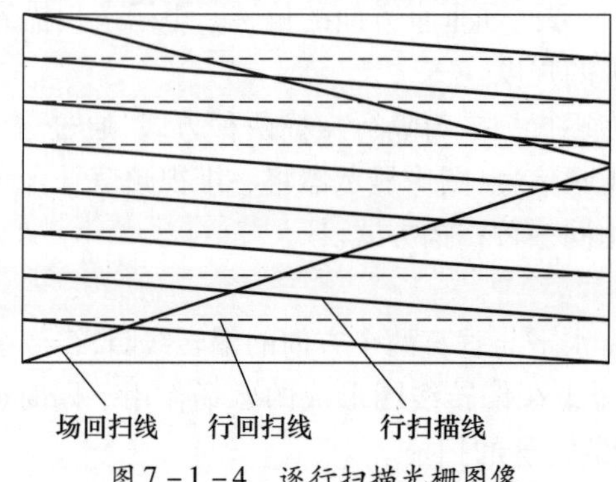

图 7－1－4　逐行扫描光栅图像

逐行扫描方式中的每一场都包含着行扫描的整数倍，这样，重复的图像才能被稳定地显示，即要求 $T_v = NT_h$，其中，N 为正整数，逐行扫描的帧频与场频相等。

（2）隔行扫描。

根据人眼对图像的分辨能力所确定的扫描的水平行数至少应大于 600 行。因此，对于逐行扫描方式，行扫描频率必须大于 29000Hz 才能保证人眼视觉对图像的最低要求。这样高的行扫描频率，无论对摄像系统还是对显示系统都提出了更高的要求。为了降低行扫描频率，又能保证人眼视觉对图像分辨率的要求，人们提出了隔行扫描分解图像和显示图像的方法。

隔行扫描采用如图 7－1－5 所示的扫描方式，由奇、偶两场构成一帧。奇数场由 1，3，5、…、等奇数行组成，偶数场由 2，4，6、…、等偶数行组成，奇、偶两场合成一帧图像。人眼看到的变化频率为场频，人眼分辨的图像是一帧，一帧图像由奇、偶两场扫描形成，帧行数为场行数的 2 倍。这样既提高了图像分辨率又降低了行扫描频率，是一种很有实用价值的扫描方式。因此，这种扫描方式一直为电视系统和监控系统所采用。

两场光栅均匀交错叠加是对隔行扫描方式的基本要求，否则图像的质量将大为降低。因此要求隔行扫描必须满足下面两个要求：

（1）要求下一帧图像的扫描起始点应与上一帧起始点相同，确保各帧扫描光栅重叠；

（2）要求相邻两场光栅必须均匀地镶嵌，确保获得最高的清晰度。

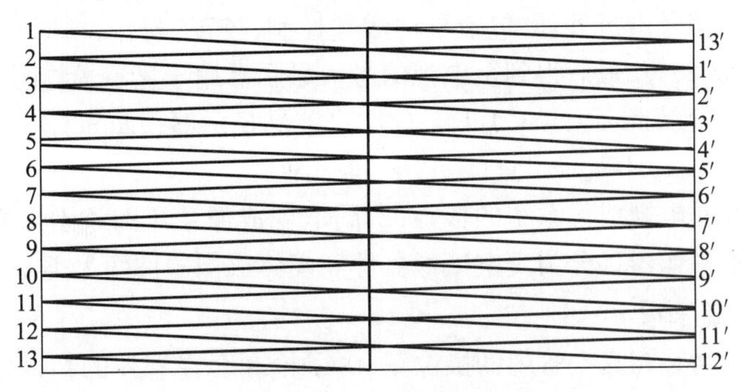

图7－1－5　隔行扫描光栅

从第1条要求考虑，每帧扫描的行数应为整数；若在各场扫描电流都一样的情况下，要满足第2条要求，每帧均应为奇数。因此，每场的扫描行数就要出现半行的情况。目前，我国现行的隔行扫描电视制式就是采用每帧扫描行数为625行，每场扫描行数为312.5行。

三、图像处理及分析

对视频图像进行AD变换后，形成数字图像。数字化以后的图像信号可以进行更为复杂的处理以达到某种特定的目的，主要有图像预处理、特征提取及分析、图像重建等。

图像预处理包括常用的滤波、增强、去噪等，目标是改进图像的质量，而特征提取及分析是从图像中抽取某些有用的特征，数据或信息：图像重建是提取图像的感兴趣区域，也可以是从二维图像数据构造三维图像（例如CT成像技术），或通过插值算法实现图像的超分辨显示等。

第二节　电　　视

电视是一类用于将景物的可见光图像转换为电视视频信号并显示输出的光电成像系统，主要用于白天侦察、目标跟踪、火控系统等[18]。电视技术的出现，使人类摆脱了必须面对景物才能观察的限制，从而开拓了一条实时图像传输的技术途径。电视是利用无线电或有线电的方法来传送和显示远距离景物图像的设备。它不仅能超越障碍提供远距离景物的图像，而且能够在大屏幕上显示，其亮度和对比度还可以调节。电视技术中的摄像管不产生输出图像，而是把输入图像转换为便于传输的电信号，这一电信号称为视频信号。电视技术中的显像管将处理后的视频信号转换为输出的光学图像，完成上述转换的逆过程。

电视的原理框图主要由光学系统、电视摄像器件、视频信号处理电路、显示器等四部分组成，如图7－2－1所示。

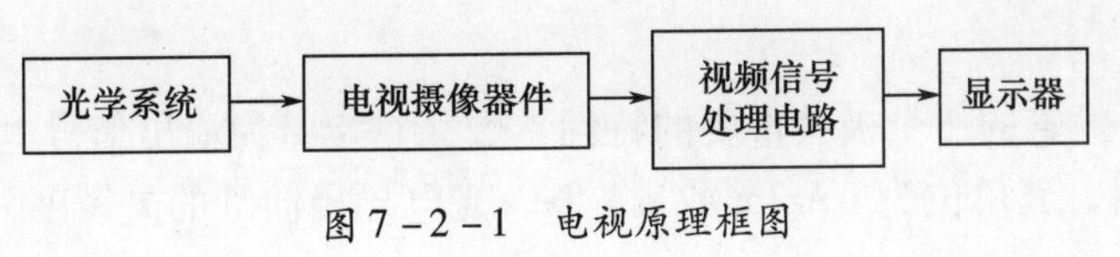

图7－2－1　电视原理框图

光学系统用于收集景物的可见光辐射并成像于电视摄像器件的光敏面上。电视摄像器件用于将可见光图像转换为时序电视视频信号。视频信号处理电路对电视摄像器件输出的时序电视视频信号进行处理,包括自动增益控制,校正,与行、场同步信号和行、场消隐信号合成,功率放大等,最后得到全电视信号。显示器用于显示景物图像。目前显示器件主要有阴极射线管(Cathode Ray Tubes,CRT)、液晶显示器(LiquidCrystal Display,LCD)和等离子显示板(Plasma Display Panels,PDP)等几种。

电视摄像器件是电视成像系统的核心,不同电视成像系统的差别主要在于电视摄像器件的差别。电视摄像器件分为真空摄像器件和固体成像器件两大类。

(一) 真空摄像管

真空摄像管由封装在真空管内的摄像靶、电子枪和套在管外的扫描偏转线圈等三部分组成[19](图7-2-2)。摄像管由几万到几十万个光敏元(像素)组成。每个光敏元的体电阻和体电容构成一个等效 RC 并联回路。当光敏元受到的光照度越大,则存储的电荷越多,即存储电荷与光照度成正比,于是,靶面可以将输入图像的光照度分布转化为靶面光敏元电荷的二维空间分布,完成景物图像的光电转换及电荷存储过程。电子枪提供电视信号拾取的电子束流,由电子枪各电极电场和扫描偏转线圈组成的电子光学系统,使电子枪发射出的电子束按照一定的电视制式,对靶面进行行、场扫描。当行、场扫描电子束着靶而使各光敏元依次接地时,使各光敏元存储电荷依次放电,便得到一个相应于各光敏元存储电荷的时序电信号,从而完成图像信号的扫描读出过程。

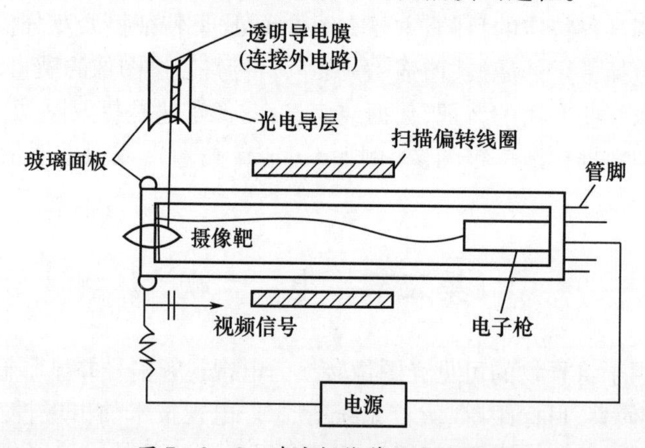

图7-2-2 真空摄像管组成示意图

(二) 固体成像器件

固体成像器件是基于微电子学超大规模集成电路技术,将电视摄像的三个物理过程,即景物图像的光电转换及电荷存储、电荷转移和信号读出,通过一个集成的半导体芯片,在外驱动电路控制下一并实现的全固态器件。固体成像器件中电荷耦合型(CCD)应用最为普遍,关于CCD的介绍详见4.2节。

(三) 性能参数

(1) 灵敏度。

灵敏度是摄像管的一个极其重要的特性参数。它定义为输出信号电流与输入光通量(或照度)的比值。其单位为 μA/lm 或 μA/lx。光电导摄向管的灵敏度公式为

$$S = \frac{dI_S}{d(N\Phi)} = \frac{dI_S}{d\tau}\frac{d\tau}{dR}\frac{dR}{d(N\Phi)} \tag{7-2-1}$$

式中,N 为靶面的像元总数。由于靶面的每个像元接受光照的时间是电子束扫描时间的 N 倍,所以每个像元在帧周期 T_f 内输入的光通量为 $N\Phi$,对应的输出信号电流为 I_S 。

(2) 惰性。

在摄取动态景物时,摄像管的输出信号会滞后于输入照度的变化,这种现象叫惰性。当景物快速运动或摄像机快速移动时,可见显示屏上出现瞬时视场之外的景象(重影),这就是惰性的表现。当输入照度增大时,输出信号并不即刻上升,而是有所滞后,这种滞后称为上升惰性。同样,输入照度减小时,输出信号的降低也有滞后,称为下降惰性。二者都会使图像模糊。

摄像管产生惰性的主要原因有:一是图像写入时的光电导惰性;二是图像读出时扫描电子束的等效电阻与靶的等效电容所构成的充电、放电惰性。

① 光电导惰性。

在有光信号输入时,光生载流子并不因光子入射而即刻达到稳态值;在光子入射被截止时,光生载流子也不立即全都复合。这种情况必使摄像管靶面产生的电荷图像滞后于输入的景物光学图像。这就是光电导惰性。

② 电容性惰性。

在电子束扫描靶面时,靶面电位并不立即下降为零,而是逐渐下降,这个过程取决于扫描电子束的等效电阻和靶的等效电容。故此在电子束扫描之后,靶面仍有残余电荷,从而出现惰性,它是因靶的电容引起的,称为电容性惰性。

③ 摄像管的分辨力。

电视摄像管在摄像时对图像细节的分辨能力是一项重要的性能指标。由于电视系统采用扫描方式,故分辨力在垂直和水平方向上是不同的。分辨力以画面垂直方向或水平方向尺寸内所能分辨的黑白条纹数来表示,这一极限分辨的线条数简称为电视线(TVL)。

① 垂直分辨力。

在整个画面上,沿垂直方向所能分辨的像元数或黑白相间的水平等宽矩形条纹数,称为垂直分辨力。比如,若能够分辨 600 行,即垂直分辨力为 600TVL。

靶面像元的大小是由电子束落点尺寸,扫描行数和扫描位置所决定的,它们决定了垂直分辨力的上限,当这些因素确定之后,靶本身的质量就决定着分辨力的大小。

② 水平分辨力。

整个画面上,沿水平方向所能分辨的像元数,称为水平分辨力。习惯上也用电视线(TVL)来表示。由于在水平方向上,扫描电子束是连续移动的,所以它同垂直方向上的情况不同。因此二者的分辨力也不相等。除了靶和屏以外,影响水平分辨力的因素主要有扫描电子束落点尺寸的影响以及频带宽度的影响。

第三节　微光夜视仪

微光夜视仪是一类用于对微弱光(夜天星光)条件下的景物进行成像以供人眼直接观察的光电成像系统。主要用于作战人员夜间观察战场阵地、目标瞄准等。夜天微光的光谱分布主要在0.8～1.3μm之间,这也是微光夜视仪的工作波段。星光、月光的强弱和大气能见度是限制仪器观测距高的主要因素。当前,微光夜视仪在星光下对人的极限视距大约在1000m左右,坦克等大型目标在月光下的发现距高最大可达5800m左右,星光下发现距离可达4000m。

一、基本原理

微光夜视仪包括四个主要部件:成像物镜、像增强器和目镜,如图7－3－1所示。从光学原理而言,微光夜视仪是带有像增强器的特殊望远镜。微弱自然光经由目标表面反射,进入夜视仪;在强光力物镜作用下聚焦于像增强器的光阴极面(与物镜后焦面重合),激发出光电子;光电子在像增强器内部电子光学系统的作用下被加速、聚焦、成像,以极高速度轰击像增强器的荧光屏,激发出足够强的可见光,从而把一个被微弱自然光照明的远方目标变成适于人眼观察的可见光图像,经过目镜的进一步放大,实现更有效地目视观察。以上过程包含了由光学图像到电子图像再到光学图像的两次转换。

像增强器是微光夜视仪的核心。其作用是把微弱的光图像增强到足够的亮度,以便人们用肉眼进行观察。像增强器主要由光阴极、电子光学系统和荧光屏组成。像增强器的微光景物亮度增强过程是利用电子信号放大原理,分“光电转换”“电子加速”“电光转换”三个步骤实现的。当物镜将微光图像投射到光阴极时,阴极面内侧的光电发射材料发出电子,电子的密度分布与图像的亮度成正比,从而将来自景物的微光转换为电子图像。像管的中部是聚焦电极,电极上加静电场或电磁复合场,对电子具有“聚焦成像”的功能。“电子透镜”使电子加速是实现亮度增强的关键步骤。阴极发出的光电子受到阳极电压的吸引,向荧光屏加速飞去,高速撞击荧光屏,激出大量光子。电子速度越快,撞击荧光屏产生的光子越多。荧光屏把一个电子转换成一群光子,形成亮度增强的可见光图像。

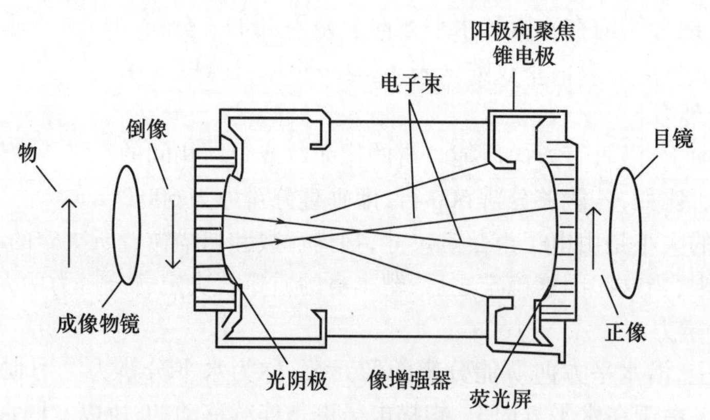

图7－3－1　微光夜视仪工作原理

通常按所用像增强器的类型对微光夜视仪分类,有所谓第一代、第二代、第三代微光夜视仪之称。它们分别采用级联式像增强器、带微通道板的像增强器、带负电子亲和势光阴极的像增强器[20]。

二、第一代微光夜视仪

因为单级像增强器的亮度增益通常只有50～100,一般难以满足军用微光夜视仪的使用要求。如果专门设计电子光学系统，使其光电阴极直径比荧屏直径大几倍，即电子光学系统线倍率远小于1，则单级像增强器也可达到近千的亮度增益，可在要求不高的场合使用。以典型星光照度(10^{-3}lx)的夜视为例，为把目标图像增强至适于目视观察的程度，要求像增强器具有几万倍的光增益。单级像增强器是无能为力的。于是，人们采用多级级联的方法。多级级联的关键是如何实现像增强器耦合。1958年，光纤面板问世，加之当时荧光粉性能的提高，为光纤面板耦合的像增强器奠定了基础。光学纤维中的光导纤维是指由石英、玻璃等材料制成的传光纤维束、传像纤维束和光学纤维面板等光纤元件，可用来传送光能及图像信息。它是由较高折射率的芯体和较低折射率的包皮组成。当入射光满足全反射条件时，便在光纤内形成导波面传光。把许多单根的光导纤维细丝整齐排列成纤维束，使它们在入射端面和出射端面中一一对应，则每根光纤的端面都可看成一个取样单元。这样，经过光纤束就可以把图像从入射端面传送到出射端面。光学纤维面板就是利用入射光线在各单根纤维芯皮界面全反射的原理实现图像传送的。

光纤面板耦合的优点：

(1) 各级可以做成独立单管，因此工艺较简单，使成品率大大提高。且在使用时，若某一级管子损坏了可以更换；

(2) 由于光纤板传光效率高达80%以上，因此用三级联像增强管可以获得更高的增益；

(3) 光纤板的端面可以加工成各种所需要的形状。

利用光纤面板耦合的多级像增强器构成的微光夜视仪称为第一代微光夜视仪。

(一) 基本原理

第一代微光夜视仪由物镜(折射式或折返式)、三级级联式像增强器、目镜和高压电源组成，如图7-3-2示。其中的高压供电部分常使用含有自动亮度控制(ABC)电路或自动防闪光电路的倍压整流系统，以提供高达36kV左右的直流电压；有的还包含自动补偿畸变的电路、电池电压下降自动补偿电路。制作时选用超小型元件，呈环形安装在像增强器周围，用硅橡胶灌封成一体。

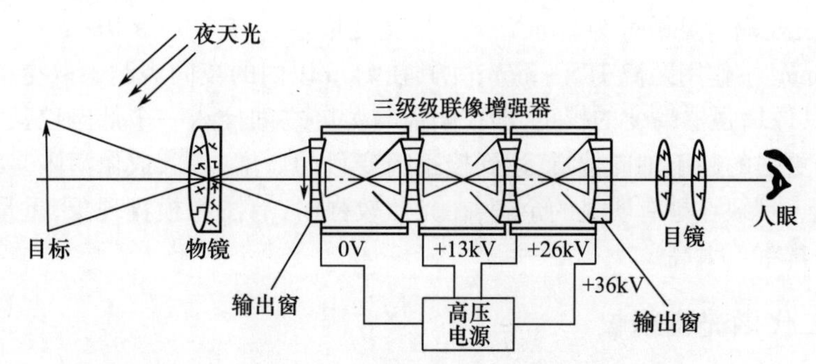

图7-3-2　第一代微光夜视仪工作原理

(二) 像增强器

像增强器中为把电子图像转换成可见的光学图像，通常采用荧光屏。能将电子动能转换成光能的荧光屏是由发光材料的微晶颗粒沉积而成的薄层。由于荧光屏的电阻率通常在$10^{10} \sim 10^{20}\Omega \cdot cm$，介于绝缘体和半导体之间，因此，当它受到高速电子轰击时，会积累负电荷，使加在荧光屏上的电压难以提高，为此应在荧光屏上蒸镀一层铝膜，引走积累的负电荷，而且可防止光反馈到光阴极。像管中常用的荧光屏材料有多种。基本材料是金属的硫化物、氧化物或硅酸盐等晶体。上述材料经掺杂后具有受激发光特性，统称为晶态磷光体。晶态磷光体在受电子激发时产生的光发射称为荧光，停止电子激发后持续产生的光发射称为磷光。

一代级联式像增强器的输入窗和输出窗都是由光学纤维面板所制成，利用光学纤维面板之间通过光学接触即可传像的性能，可以直接耦合。同时光学纤维面板又使像增强器获得以下优点：

（1）增加了传递图像的传光效率；

（2）提供了采用准球对称电子光学系统的可能性，从而改善了像质；

（3）可制成锥形光学纤维面板或光学纤维扭像器，从而实现变放大率及倒像的传像作用。

（三） 强闪光防护

战场上会出现强闪光，例如炸弹爆炸、炮口闪光等。强闪光被夜视仪的物镜聚焦，会产生很强的光阴极发射。这种短暂的高强度光电子发射会使光电阴极发生疲劳性损伤，甚至被永久性破坏。另一方面，光电子束流功率密度大到一定程度时，荧光屏出现过热现象，容易烧毁荧光物质。有资料称，800m 距离处的穿甲弹爆炸，约在夜视仪荧光屏上产生 500Wmm^{-2} 的功率密度，屏温可达 500 ~ 1000℃，造成荧屏灼伤。而一般荧屏能承受的最大电子束流功率密度为 $100 \sim 200\text{Wmm}^{-2}$，远比爆炸闪光所产生的荧屏电子束流功率密度小。自动亮度控制（ABC）电路不能解决上述强闪光的防护问题，这是因为 ABC 电路只能在较小的亮度动态范围起调节作用，不能适应强闪光的照度条件；再者，ABC 电路响应太慢（反应时间约 0.1s），不能适应爆炸强闪光（持续时间约 0.7ms）条件下防护的需要。

（四） 性能特点

第一代微光夜视仪已经实用于装甲车辆、轻重武器的微光观察、瞄准和远距离夜视。在 20 世纪 70 年代初，美军已完成了其标准化工作，其光电阴极灵敏度约 $300\mu\text{A}\cdot\text{lm}^{-1}$；在 850nm 波长处辐射灵敏度为 $20\text{mA}\cdot\text{W}^{-1}$；亮度增益为 $(2 \sim 3)\times10^4\text{cd}\cdot\text{lm}^{-1}$；鉴别率约为 $35\text{lp}\cdot\text{mm}^{-1}$；作用距离 1.5 ~ 3km；尤其在 1km 以内的夜间观测中取得了良好效果。目前考虑对其像增强器畸变的校正，即在阳极与荧屏之间插入一个低电位甚至负电位的电极，使电子更强的趋于轴向偏折，达到校正畸变目的。增益高、成像清晰是第一代微光夜视仪的优点，其缺点是有明显的余辉，在光照较强时，有图像模糊现象，重量较大，体积显得较笨，分辨率不太高。

三、第二代微光夜视仪

第二代微光夜视仪与第一代的根本区别在于它采用的是带微通道板（MCF）的像增强器。1962 年前后出现了微通道电子倍增器，1970 年研制出实用电子倍增器件 MCP 微通道板像增强器，并装出第二代微光夜视仪，如美国的 AN/PVS – 2A 等。由于像增强器更迭，电源也相应变化。至于系统的物镜、目镜与第一代微光夜视仪没有差别。

（一） 基本原理

作为第二代像增强器，微通道板像增强器与第一代像增强器的显著差异是，它是以微通道板的二次电子倍增效应作为图像增强的主要手段，而在第一代像增强器中，图像增强主要是靠高强度的静电场来提高光电子的动能。目前，一般微通道板的电子增益为10^3 ~ 10^4量级，一只微通道板像增强器的图像增强效果即可达到三级级联像增强器同样的水平。这就大大减小了仪器的体积和质量。

微光器件通常由密封在一个超高真空管内的光阴极、微通道板、荧光屏，如图 7-3-3 所示。光阴极把接收到的光子转换为光电子，微通道板把输入光电子倍增千百倍后，以高的电子能量轰击荧光屏，从而电光转换为亮度得到上万倍增强了的可见光图像。由于微通道板是平行平面形状，故它与荧光屏之间只好取近贴结构，但它与光电阴极之间，可取静电聚焦倒像结构或近贴结构。前者被称为倒像管，后者称为近贴管。

微通道板以通道入口端对着光电阴极，且位于电子光学系统的像面上；出口端对着荧光屏。两端面电极上施加工作电压形成电场。高速光电子进入通道后与内壁碰撞，激发出二次电子。因内壁具有很好的二次电子倍增特性，故能形成加强的二次电子束流。这些二次电子又会在通道内电场的加速下再次撞击通道内壁，产生更多的二次电子。如此重复，直至从通道出口端射出。设想取每次碰撞的二次倍增系数为 $\delta=2$，总碰撞次数累计为 10，则通道的电子数增益为

$$G_{\mathrm{e}}=2^{10}$$

可见通道电子流增强效能之高。因各通道彼此独立，故一定面积的微通道板可将二维分布的电子束流各自对应放大，即实现电子图像增强。

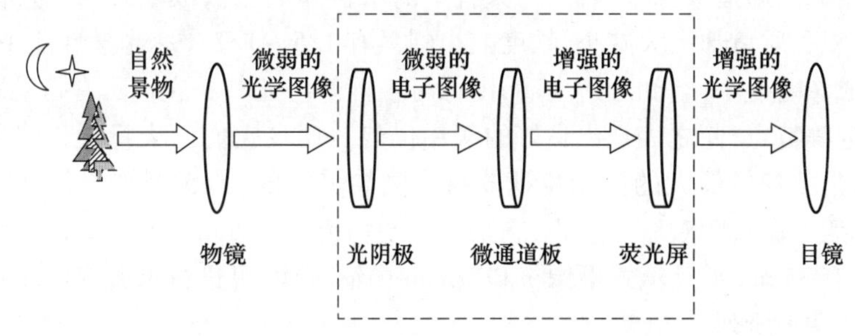

图 7-3-3　第二代微光夜视仪工作原理

（二）微通道板

微通道板能对二维空间分布的电子束流实现电子数倍增。它增益高、噪声低、频带宽、功耗小、寿命长、分辨率高且具有自饱和效应。

微通道板一般由含铅、钌等氧化物的硅酸盐玻璃制成，是厚度为零点几毫米到毫米量级（取决于其微通道直径和长径比）的介质薄板。其内密布着数以百万计的平行微小通道，通孔直径为 6 ~ 45μm；孔间距应尽量小（例如，当孔径为 10 ~ 12μm 时，孔中心距约 12 ~ 15μm，以减小非通孔端面，因为只有通孔内壁才有显著的电子倍增功效）。一般应使横断面上通孔面积占总截面的 55% ~ 80%。通道长度与通孔直径之比典型值为 40 ~ 50。微通道板两端面镀有镍层，以作输入和输出电极，板外缘带有加固环。为防止离子反馈轰击光电阴极，有时在微通道板输入端面镀三氧化二铝薄膜，通常膜厚约 3nm，它允许动能大于 120eV 的电子穿透，而阻止离子通过。这样，光电阴极就不会遭受离子轰击而得到了保护。图 7-3-4 表示了微通道板的剖面。

通常微通道板的通道并不与端面垂直，而是形成 7° ~ 15° 的倾角。这有两个好处：其

一,使尽可能多的电子成为反射电子,以求取得最好的二次电子发射效果;其二,防止正离子反馈穿过微通道轰击光电阴极。通道内壁上维持二次电子发射的传导电流与反向的二次电子所形成的附加电流在输出端附近处于抗衡状态,结果是输出电流密度不再增大。

MCP 的自饱和效应表现为当输入电流密度增大到一定程度后,输出电流密度不再随输入电流增加而增加。此效应是第二代像增强器的突出优点,使其具有防强光的特性。自饱和现象不会破坏 MCP 的性能,从饱和状态恢复的时间小于人眼的时间常数,故不妨碍观察,更重要的是保护荧光屏免受强闪光的破坏。MCP 中某一通道的饱和不会影响其他邻近通道。

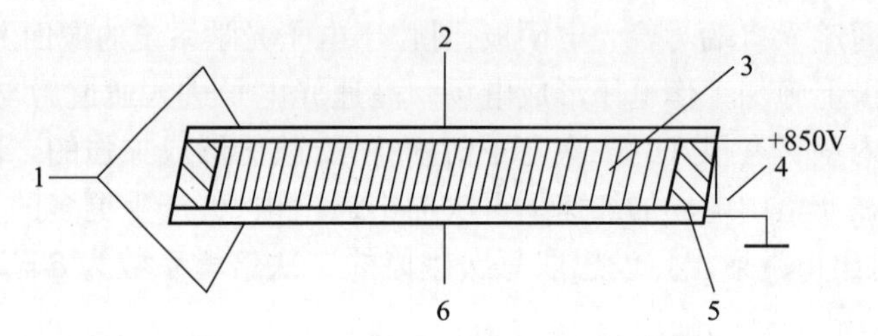

图 7-3-4　微通道板的剖面示意图

1—镍电极;2—输出电子;3—微通道面阵;4—通道斜角;5—加固环;6—输入电子。

(三) 性能特点

目前实用的微通道板像增强器,一只管子的增益即与三级级联式第一代像增强器水平相当,但体积和质量却大大减小,长度减小到只有 1/5~1/7。从光学性能来说,第二代微光夜视仪成像畸变小,空间分辨力高,图像可视性好。尤其是它们具有自动防强光性能和观察距离远等特点,使之表现出良好的实用优势。现在它们已大量用于武器瞄准镜和各种观察仪,是装备量最大的微光夜视器材。例如美国的 9885 型第二代远距微光观察仪,装在三脚架上做远距观察和监视,它采用优质物镜和 φ25mm 可变增益二代倒像管,双目观察,还配有 35mm 平反镜式摄像机和 16mm 中继透镜,可进行远距夜间拍摄。其主要性能见表 7-3-1 所列。

表 7-3-1　9885 型微光夜视镜主要性能

<table>
<tr><td colspan="2">倍率</td><td>9.4 倍</td><td>光电阴极</td><td>S-20VR</td></tr>
<tr><td colspan="2">试场</td><td>5.6°</td><td>电源电压</td><td>2.7VDC</td></tr>
<tr><td rowspan="5">分辨力</td><td rowspan="3">对比度 100%</td><td rowspan="3">3.6lp/mrad(10^{-3}lx 时)
5.1lp/mrad(10^{-1}lx 时)</td><td>电池寿命</td><td>30h</td></tr>
<tr><td>工作温度</td><td>-54~+54℃</td></tr>
<tr><td>存放温度</td><td>-57~+65℃</td></tr>
<tr><td rowspan="2">对比度 30%</td><td rowspan="2">2.6lp/mrad(10^{-3}lx 时)
4.6lp/mrad(10^{-1}lx 时)</td><td>相对湿度</td><td>98%</td></tr>
<tr><td>观察距离</td><td>$E=10^{-1}$l×$E=10^{-3}$lx</td></tr>
<tr><td colspan="2">物镜焦距</td><td>255mm</td><td rowspan="4">对人
对吉普车
对坦克</td><td rowspan="4">144m　1075m
2457m　1719m
5871m　4100m</td></tr>
<tr><td colspan="2">相对孔径</td><td>1:1.23</td></tr>
<tr><td colspan="2">像增强器</td><td>Φ25mm 二代倒像管</td></tr>
<tr><td colspan="2">像增强器分辨力</td><td>28lp/mm</td></tr>
</table>

由二代薄片管组装的第二代微光夜视仪由于其工作电压受极间击穿强度的限制，得到的亮度增益比采用二代倒像管的要低，成像质量也差些，且观察距离较小，工艺更难，价格偏高，一般适于制造夜视眼镜和袖珍式夜视仪。美、英、法、德及荷兰等国都已装备部队。美国 AN/PVS－5A 微光夜视眼镜在美陆军中装备较多，且可装在飞行员头盔上。

四、第三代微光夜视仪

1965 年，J. Van Laar 和 J. J. Scheer 制成世界上第一个砷化稼（GaAs）光电阴极。1979 年美国国际电话电报公司（ITT 公司）研制出利用 GaAs 负电子亲和势（NEA）光电阴极与 MCP 技术的成像器件（薄片管）。第三代像增强器是在二代近贴管的基础上，将三碱光阴极置换为 GaAs NEA 光阴极。以负电子亲和势光电阴极为核心部件，同时利用微通道板的二次电子倍增效应，构成第三代像增强器的基本特征。

（一） 基本原理

由于 GaAs 光电阴极结构的限制，入射端玻璃窗必须是平板形式，故第三代像增强器目前还只能取双近贴结构，其总体构成已如图 7－3－5 所示，它包括负电子亲和势光电阴极、微通道板、P20 荧光屏、铟封电极和电源。

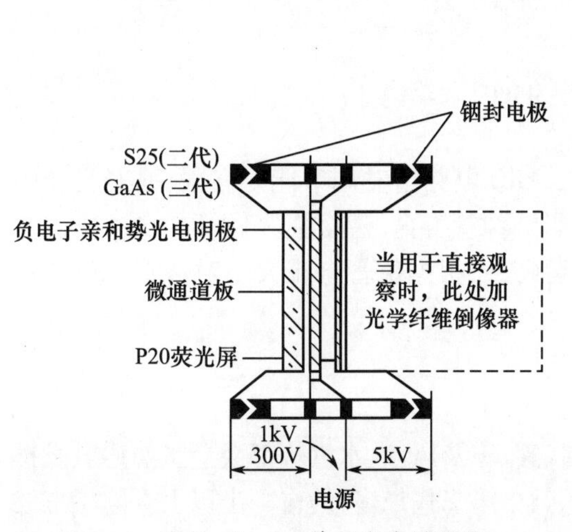

图 7－3－5　第三代像增强器

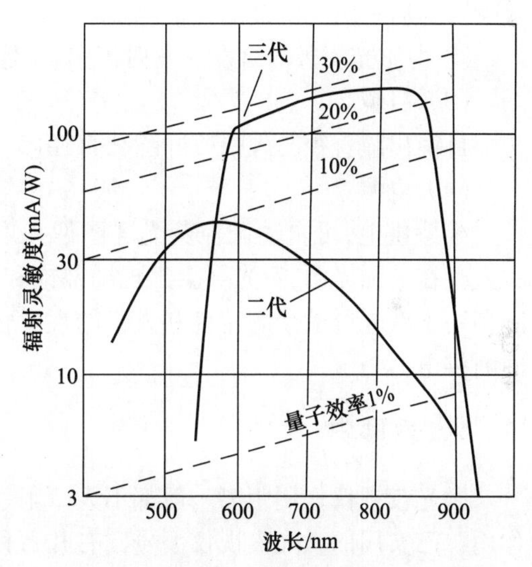

图 7－3－6　第二代 S25 与第三代砷化镓光电阴极的光谱响应

量子效率高、光谱响应宽是这种像增强器的特殊优点。实测表明，透射式 GaAs 光电阴极比锑钾钠艳光电阴极灵敏度高三倍多，且使用寿命明显延长。量子效率也高得多。由图 7－3－6 看出，它的光谱响应波段宽，而且向长波区明显延伸，这就更能有效地应用夜天辐射特性，观察距离可比第二代仪器提高 1.5 倍。除上述 GaAs、Cs_2O 两种二元Ⅲ、V族元素负电子亲和势光电阴极外，还有多元（如三元、四元）Ⅲ、V 光电阴极（如铟镓砷、铟砷磷等），它们对红外光敏感，其长波阈值可延伸至 1.58～1.65μm，这就能更充分地利用夜天光的辐射能，提高仪器的作用距离，还可与 1.06μm 波长工作的激光器配合，制成主动被动合一的夜视仪器，使系统向多功能方向发展。

第三代像增强器内也有微通道板，因而也具有自动防强光损害能力。

（二）性能特点

优点:量子效率高、光谱响应宽、自动防强光等。

缺点:工艺复杂,造价昂贵。

典型性能值:光灵敏度 1000μA. lm^{-1},辐射灵敏度(0. 85μm)100mA. W^{-1},亮度增益 $1\times10^{4}cd\cdot m^{-2}$,分辨力 $36lp\cdot mm^{-1}$。

五、性能参数

(1) 物镜。

由于一般像增强器极限空间分辨力不高,故要求物镜具有可能大的相对孔径。

(2) 像增强器。

① 为了把光阴极面接收到的微弱光照度增强至荧光屏上适于观察的图像亮度,首先要求像增强器具有图像亮度增强和波长转换双重功能。

② 作为弱光照度条件下工作的一种光探测器,响应度应尽量高。

③ 良好的光谱匹配是像增强器能有效工作的必要条件。包括光阴极光谱响应与自然微光辐射光谱的匹配、荧光屏辐射光谱与人眼光谱响应的匹配、级联式像增强器中前一级荧屏与后一级光阴极的光谱匹配。

④ 由于光阴极的自发热发射等因素,像增强器总会产生噪声,要求噪声要小。

(3) 目镜。

目镜出瞳直径与人眼夜间瞳孔直径(5 ~7. 6mm)一致。

(4) 电源。

维持供电,可自动调控荧光屏图像亮度。ABC 电路增益调节能力有限,面对视场中一直存在的强光源,荧光屏会出现局部饱和,影响像管寿命,甚至损坏像管。自动快门实际利用了荧光屏的余辉特性和人眼的视觉暂留特性,根据像管电流大小对像管实施自动间断供电。

六、发展史

微光夜视仪作用距离一般都不大。雨、雪、雾、霾及风沙、水汽等都会严重妨碍其发挥作用。已实用的微光夜视仪型号已有几百种,其中第二代最多,约占一半以上。除了上述三代微光夜视仪,为适应在极低照度($10^{-4}\sim10^{-5}lx$)条件下工作的需要,出现了所谓“杂交”式微光夜视仪方案。这种“杂交”主要表现在像增强器上。如以二代近贴管或三代管作为第一级,单级一代管作第二级的耦合像增强器,其优点是增益很高,并且适当减轻微通道板所承受的增益负担,可以谋求信噪比与增益之间的最佳折中,而分辨力只比二代近贴管下降约 10% 。这就使二者充分发挥优势,扬长避短。基于此类构思,出现了所谓一代半、二代半微光夜视仪的方案。

(1) 一代半微光夜视仪。

在一代单级管前面耦合一只二代近贴管,形成混合级联式像增强器,它只比一代单级管略大一点,却兼有一、二代像增强器的优点。采用这种像增强器的微光夜视仪,其作用距离增大,还能自动防强光危害,更适于实战应用。荷兰 Oldelft 公司的 GsbMc 型夜视仪即属此类。

(2) 二代半微光夜视仪。

美国 Litton 公司研制的 M909 型夜视眼镜采用了所谓二代半像增强器。这种像增强器是采用高灵敏度三碱(Na、K、Sb)光电阴极、高性能 MCP 和以玻璃面板为输入窗的二代管。已经制成的二代半管型号 PHILIPS XX1610,其典型性能为光灵敏度 $650\mu Alm^{-1}$,辐射灵敏度($0.83\mu m$ 波长)$60\mu AW^{-1}$,分辨力 $381pmm^{-1}$。通常认为,二代半像增强器是第二代到第三代的过渡型号。

微光夜视器件的研究方向是致力于提高已有的几代产品的性能,降低成本,扩大装备,并进一步延伸新一代产品的红外响应和提高器件的灵敏度。

(1) 超二代微光夜视技术。

超二代微光管采用与第三代微光近贴管结构大体相同的技术,主要技术特点是将高灵敏度的多碱光电阴极引入到第二代微光管中,并借用第三代微光 MCP、管结构、集成电源以及结晶学、半导体本体特性等机理和工艺研究成果,其成像质量大幅度提高,由于工艺相对简单,价格相对较低,因而成为目前的主流产品。

(2) 第四代微光夜视技术。

近年来,微光管的设计者从 MCP 中去除离子壁垒膜以得到无膜的微光管,同时增加一个自动门开关电源,以控制光电阴极电压的开关速度,并且改进了低晕成像技术,有助于增强在强光下的视觉性能。1998 年,Litton 公司首先研制成功无膜 MCP 的成像管。在目标探测距离和分辨力上有很大的提高,尤其是在极低照度条件下。其关键技术涉及新型高性能无膜 MCP、光电阴极与 MCP 间采用的自动脉冲门控电源及光晕成像技术等。这种无膜的 BCG - MCPIV 代微光管技术虽然刚刚起步,但良好的性能使其必然成为微光像增强技术领域的新热点。

(3) 集成化微光夜视装备。

随着微光夜视技术的发展,微光夜视装备越来越体现出集成化的趋势,一方面表现在将微光夜视功能直接集成到武器、观测设备上;另一方面体现在夜视装备本身功能集成上。对前者来说,主要体现在夜视瞄准器的发展上。另外,一些光学观测器材,如测距仪也将夜视仪集成进去,成为昼夜观测器材,其中比较有代表性的是瑞士 Vectronix 公司的 LEICA BlG - 35,这个设备可以昼夜工作,测量远方目标的距离和方位角,测量远处两个目标之间距离和方位角,还可以通过自身携带的全球定位系统(GPS)定位远方敌人的坐标,大大提高了侦察员的侦察效率。

(4) 系统化微光夜视装备。

对于夜视装备本身,除了向更小型化、紧凑化发展外,应该向现代战争的 C^4I 系统靠拢,不仅应具备数字连接接口,更应成为单兵信息系统的显示终端。以瑞士的 BIM4 型夜视仪为例,该设备的夜视图像中可以加入多种单兵信息,如指挥员指令、电子地图、战场示意图等,成为未来单兵作战系统的核心部件之一。

第四节　微光电视

微光电视是工作在微弱照度条件下的电视摄像和显示设备,故也称为低光照度电视(LLLTV)。它是微光像增强技术、电视与图像技术相结合的产物。与一般广播电视和工业电视不同,它能在黎明前的微明时分(地面照度约 1lx)照度水平以下正常工作,允许最低数照度约 10^{-4}lx(无月黑夜)。而广播电视和一般工业电视的工作照度要求却高得多(例如要求白昼的光照度,约 10^{2}lx)[21]。

在军事上,微光电视可用于以下场合:

(1) 夜间侦察、监视敌方阵地,掌握敌人集结、转移和其他夜间行动情况;

(2) 记录敌方地形、重要工事、大型装备,发现某些隐蔽的目标;

(3) 借助其远距离传送功能,把敌纵深领地的信息实时传送给决策机关;

(4) 与激光测距机、红外跟踪器(或热像仪)、计算机等组成新型光电火控系统;

(5) 在电子干扰或雷达受压制的条件下为火控系统提供替代的或补充手段;

(6) 对我方要害部门实行警戒。

目前,外军在各兵种都配有微光电视装备。给歼击机、轰炸机、潜艇、坦克、侦察车、军舰等重要武器配上微光电视,则作战性能更加完备。

一、基本原理

微光电视系统主要包括微光电视摄像机、传输通道、接收显示装置三部分。如图 7-4-1 所示,其中的微光电视摄像机除具有普通电视摄像机的功能之外,还突出地表现出把微光图像增强的作用。微光电视的传输通道可以是借助电缆或光缆的闭路传输方式,也可以是利用微波、超短波做空间传输的开路方式。它的接收显示装置与一般电视没有显著的区别。

微光电视摄像机的基本组成如图 7-4-2 所示。它包括以下主要部件:

(1) 物镜,把被摄景物成像。

(2) 微光摄像管,在低光照度条件下把上述物镜所成的光学图像转变为可用的电视信号。

(3) 扫描电路,为水平和铅垂偏转线圈提供线性良好的锯齿波形电流,对摄像管靶面做行扫描、场扫描。

(4) 视频信号前置放大器,把摄像管输出的视频信号放大到适于传输。

(5) 电源变压器等。

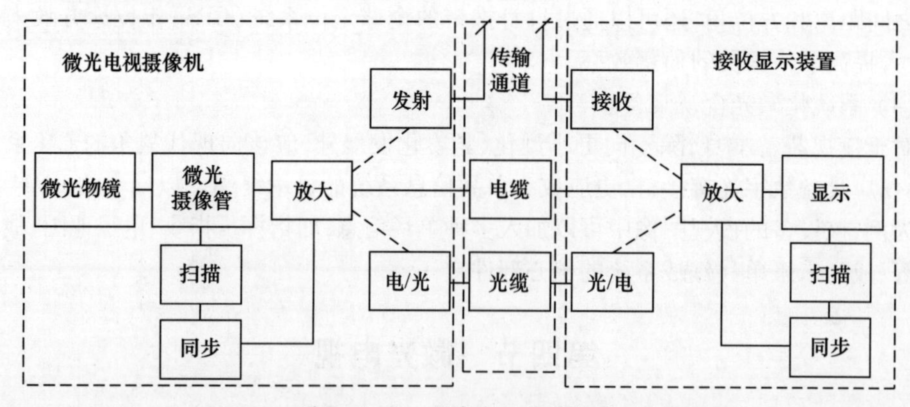

图 7-4-1 微光电视系统框图

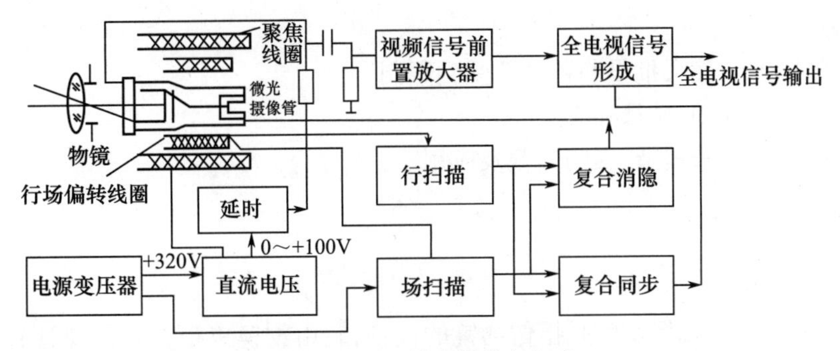

图 7-4-2 微光摄像机组成

图中电源是通过延时电路后再加到摄像管上,意在防止“过靶压”影响。因为在开机时,电子枪需要预热,此时扫描电子束尚未形成,靶电压最高。延时电路可保证在扫描电子束流建立后令摄像管正常工作,克服“过靶压”的危害。

(一) 工作过程

微光摄像机把空间二维微弱光学图像转换成适用的视频信号。此转换包括:

(1) 微光摄像物镜把微弱光照的被摄景物聚焦成像在摄像管光电阴极面上;

(2) 光电阴极做光电转换,把光学图像变成二维空间的电荷量分布;

(3) 摄像管靶板收集经过增强的电荷,在一帧的时域内做连续积累;

(4) 电子枪发射空间二维扫描的电子束,在一帧时间内逐点完成全靶面的二维扫描,由于扫描电子束的着靶电荷量取决于靶面积累的电荷多少,故扫描电子束形成的电流被靶面电荷分布所调制,于是从输出端得到景物的视频信号。

在行扫描逆程中,摄像机电路自动输出“行消隐信号”,中断扫描电子束。在一场扫描完成后的回扫期间,也有“场消隐信号”自动中断扫描电子束。行、场消隐信号经过复合即成为“复合消隐”脉冲信号,加到摄像管的调制板上,用以截断扫描电子束。

为了接收机的接收显示,摄像管在行扫描正程结束时,都会自动输出一个窄脉冲信号,令显像管电子束相应地做行回扫,这个脉冲信号叫行同步信号,意在使发射与接收保持行同步。摄像管在每一场扫描结束时也输出一个窄脉冲信号,令显像管相应地做场回扫,此脉冲信号叫场同步信号。行、场同步信号复合形成“复合同步”信号。同步信号不需显示,故总在消隐信号之后。前述景物视频信号经过前置放大器放大后与复合同步信号混合,形成峰-峰值为1V的全电视信号输出。

(二) 性能特点

微光电视在扩展空域、延长时域、拓宽频域方面对人类视觉的贡献与微光夜视仪相似。同时,微光电视又有一些新的特色:

(1) 突破了要求人与夜视装备同在一地的束缚,实现远离仪器现场的观察;

(2) 图像信号转换成一维的电信号后,除可对信号进行频率特性补偿,γ 校正等处理外,还可利用当前迅速发展的数字图像处理技术,改善显示图像的质量,增加图像的信息量;

(3) 可对被观察景物的图像信息作长时间录像存储,便于进一步分析研究;

(4) 改善了观察条件,可多人、多地点同时观察;

(5) 因为可以远距离遥控摄像,隐蔽性更好。

它的缺点是:

(1) 价格较高,使大批量装备部队受到限制;

(2) 耗电多,体积、质量较大;

(3) 操作、维护较复杂,影响其普及应用。

二、性能参数

1. 视场

微光电视系统的视场实际是摄像物镜的视场,它由物镜焦距 f' 和摄像管有效光电敏感面的高(h)、宽(b)尺寸决定。若用角度表示,则为

$$\omega_h = \arctan(0.5h/f') \tag{7-4-1}$$

$$\omega_b = \arctan(0.5b/f') \tag{7-4-2}$$

两式分别表示铅垂方向、水平方向的视场半角。

由于标准电视系统屏幕的高宽比为3:4,而摄像物镜为轴对称结构,故系统实际只利用摄像管有效光电敏感面的一个内接矩形,此矩形的对角线长度为有效光电敏感面的直径 D_0,而高度、宽度分别为 $0.6D_0$,$0.8D_0$。

2. 灵敏度

灵敏度指能保证电视图像质量的景物最低照度。它主要取决于摄像管的性能,还与景物对比度、景物反射系数、观察距离、大气透过率、景物大小及摄像光学系统参数有关。有的摄像机标示了能分辨图像的极限灵敏度,即信噪比为6dB、分辨力为 $100T_{VL}$ 时的照度。

3. 灰度等级

把图像亮度从最亮到最暗分成若干等级,这种等级称为灰度。从理论上说,我们希望电视系统能真实地重现被摄景物各点的灰度比,即通常所说的明暗层次,这就要求电视图像上任一点的亮度都与被摄景物相应点的亮度成比例,且各对应点的这种比例系数相同,即

$$L'(x',y') = KL(x,y) \tag{7-4-3}$$

式中,(x',y') 为电视图像上点的坐标;(x,y) 为与之对应的景物上点的坐标;L',L 分别是它们的亮度;K 为比例常数。

由于实际景物多种多样,景物上各点的灰度可能有无限多,要完全准确地由电视系统重现是不可能的。通常的做法是把图像亮度从最亮到最暗划分成10个等级,以阶跃量化方式表现实际景物的亮度分布。毫无疑问,灰度等级越多,则电视图像越逼真,层次越丰富。经验证明,灰度等级应不少于6级。

值得说明,电视图像与被摄景物之间的亮度关系一般可表为

$$L'(x',y') = k_1 L^{\gamma}(x,y) \tag{7-4-4}$$

式中,k_1 为比例系数。

显然,只有当 $\gamma=1$ 时,才能正确重现景物的明暗层次,否则便有灰度失真。这种由于 $\gamma\neq1$ 而出现的失真称为非线性失真或 γ 失真。

电视系统的摄像和显像过程都可能出现 γ 失真。但实践表明,微光摄像管的 γ 近似为1,故微光电视中的 γ 失真主要来自显像管的电光转换特性(一般的黑白显像管,$\gamma\approx$

2.2，而彩色显像管，$\gamma \approx 1.8$）。γ 失真可通过电路实施校正，这种校正称为 γ 校正。

4. 动态范围

动态范围表明电视系统能正常工作的最高景物照度与最低景物照度范围。例如，要求微光电视系统既能在 10^{-5}lx 的极低照度条件下工作，又能在 10^{5}lx 的高照度条件下工作，则其动态范围即为 10^{10}：1。很宽的动态范围是微光电视系统的特点之一。为保证这一性能，它设有专门的三级控制系统。

（1）自动光通量控制。

带光衰减器的自动光圈镜头和相应控制电路构成第一级控制，它根据实际景物照度，自动调节进入摄像物镜的光通量，使摄像管光敏面上的照度大体不变。

（2）靶增益自动控制。

摄像管的靶增益与加在其移像段上的高电压大小密切相关。当此电压升高时，靶增益变大。因而可实施靶增益的自动控制。当景物照度变低时，自动升高移像段上的电压，使靶增益变大，以保证摄像机输出信号幅值不明显减小。

（3）视频放大器增益自动控制。

当被摄景物照度甚低，以致上述两级控制都不能保证摄像机输出信号有足够的幅值时，作为第三级调节手段，视频放大器增益自动控制电路启动，它自动提高视频放大器的增益，使视频输出维持在可正常上作的最低水平上。

5. 非线性失真

电视图像与被摄景物之间的几何不相似性被称为非线性失真。产生非线性失真的因素有：光学系统的像差、摄像管与显像管偏转电场的不均匀、扫描电流的非线性、电子透镜的像差等。一般工业电视的非线性失真不大于5%～10%。

6. 信噪比

电视图像信号的峰值与噪声均方根值之比称为信噪比。电视摄像的主要噪声源有以下几种：① 散粒噪声；② 热噪声；③ 产生－复合噪声；④ $1/f$ 噪声；⑤ 前置放大器噪声。这里主要介绍前置放大器噪声。

电视摄像管的输出端系直接与前置放大器输入端耦合，而且，对多级放大电路而言，通常第一级已具有较高的功率增益，故可认为放大器的主要噪声是由前置级引起，而后继级的噪声可以不计。前置放大器噪声源主要是：

（1）输入电阻的热噪声；

（2）输入级场效应管的导电沟道电阻之热噪声；

（3）输入级场效应管的栅级电流散粒噪声；

（4）输入级在低频段的 $1/f$ 噪声；

（5）输入级为绝缘栅型场效应管时的介质损耗噪声。

在摄像管所输出信号的有效频段内，前三项是主要的。

值得说明，描述电视摄像信噪比时常有视频信噪比和显示信噪比之分。前者系指前置放大器输入端的视频信号与噪声之比，用 $\left(\frac{S}{N}\right)_{\mathrm{V}}$ 表示；后者是以摄取方波图案时，由人眼接收到的视觉图像信噪比，用 $\left(\frac{S}{N}\right)_{\mathrm{D}}$ 来表示。其差别在于，前者单纯表示摄像输出的视频信息质量,而后者则同时考虑了人眼的视觉特性。

设输入图像上有照度不等的两相邻像元,其产生的视频信号电流各为 I_1 和 I_2。同时,各噪声因素之总的噪声电流相应为 I_{n1} 和 I_{n2},摄像时扫描单个像元经历时间为 t_s,则视频信噪比为

$$\left(\frac{S}{N}\right)_V = \frac{I_1 t_s - I_2 t_s}{\sqrt{I_{n1}^2 t_s - I_{n2}^2 t_s}} \tag{7-4-5}$$

由于视频信号已获得较高的功率增益,故可不计显示过程引入的噪声,于是

$$\left(\frac{S}{N}\right)_D = \frac{I_1 t_e - I_2 t_e}{\sqrt{I_{n1}^2 t_e - I_{n2}^2 t_e}} \tag{7-4-6}$$

式中,t_e 为人眼积分时间。

通常认为 $t_e = 0.02\text{s}$,即 $t_e \gg t_s$,故有

$$\left(\frac{S}{N}\right)_D \gg \left(\frac{S}{N}\right)_V \tag{7-4-7}$$

它表明,电视充分利用了人眼的视觉积分功能,使人眼感知的信噪比远高于视频信噪比。上述人眼视觉所需的最低信噪比即人眼视觉的信噪比阈值,其含义为:人眼多次观察同一目标,并恰好以 0.5 的概率将其分辨,此时目标图像的信噪比即为视觉信噪比阈值。视觉信噪比阈值随目标形状而变化。实验表明,当目标是高宽比为 12 的矩形条纹时,此阈值为 1.2。

7. 极限分辨力

极限分辨力是指每帧高度范围内所包含的可分辨电视线数目之最大值。和普通电视一样,微光电视图像的最终接收器是人眼,故电视线数目的确定要考虑人眼的分辨力,超过此能力的要求便无实际意义。在图 7-4-3 中,h 为电视画面高度,d 为人眼能分辨的条纹宽度,θ 为人眼的分辨角,l 为人眼观察距离。则人眼所能分辨的条纹数为

$$m = \frac{h}{\theta l} \tag{7-4-8}$$

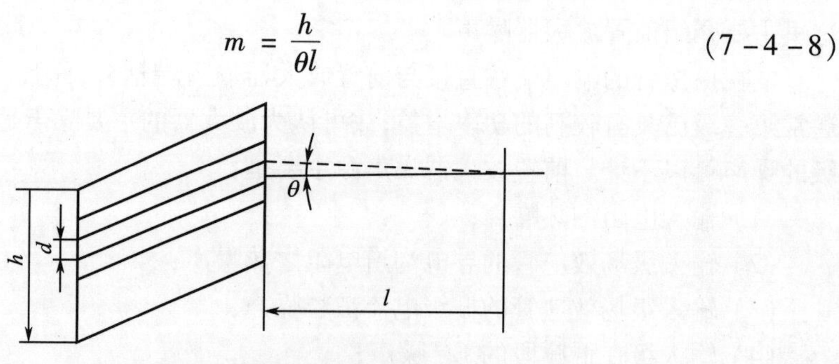

图 7-4-3 电视扫描行数的确定

一般认为,当 $l = 5h$ 时,观察效果最好。同时,因为看电视容易使眼疲劳,故取 $\theta = 1.5'$,于是有 $m = 458$。若取 $\theta = 1.2'$,则 $m = 550$。

从摄像管本身来说,影响极限分辨力的因素主要如下。

(1) 靶面电荷的横向扩散。

在图像写入时,景物的光学图像转换为电荷图像。由于摄像管靶面各处积累的电荷密度不同,电荷产生横向扩散,使极限分辨力降低。

(2) 扫描电子束的弥散。

在用扫描电子束做图像读出时,由于电子枪的聚焦存在像差,使电子束在靶面产生弥散,造成摄像分辨力下降。图6-2-7给出几种微光摄像管在两种对比度时的极限分辨力曲线。从图可知:①I-SIT可以工作的照度最低。②目标对比度变小时,极限分辨力明显下降。③当面板照度大于某一数值后,极限分辨力趋于一定值。在此之前,分辨力随照度增加而上升。

第五节 红外热像仪

热成像技术能把目标与场景各部分的温度分布、发射率差异转换成相应的电信号,再转换为可见光图像。这种把不可见的红外辐射转换为可见光图像的装置被称为热像仪[22]。热像仪的温度分辨力很高(0.1~0.01℃),使观察者容易发现目标的蛛丝马迹。它工作于中、远红外波段,使之具有更好的穿透雨、雪、雾、霾和常规烟幕的能力;它不怕强光干扰,且昼夜可用,使之更适用于复杂的战场环境;由于它在常规大气中受散射影响小,故通常有更远的工作距离。例如,步兵手持式热像仪作用距离为2~3km,舰载光电火控系统中的热像仪,对海上目标跟踪距离约10km,地-空监视目标距离为20km。也正由于它以中远红外辐射为信息载体,故具有很好的洞察掩体和识破伪装的本领。热像仪输出的视频信号可以用多种方式显示(黑白图像、伪彩色图像、数字矩阵等),可充分利用飞速发展的计算机图像处理技术方便地进行存储、记录和远距离传送,这是个突出的优势。当前热像仪的缺点是技术难度较高,价格昂贵。

在军事上,热成像技术广泛应用于战略和战术武器装备。战略装备诸如对洲际弹道导弹的探测、识别、跟踪,高能束拦截武器的瞄准,拦截导弹的制导,大气层内外核爆炸的探测等。战术装备包括侦察、观瞄、火控、跟踪、制导等。目前,已有大量的热瞄准具,导弹成像制导与火炮瞄准镜,机载和舰载前视红外系统等装备部队。

一、基本原理

热像仪的红外光学系统把来自目标景物的红外辐射聚焦于红外探测器上,探测器与“相应单元”共同作用,把二维分布的红外辐射转换为按时序排列的一维电信号,经过后续处理,变成可见光图像显示出来。这就是热像仪的工作流程。其中“相应单元”的作用就是“扫描”。

按扫描的体制,热像仪有“光机扫描”“电扫描”(固态自扫描和电子束扫描均属电扫描)和“光机扫描+电扫描”三种类型。

单元红外探测器对应的瞬时视场往往是很小的,一般只有毫弧度或亚毫弧度。为了得到需要观察的视场中的景物热图像,必须对景物扫描,这种扫描通常由机械传动的光学扫描部件完成,相应的过程称为光机扫描。图7-5-1是采用单元探测器的光机扫描热像仪原理图。它以摆动轴正交的两块摆动平面反射镜分别完成水平和铅垂方向的扫描。其中沿水平向的扫描叫行扫描。行扫描镜上装有同步信号发生器,其输出电压标示每一瞬时行扫描镜的角坐标,并以此信号来控制显示器的电子束做同步偏转。因而,当行扫描镜完成对景物平面一个水平条带的扫描时,显示器就相应地呈现热图像的一行。此时高低扫描镜被驱动,使光轴在铅垂方向下偏一行所对应的角度。同时,高低扫描镜上的同步信号发生器控制显示器的电子束相应偏转,行扫描镜也回到起始位置,准备做下一行扫描。这样循环往复,扫完一帧,显示器上就呈现景物的热图像。

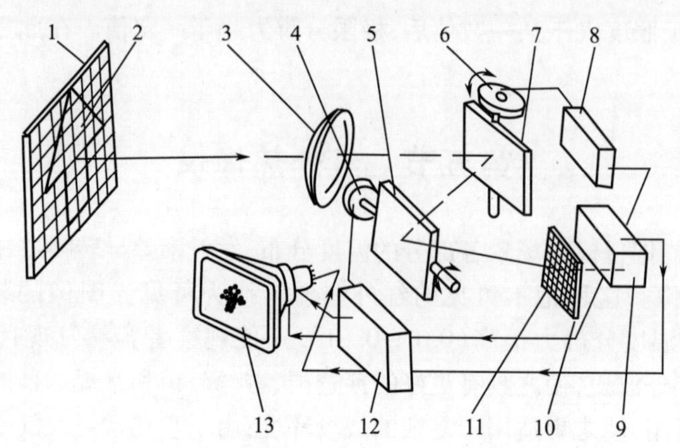

图 7-5-1　单元探测器的光机扫描热像仪原理图

1—物平面;2—箭头形物;3—物镜;4—高低同步器;5—高低扫描平面镜;6—水平同步器;7—水平扫描反射镜;8—水平同步信号放大器;9—前放及视频信号处理器;10—像平面;11—单元探测器;12—高低同步信号放大器;13—显示器。

电扫描热像仪示意如图 7-5-2 所示。其特点是采用足够大的焦平面阵列(FPA)探测器(例如 256×256 像元),用电扫描方式(图中用 CCD)将探测器的信号逐个依次读出,驱动电扫描的同时也发出行与帧的同步脉冲,送给显示器,以保证各像素信号在显示器上能被正确排列,成为所希望的目标图像。

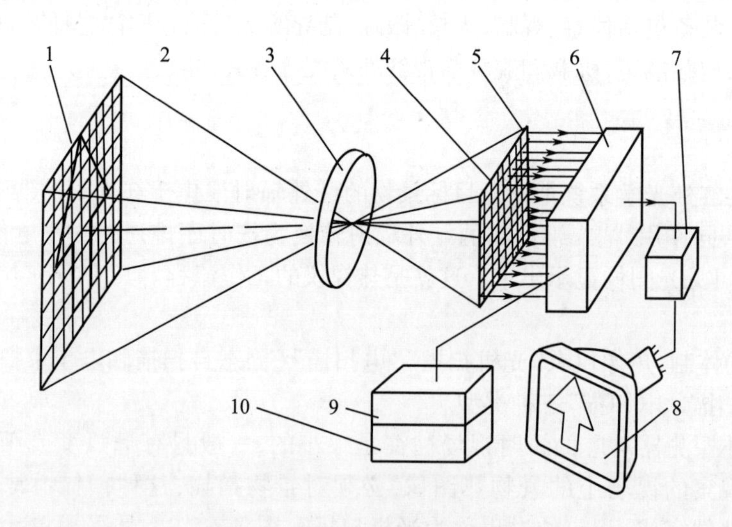

图 7-5-2　电扫描热像仪原理图

1—物空间平面;2—箭头形物;3—物镜;4—箭头热像;5—多元面阵探测器(256×256);6—CCD;7—视频处理器;8—显示器;9—CCD 的驱动器;10—同步信号发生器。

图 7-5-3 是"光机扫描+电扫描"的一种热像仪示意图。它以多元线列探测器上下贯穿热像仪的像面跨度,而用水平方向的扫描镜来扫满系统在水平面内的视角。由于

此类热像仪技术难度相对适中,工艺成熟,性能较好,故应用很多,是当前热像仪中占有份额最大的一种类型。一方面,它弥补了前述图 7-5-1 所示系统因采用单元探测器所带来的缺陷,同时又回避了制作大面阵器件(图 7-5-2)所面临的技术困难。

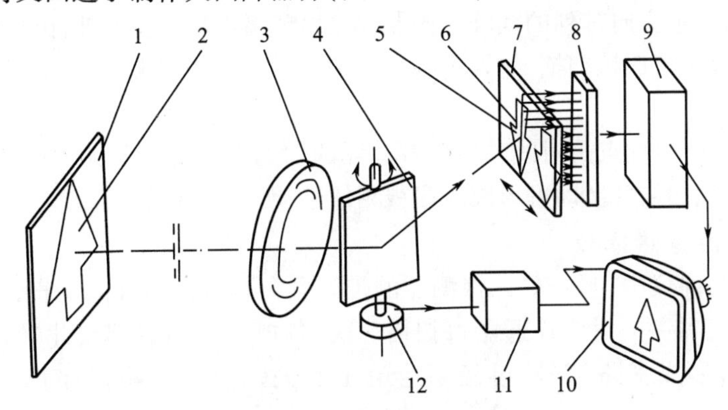

图 7-5-3　光机扫描和 CCD 混合型热像仪原理图

1—物平面;2—箭头形状物;3—物镜;4—摆动扫描镜;5—箭头像;6—线列探测器;7—像平面;
8—CCD;9—视频信号处理器;10—显示器;11—高低同步信号产生器;12—方位同步信号产生器。

根据多元探测器的排列方式及其与光机扫描的协调配合情况,又将系统细分为串扫型、并扫型、串并扫型三种。

(一)　串扫型热像仪

在串扫型热像仪中,线列探测器各单元的排列方向与光机扫描的行扫描方向一致(图 7-5-4),其各个探测器都有自己的前置放大器。光机扫描时,景物上一点依次扫过各单元探测器,即每个单元探测器都要扫过整个物方视场所对应的景物平面。故行扫速率与帧频均与采用单个探测器的情况相同。假设由 n 个单元探测器沿行扫描方向排成线阵,在做行扫描时,各元探测器的输出信号要经过相应的时间延迟后才进入积分器叠加,形成单一通道视频信号输入显示器。例如,第一个探测器的信号应延迟 $n-1$ 个像元的扫描时间,第 i 个探测器的信号则应延迟 $n-i$ 个像元的扫描时间 $1 \leqslant i \leqslant n$。这 n 个信号一起积分叠加(例如,CCD 即可实现这种延迟积分),形成一个增强的信号。由于信号是相关的,而噪声不相关,结果使每行输出的信噪比都会增加。

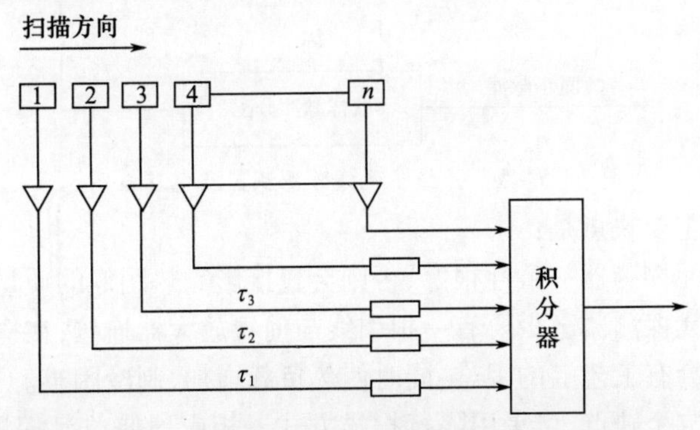

图 7-5-4　串联扫描中多元探测器排列及电路原理图

串联 n 个单元探测器使信噪比增加为单个探测器 $\sqrt{n}$ 倍,即有

$$\frac{V_{sl}/V_{nl}}{V_s/V_n} = \sqrt{n} \quad (7-5-1)$$

应当指出,采用串扫方式时,其行扫描单元必须在平行光路中。若以会聚光束做行扫描,则会使沿行扫描方向排列的线阵探测器部分出现离焦现象。另外,由于串扫方式依然需要快速行扫描和慢速帧扫描,故要求各单元探测器时间常数小,放大电路的频带相应的要宽。

串扫方式的突出优点是对线阵器件各单元的性能一致性要求大大放宽。另外,它信号处理简单,无须扫描转换即可形成时序视频信号,便于与电视兼容。

(二) 并扫型热像仪

在并扫型热像仪中,多个单元探测器的排列方向与行扫描方向垂直,各单元探测器与多路前置放大器一一对应连通。每扫描一次,各单元探测器都彼此平行地在景物图像上扫过一行,形成多路信号,再经高速电子开关转换成一路时序视频信号送至显示器。

电子开关由取样脉冲分配器控制,同时将同步信号送至显示器。图 7-5-5 是并扫方式的示意图。n 元并扫也使信噪比提高为单元探测器热像仪的$\sqrt{n}$倍。采用 n 元并扫可利用会聚光束扫描和利用同一反射镜完成探测器扫描及显示器扫描,这就使系统结构紧凑,而且由于一次可扫出 n 行,在帧速不变的条件下,探测器驻留时间增长,故放宽了对单元探测器响应速度的要求。

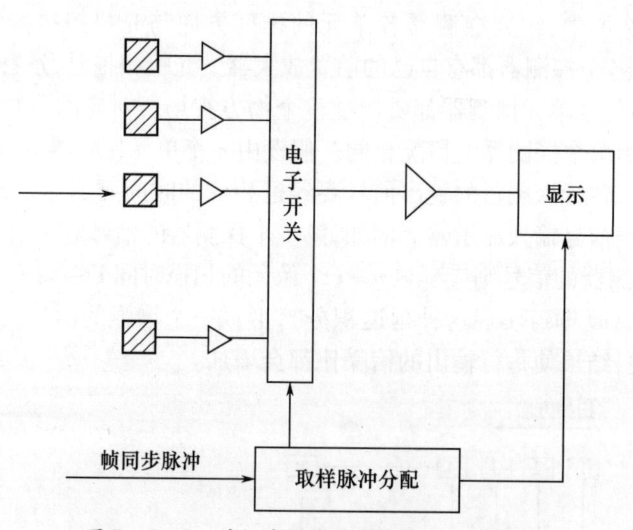

图 7-5-5 并扫多元线阵探测器及电路框图

这种热像仪的主要缺点是:

(1) 要求各单元探测器一致性很好,否则会直接影响热图像的质量;

(2) 因每一单元探测器至少要有一根引线与前置放大器连接,在探测器元数很多时,引线的排列和引出会有工艺上的困难,同时使热负载增加,制冷困难。

为克服上述第二个缺点,可采用隔行扫描方式。相应地使单元探测器隔行排列在与行扫描正交的方向上(图 7-5-6),即两相邻单元的间隔正好等于一个单元的尺寸。

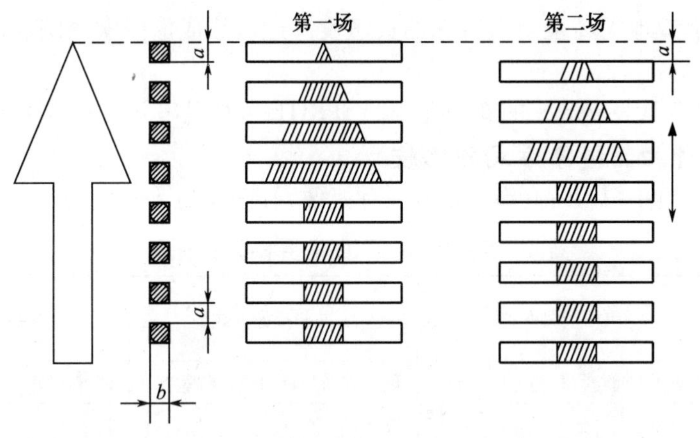

图 7-5-6　多元等间隔探测器及隔行扫描示意图

这种隔行扫描的实施需配有隔行扫描器。在第一场扫完后,隔行扫描器使铅垂方向的扫描机动向下偏转,光轴向下倾斜(其倾角正好与一个单元探测器的尺寸相当),再扫第二场。前后两场拼接起来组成一帧完整的景物热图像。

隔行扫描方式可用 $n/2$ 个单元探测器达到 n 个单元探测器的扫描视场,同时又不增加放大器的带宽。但它扫一帧多花了一倍的时间,而且扫描机构复杂,需要在铅垂方向增加一个固定角度的上下摆动机构。

(三) 串并扫型热像仪

串并扫型热像仪将其探测器排列成 $m \times n$ 元的矩阵形式,其沿水平方向排列的 n 元探测器与串扫型器件功能类似,而沿与之正交方向排列的 m 元探测器则与并扫型器件功能类似。它兼有使目标信息增强的优点,又可降低扫描速率,对各单元的一致性要求相对较低。尤其在并扫线列的跨度不能覆盖铅垂方向的全视场时,必须采用串并扫方式。

从多元探测器的排列形式而言,它是以两维面阵取代前面所述的一维线阵。图 7-5-7是串并扫描的框图。相对于并扫型热像仪,串并扫热像仪有许多优点,例如:

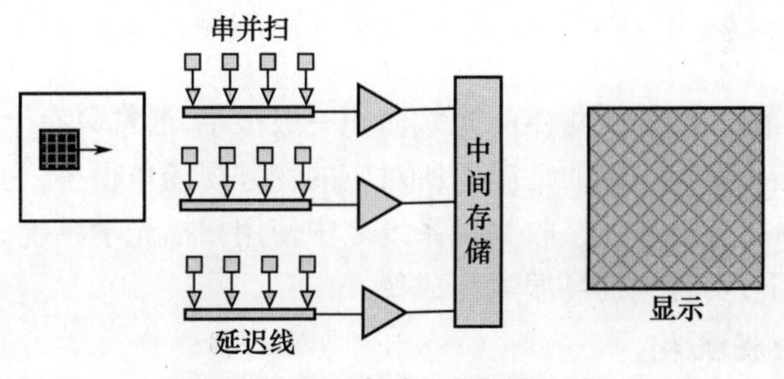

图 7-5-7　串并扫描摄像方式

(1) 由于单元探测器的输出可以叠加,故其响应率误差可以平均,无须专设复杂的灵敏度校正电路,可利用其最高灵敏度,获得优质图像;

(2) 探测器的冷屏相对小些,冷屏角度接近光学系统的孔径角,在探测器达到背景限性能时,因冷屏因素而得益,灵敏度提高约 1.3 倍;

(3) 获得相同性能所必需的探测器数量只有并扫型的 1/3 ~ 1/5,实践表明,使用 24 ~ 28 元探测器的串并扫型热像仪,性能与用 120 元并扫者相当;

(4) 检测点目标的性能好,由于它避开 $1/f$ 噪声比并扫型热像仪容易得多,故可借助信号检测环节有效地提高检测点目标的灵敏度。这对热成像搜索跟踪和制导系统非常重要。

20 世纪 80 年代发展起来的新型探测器 SPRITE 可算是串并扫专用探测器。

（四） 三种扫描摄像方式的比较

表 7－5－1 将串扫、并扫、串并扫共三种摄像方式进行了详细对比。

表 7－5－1　三种扫描摄像方式比较

项目＼方式	串扫摄像方式	并扫摄像方式	串并扫摄像方式
探测器列阵	阵列方向与行扫描方向一致	阵列方向与行扫描方向垂直	两维面阵
探测器元数	较少	较多	较多
探测器特性	对探测器特性均匀性要求不高，但要求响应速度快	对探测器性能的均匀性要求高	对探测器特性要求一般，比并扫容易提高图像质量
制冷	探测器列阵短，制冷和冷屏蔽方便	探测器列阵长，制冷和冷屏蔽困难，制冷效果差	探测器面阵尺寸不大时，可实现冷屏蔽
系统频带及频带范围	频带宽，低频端可取高些以避开 $1/f$ 噪声区	频带窄，低频端不能取太高，往往避不开 $1/f$ 噪声区	介于二者之间，比串扫带宽窄
信号处理	延迟后叠加，不需扫描转换就可以形成单通道视频信号	探测器信号并行输出，需经多路传输和扫描转换形成视频信号	电路复杂，需延迟叠加和多路传输、中间存储器
信噪比	通过信号叠加来增强信号，从而提高信噪比，可提高 $\sqrt{n}$ 倍	通过降低系统带宽，从而降低噪声提高信噪比，可提高 $\sqrt{n}$ 倍	兼有两种提高信噪比的功能，信噪比提高大于 $\sqrt{n}$ 倍
扫描速度	扫描机构转速高，实现起来较困难	速度相对较低，易实现	扫描速度较低

二、扫描光学系统

为了减少背景噪声，红外探测器的光敏面积一般很小，通常只有十分之几毫米到几毫米，这使得物镜系统在焦距一定的情况下所对应的物方视场角很小，为了实现对大视场目标和景物成像，必须在上述普通接收物镜系统之中使用扫描光学系统，才可以在不降低探测器信噪比的前提下，实现大视场搜索与成像。

（一） 光机扫描机构

通常的光机扫描部件有摆动平面镜、旋转反射镜鼓、旋转折射棱镜、旋转折射光楔等。它们单独或组合成为常用的几种扫描机构。

1. 旋转反射镜鼓做二维扫描

能兼作行扫、帧扫的反射镜鼓如图 7－5－8 所示。它是一个多面体，其每一侧面与旋转轴构成不同的倾角 θ_i。例如，第 1 面倾角 $\theta_1 = 0$；第 2 面倾角 $\theta_2 = \alpha$；第 3 面 $\theta_3 = 2\alpha$；第 i 面 $\theta_i = (n-1)\alpha$；…等。这样，当第一面扫完一行转到第二面时，光轴在列的方向上也偏转了 α 角。若使 α 角正好对应于探测器面阵在列方向的张角，则这个单一的旋转反射镜鼓就可兼有二维扫描的功能。这种方案结构紧凑，帧扫描效率很高，适于中低档水平的热像仪和手持式热像仪。由于反射镜鼓的反射面是绕镜鼓的中心轴线旋转，致使反射面位置有相对于光线的位移，这种位移若出现在会聚光路中，则会产生散焦现象，影响像质。故反射镜鼓多用在平行光路中。

2. 平行光路中旋转反射镜鼓与摆镜组合

图 7－5－9 所示的机构是由旋转反射镜鼓做行扫描、摆镜做帧扫描的实例。镜鼓、摆镜均在平行光路中，其外形尺寸必须保证有效光束宽度 D_0 和所要求的视场角 2ω，故比较庞大，加之摆镜运动的周期性往复以及其在高速摆动情况下使视场边缘不稳定，不宜高速扫描。这种二维扫描机构无附加像差，实施容易。

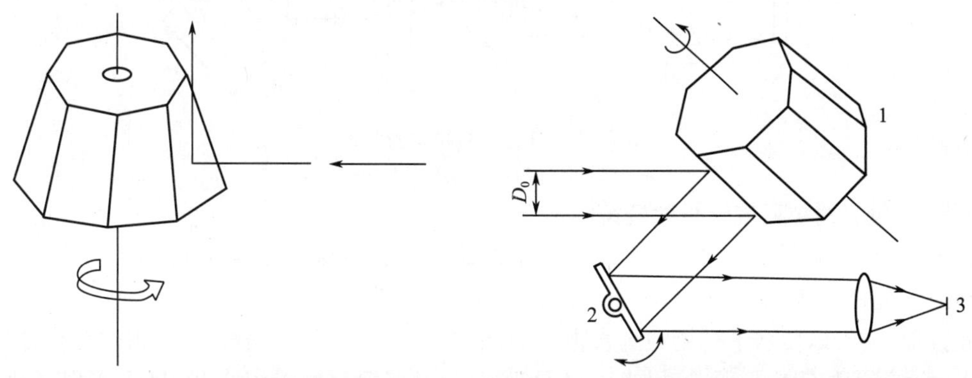

图 7－5－8　产生带扫描的多面镜鼓

图 7－5－9　旋转镜鼓作行扫描，摆镜作帧扫描

1—反射镜转鼓；2—摆镜；3—探测器

3. 平行光路中反射镜鼓与会聚光路中摆镜组合

图 7－5－10 所示的机构是由会聚光路中的摆镜绕图平面内的轴线 OO 摆动完成帧扫描，由准直镜组之间（平行光路）的反射镜鼓绕与图面垂直的轴线旋转完成行扫描。这种机构扫描效率与上述“2”相同，但由于摆镜在会聚光路中，摆动时产生散焦而影响像质，不宜作大视场扫描用。

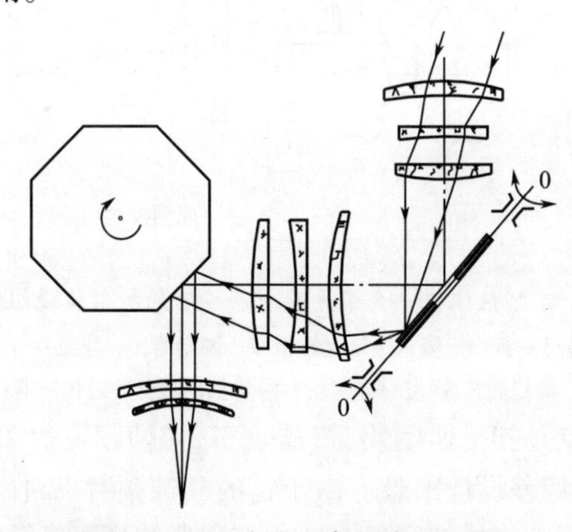

图 7－5－10　会聚光束摆镜扫描系统

4. 折射棱镜与反射镜鼓组合

图 7－5－11 所示系统中，四方折射棱镜，在前置望远镜的会聚光路里旋转执行帧扫描，而反射镜鼓 2 位于物镜前的平行光路里旋转做行扫描。前者转轴与图面垂直，后者转轴在图面内。由于折射棱镜扫描效率比摆镜高，故这种组合的总扫描效率比前面方案高。

加之反射镜鼓处在经望远镜压缩的平行光路中，故尺寸可以相对减小。但折射棱镜在会聚光路中产生像差，且折射棱镜要旋转，系统像差设计较难。如果设计得当，可用于大视场及多元探测器串并扫的场合。

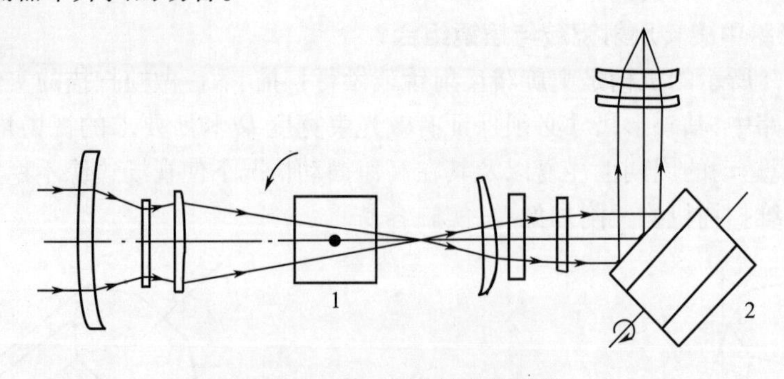

图 7－5－11　折射棱镜帧扫描

1—旋转折射棱镜；2—旋转反射镜鼓。

5. 会聚光路中两旋转折射棱镜组合

图 7－5－12 所示结构是由会聚光路中两旋转的折射棱镜组合完成二维扫描。其中帧扫描棱镜在前，转轴与图面垂直；行扫描棱镜在后，转轴在图面内且与光轴正交。二者棱面数量一样，以使水平视场与垂直视场的像质相当（图中是八棱柱体）。由于行扫描棱镜入射面靠近物镜焦平面，这里光束宽度变窄，故其厚度尺寸可以小些，易于实现高速旋转和扫描。

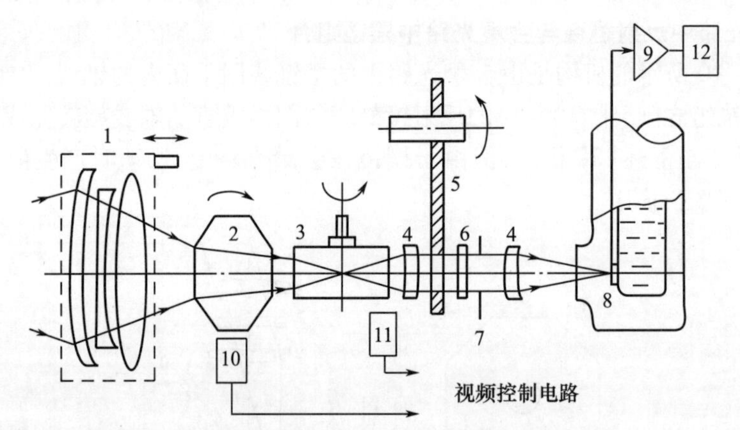

图 7－5－12　某型热像仪中会聚光路中两旋转的折射棱镜组合二维扫描

1—物镜；2—帧扫棱镜；3—行扫棱镜；4—聚光透镜；5—调制器；6—滤光片；7—光阑；8—探测器；9—前段放大器；10—帧扫同步脉冲磁传感器；11—行扫同步脉冲磁传感器；12—阴极射线管。

这种系统的最大优点是扫描速度快，扫描效率高（帧频可达 25Hz，若用多元探测器，帧频可达 50Hz）；缺点是像差设计困难。由于它的高帧频特点，使之能与普通电视兼容，因而成为高速热像仪采用的扫描方案（比如：用在瑞典的高速热像仪 AGA 系列）。

6. 两个摆动平面镜组合

用两个摆轴互相垂直的平面镜可构成二维扫描机构，其中一个完成行扫描，另一个完成帧扫描。图 7－5－1 所示的单元探测器光机扫描热像仪即为一例。由于摆动平面镜可安置在平行光路或会聚光路中，给系统方案设计留有较多的选择余地。但由于摆镜稳定性差，不宜做高速扫描。

（二） 光机扫描方式

望远系统压缩的平行光路之中，对物方光束进行扫描称为物方扫描；扫描器位于聚光光学系统和探测器之间的光路中，对像方光束进行扫描称为像方扫描。如图7－5－13所示，(a)和(b)分别表示以物点为固定参考点的物扫和像扫，(c)和(d)分别表示以像点为固定参考点的物扫和像扫。两种光机扫描方式各有其优缺点，表7－5－2是两种扫描方式的比较。

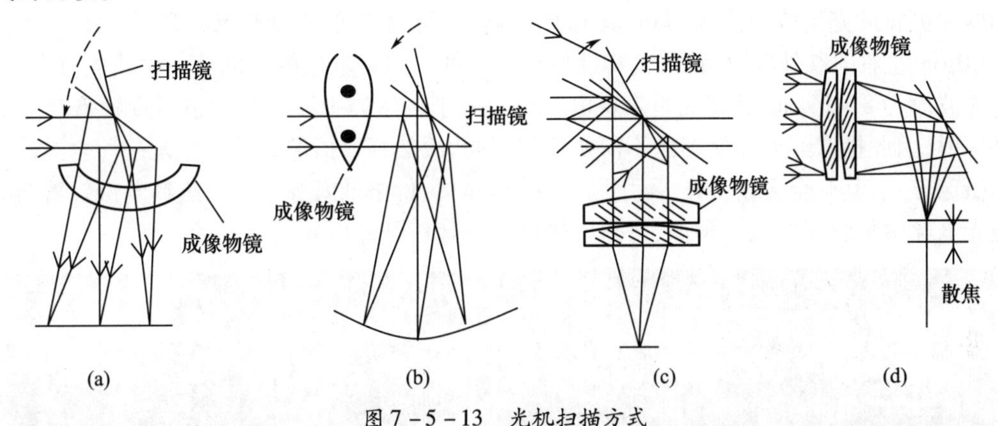

图7－5－13　光机扫描方式

表7－5－2　两种光机扫描方式的比较

	物方扫描	像方扫描
优缺点	产生平直的扫描场 大多数扫描器不产生附加像差 扫描器光学质量对系统聚焦性能影响小，像差校正容易 扫描器尺寸大，不易实现高速扫描	产生弯曲的扫描场 扫描器存在不可避免地散焦 扫描器光学质量对系统聚焦性能影响大，像差校正困难，聚光系统设计复杂 扫描器尺寸较小，容易实现高速旋转
应用	民用热像仪中居多，配以无焦望远系统，压缩平行光路，减少尺寸，也可以应用于军事	军用热像仪，前视红外系统等

三、焦平面阵列探测器

基于HgCdTe，lnSb和PtSi的光电探测器使热成像技术得到迅速发展，但由于需要制冷使系统成本高昂，可靠性较低，成为阻碍其广泛应用的主要原因。但自20世纪90年代中期开发出非制冷焦平面阵列(Uncooled Focal Plane Array/UFPA)以来，这一僵局被迅速打破，图7－5－14是制冷和非制冷探测器的成像效果。

非制冷焦平面阵列省去了昂贵的低温制冷系统和复杂的扫描装置，突破了历来热像仪成本高昂的障碍，可靠性大大提高、维护简单、工作寿命延长，因为精细的低温制冷系统和复杂扫描装置常常是红外系统的故障源。非制冷探测器的灵敏度比低温碲镉汞要小1个量级以上，但是以大的焦平面阵列增加信号积分时间来弥补，可与第一代CMT探测器的热成像系统争雄。对许多应用，特别是一般的监视与夜视而言其性能基本满足需要。

目前非制冷红外焦平面探测器主要有4种技术途径，即热释电焦平面技术、微测辐射热计焦平面技术、热电堆焦平面技术和常规集成电路技术。热释电探测器通过检测与吸收材料温度变化率有关的电压输出来检测温度变化;微测辐射热计通过热敏电阻材料的温度变化而引起吸收层温度的变化进行检测;热电堆探测器检测吸收层与参考热层(一般是探测器的底)间的温差;常规集成电路技术是根据测量正向电压变化来检测温度变化。

目前,在上面所介绍的4种非制冷焦平面技术途径中,以微测辐射热计阵列和热释电焦平面阵列的发展前景最为看好,这是因为:微测辐射热计不需要斩波器,均匀性、调制传递函数较优;热释电焦平面阵列最令人注意的优点是不需制冷,能在室温工作,比光子探测器有更宽的光谱响应范围,同时具有高频响应,可在X射线到毫米波段使用。对于探测10μm左右的红外辐射目标,其特性也是理想的。热释电摄像管也是一种热成像器件,工作波段为8~14μm,其靶面是热释电材料。由于自然界中在常温状态下景物都产生红外辐射,因此摄取红外辐射图像不需要任何照明,故热释电摄像管的工作是一种全被动式的摄像方式,其有全天候工作、不用制冷、结构简单、价格低廉等特点。热释电摄像管与普通光电导摄像管在结构上类似,只是以热释电靶代替了光电导靶。

(a) (b)

图7-5-14 制冷和非制冷探测器的成像效果

四、视频处理

由于红外探测器制造工艺的局限,红外探测器每个探测元对红外辐射的响应率不同,成像面上会出现不随目标变化的或明或暗的纹路,影响热像仪的成像质量。这种现象通常称为非均匀性。红外焦平面阵列普遍存在非均匀性问题,在使用红外焦平面阵列时必须对其进行非均匀性校正。非均匀性校正是有效降低探测器的响应率不均匀性,提高热像仪成像质量的一种技术手段。

除了非均匀性,红外焦平面阵列还存在一定数量的盲元。盲元的存在会导致红外焦平面阵列成像时出现固定的白点和黑点,这也会严重影响图像的视觉效果,所以在使用红外焦平面阵列时,必须对盲元进行处理。主要包括盲元检测和补偿两个过程。在对盲元进行补偿前要对盲元进行检测并定位。盲元检测方法不当会导致过检和漏检这两种情况发生。过检是指将原来正常的像元误判为盲元,增加了多余的补偿计算,同时也会损失图像的信息;漏检与过检相反,是指将盲元误认为正常像元,将在图像上残留固定的斑点状噪声。盲元补偿算法就使用像素间的时空相关性,采用盲元周围的有效像元值和前一帧图像像素值对盲元进行有效的替代[23]。图 7-5-15 是红外图像非均匀性校正和盲元补偿前后的对比图,校正和补偿后的图像去除了红外成像过程中的固有缺陷。

红外图像与可见光图像相比具有对比度低、图像层次感差、视觉效果模糊等缺陷,因此在实际应用中还要对红外图像进行增强处理。

五、热图像显示

由于中波和长波红外辐射均在人眼响应之外,且人眼的彩色视觉是一种主观的感受,因此,热成像信号一般只反映响应波段的信号大小,一般的显示模式是黑白图像。黑白图像还可以采用“白热”或“黑热”模式。此外,采用不同的彩色查询表,也可以按照不同的影色方式显示热图。

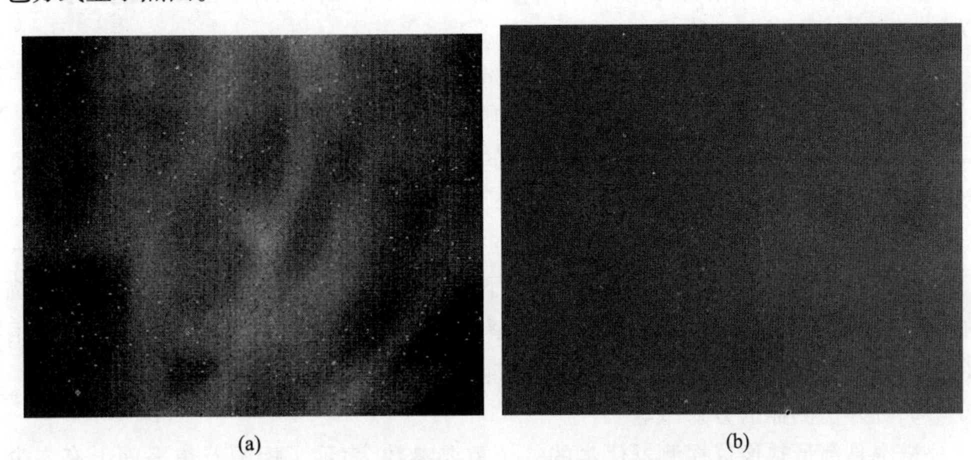

(a) (b)

图 7-5-15　非均匀性校正和盲元补偿前后的对比图

六、性能参数

(1) 光学系统入瞳口径 D_0 和焦距 f'。

热像仪光学系统的 D_0 和 f' 是决定其性能、体积与质量的重要因素。

(2) 瞬时视场。

在光轴不动时,系统所能观察到的空间范围即瞬时视场。它取决于单元探测器的尺寸及红外物镜的焦距,决定系统的最高空间分辨力。

若探测器为矩形,尺寸为 $\alpha \times b$,则

$$\alpha = \alpha/f'$$

$$\beta = b/f'$$

即为瞬时视场平面角(常以 rad 或 mrad 表示)。

(3) 总视场。

总视场是指热像仪的最大观察范围。通常以水平方向、铅垂方向的两个平面角来描述。

(4) 帧周期 T_f 与帧频 f_p。

系统构成一幅完整画面所花的时间 T_f 叫帧周期或帧时(以秒计),而一秒钟内所构成的画面帧数叫帧频或帧速 f_p(以 Hz 计),故

$$f_p = 1/T_f$$

(5) 扫描效率 η。

热像仪对景物成像时,由于同步扫描、回扫、直流恢复等都需要时间,而这些时段内不产生视频信号,故将其归总为空载时间 T_f'。于是,差值($T_f - T_f'$)即为有效扫描时间,它与帧周期之比就是扫描效率,即

$$\eta = \frac{(T_f - T_f')}{T_f} \tag{7-5-2}$$

(6) 驻留时间。

系统光轴扫过一个探测器所经历的时间叫驻留时间,记为 τ_d,是光机扫描热像仪的重要参数。若帧周期为 T_f,扫描效率为 η,热像仪采用单元探测器,则探测器驻留时间 τ_{dl} 即为

$$\tau_{dl} = \eta T_f \alpha\beta/(AB) \tag{7-5-3}$$

式中,A、B 各为热像仪在水平方向、铅垂方向的视场角;α、β 为瞬时视场角。

当探测器是由 n 个与行扫描方向正交的单元探测器组成的线列时,则驻留时间 τ_d 即为

$$\tau_d = n\tau_{dl} = n\eta T_f \alpha\beta/(AB) \tag{7-5-4}$$

可见,在帧周期和扫描效率相同的条件下,把 n 个同样的单元探测器沿着与行扫描正交的方向排成线列,则在单个探测器上的驻留时间便延长至 n 倍,这对提高热像仪的信噪比是有利的。必须注意,探测器的驻留时间应大于其时间常数。

(7) 红外探测器的分辨率。

分辨率是衡量热像仪探测器优劣的一个重要参数,表示了探测器焦平面上有多少个单位探测元。分辨率越高,成像效果也就越清晰。空间分辨率是红外热像仪分辨物体的能力,可理解为一个探测器对应多大角度,即

$$FOV(\text{rad}) = \frac{FOV\theta}{\text{单元数量}} \times \frac{\pi}{180} \tag{7-5-5}$$

例如:空间分辨率为 1.3mrad,被测目标与热像仪之间距离为 100m,那么 0.13m 大小的物体投影到探测器,正好充满 1 个探测器单元。0.26m 大小的物体投影到探测器,正好充满四个探测器单元,并能确保必然充满其中一个像素。

最后,以三种典型的红外热像仪为例说明性能参数。

(1) 瑞典 AGA 公司生产的 AGA780 型热像仪。

中波(MW)工作波段	3~5.6μm(光伏 InSb)
长波(LW)工作波段	8~14μm(光导 HgCdTe)
双波长工作波段	(3~5.6,8~14μm)
帧频	25Hz
行频	2500Hz
每帧行数	280(4:1 隔行扫描)
分辨力	100 像元/线
探测温度范围	-20~+900℃(改变滤光片及孔径可测至 1600℃)
视场角	3.5°,7°,20°,40°

物镜焦距　　191,99,33,17
空间分辨力(mrad)　　0.5,1.1,3.4,6.8
温度分辨力　　0.1℃(对30℃目标)

(2) 英国TIGM Ⅱ类通用组件热像仪。

视场　　60°×40°(625行,50Hz),60°×32.5°(525行,60Hz)
MRTD　　优于0.1℃(典型值)
探测器　　8条SPRITE
分辨力　　2.27mrad(60°视场)
工作波段　　8~14μm
视频输出　　CCIR/EIA-RS170兼容,625/525行50/60Hz
帧频　　25/30
功耗　　56W
重量　　扫描头8.5kg,电子处理装置6.5kg

SPRITE(Signal Processing in The Elements)探测器属光电导效应型器件,但由于这种器件利用了红外图像扫描速度与光生非平衡载流子双极运动速度相等的原理,实现了在器件内部进行信号探测、时间延迟和积分三种功能,大大地简化了焦平面外的电子线路,从而使得探测器尺寸、质量、成本显著下降,并提高了工作的可靠性。根据该器件的工作原理,习惯上也称之为扫积型探测器,是80年代英国人C·T·埃利奥特等首先为高性能快速实时热成像系统研制出来的新型红外探测器。

(3) 国产FJR-5非制冷热像仪。

FJR-5非制冷热像仪是我国华北某研究所生产的红外热像仪,性能指标如下:

探测器点阵　　320×240
工作波段　　8~12 μm
温度分辨率　　<0.1℃
空间分辨率　　<0.12mrad
探测成像距离　　机动车辆>5.5km(非制冷)
制冷　　可根据需要配置
镜头　　150mm或根据需要配置
帧频　　>50帧/s
工作温度　　-20℃~+75℃
存储温度　　-40℃~+70℃
工作准备时间　　<30s
电源　　锂电池工作>2h

七、发展史

1952年美国陆军首先研制出二维慢帧扫描式非实时热图像显示装置,用的是单元辐射热探测器。20世纪50年代后期迅速发展起来的光子探测器(如InSb、Ge:Hg),其快速响应的特点使热图像的实时显示成为可能。从20世纪六七十年代起,各国相继研究了并扫、串扫和串并扫体制的热像仪。1976年,美国通用组件热像仪开始批量生产,采用并扫方式。1981 年,采用扫积型器件(SPRITE)的通用组件热像仪在英国诞生。总之,第一代热像仪主要采用分立元件,其灵敏度参数 NETD 一般都在 0.1K 左右,不能满足增大探测与识别距离的要求;体积、功耗和质量也偏大。

70 年代出现了红外 CCD,以后统称为红外焦平面阵列,80 年代开始研究采用 IRFPA 器件的热像仪,90 年代初出现了样机,开始采用 3 ~ 5 μm 的小面阵,后来才出现 8 ~ 12 μm 的仪器。重要发展是以法国为首采用 $4N$(4 列,每列 N 元)系列的长波红外热像。这类热像仪与通用组件热像仪相比,其噪声等效温差可提高半个到一个数量级。80 年代,非制冷探测器阵列发展很快,至今 320 × 240 元或 640 × 480 元的热像仪已经很成熟。90 年代,凝视型 HgCdTe 和量子阱红外探测器焦平面阵列得到迅速发展。第二代红外热像仪的核心是红外焦平面阵列。

将具有先进的信号处理功能,工作被段覆盖可见光、近红外、中红外和远红外区域的灵巧焦平面阵列,称为第三代红外热像仪。

目前,热像仪在军事上得到广泛应用。陆军已将其用于夜间侦察、瞄准、火炮及导弹火控系统、靶场跟踪测量系统;空军已用于夜航、空中侦察及机载火控系统;海军已用于夜间导航、舰载火控及防空报警系统。星载热像仪可用于侦察地面和海上目标,也可用于对战略导弹的预警,典型代表有:美国的 DSP 预警卫星和天基红外系统。

在海湾战争中,DSP 预警卫星曾被用于对"飞毛腿"导弹预警,虽取得一定成功,但从拦截效果来看,它的预警能力并不如原来想象的理想,主要存在以下不足:

(1) 预警时延太长,从发现目标到传到地面导弹发射系统,需要四五十秒的时间;

(2) 只能获得导弹发射的时间和地点,不具备中段跟踪能力,也不能提供导弹的运动轨迹和弹着点,原因在于轨道高度太高,无法探测到弹道导弹关机后较弱的红外辐射;

(3) 对高纬度地区的覆盖不理想。

为了改进其空间预警能力,美国正在发展新一代的战略预警系统,即天基红外系统。天基红外系统的发展目标是同时发现并跟踪战略、战术导弹,对洲际战略弹道导弹能提供 20 ~ 30min 的预警时间。为了实现这个目标,主要采用了两大措施:一是采用全新设计的红外敏感器,包括高轨道卫星采用的"扫描与凝视"敏感器和低轨道卫星采用的"捕获与跟踪"敏感器,使卫星能对燃烧过程更快、射程更短的小型战术导弹快速发现和对较弱信号的跟踪;二是采用复合型星座配置,提高对各种导弹的发现能力,提高跟踪弹道导弹的范围,实现对导弹发射全过程的监视与预警。天基红外系统的卫星系统由两部分组成:高轨道卫星,包括 4 颗地球同步轨道卫星和 2 颗大椭圆轨道卫星;低轨道卫星,即太空和导弹跟踪系统,包括 12 ~ 24 颗近地轨道小卫星,组成一个覆盖全球的卫星网,主要用于跟踪在中段飞行的弹道导弹和弹头,并能引导拦截弹拦截目标。

本章小结

本章首先介绍了光电成像的过程,然后分别详细阐述了四种光电被动成像系统,即电视、微光夜视仪、微光电视和红外热像仪的基本组成、工作原理和性能参数,重点是微光成像和红外成像系统。夜天辐射来自太阳、地球、月亮、星球、云层、大气等自然辐射源,只是由于其光照度太弱,不足以引起人眼的视觉感知,解决这个问题的基本思路是:

(1) 使用大口径的望远镜尽可能多地得到光能量;

（2）设法对微弱的光图像进行放大，比如：微光夜视仪；

（3）用红外线探照灯或红外照明弹对景物进行照明；

（4）利用景物在红外波段的辐射能量实现热成像，比如：红外热像仪。用不同的技术解决这个问题，就形成了不同的夜视方法。由于工作原理不同，红外成像技术与微光成像技术各有利弊：

（1）红外成像系统不像微光夜视仪那样借助夜光，而是靠目标与背景的辐射产生景物图像，因此红外热成像系统能全天候工作；

（2）红外热成像系统具有完整的软件系统以实现图像处理、图像运算等功能，图像质量改善明显；

（3）红外辐射比微光的光辐射具有更强的穿透雾、霾、雨、雪的能力，因而其作用距离更远，但是在近距离夜视方面，由于微光夜视仪价格低廉，图像质量也较好，仍然占据主要地位；

（4）红外热成像能透过伪装，探测出隐蔽的热目标，甚至能识别出刚离去的飞机和坦克等所留下的热迹轮廓；

（5）微光夜视仪图像清晰、体积小、质量轻、价格低、使用和维修方便、不易被电子侦察和干扰，所以应用范围广；

（6）微光夜视仪的响应速度快，利用光电阴极像管可实现高速摄影；

（7）微光夜视频谱响应向短波范围扩展的潜力大，包括高能离子、X 射线、紫外线、蓝绿光景物的探测成像基本上都是基于外光电转换、增强、处理、显示等微光成像技术原理。

复习思考题

1. 试述光电成像技术对视见光谱域的延伸以及所受到的限制。

2. 目前国际上成熟的三种标准彩色电视制式是哪三种？我国现行的电视体制的主要参数是什么？

3. 试比较逐行扫描和隔行扫描的特点。

4. 简述光电导摄像管的工作原理，指出光电导靶的特点。

5. 微光电视的含义及其特点是什么？

6. 为什么要对像增强器进行强光保护？如何实现？

7. 光纤面板（OFP）的传像原理是什么？应用于像管上有什么优点？

8. MCP 应用于像增强器有什么优点和不足？

9. 什以是 MCP 的自饱和效应？二代像增强器利用该效应解决了什么问题？

10. 什么叫荧光？什么叫磷光？

11. 三代微光夜视仪比二代微光夜视仪视距提高的主要原因是什么？

12. 红外热像仪与其他夜间观察仪器相比有什么特点？

13. 红外热像仪常见的扫描体制有哪些？其特点如何？

14. 比较红外热像仪串扫、并扫和串并扫的优缺点？

15. 增加探测器元数为什么可以提高系统的信噪比？串行扫描和并行扫描摄像方式在提高系统信噪比方面有何异同？

16. 为什么平面反射镜鼓和旋转反射镜鼓都有一个最小镜面宽度限制？

第八章　光电主动侦察

根据侦察装备是否发射光辐射信号,光电侦察分为:光电主动侦察和光电被动侦察。光电主动侦察,也称有源侦察,是指系统采用了一个人造光学辐射源来照明目标,然后通过接收景物反射回来的辐射信号实现侦察。

辐射源可以是人工红外光源照明,典型装备为主动红外夜视仪。主动红外夜视仪早在20世纪30年代就研制成功,其核心部件是红外变像管。这种夜视仪的组成和工作原理类似于第一代微光夜视仪,只是其光电阴极可对波长较短的红外线(近红外)敏感。由于室温条件下物体发出的近红外线较少,实际使用时,要另由一红外探照灯主动发射近红外去照射目标。由于主动红外夜视仪隐蔽性差,第二次世界大战以后已很少再生产[2]。

辐射源也可以是激光器,最常见的设备包括激光测距机和激光侦察雷达[24]。利用高亮度、高定向性和脉冲持续时间十分短的激光束来代替普通雷达的微波或无线电波束,可以大幅度提高测距和测方位精度。激光侦察雷达与测距的另一个优点,是可以不受地面假回波影响而测量各种地面和低空目标,从而填补了普通雷达的低空盲区空白。此外,激光侦察雷达与测距完全不受各种电磁干扰,不但使目前已有的各种雷达干扰手段完全失效,而且还可突破诸如导弹再入弹头周围等离子体层的屏蔽作用,或者核爆炸产生的电离云的干扰作用。

总之,尽管激光测距机和激光侦察雷达与主动红外夜视仪一样,也是因为发射光辐射信号,容易暴露自己,生存能力差,但由于它们的突出优点和重要作用,仍然成为重要的光电侦察装备,在各国部队都得到了广泛应用。这也是为什么光电主动侦察通常只指激光测距机和激光侦察雷达。从功能分类角度,激光侦察雷达是激光雷达的一种,因此,在第二节从激光雷达的角度介绍激光侦察雷达的组成和实现原理等相关问题。

第一节　激光测距机

激光测距机是指对目标发射一个窄脉宽的激光脉冲或发射连续波激光束实现对目标的距离测量的仪器。

激光测距的突出优点是测距精度高,并且与测程的远近无关,此外,仪器体积小,测距迅速,距离数据可以数字显示,操作简单,训练容易,特别适用于数字信息处理。因此,激光测距机一出现很快就代替了光学测距机,成为战场测距的主要仪器。与微波测距相比,激光测距具有波束窄,角分辨率高,抗干扰能力强,可以避免微波雷达在贴近地面和海面上应用的多路径效应和地物干扰问题,以及天线尺寸小和质量轻等优点。

目前,激光测距机作为一种有效的辅助侦察手段,已大量应用于坦克、地炮、高炮、飞机、军舰、潜艇及各种步兵武器上,成为装备量最多的军用激光设备。海军用激光测距机主要用于和电视跟踪器、红外跟踪器、微光夜视仪以及电子计算机等组成舰用光电火控系统。

一、分类

根据工作体制的不同，激光测距机分为相位激光测距机和脉冲激光测距机。相位激光测距机采用连续波激光，通过检测经过调幅的连续光波在由测距机到目标再回到测距机的往返传播过程中的相位变化来测量光束的往返传播时间，进而得到目标距离。由于连续波激光功率难以做到很高，相位激光测距机的作用距离很有限，所以军事上很少用。但考虑到波导型气体激光器的迅速发展，研制出非合作目标的相位测距系统是完全可能的。

脉冲激光测距机是通过检测激光窄脉冲到达目标并由目标返回到测距机的往返传播时间来进行测距的。设激光脉冲往返传播时间为 t，光在空气中的传播速度为 c，则目标距离为 $R = ct/2$。光脉冲往返传播时间是通过计数器计数从光脉冲发射，经目标反射，再返回到测距机的全过程中，进入计数器的时钟脉冲个数来测量。设在这一过程中，有 N 个时钟脉冲进入计数器，时钟脉冲的振荡频率为 f，则目标距离为 $R = cN/2f$。

二、脉冲激光测距机

（一）基本原理

脉冲激光测距机由激光发射系统、激光接收系统和计数显示系统组成，典型固体脉冲激光测距机的工作原理如图 8-1-1 所示。

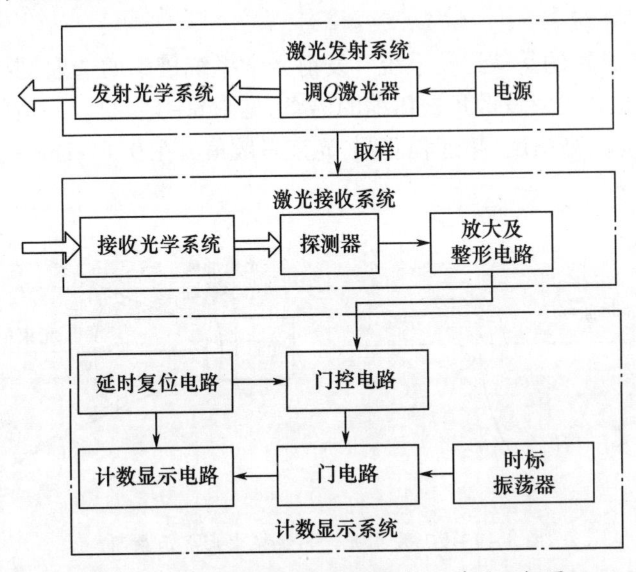

图 8-1-1　固定脉冲激光测距机工作原理框图

脉冲激光测距机工作时，首先用瞄准光学系统瞄准目标，然后接通激光电源，储能电容器充电，产生触发闪光灯的触发脉冲，闪光灯点亮，激光器受激辐射，从输出反射镜发射出一个前沿陡峭、峰值功率高的激光脉冲，通过发射光学系统压缩光束发散角后射向目标。同时从激光全反射镜射出来的极少量激光能量，作为起始脉冲，通过取样器输送给激光接收机，经光电探测器转变为电信号，并通过放大器放大和脉冲成形电路整形后，进入门控电路，作为门控电路的开门脉冲信号。门控电路在开门脉冲信号的控制下开门，石英振荡器产生的钟频脉冲进入计数器，计数器开始计数。由目标漫反射回来的激光回波脉冲经接收光学系统接收后，通过光电探测器转变为电信号和放大器放大后，输送到阈值电路。超过阈值电平的信号送至脉冲成形电路整形，使之与起始脉冲信号的形状（脉冲宽度和幅度）相同，然后输入门控电路，作为门控电路的关门脉冲信号。门控电路在关门脉冲信号的控制下关门，钟频脉冲停止进入计数器。通过计数器计数出从激光发射至接收到目标回波期间所进入的钟频脉冲个数，而得到目标距离，并通过显示器显示出距离数据。

1. 激光发射系统

激光发射系统由调 Q 激光器、发射光学系统、激光电源等组成。

（1）激光器。

由于所测时间是单个脉冲往返测距系统与被测目标之间的时间间隔，从而算出 R。因此，必须使用单脉冲调 Q 激光器。激光发射波长主要是 0.904 μm、1.06 μm、3.8 μm、10.6 μm 等。

（2）电源。

脉冲式激光测距仪电源一般可分为强电和弱电两部分。强电用于提供激光器泵浦灯所需的功率。弱电一般又可分为高压与低压电光 Q 开关驱动等。

根据激光测距的不同用途，一般要求激光输出峰值功率在 10 ~ 100mW 之间，其相对稳定度在 1% ~5%。大、中功率的脉冲工作的激光电源大都采用开关式电源，具有稳定性好、可靠性高、体积小、质量轻等特点。

（3）发射光学系统。

发射光学系统常用的是望远镜系统。发射光学系统倍率的选取，要根据不同的使用情况而定，该倍率也是光束发散角被压缩的倍率（见图 8 - 1 - 2）。一般的测距，发散角不小于 1mrad（毫弧度）；高精度、超远程测距，光束发散角可在 0.1 ~ 1mrad。

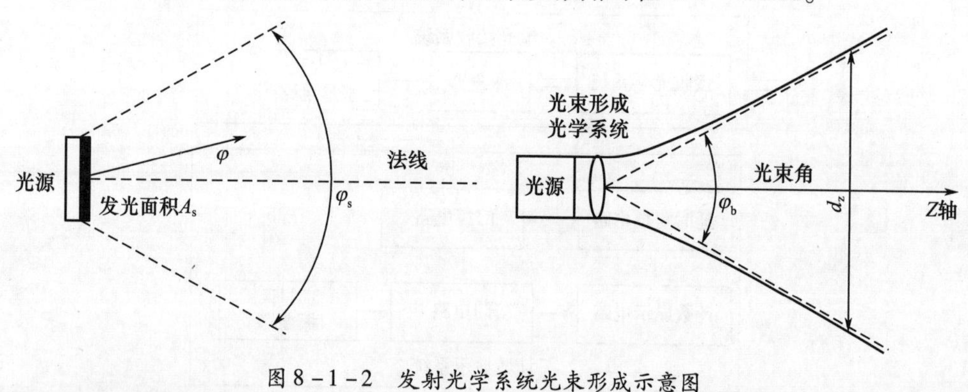

图 8 - 1 - 2 发射光学系统光束形成示意图

2. 激光接收系统

激光接收系统通常有接收光学系统、特殊光学元件、光电探测器、前置放大器和主波取样头等几个部分，如图 8 - 1 - 3 所示。

（1）接收光学系统。

接收光学系统常用的是牛顿型望远镜系统、卡塞格伦望远镜系统、格里高里望远镜系统以及开普勒和伽利略望远镜系统。接收光学系统的选型主要取决于光电探测器的类型和整机对接收光学系统体积的限制。中小型激光测距仪都普遍采用开普勒望远镜,对远程和超远程激光测距仪来说,常采用牛顿式光学系统。

接收光学系统目的是尽可能地将目标反射回来的激光能量会聚到探测器上,而且适当限制接收视场,减小杂散光的干扰,提高接收机的灵敏度和信噪比,以提高测距系统的测距精度和作用距离。

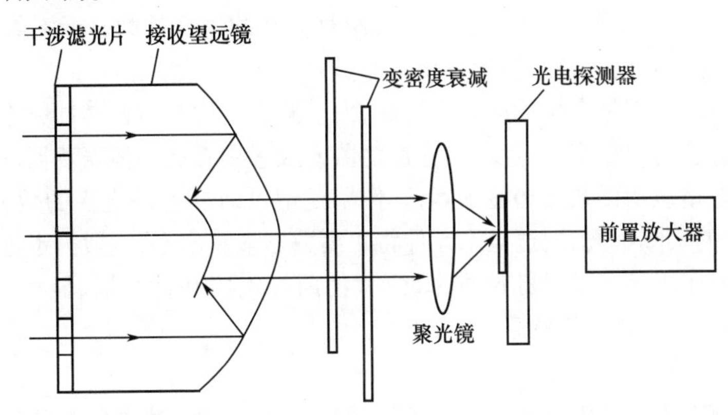

图 8-1-3　激光接收系统组成框图

(2) 特殊光学元件。

在接收机的光学系统中加入滤光片以滤除激光工作波长以外的背景光,这样可以大大提高接收系统的信噪比,因而可以提高测距系统的探测能力。通常采用迭层衰减片和双光楔衰减片控制透过光的波长和多少。

(3) 光电探测器。

光电探测器是将光信号转换为电信号的器件,其类型较多。探测激光回波的探测器以前是光电倍增管,现在大多采用硅雪崩光电二极管。硅雪崩光电二极管,由于它具有100以上的倍增因子,而且暗电流很小,是目前 1.06 μm 激光测距机最常用的优良探测器。

(4) 主波取样头。

主波取样头的作用是对发射出去的激光主波进行取样,并转变为电脉冲,用于驱动距离计数器开门,如图 8-1-4 所示。

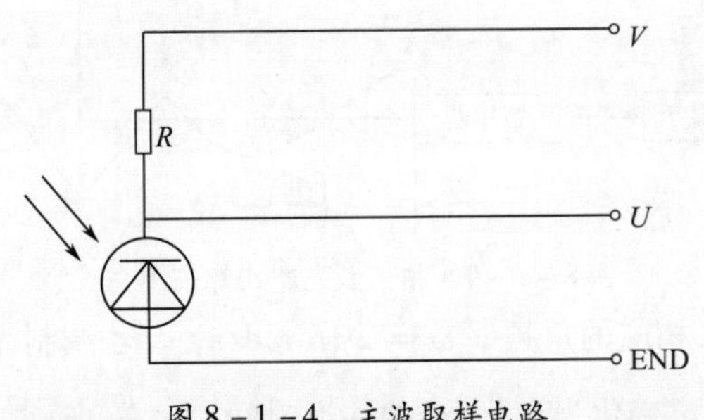

图 8-1-4　主波取样电路

(5) 前置放大器。

前置放大器的作用是把光电探测器输出的回波信号幅度放大到足以驱动距离计数器,而信号前沿又基本不变。

3. 计数显示系统

计数显示系统包括门控电路、门电路、时标振荡器、计数显示电路及延时复位电路等，如图 8－1－1 所示。

主波脉冲到来时，门控电路输出开门电平，将门电路打开；回波脉冲到来时，输出关门电平，将门电路关闭。为了使门电路稳定地工作，此后门控电路应处于闭锁状态，任何干扰脉冲对它不起作用。

门电路相当于一个开关，在主波到来时，使时标脉冲进入计数显示系统，回波信号到来时，使时标脉冲停止进入计数显示系统。

时标振荡器的作用是产生标准时间脉冲，由于测距精度与时标脉冲频率有关，所以要求时标振荡器有较高的频率稳定度，时标振荡器一般采用石英晶体振荡器。

计数显示电路包括计数器和显示器，其作用是记录时标脉冲进入的数目并送入计算机，将被测目标的实际距离，通过显示元件将距离数据显示出来，一般为十进制。

延时复位的作用是在参考脉冲到来之前，使门控电路和计数器、显示器处于归零位置，即使各电路处于起始工作状态。

（二） 性能特点

脉冲激光测距机能发出较强的激光，测距能力较强，即使对非合作目标，最大测程也可达十几千米至几十千米，其测距精度般为 ±5 m 或 ±1 m，有的甚至更高。脉冲激光测距机既可在军事上用于对各种非合作目标的测距，也可用于气象上测定能见度和云层高度，还可应用在人造地球卫星的精密距离测量上。主要优点为作用距离远，设备简单，使用方便；缺点为精度为米的量级，适于精度要求不高的场合。

三、相位激光测距机

（一） 基本原理

激光测距时，往返一周的时间 t 可以用调制波的整数周期数及不足一个周期的小数周数来表示，如图 8－1－5 所示。

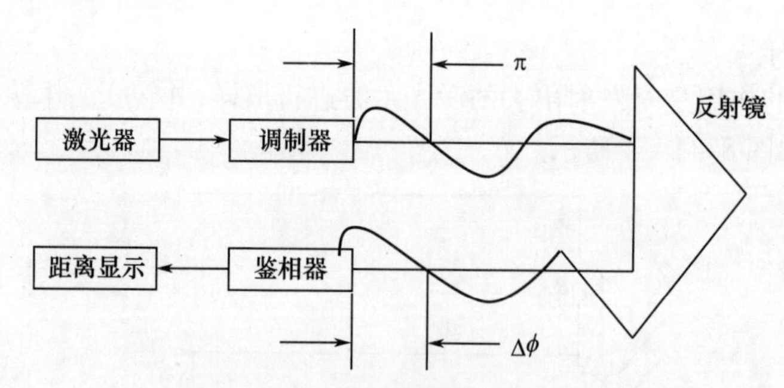

图 8－1－5 相位激光测距原理框图

假设调制频率为 f，相应的角频率 $\omega = 2\pi f(\mathrm{rad/s})$。若调制光束在发射点和目标间往返一次所产生的总相位变化为 φ，则光的往返时间 $t = \dfrac{\varphi}{\omega} = \dfrac{\varphi}{2\pi f}$，被测距离为 $R = \dfrac{1}{2}ct = \dfrac{c}{4\pi f}\varphi$。

如图 8－1－6 所示，可知，总相位 $\varphi = N \cdot 2\pi + \Delta\varphi$。因此，往返时间 t 进一步表示为

$$t = \frac{\varphi}{2\pi f} = \left(N + \frac{\Delta\varphi}{2\pi}\right) \cdot \frac{1}{f_v} \tag{8-1-1}$$

被测距离为

$$D = \frac{1}{2}Ct = \frac{C}{2}\left(N + \frac{\Delta\varphi}{2\pi}\right)\frac{1}{f_v} = \frac{C}{2f_v}N + \frac{C}{4\pi f_v}\Delta\varphi \tag{8-1-2}$$

令 $L = \frac{C}{2f_v} = \frac{C}{2}Tv$，则相位测距方程为

$$D = L \cdot N + \frac{\Delta\varphi}{2\pi} \cdot L = L \cdot N + \Delta N \cdot L \tag{8-1-3}$$

式中，f_v 为调制频率；N 为光波往返全程中的整周期数；$\Delta\varphi$ 为不到一个周期的位相值；L 为测距仪的电尺长度，等于一个调制频率对应长度的一半。因为 L 为已知的，所以只需测得 N 和 ΔN 即可求 D。

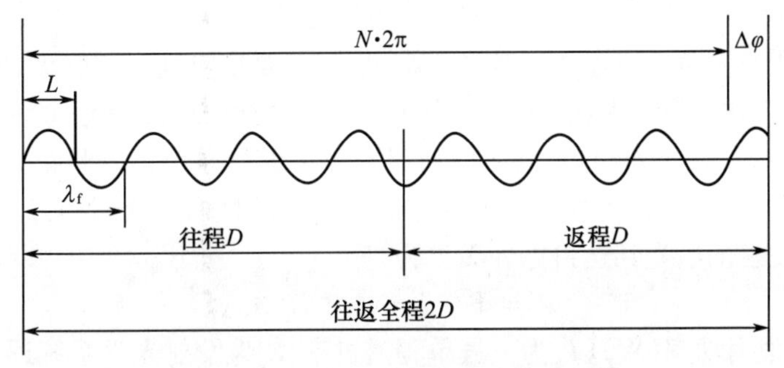

图 8-1-6　相位和距离的关系示意图

在测距方程中是可以通过仪器测得 ΔN，但不能测得 N 值，因此，以上方程存在多值解，即存在测距的多值性。但若我们预先知道所测距离在一个电尺长度 L 之内，即令 $N = 0$，此时，测距结果将是唯一的。

例：设光调制频率为 $f_v = 150 \times 10^3 \text{Hz}$，则电尺长度

$$L = \frac{C}{2f_v} = \frac{3 \times 10^8 \text{m}}{2 \times 150 \times 10^3} = 1000\text{m}$$

当被测距离小于 1000m 时，测距值是唯一的。即在 1000m 以内的测距时 $N = 0$（不足一个电尺长度）。相位测距的精度比较高，原因如下：

$$D = \frac{\Delta\varphi}{2\pi} \cdot L \tag{8-1-4}$$

则

$$\Delta D = \frac{L}{2\pi} \cdot \Delta(\Delta\varphi) = L \cdot \frac{\Delta(\Delta\varphi)}{2\pi} = \frac{C}{2f_v} \cdot \frac{\Delta(\Delta\varphi)}{2\pi} \tag{8-1-5}$$

通常相位测量精度为 $\frac{\Delta(\Delta\varphi)}{2\pi} = \frac{1}{1000}$，因此，对上例而言，$\Delta D = 1000 \times \frac{1}{1000} = 1\text{m}$，此时测距精度为 1m。

从上式可以看出 ΔD 与调制频率 f_v 成反比，即欲提高仪器的测距精度，则须提高调制频率 f_v，而由电尺长度公式可知，此时可测距离减少。因此，在测相精度受限的情况下，存在以下矛盾：若想得到大的测量距离，则测距精度不高；若想得到高的测量精度，则电尺长度短，则测量距离受限制。如何解决这个矛盾呢？可采用双频率相位激光测距，即设置

两个测量频率进行测量。高频率保证测距精度，低频率保证可测距离。

（二）性能特点

相位测距法通过测量连续调制的光波在待测距离上往返传播所发生的相位变化，间接测量时间 t。这种方法测量精度较高，因而在大地和工程测量中得到了广泛的应用。主要特点为测量精度高，通常在毫米量级。

四、性能参数

1. 虚警概率

虚警概率即是在一百次测距中可能出现虚警的次数。

2. 漏警概率

漏警概率就是指在一百次测距中，测不出距离值的次数。

3. 最大测程

无论脉冲激光测距机或连续波激光测距机，都需要接收到一定强度的从目标反射的激光信号，才能正常工作。因此，研究激光测距机接收到的回波信号功率 P_r 与所测距离 R 之间的关系，对提高激光测距机的性能，具有重要的指导意义。测距方程就描述了 P_r 与 R 的关系，它与待测目标特性（形状、大小、姿态和反射率等）密切相关。

从测距仪发射的激光到达目标处功率为

$$P_t' = P_t \cdot K_t \cdot A_t \cdot T_\alpha / A_s \tag{8-1-6}$$

式中，P_t为激光发射功率（W）；T_α为大气单程透过率，K_t为发射光学系统透过率；A_t为目标面积（m^2）；A_s为光在目标处照射的面积（m^2）。当 $A_t \leqslant A_s$时，为漫反射小目标情况，此时 $\frac{A_t}{A_s} \leqslant 1$；当 $A_t > A_s$时，为漫反射大目标情况，此时目标上的激光光斑面积小于目标的有效反射面积，$\frac{A_t}{A_s} = 1$。

激光在目标处产生漫反射，激光发射光轴与目标漫反射面法线重合，且主要反射能量集中在 1rad 以内（约 57°），则激光回波在单位立体角内所含的激光功率 P_e为

$$P_e = P_t' \cdot \rho \cdot T_\alpha / \pi = P_t' \cdot \rho \cdot T_\alpha \cdot \pi^{-1} \tag{8-1-7}$$

式中，ρ 为目标漫反射系数；T_α为大气单程透过率。

测距仪光电探测器可接收到的激光功率 P_r为

$$P_r = P_e \cdot \Omega_r \cdot K_r, \Omega_r = \frac{A_r}{R^2}$$

$$P_r = P_e \cdot K_r \cdot A_r / R^2 \tag{8-1-8}$$

式中，Ω_r为目标对光接收系统入瞳的张角（物方孔径角）所对应的立体角；K_r为接收光学系统透过率；A_r为入瞳面积；R 为目标距离（m）。

将上述式中合并后，P_r表示为

$$P_r = P_t \cdot K_t \cdot \rho \cdot K_r \cdot A_t T_\alpha^2 \cdot A_r / (A_s \cdot \pi \cdot R^2) \tag{8-1-9}$$

$$T_\alpha^2 = (e^{-\alpha})^2 = e^{-2\alpha}$$

式中，大气衰减系数 $\alpha = 2.66/V$，V 为大气能见距离，单位：km。

以光电探测器所能探得的最小光功率 P_{min} 代替上式中的探测功率 P_r，则可得最大探

测距离为

$$R_{\max}^2 = \left(P_t \cdot K_t \cdot K_r \cdot A_r \cdot e^{-2\alpha} \cdot \frac{A_t}{A_S} \cdot \rho \cdot \frac{1}{\pi P_{\min}}\right) \tag{8-1-10}$$

由上述方程可知，最大可测距离与众多因素密切相关。下列参数的选择对激光测距仪的测程非常重要。

（1）激光器的发射功率 P_t。

增大 P_t 可使测程增大，但随着功率的增大，激光器的能耗和电磁干扰也会增大，同时还会致使角分辨率下降，功率的增加又受到仪器体积、质量和人眼安全等因素的限制，因此，必须综合考虑各种因素，优选发射功率。

（2）接收光学系统的通光孔径 A_r。

在体积和质量允许的情况下，增大 A_r 是一种增大测程的有效措施，但这会同时增大背景的噪声，因此应选择合适的通光孔径 A_r。

（3）激光束的发散角 θ。

减少 θ，即减小 A_s，可增大测程，故在一般测距系统中，总是尽可能地压缩激光发散角。但随着发散角的减小，又会出现其他问题：首先存在指向精度的限制，发散角越小，瞄准精度要求越高，这给使用带来不便，特别是对手持式激光测距仪更是如此；其次，大气湍流还能引起光强和光束传播方向的随机起伏，而造成无关门脉冲输入的现象；此外，压缩激光发散角还受到衍射极限的限制，对口径为 d 的发射系统，其最小发散角为

$$\theta_t = 2.44\lambda/d \tag{8-1-11}$$

式中，λ 为激光波长，对于 Nd: YAG 激光器，$\lambda = 1.06\ \mu m$，设发射口径 $d = 20mm$，则

$$\theta_t = 2.44 \times 1.06 \times 10^{-6}/20 \times 10^{-3} = 1.29 \times 10^{-4} rad = 0.129 mrad$$

（4）探测器灵敏度。

提高探测器灵敏度，即减小激光测距仪正常工作所需要的最小回波功率 $P_{\min}$，这与增大激光功率对测程具有相同的影响。要减小最小可探测功率，必须选择合适的探测器，在中、远程激光测距仪中，均选用雪崩光电二极管。

此外，应尽量提高发射光学系统和接收光学系统的透过率，以便增大测程。大气对光功率的透过系数随着距离增加呈指数形式衰减，所以它对测程的影响也极大。

4. 测距精度

由测距基本公式可得测距误差如下：

$$R = \frac{1}{2}c\Delta t + \frac{1}{2}t\Delta c \tag{8-1-12}$$

式中，$\frac{1}{2}t\Delta c$ 为激光在大气传输过程中大气折射率等因素引起的误差；$\frac{1}{2}c\Delta t$ 为测时精度引起的误差。因激光在大气传输过程中的传播速度，受大气折射率变化的影响而造成的测距误差大约为 1×10^{-6}m，基本上可以忽略不计，因此脉冲激光测距的精度主要取决于测距系统的时间分辨率 Δt。

时间分辨率由两部分组成，一是激光主波与回波以不同的相位触发计数器而引入的测时误差，这是一种随机误差，多由波形畸变或噪声叠加引起；另一部分就是计数器本身的测时误差，它是由石英晶体振荡器的振荡频率和频率稳定度决定的。

（1）主波和回波脉冲以不同位相触发计数器引入的测时误差。

由于目标远近不同、表面特性不同、气候不同，主波和回波脉冲在计数器门限电平（V_t）设置处将以不同的相位点触发计数器，如图 8－1－7（a）所示。图中 1 代表主波脉冲波形，2 代表理想回波波形，3 表示远处目标实际回波波形；v_t 为计数器门限电平，t 为激光脉冲的往返时间，Δt 为计时误差。

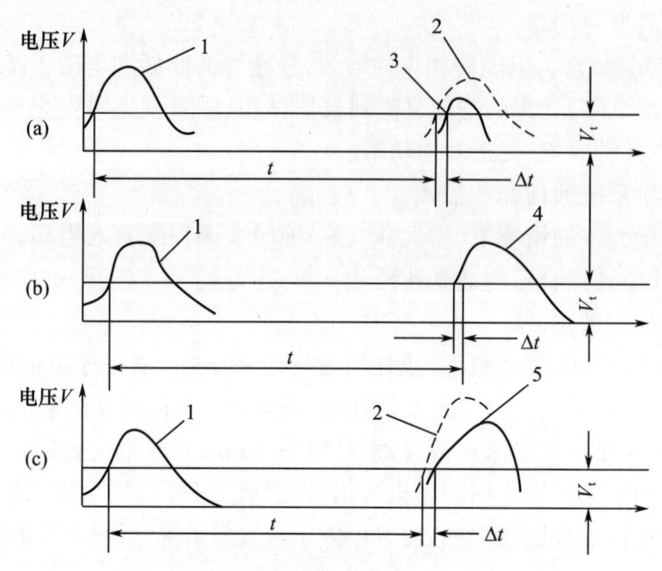

图 8－1－7　由脉冲波形引起误差的示意图

实际上，回波脉冲与主波脉冲波形无法对处于不同距离的不同目标都保持相同，故此项误差无法消除，只能减小。减小此项误差的措施有：

① 提高激光器光束质量，获得更窄的激光脉冲；

② 采用响应速度高的光电探测器；

③ 设计宽带放大器，以免激光信号被展宽。

图 8－1－7（b）中，回波脉冲波形 4 由于噪声叠加作用，引起计时误差 Δt。图 8－1－7（c）中，回波脉冲波形 5 表示由于放大器带宽高频截止频率不足而引起的波形畸变，产生计时误差 Δt。

（2）计数器本身的测时误差对测距精度的影响。

令 f 为石英晶体振荡器振荡频率，τ 代表单个时钟的周期，则

$$\tau = 1/f$$

测距基本公式变换后可得：

$$R = \frac{1}{2}ct = \left(\frac{1}{2}\cdot\tau\cdot c\right)\cdot\left(\frac{t}{\tau}\right) = \left(\frac{t}{\tau}\right)\cdot\left(\frac{c}{2f}\right) = n\cdot\frac{c}{2f} \qquad (8-1-13)$$

式中，n 为在待测距离上、激光往返时间内所计脉冲的个数。由式（8－1－13）得

$$\Delta R = \frac{c}{2f}\cdot\Delta n + R\cdot\frac{\Delta f}{f} \qquad (8-1-14)$$

式中，$\frac{c}{2f}\cdot\Delta n$ 代表闸门时间内时钟脉冲个数的误差而引入的测距误差。此误差的最大值为 $\Delta n = 1$，设测距误差 $\Delta R = 5\text{m}$，则：

$$f \geqslant \frac{c}{2 \cdot \Delta R} = \frac{2.997026 \times 10^8 / 2}{5} = 29.97026 \times 10^6 \text{Hz}$$

式中,$R \cdot \frac{\Delta f}{f}$为由于时钟频率漂移而引起的测距误差;$\Delta \frac{f}{f}$为时钟频率的稳定度。设$\Delta R = 5\text{m}$,$R = 20\text{km}$,则

$$\frac{\Delta f}{f} \leqslant \frac{\Delta R}{R} = \frac{5}{20 \times 10^3} = 2.5 \times 10^{-4}$$

因此,为了保证战术技术要求中的测距精度,必须选择合适的石英晶体振荡器,对精度±5m而言,其频率不应低于29.97026MHz,而频率稳定度应满足$\Delta f/f \leqslant 2.5 \times 10^{-4}$。

减小此项误差的措施有:

① 提高振荡频率,使单个时钟对应的距离减小;

② 提高振荡器的频率稳定度。

5. 距离分辨率

该指标是指激光测距仪在纵向所能区分的两个目标之间的最小距离间隔。不同的仪器采用的电路参数不同,距离分辨率也不同,例如舰用某型激光测距仪和某地炮激光测距观测仪的距离分辨率分别为40m和80m。对于舰用某型激光测距仪,当纵向两个目标的间隔小于距离分辨率时,测距仪无法测出两个目标的距离,仅能测出其中一个;若在同一瞄准线上的两个目标的纵向间隔大于距离分辨率,可用其"距离选通"功能分别测出两个目标的距离;若两个目标均不在距离选通范围之内,则只能测出较近的目标的距离。距离分辨率与测距仪中逻辑电路的响应速度及参数等有关。

6. 角分辨率

该指标是指激光测距仪在横向上能区分的两个目标间的最小角间隔,它与激光束发散角、激光器发射功率、接收视场光阑、目标大小及反射率、大气条件等因素有关。对同一台激光测距仪,在不同距离,角分辨率大小略有不同。

7. 测距逻辑

若在瞄准线上有两个以上目标,且每个目标的回波均能被测距仪接收到,如采用距离选通,则显示器上除显示所测目标的距离数据外,其他目标可用光点显示,称为"多目标指示",该功能可帮助使用者迅速而准确地判断出显示器所显示的距离是否是所要测的目标距离。

8. 距离选通范围

当被测目标的近方有多个目标存在,且其回波均能被激光测距仪接收到,而又无法改变瞄准位置来避开近方目标,按照测距仪的测距逻辑,一般只能测到较近的第一个目标的距离,但是,若利用距离选通技术,则可以排除被测目标近方所有目标的回波,只让被测目标的回波去关闭计数器的电子门,从而测量出被测目标的距离,这种功能称为距离选通。舰用某型和某手持式激光测距仪的距离选通范围分别为150~5000m,200~4000m,均可连续调节,这时所测距离为选通距离以外第一个目标的距离。

9. 测距重复频率

激光测距仪的测距重复频率是指单位时间内可测距次数。重复频率为10次/s、20次/s、40次/s、80次/s等。对于地面或海上目标,由于其运动速度较慢,重复频率可以低

些，每分钟几次就能满足要求；对于空中目标或运动速度较快的目标，则要求测距仪具有较高的测距重复频率。

激光测距机实例：AN/GVS－5 激光测距机是美国研制的第二代激光测距机。1978 年开始装备美国陆军部队，现已装备第 24 机械化步兵师、第 82 空降师和第 101 空降师。主要用于供迫击炮前进观察员进行观察，也可供步兵侦察人员使用。主要参数为

（1）作用距离 10000m；

（2）测距精度为 ±5m；

（3）采用掺钛化铝石榴石为激光器材料；

（4）发射机峰值功率 2MW；

（5）激光发散角为毫弧度；

（6）脉冲宽度 5ms；

（7）采用硅雪崩光电二极管为接收元件；

（8）灵敏度 $2mW/cm^2$；

（9）瞄准镜倍率 7 倍；

（10）平均无故障时间大于 30000 次。

五、发展史

激光由于亮度高、单色性和方向性好，是人们早就渴望得到的理想的测距光源，因此，在它出现后不到 1 年的时间就被用于测距。可以说激光测距是激光最早、也最成熟的应用领域之一。从柯利达 I 型红宝石激光测距机的诞生（1961 年）到首次装备美国陆军（1969 年）只经历了 9 年时间。红宝石激光器在激光测距机领域中现已基本上被淘汰，Nd: YAG激光器是现有激光测距机的主要激光光源[25]。

目前装备和研制中的军用激光测距机有如下特点。

（1）小型化、标准化和固体组件化。

小型化和低成本是激光测距机能否普遍应用和大量装备各部队所要解决的首要问题。在低重复频率激光测距机中采用可饱和吸收染料 Q 开关、硅雪崩光电二极管和大规模集成电路，是实现小型化、低成本、低功耗的主要技术途径。这类激光测距机于 20 世纪 70 年代中后期研制成功，可手持使用，也可装在带有测角装置的三脚架上，或装在战车、飞机、军舰上使用。

为了进一步降低激光测距机的成本和实现小型化、固体组件化，目前广泛使用的技术是将激光器的谐振腔固体化，即在 YAG 棒的一端镀上介质膜作为输出反射镜，另一端则将染料片（或盒）及全反射镜粘结为一体。这种固体组件化的谐振腔体积小、质量小、成本低、稳定性高。同样，将接收光电器件与前置放大器、视频放大器和阈值检测电路组件化、固体化而构成标准化部件，则可大大降低结构设计的复杂性。

（2）激光测距机的多功能化。

目前研制和装备的多功能激光测距机有激光测距指示器、激光测距跟踪器两类。实现测距指示功能有两种途径：一种是将现有激光测距机的激光输出能量提高到 100mJ 以上，重复频率提高到 4～20Hz 并编码发射；另一种是将现有指示器加装激光接收和测距部件，但两者均要求将激光发散角减小到 0.1～0.4mrad。实现测距、跟踪双重功能的一

般技术途径是在激光测距机中附加四象限探测器。

此外,还有将激光测距机与其他仪器组装在一起完成多种功能的激光仪器。如美国的 M-931 型激光测距夜视仪,它将砷化镓(GaAs)激光测距机和微光夜视仪组装成望远镜式的结构,可供昼夜观察和测距用;又如挪威的 LP-100 型激光测距机与微型数字式弹道计算机组装在一起,除测距外,还可作简单的弹道计算。

当前激光测距机的发展趋势主要如下。

(1) 研制开发的人眼安全激光测距机。

目前普遍装备应用的 Nd:YAG 激光测距机的主要缺点是对人眼不安全,在烟雾中的传输性能差。已研制开发的人眼安全激光测距机有两类:第 1 类是 CO_2 激光测距机,它与 Nd:YAG 激光测距机相比,有以下优点。

① 透过大气雾、霜和战场烟雾的性能好。战场烟雾通常是白磷、红磷和六氯乙烷,它们对 CO_2 的吸收系数要比对 Nd:YAG 激光的吸收系数小,因此,在硝烟弥漫的战场中,对于同样的激光输出功率,CO_2 激光测距机的测程大于 Nd:YAG 激光测距机的测程。

② 对人眼安全。Nd:YAG 激光器发射的 1.06 μm 波长激光能透过眼球聚焦到视网膜,极易损伤视网膜,而眼球对 10.6 μm 波长的激光不透射,故不易损伤视网膜,对人眼安全。

③ 与现有的 8~14 μm 波段的热像仪兼容性好,便于组合使用。

此外,CO_2 激光器还具有能量转换效率高、可采用高灵敏度的外差探测技术、在 9~11 μm 波段内可发射多条谱线等优点。但目前 CO_2 激光器的体积大,工作电压高、放电干扰强。大体积和强屏蔽使 CO_2 激光测距机的体积、质量、成本远远大于 Nd:YAG 激光测距机,并且与其相关的制冷技术、10.6 μm 高质量的窗口材料及镀膜技术、高压放电使 CO_2 离解的催化还原技术等尚不成熟,还有待进一步的研究。

第 2 类人眼安全激光测距机的工作波长在 1.5~1.8 μm 范围内,此频段既对人眼安全,又正好是大气窗口,也有较为合适的探测器,相应的激光器有 Er 玻璃(1.54 μm)激光器等。

(2) 研制具有较高效率、较远测程和多目标测距能力的固体激光测距机。

提高固体激光器效率的主要途径是使泵浦光谱尽可能与激光介质的吸收谱匹配。用半导体激光器阵列泵浦 Na:yAc 激光晶体便是向此方向努力的技术途径之一。虽然这类激光器目前的峰值输出功率还很低,但它效率高,而且易于实现高重复频率运转,因而成为目前的热门研究方向。

提高测程的主要技术途径除尽可能提高探测灵敏度外,使用高增益激光材料和压缩发射光束的束散角是十分重要的。但从综合技术指标及性能价格比衡量,目前 Nd:YAG 激光晶体仍占优势。采用非稳谐振腔可有效压缩束散角,而应用光学相位共轭技术可将束散角压缩到原来的 1/3~1/4,这意味着可将测程增加近 1 倍。

将计算机技术引入激光测距机有助于解决多目标测距问题。

第二节 激光雷达

与微波雷达的工作原理一样,激光雷达主动发射激光束,接收并记录大气后向散射光、目标反射光及背景反射光，将其与发射信号进行比较，从中发现海空目标信息，如目标位置（距离、方位和高度）、运动状态（速度、姿态和形状）等，从而对飞机、导弹等目标进行探测、跟踪和识别。

由于光的波长比微波短好几个数量级，激光的方向性又比微波好得多，所以激光雷达拥有微波雷达所不具有的优点。

（1）分辨力高。

激光雷达的角分辨率非常高，一台望远镜孔径100mm的CO_2激光雷达的角分辨率可达0.1mrad，即可分辨3km远处相距0.3m的目标，并可同时（或依次）跟踪多个目标；激光雷达的速度分辨力也高，可轻而易举地确认运动速度为1m/s的目标，其距离分辨力可达0.1m，通过一定的技术手段（如距离－多普勒成像技术）可获得目标的清晰图像。

（2）抗干扰能力强。

与工作在无线电波段的微波雷达易受干扰不同，激光雷达几乎不受无线电波的干扰，适于工作在日益复杂激烈的各种（微波）雷达电子战环境中。

（3）隐蔽性好。

激光方向性好，其光束非常窄（一般小于1mrad），只有在其发射的那一瞬间并在激光束传播的路径上，才能接收到激光，要截获它非常困难。

（4）体积小、质量轻。

激光雷达中与微波雷达功能相同的一些部件，其体积或质量通常都小（或轻）于微波雷达，如激光雷达中的望远镜相当于微彼雷达中的天线，望远镜的孔径一般为厘米级，而天线的口径则一般为几米至几十米。

当然，激光雷达也存在着致命的弱点。由于大气对激光的衰减作用，激光雷达的工作特性受天气影响很大，即使所发射激光波长正好位于大气窗口的CO_2激光雷达，其在晴朗和恶劣的天气工作时，其作用距离也会从10～20km下降为3～5km，有时甚至降至1km内，而且由于激光光束很窄，只能小范围搜索、捕获目标。

为了充分利用激光雷达的优点并克服其缺点，正在研制的激光雷达多设计成组合系统，如将激光雷达与红外跟踪器或前视红外装置、电视跟踪器、电影经纬仪、微波雷达等进行组合，使其兼具各分系统的优点，相互取长补短。例如激光雷达与微波雷达组合系统可先利用微彼雷达实施远距离、大空域目标捕获和粗测，再用激光雷达对目标进行近距离精密跟踪测量，这样既克服了激光雷达目标搜索、捕获能力差的缺点，又可弥补微波雷达易受干扰和攻击的不足。

当前，激光雷达是一大类广泛应用的军用雷达，用于各种重型武器或其火控系统，基本功能是动态目标的定位和跟踪，即实时测量目标相对于激光雷达的角位置和距离，并根据测角信息自动跟踪目标。

一、分类

同微波雷达一样，激光雷达可以按不同的方法进行分类。根据探测机理的不同，激光雷达可以分为直接探测型激光雷达和相干探测型激光雷达两种，其中直接探测型激光雷达采用脉冲振幅调制技术，不需要干涉仪，相干探测型激光雷达可用外差干涉、零拍干涉或失调零拍干涉等，相应的调谐技术分别为脉冲振幅调制、脉冲频率调制或混合调制等。

按激光雷达的发射波形或数据处理方式，可分为脉冲激光雷达、连续波激光雷达、脉冲压缩激光雷达、动目标显示激光雷达、脉冲多普勒激光雷达和成像激光雷达等。

按激光雷达的架设地点不同，可分为地面激光雷达、机载激光雷达、舰载激光雷达和航天激光雷达等。

按激光雷达完成的任务不同，可分为光学窗口侦察雷达、火炮控制激光雷达、指挥引导激光雷达、靶场测量激光雷达、导弹制导激光雷达和飞行障碍物回避激光雷达等。靶场测量激光雷达主要用于导弹发射初始阶段和低飞目标测量；目标姿态测定；再入目标测量与识别。导弹在初始阶段容易出故障，必须精确测量这段数据，以便预报落点位置，确保各航空区安全。在导弹发射初始段和低飞目标测量中，测量设备均处于低仰角工作状态，这时微波雷达存在盲区，难以获得预期的数据及精度。传统光学测量设备一般需要三台交会测量，才能保证测量精度，所以费用高，而且传统光学测量设备不能实时输出数据，即使给出，精度也不够。激光雷达能弥补上述测量设备的不足，它在靶场最早的应用就是测量导弹的发射初始段。激光雷达能弥补微波雷达存在低空盲区、受电子干扰、测量精度有限等不足，可以获取目标的三维图像及速度信息，有利于识别隐身目标。目前已研制出能在几千米内对目标进行精密跟踪测量的激光雷达，例如舰载炮瞄激光雷达能跟踪掠海飞行的反舰导弹，使火炮可在远距离拦截月标。高能激光武器也需要激光雷达作为它的瞄准跟踪系统。美国曾在火池激光雷达技术的基础上发展了这种系统，在配合武器试验时，用高能激光击落了空空导弹。

二、基本组成和工作原理

（一） 基本组成

从激光雷达的组成看，直接探测激光雷达与相干探测激光雷达有较大的不同。直接探测雷达，也称为非相干探测雷达，接收系统不对光场进行加工处理而让探测器直接反应目标光辐射强度。直接探测激光雷达与脉冲激光测距机很相似，不同之处是激光雷达配有激光方位与俯仰测量装置、激光目标自动跟踪装置，另外后续的信号处理结果不再是存储的距离计数值，而是距离与方位和俯仰数据关系，并通过计算和图像显示，表达出目标的空间分布及速度。相干激光雷达与普通射频雷达的工作原理更相似，图 8-2-1 给出了微波雷达与相干激光雷达的组成方框图。在相干激光雷达中，探测器同时起混频器的作用，望远镜和激光器等部件与微波雷达中的天线、振荡器等部件之间存在着一一对应的关系，数据处理电路则基本相同，由于这种相似性，激光雷达可以沿用微波雷达的许多成熟技术。由于直接探测过程及其信号处理，和激光测距机部分相似，因此，在本小节着重讨论相干激光雷达的原理。

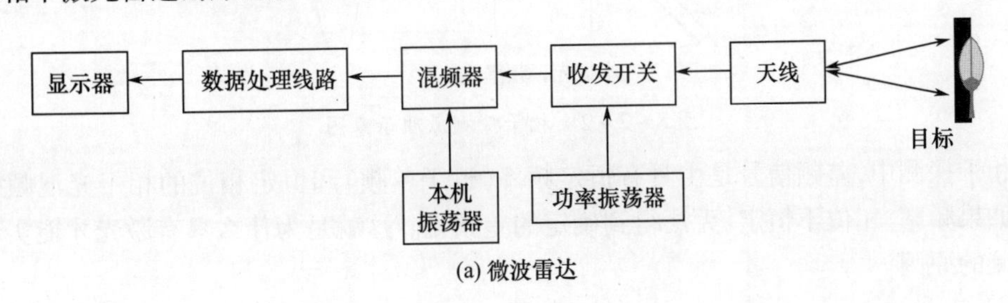

(a) 微波雷达

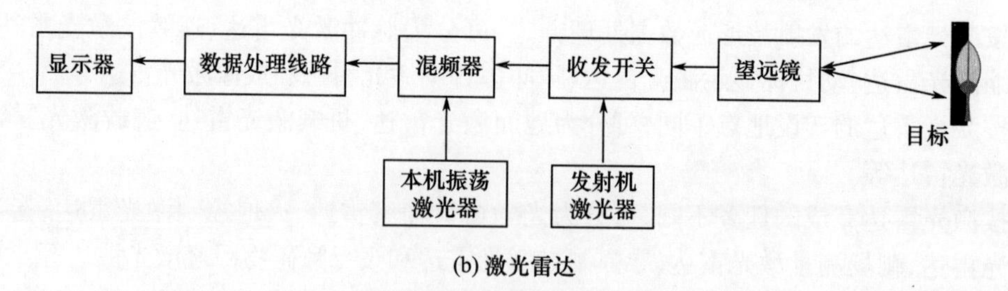

(b) 激光雷达

图 8-2-1 微波雷达与相干激光雷达方框图

(二) 工作原理

相干探测原理如图 8-2-2 所示。探测器同时接收平面光波,一束是频率为 v_L 的本振光,另一束是频率为 v_S 的信号光,这两束光在探测器表面合成形成相干光场。合成光场可以写为

$$E(t) = E_L\cos(\omega_L t) + E_S\cos(\omega_S t + \phi_S) \tag{8-2-1}$$

相应的光强为

$$E^2(t) = E_L^2\frac{1+\cos(2\omega_L t)}{2} + E_S^2\frac{1+\cos(2\omega_S t + 2\phi_S)}{2} + E_L E_S\{\cos[(\omega_L - \omega_S)t - \phi_S] + \cos[(\omega_L + \omega_S)t + \phi_S]\} \tag{8-2-2}$$

相干探测信号从差频项中取出,为此在后续电路中进行以 $|\omega_L - \omega_S|$ 为中心频率的滤波和放大,从而消除直流项。光电探测器对于和频项与倍频项实际上并不响应。信号光强为

$$E_L E_S\cos[(\omega_L - \omega_S)t - \phi_S] \tag{8-2-3}$$

探测器信号电流为

$$i_S(t) = \frac{q\eta}{hv_L}A_d E_L E_S\cos[(\omega_L - \omega_S)t - \phi_S] = 2\frac{q\eta}{hv_L}\sqrt{P_L P_S}\cos[(\omega_L - \omega_S)t - \phi_S] \tag{8-2-4}$$

式中,η 为探测器的量子效率;q 为电子电量;P_L,P_S 分别为两束光入射到探测器上的功率;A_d 为探测器面积。

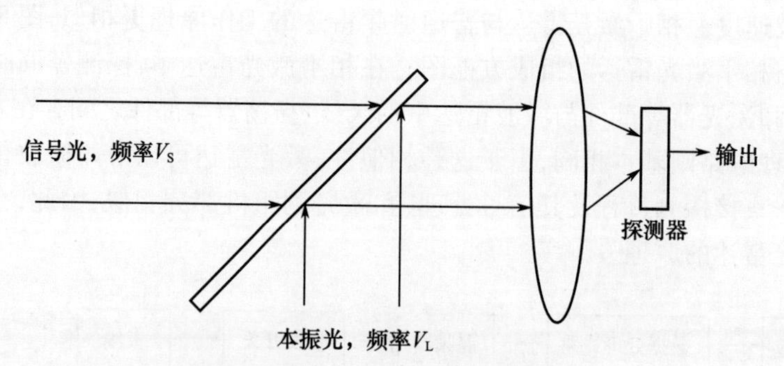

图 8-2-2 相干探测原理示意图

相干探测中,差频信号是由具有恒定频率(近于单频)和恒定相位的相干光混频得到的。如果频率、相位不恒定,无法得到确定的差频光。这就是为什么只有激光才能实现外差检测的原因。

（三）激光雷达的测量原理

1. 四象限测角原理

脉冲激光雷达的一种典型跟踪方式，是采用四棱锥来检测目标的方位（或俯仰）的变化，如图 8－2－3 所示。四棱锥的尖顶被削平，因而它有一个中心面和四个对称的侧面，中心面正对着接收望远镜的光轴。当目标处于光轴上时，从目标反射回来的光束落在中心面上，它仅能投射到四棱锥后面的测距系统上，而处在四棱锥侧面的四个光电二极管是接收不到信号的。如果目标偏离了光轴，反射光束就会偏移到四棱柱的侧面上。例如，光电二极管 1 或 3 有信号输出变化时，表示目标在俯仰方向上有变化；若光电二极管 2 或 4 有信号输出变化时，表示目标在方位上变化。

上述跟踪系统的核心部件是四象限探测器及其和差运算处理电路。四象限探测器由 4 个性能完全相同的光电二极管按直角坐标排成 4 个象限，每只光电二极管的输出电压与其接收光能量成正比。四象限探测器安装在接收光学系统的焦面附近，且探测器中心即四象限原点与接收光轴重合。当目标偏离接收光轴时，其反射回来的激光能量经接收光学系统到达四象限探测器时，在 4 个象限上的分布将不相等，相应的输出电信号也不相等，经和差运算处理电路运算处理后，可以得出目标偏离光轴的方位和大小[26]。

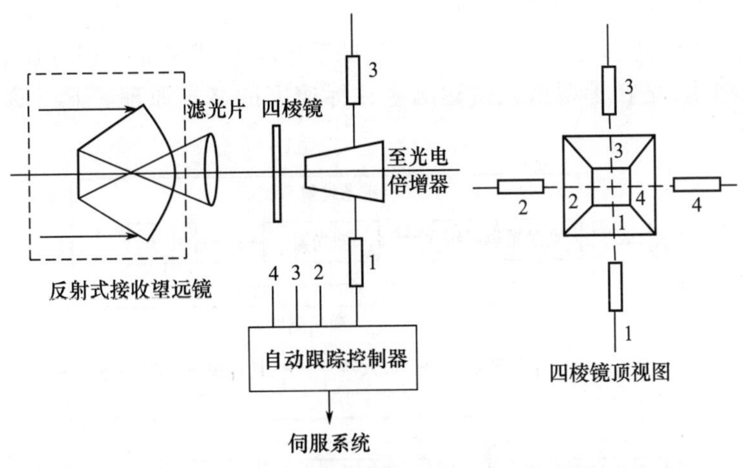

图 8－2－3　脉冲激光雷达跟踪系统示意图

图 8－2－4 为四象探测器与和差电路处理方式。目标散射的激光信号被光学系统成像于四象限探测器上，根据探测器离焦量的不同，像点的大小也不同。探测器的平面对应某一空间领域，被划分为 A，B，C，D 四个象限，在每个象限上都布满光敏元件，当激光束照射到某个光敏元件上，相应的元件就有电压输出，其他未照到的元件，输出为零。因此，探测器起到光电转换的作用。判断激光目标到底在哪个象限上，通过简单的逻辑电路运算便可确定。我们不妨假设：当激光照射到某象限时，探测器有信号输出，设为“1”；无信号时，输出为“0”。我们暂时认为激光束是照在 A 象限上，则探测器输出的 Y 值为 $Y=(A+B)-(C+D)=(1+0)-(0+0)=1$，$Y$ 值为正，说明目标是在 A 或 B 象限上，即在探测器平面 x 轴的上方，偏离了光轴，那么，到底是在 A 象限，还是 B 象限上呢？必须再进行一次逻辑判断，探测器输出的 X 值为：$X=(B+D)-(A+C)=(0+0)-(1+0)=-1$，$X$ 值为负数，说明目标是在 A 象限上。从上面的两次逻辑运算可以得出：目标的位置在（－1，1），的确是在 A 象限上，与前面的假设相吻合。

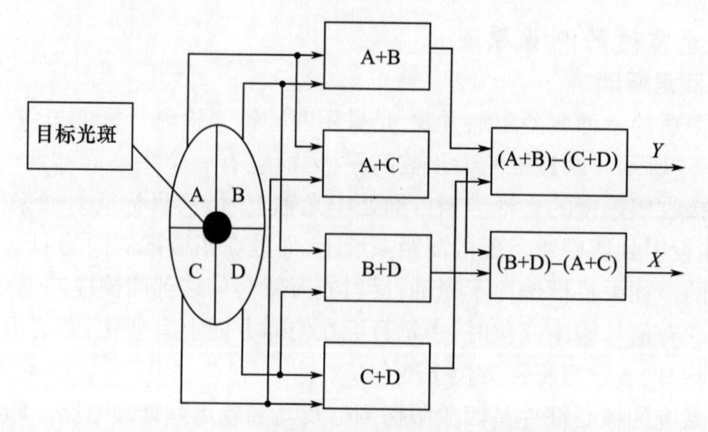

图 8-2-4　四象限探测器与和差电路示意图

将测角系统和前面介绍的测距系统结合，就构成激光跟踪雷达，如图 8-2-5 所示，可实现激光测距和测角的功能。

2. 速度测量原理

激光雷达对目标速度的测量原理可分为两大类：一是通过测量目标单位时间内距离的变化率，直接得到速度，二是通过测量目标回波的多普勒频移 f_d 来间接得到速度。前者较简单，是直接探测型激光雷达测量目标速度的基本原理，其测量机理与激光测距仪基本一致；后者较精确，是相干型激光雷达测量目标速度的基本原理。下面简单介绍一下后者。

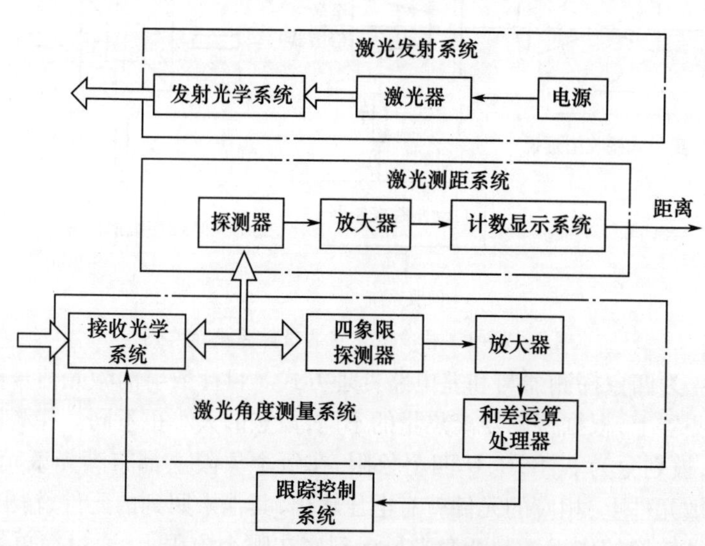

图 8-2-5　激光测距和测角原理框图

根据物理学原理，多普勒频移 f_d 与目标径向速度 V（沿测量仪与目标连线方向的速度）、激光波长 λ 的关系为

$$f_d = \frac{2v}{\lambda_\zeta} \tag{8-2-5}$$

因此，只要测出了多普勒频移 f_d，因激光波长从是已知的，即可求出目标的径向速度 v。

有两种方法可用来测量 f_d，一种是用相干接收机直接测量载频的多普勒频移；另一种是测副载频的多普勒频移，即对发射激光进行副载频调制，回波信号先用非相干探测接收，随后用相干参考信号与副载频进行相干混频，并对之解调而测得 λ 。由于载频多普勒频移远高于副载颇多普勒频移，因而前者的速度分辨率远高于后者，但副载波多普勒频移比较容易实现，对激光源的频率稳定性要求可放低。

通常，气体激光器具有很高的光谱纯度，从而可以实现激光雷达信号的相位信息处理，并能在高达525MHz的带宽内以相当低的调制激励功率进行幅度调制或频率调制。一种较为理想的发射波形是线性调频波即调频连续波（FM－CW），用它可以同时测量目标的距离和速度，图8－2－6示出这种波形。对于固定目标，接收信号将有一个时间延迟（ $\tau=2R/c$ ）；对于运动目标，如是迎面方向的目标，且扫频线斜率为负值时，发射信号和接收信号之间的多普勒频移为正值；若扫频线斜率为正值时，多普勒频移则为负值。对于离去的目标，其多普勒频移符号与迎面目标正好相反。将图8－2－5所示的回波信号和发射的参考信号在非线性探测器中混频，可以得到正比于目标距离R的零拍输出 f_b ；如果信号到目标往返一次的传播时间小于调制周期 $1/f_m$ （ f_m 为调制频率），则最大单值距离为

$$R_{max}=\frac{c}{8f_m} \tag{8-2-6}$$

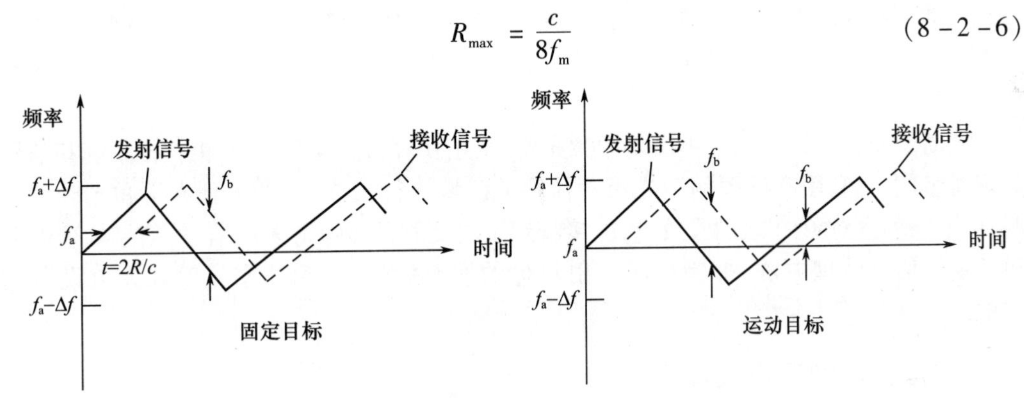

图8－2－6　测量距离和速度的线性调频波形

拍频与目标距离的关系为

$$f_b=\frac{4Rf_m\Delta f}{c} \tag{8-2-7}$$

式中，Δf 为频移的全宽度。

3. 猫眼效应

上述激光雷达的测距、测角和测速等功能，用于侦察敌方目标时，称为激光侦察雷达。然而，如果敌方目标仅限于光电类武器装备，利用猫眼效应进行主动侦察，这样的激光雷达被称为光学窗口侦察雷达。它通过主动向敌方光学或光电设备发射激光束，而对敌方光学和光电子设备进行侦察。当一束光照射到光学系统的镜头上时，由于镜头的汇聚作用，同时探测器正好位于光学系统的焦平面附近，光线将聚焦在探测器表面，由于探测器表面的反射或散射作用，对来自远处的激光产生部分反射，相当于在焦平面上与入射激光对应的位置有一个光源，其反射光通过光学系统沿入射光路返回，这会使得光学系统的后向反射强度比普通漫反射目标的反射要强得多，这种特性称为“猫眼”效应。

图8－2－7给出一个“猫眼”系统示意图。G 为探测器的光敏面，L 为等效物镜，OO' 为其光轴，C 为光学焦点。由于系统具有圆对称性，光束 AA' 汇聚于 C 点，被光敏面反射

后沿 CB' 传播，光束 BB' 汇聚于 C 点，被光敏面反射后沿 CA' 传播。所以，光敏面产生的部分反射光就以镜面反射方式，近似按原光路返回。通常探测器都不是正好位于焦点上，有时是由于安装误差引起离焦，有时则是有意离焦放置（如四象限探测器），这种离焦效应会引起后向反射回波的发散，降低回波强度。

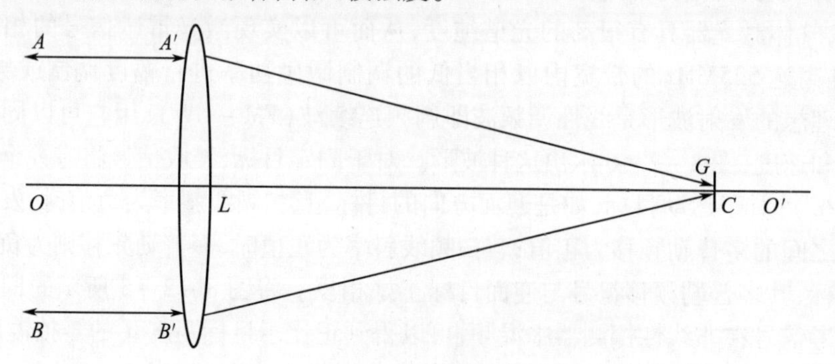

图 8-2-7　光学系统"猫眼"效应原理示意图

主动侦察的激光波长应与敌方光学或光电设备工作波段相匹配，这是"猫眼"效应的基本要求。根据现役光学或光电设备的一般工作波段，主动激光告警主要为 1.06 μm 和 10.6 μm 波长两种。

主动激光告警设备通常由高重频激光器、激光发射和接收系统、光束扫描系统和信号处理器组成，它利用高重频的激光束对侦察的区域进行扫描，在扫描到光学和光电设备时，由于被侦察对象的"猫眼"效应，能接收到比漫反射目标强得多的信号，信号处理器通过一定的信号处理方法，抑制掉漫反射目标的回波信号，达到侦察光学和光电设备的目的。

三、激光成像目标侦察

激光成像目标侦察是一种以激光探测为途径，通过获取目标的激光图像，并对其进行特征提取和目标反演，获得目标距离位置、反射属性、整体轮廓、结构尺寸和运动特征，进而发现、识别和确认目标的侦察手段。与可见光、红外、雷达等成像目标侦察手段相比，激光成像目标侦察除拥有与激光成像类似特点外，在侦察能力和侦察准确性方面更有如下的特点。

（1）侦察精度高，受外界影响小。

一方面，利用频率更高、波长更短、方向性更高的激光作为成像侦察媒介，空间分辨率更高，对目标细节看得更清；另一方面，由于是激光主动的窄波束照射，不受其他光照的影响，被干扰的可能性也小，能对目标进行持续、不间断的有效侦察。

（2）工作模式多样，获取目标的信息更加丰富。

根据需要，激光成像目标侦察既可单独获取目标激光距离像、灰度像、波形像以及层次像中的一种，又能同时获取上述图像的多种，从不同的角度更加充分地获取目标特征信息，再加上目标激光侦察图像更能反映目标的位置和立体特征信息，图像信息量更为丰富。

（3）具有侦察识别伪装目标的能力。

激光成像目标侦察主动发射激光照射目标，接收目标的反射、散射激光回波信号，减小目标周围特性改变的影响，可识别目标表面伪装；激光频率更高，穿透能力更强，对隐藏在网状隐蔽物（森林或者伪装网）内的目标具有较好的侦察识别能力；激光成像侦察具有利用不同工作模式识别遮蔽目标的能力，单独在距离成像或灰度成像侦察模式获得目标的激光距离像或灰度像后，再转换到层次成像侦察模式下获得层次像，利用层次像可反映目标结构的特性，将层次像和距离像或灰度像有机结合以识别遮蔽目标。

（一）基本原理

激光成像目标侦察系统通常由如下几个部分组成：激光发射系统，光学接收与探测系统，时延测量和回波采集系统，位置姿态测量系统，数据处理与图像生成系统，目标检测定位系统，目标分类识别系统，控制、监测和记录单元等。图 8-2-8 是激光成像目标侦察系统的基本结构框图。

（1）激光发射系统。

激光发射系统由激光触发电路、激光器、激光准直器和发射光学系统组成，产生所需脉冲激光，经准直后发射脉冲激光光束照射目标。

（2）光学接收和探测系统。

光学接收和探测系统由接收光学系统、光电探测器、放大处理电路组成，接收从目标处反射回来的激光回波信号，并将光信号转换成电信号进行放大处理。

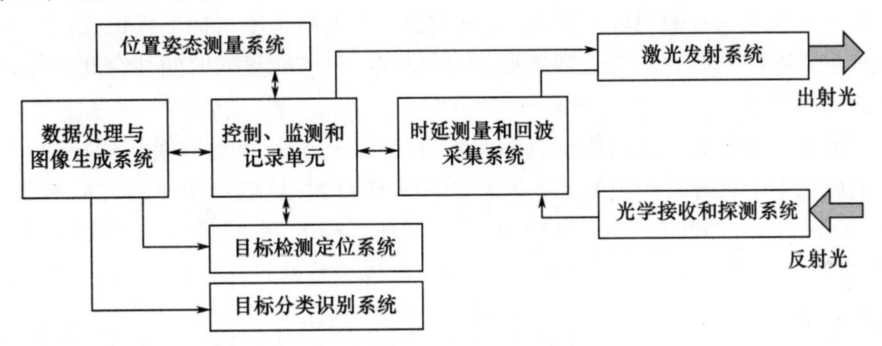

图 8-2-8　激光成像目标侦察系统基本结构框图

（3）时延测量和回波采集系统。

时延测量和回波采集系统主要由主波脉冲形成电路、回波脉冲形成电路、时刻鉴别电路、回波时延测量电路、回波强度测量电路、回波采集电路组成，进行激光回波数字化，获取高保真的回波脉冲以及脉冲的幅度和宽度信息，测量回波时延和回波强度。

（4）位置姿态测量系统。

位置姿态测量系统由动态差分 GPS 定位系统和 INS 姿态测量系统组成，测量激光成像传感器投影中心位置和姿态参数，用于与激光回波测量数据一起进行处理而生成激光图像，并检测和识别目标。

（5）数据处理与图像生成系统。

数据处理与图像生成系统是目标激光成像侦察的关键，主要是在数据处理的基础上，结合定位姿态信息、距离信息、灰度信息、波形数据和取样分布规律等生成目标距离像、灰度像、波形像等激光图像。

（6）目标检测定位系统。

目标检测定位系统对激光图像给出的数据进行处理以发现目标，并结合 GPS 定位数据、姿态数据、激光探测数据，基于空间几何原理，对目标进行精确定位。

(7) 目标分类识别系统。

目标分类识别系统首先提取目标稳定的、典型的特征，然后在数据库支持下，基于目标特征对目标进行分类识别，获得目标类型，并进一步识别目标及其平台的属性。

(8) 控制、监测和记录单元。

控制、监测和记录单元是激光成像目标侦察系统的控制与数据采集中心，其主要作用有：产生激光脉冲驱动电路的控制信号；产生全系统的同步脉冲，同步时延测量、回波强度测量、回波采集、GPS 定位、姿态测量等；记录存储距离测量数据、强度测量数据、回波采集数据、动态 GPS 定位数据、平台姿态数据等，为生成目标图像作数据准备。

（二） 激光成像特点

激光成像生成的目标激光图像主要为距离像、强度像、多普勒像、距离－角度像等。目标的激光图像提供了物体大小、形状、表面材料等特征参数，大大丰富了对物体的描述信息，增强了人们对物体的了解和掌握程度[27]。

目标的距离像、灰度像是对目标位置特征和后向反射率分布的完整地、直观地反映，它建立在多点取样目标的三维距离和目标的回波强度信息基础上，生成的距离像和灰度像中每一像素代表目标采样点对应的距离信息和激光回波强度。

目标波形像反映着回波波形的幅度、宽度及其裂变状态随目标取样位置的分布规律，是目标对激光脉冲调制效果的直观体现，不仅反映了接收能量的时间和空间分布，更反映了目标的结构特征。

目标的层次像是激光成像侦察目标所特有的，反映的是目标空间结构特征。目标层次像的生成依赖于目标对照射激光所产生的多表面反射，获取沿激光束方向上目标的多次回波，在挖掘多次回波的波形、时延、能量等特征基础上，生成目标的层次像，据此表现纵深方向的目标层次信息、目标起伏信息、部分物体遮蔽的目标信息等，它主要针对表面起伏目标、遮蔽目标。

四、发展史

1964 年美国研制成波长为 632.8nm 的气体激光雷达 OPDAR，装在美国大西洋试验靶场，测距精度为 0.6m，测速精度为 0.15m/s，测角精度为 ±0.5mrad，对装有角反射器的飞行体作用距离为 18km。

20 世纪 70 年代，重点研制用于武器试验靶场测量的激光雷达，国外研制成多种型号，例如：美国采用 Nd:YAG 固体激光器的精密自动跟踪系统（PATS）；瑞士的激光自动跟踪测距装置（ATARK）；美国研制的 CO_2 气体激光相干单脉冲火池激光雷达，跟踪测量飞机、导弹和卫星，最远作用距离达 1000km。

80 年代，在进一步完善靶场激光测量雷达的同时，重点研制各种作战飞机、主战坦克和舰艇等武器平台的火控激光测量雷达。在此期间研制成具有代表性的产品有采用 Nd:YAG激光器、四象限探测器体制的防空激光跟踪器（瑞典），作用距离 20km，角精度 0.3mrad。

90 年代以来，国际上着重对激光雷达的实用化进行研究。在解决关键元器件、完善各类火控激光雷达的同时，积极进行诸如前视/下视成像目标识别、火控和制导、水下目标探测、障碍物回避、局部风场测量等方面的激光雷达实用化研究。

我们再着重谈谈光学窗口侦察雷达的发展过程,具体如下。

美国早在1960年代初就已开始主动激光侦察系统的研制工作,1960年代末曾投入越南战场上使用,采用的主要是He-Ne、Ar离子和GaAs激光器,主要用于夜间航空侦察,获得高清晰度的目标图像。20世纪70年代中期,荷兰研制了一种地面激光主动侦察系统,采用Nd:YAG作为激光源,能在白天和夜晚获得数千米外的目标图像,并可测距。目前随着激光和光电子技术的进步,激光相干探测技术已经可以进入实际应用,利用激光外差探测技术的激光雷达已经应用于目标精密成像、目标识别和侦察等方面。

将激光主动侦察技术用于引导激光致盲武器或干扰机对准敌目标上的光学窗口,则是最近的发展动向。被称为"猫眼效应"的寻找光学窗口的技术,采用的就是利用激光主动扫描某一区域,利用光学镜头比普通地物目标后向反射回波强的特点,对光学观瞄器材进行主动激光侦察定位。据悉,苏联已装在坦克上的LASER激光致盲武器系统,就是先发射低功率的激光束扫描战场,当发现后向反射强的光学窗口后,再发射高功率激光束进入光学窗口,实施致盲干扰。其他典型装备实例还包括:

(1)美制"魟鱼"系统。该系统中有激光主动侦察手段。作战时,该系统先以波长为1.06 μm的高重频低能激光对其所覆盖的角空域进行扫描侦察。一旦搜索到光电装备,就启动致盲激光进行攻击。故"侦察"是"攻击"的前奏。

(2)美空军的"灵巧"定向红外对抗系统。该系统作战的主要对象是红外制导导弹。使用时,它首先发射激光并接收由导引头返回的激光回波,据此判断敌导弹的方位、距离及其种类等,以确定最有效的调制方式以实施干扰。这就是所谓"闭环"定向干扰技术。

当前激光雷达的发展趋势主要如下。

(1)开发新型激光辐射源。

在未来的若干年内,二极管泵浦的固体激光器技术和光参量振荡器技术将是新型激光源的关键技术。

激光二极管泵浦固体激光器是固体激光泵浦技术的一场革命。二极管激光器光电转换效率高(约为47%左右),室温下输出激光波长(0.808 μm)与Nd:YAG等固体工作物质的吸收峰值相匹配,工作寿命长(约1万小时左右)。与灯泵固体激光器相比,DPL器件的特点是:泵浦光-光转换效率高,就端面泵浦来说,转换效率可达30%~70%,热损耗小、体积小、质量轻、工作寿命长、可靠性高,大大扩展了其作为激光雷达辐射源的应用范围,这种全固态激光辐射源已经并将要成为未来激光雷达的主导辐射源。美国等西方国家在20世纪八九十年代就投入了大量的人力、物力和财力进行DPL的技术和应用研究,发展速度极快,输出平均功率已达千瓦量级。

利用光学参量振荡器(OPO)可获得宽带可调谐、高相干的辐射光源,在激光测距、光电对抗、光学信号处理等领域已显示出广泛的应用前景。近年来,随着二极管泵浦的固体激光技术的发展,全固化宽调谐OPO技术得以迅速发展,它具有高效率、长寿命、结构紧凑、体积小、质量轻、可高重复频率工作等特点。美国的直升机防撞激光成像雷达和预警机载激光雷达,英国的差分吸收光雷达都是采用OPO作辐射源。

(2)多传感器集成和数据融合。

激光雷达的另一个发展方向是成像应用。激光雷达成像具有优越的三维成像能力,其数据处理算法相对简单，不需要多批次图像融合即可得到侦察区域多层次的三维图，与其他成像侦察手段相比，在时效性方面具有不可比拟的优势。与光学和微波成像相比，激光雷达成像在获得侦察区域目标的同时能够快速获得目标高程数据，提高对战场环境的探测能力。

激光雷达成像所获得的是目标的距离和强度数据，激光雷达数据图像与可见光数据图像、红外电视数据图像等其他数据图像的融合在目标特征的提取、识别等方面具有重要的作用。激光雷达数据图像包含有目标物的三维空间坐标信息，可以提取出目标物的三维空间坐标，包括目标的位置、体积、形状等三维立体信息，充分反映目标物的几何信息；但激光雷达数据由于激光谱线成像，光谱信息单一，不能充分反映目标物的物理属性信息。而可见光数据图像、红外数据图像包含丰富的目标物光谱信息，但目标物的几何信息只有二维的平面位置信息。将激光雷达数据图像与可见光数据图像、红外图像相融合，实现多传感器继承，可发挥出各自的优势。

（3）不断探索激光雷达新体制。

多年来，对激光雷达新体制的探索工作一直在进行，尤其最近几年研究工作比较活跃，包括激光相控阵雷达、激光合成孔径雷达、非扫描成像激光雷达等，这些新体制激光雷达成为以后一段时期内军用激光雷达的研究方向。

相控阵激光雷达是通过对一组激光束的相位分别进行控制和波束合成，实现波束功率增强和电扫描的一种体制。美国自 20 世纪 70 年代初开始研究激光相控阵技术并首次用钽酸锂晶体制成移相器阵列（46 元），实现一维光相控阵以来，先后研制出多种二维移相器阵列，并制成以液晶为基础的二维光学相控阵样机，阵面孔径为 4cm × 4cm，包括 1536 个移相单元。主要技术难题是制造工艺不成熟，光束偏转范围还比较小（几度），控制效率低，小于 10%。

合成孔径雷达是利用与目标做相对运动和小孔径天线并采用信号处理方法，获得高方位（横向距离）分辨力的相干成像雷达。微波频段的合成孔径雷达在战场侦察、监视、遥感和测绘方面已得到成功的应用，在火控和制导领域也将有广泛的应用前景。利用激光器作辐射源的激光合成孔径雷达，由于其工作频率远高于微波，对于同样相对运动速度的目标可产生大得多的多普勒频移，因此，横向距离分辨力也高得多，而且利用单个脉冲可瞬时测得多普勒频移，无须高重频发射脉冲。因此，基于距离/多普勒成像的激光合成孔径雷达的研究工作受到重视。美国自 20 世纪 80 年代开始开展了激光合成孔径雷达的概念研究，并进行了原理实验。实验研究采用重复频率为 100Hz 的 CO_2 相干脉冲激光器，脉宽为 150ns，峰值功率为 100kW，以单纵横工作，而且频率可调。

自 20 世纪 90 年代初以来，美国某实验室一直致力于发展一种新的非扫描距离成像激光雷达。这种新体制激光成像雷达不需要机械扫描，而是利用高频强度调制的激光器照射目标，用带像增强器的 CCD 摄像机接收回波，经过数字信号处理依次提取每个光点的距离信息，形成目标的强度/距离三维图像。其特点是简单、可行、体积小、质量轻、可得到高分辨率、高帧率视频图像。该实验室已用市售器件制成连续、准连续和脉冲激光二极管成像雷达原理样机。在发射功率为 5W（CW）和 250mJ（单脉冲能量）、照射视场为 5 ~ 9 度的情况下，对 1km 远的坦克和军用卡车，获得帧速度为 15 ~ 30Hz、距离分辨率为 15.34cm 的清晰图像。

本章小结

本章主要详细阐述了两种光电主动侦察系统，即激光测距机和激光雷达的基本组成、工作原理、性能参数和发展史，这是理解和掌握光电主动侦察系统的关键。激光测距机实际上就是一部单一功能的激光雷达，一部完整的激光雷达除能测目标距离外，还可以测定目标的方位、高度和速度，甚至目标的轮廓，面貌，从而进行敌我识别。

复习思考题

1. 如果说红外侦察装备都是被动工作方式，对否？请解释原因。
2. 分析影响激光测距仪最大可测距离的主要因素。
3. 列举提高激光测距仪测距精度的主要措施。
4. 与微波雷达相比，激光雷达的主要优点包括哪些？
5. 解释激光雷达的四象限测角原理。
6. 比较脉冲激光测距和相位激光测距的技术特点。
7. 用激光功率为4W的雷达系统对某建筑物测距，发射系统的光学效率为80%，接收系统透镜直径40mm，光学效率为70%，接收到的功率为12μW，假设大气的透过率为50%，求距离。
8. 功率为2W，工作波长为1.54μm的激光雷达均匀照射边长为0.5m的角反射体，光束发射角为0.001rad，发射系统光学效率为80%，接收口径为25mm，接收系统光学效率65%，目标距离为4km，求接收功率。

第九章　光电跟踪系统

光电武器装备之间往往是互相联系的，其工作机理和结构有许多相似之处，常常是在一种类型的光电系统基础上，将其结构作一定改进或加入具有另外功能的一些部件后，就构成了另一类的光电系统，例如在观瞄系统基础上，加入跟踪驱动机构，控制观瞄系统不断跟踪目标，便成为跟踪系统；在跟踪系统的基础上，加入一定形式的控制信号，通过驱动机构，使观瞄系统按一定规律扫描一定的空域范围，就构成了搜索系统。

非成像方位跟踪系统是在方位探测系统的基础上添加跟踪机构而成的。方位探测系统通过探测目标光辐射来获得目标的方位信息，方位探测系统的形式很多，主要有调制盘方位探测系统和十字叉及 L 型方位探测系统等。成像方位跟踪系统可分为玫瑰扫描亚成像、电视成像和红外成像跟踪系统等。

跟踪系统可以用在导弹、炮弹或炸弹的导引头部分，实现目标的搜索、捕获和跟踪目标，称为用于光电制导的跟踪系统。跟踪系统也可以与测角机构组合在一起，组成光电跟踪仪，它通过装在跟踪机构驱动轴上的角传感器测量跟踪机构的转角来表示目标的相对方位。光电跟踪仪可与火控计算机等其他相关装备一起组成光电火控系统，它可以给火控计算机提供精确的目标位置信息和速度信息，从而提高舰炮的瞄准精度。这类跟踪系统称为用于光电火控的跟踪系统。跟踪系统还可用于预警探测装置中，如 20 世纪 70 年代后开始出现的预警卫星，其预警装置中的红外跟踪系统可对入侵的飞机和弹道导弹进行捕获和跟踪，并对其他测量系统和测距系统实施引导，从而测量飞行目标的相对位置和飞行轨迹。

本章主要介绍半主动激光制导、红外点源制导、四元红外制导、玫瑰扫描亚成像制导、成像制导和光电火控系统的基本原理。

第一节　光电跟踪系统概述

跟踪系统用来对运动目标进行跟踪，当目标在接收系统视场内运动时，便出现了目标相对于系统测量基准的偏离量，系统测量元件测量出目标的相对偏离量，并输出相应的误差信号进入跟踪机构，跟踪机构便驱动系统的测量元件向目标方向运动，减小其相对偏离量，使测量基准对准目标，从而实现对目标的跟踪。

一、基本组成和工作原理

(1) 跟踪系统的组成及其分类。

光电跟踪系统由方位探测系统及跟踪机构两大部分组成，如图 9－1－1 所示。按照目标种类来划分，跟踪系统可分为点源跟踪系统（跟踪点源目标）和扩展源跟踪系统（跟踪扩展源即面源目标)；根据方位探测系统的类型来划分，跟踪系统可分为调制盘跟踪系统、十字叉跟踪系统、扫描跟踪系统和成像跟踪系统。在光电制导导弹中，常把方位探测系统(除信号处理电路外)与跟踪机构所组成的测量跟踪头统称为位标器。

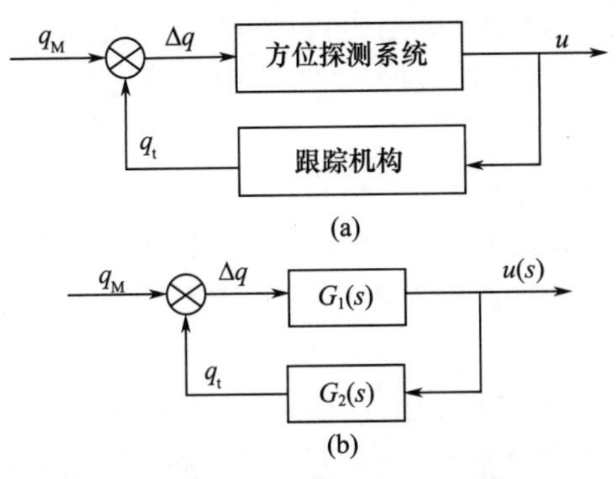

图 9-1-1　跟踪系统结构图

(2) 跟踪系统的工作原理。

目标与位标器的连线称为视线，图 9-1-2 为同一平面内的视线、光轴相对位置图。当目标位于光轴上时($q_t = q_M$)，方位探测系统无误差信号输出；由于目标的运动，使目标偏离光轴，即 $q_t \neq q_M$，系统便输出与失调角 $\Delta q = q_M - q_t$ 相对应的方位误差信号；该误差信号送入跟踪机构，跟踪机构便驱动位标器向着减小失调角 Δq 的方向运动；当由于目标的运动，再次加大 Δq 时，位标器的运动又重复上述过程；这样，系统便自动跟踪了目标。

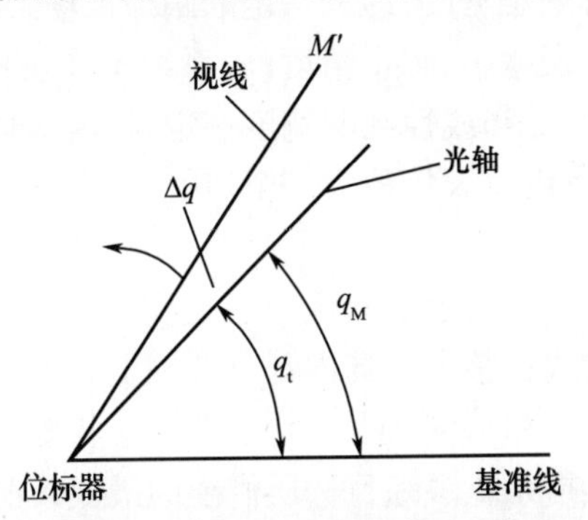

图 9-1-2　视线光轴相对位置关系

二、性能参数

跟踪系统的主要技术指标如下。

(1) 跟踪角速度及角加速度。

跟踪角速度及角加速度是指跟踪机构能够输出的最大角速度及角加速度，它表明了系统的跟踪能力，通常由系统所跟踪目标相对于系统的最大运动角速度及角加速度所决定，跟踪角速度从每秒几度至几十度不等，角加速度一般在 $10°/s^2$ 以下。

(2) 跟踪范围。

跟踪范围是指在跟踪过程中，位标器光轴相对于跟踪系统纵轴的最大可能偏转范围，通常根据系统的使用要求提出，受系统本身结构限制，一般只有 ±30°，有些可达 ±65°左右。

(3) 跟踪精度。

系统的跟踪精度是指系统稳定跟踪目标时,系统光轴与目标视线之间的角度误差,系统的跟踪误差包括失调角、随机误差和加工装配误差。系统稳定跟踪一定运动角速度的目标,必然有相应的失调角,这个失调角由目标视线角速度及系统参数决定;随机误差是由外部背景噪声及内部干扰噪声造成的;加工装配误差则是由仪器零部件加工及装配校正过程中产生的误差所造成的。

对精度的要求视系统使用的场合不同而异,例如用于高精度跟踪并进行精确测角的红外跟踪系统,要求其跟踪精度在10角秒以下;一般用途的红外搜索跟踪装置,跟踪精度可在角分以内;而红外导引头的跟踪精度可在30角分以内。

(4) 系统误差特性。

红外自动跟踪系统同其他自动跟踪系统一样,是一个闭环负反馈控制系统,为使整个系统稳定、动态性能好及隐态误差小,同时为了满足跟踪角速度及精度要求,对方位探测系统的输出误差特性曲线应有一定要求。

① 盲区的要求。

盲区为系统的不控制区,它的大小直接影响跟踪误差,因此,精跟踪系统要求误差特性曲线无盲区,而对于跟踪精度要求不高的制导系统允许有适当大小的盲区。

② 线性区的要求。

系统处于跟踪工作状态都是工作于误差特性曲线的线性上升区,为使跟踪过程中不易丢失目标,要求线性区有一定宽度,即有一定的跟踪视场。线性段的斜率表明系统放大倍数的大小,为使系统稳态误差小、测量精度高、系统工作灵敏,要求线性段的斜率大,但太大又会降低系统的稳定性。当线性区的宽度一定时,斜率越大,可能达到的跟踪角速度值越大。为使整个跟踪范围内放大倍数为一个定值,要求上升区线性度要好。

③ 捕获区的要求。

捕获区是用来捕获目标的,要求捕获区有一定宽度以防止丢失目标。这一段特性可呈下降形式,也可使特性曲线在整个视场内都呈单调上升形式。

从系统的跟踪角速度、跟踪精度及误差特性曲线形状要求出发,对系统灵敏度有一定要求。所谓系统灵敏度,是指系统跟踪目标所需要的最低入射辐射能,它与跟踪角速度有关。系统的放大倍数不能过大,因此,要达到一定的跟踪角速度要求,必须要求有相应的入射辐射能,在系统跟踪角速度一定的情况下,入射辐射能越大,线性段斜率越大,跟踪精度也越高,因此对跟踪角速度、跟踪精度的要求中包含了对灵敏度的要求。

三、用于光电制导的跟踪系统

制导武器具有三个基本特征,即无人驾驶、制导功能和战斗部。所谓制导功能是指具有探测、识别和跟踪能力,如果飞行中偏离了目标方向,可以自动修正,始终朝着目标飞行。根据制导武器本身是否有动力,分为制导导弹和制导炸弹(炮弹)。这里主要介绍制导导弹的跟踪系统。

(一) 基本组成和制导原理

导弹组成包括弹体、制导设备、战斗部、引信、发动机,其中弹体把导弹连为一个整体。弹体又包括弹身、舵面和弹翼,这里舵面的作用是实现导弹飞行方向的改变,弹翼的作用是稳定飞行航向。制导设备,也称为制导系统,测量导弹相对目标的飞行情况,计算实际位置和预定位置的偏差,形成导引指令,控制导弹改变方向,原理框图如图 9-1-3 所示。主要包括两部分:导引系统和控制系统。目标反射的雷达信号或辐射的光波信号,进入导引系统中的制导探测装置,经相关处理后,输出目标的位置和速度等信息。导引指令形成单元接收目标的这些参数,同时也接收导弹的相关参数,结合给定的导引规律(比如:平行接近法、比例导引法等),形成导引指令。然后,导引指令给控制系统,控制导弹改变飞行方向,朝着目标飞行。

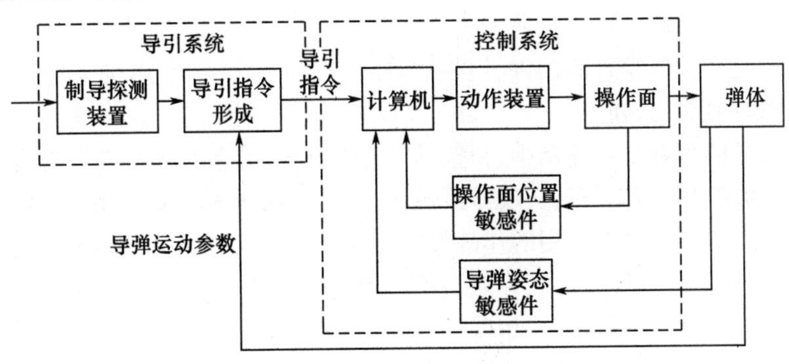

图 9-1-3　制导系统原理框图

(二) 相关概念

1. 制导体制

制导体制主要指导引系统的位置。如果导引系统装在弹上,则为寻的制导;如果导引系统在地面或其他载体上,则为遥控制导。寻的制导根据导弹是否发射信号又包括几种不同的类型:

(1) 被动寻的制导,导弹不发射信号,仅接收敌方目标的辐射信号;

(2) 半主动寻的制导,导弹不发射信号,接收敌方目标反射的己方指示设备发射的信号;

(3) 主动寻的制导,导弹发射信号,该信号被敌方目标反射后,又被导弹接收。

2. 制导方式

制导方式主要指目标探测传感器的类型。根据目标探测传感器的不同,分为两大类:单一制导和复合制导,这里主要讨论光电探测器。单一光电制导方式,主要指激光、红外和电视制导,其中,红外制导又分点源和成像制导。

复合制导是指两种或两种以上的制导方式进行复合。按照飞行时间顺序,可分为串接复合和并行复合两种方式。按基本制导方式进行复合,有指令、程控、寻的间的不同复合;按制导体制进行复合有射频(微波、毫米波)、光学(可见光、激光、红外、红外成像)间的复合;按结构来复合,有共口径和分口径的复合。在射频、光波各自寻的制导的内部,又有两种频率(如 x 和 k 波段)和两种波长(如紫外和红外)间的复合,而在同一频谱中又可将主动、半主动和被动体制复合起来。在这众多的复合方式中,如何确定哪一种复合模式是最好的呢?有下面几个原则可供参考。

(1) 模式的工作频率,在电磁频谱上相距越远越好。参与复合的寻的模式工作频率在频谱上距离越大,敌方的干扰手段欲占领这么宽的频谱就越困难。当然,在考虑频率分布时,还应考虑它们的电磁兼容性。

(2) 参与复合的模式制导方式应尽量不同,尤其当探测的能量为一种形式时,更应注意选用不同制导方式进行复合,如主动/被动复合、主动/半主动复合、被动/半主动复合等。

(3) 参与复合模式的探测器口径应能兼容,便于实现共孔径复合结构。这是从导弹的空间、体积、质量限制角度出发的考虑。

(4) 参与复合的模式在探测功能和抗干扰功能上应互补。只有这样才能提高导弹在恶劣作战环境中的精确制导和突防能力。

(5) 参与复合的各模式的器件、组件、电路实现固态化、小型化和集成化,满足复合后导弹空间、体积和重量的要求。

在寻的制导的多种复合体制中,目前普遍倾向于选用毫米波和红外复合制导。但红外波长与毫米波波长相差千倍,实现难度较大,另外还必须考虑到采用双模导引头后增加的费用和复杂性是否能增大有用的作战性能。鉴于系统实现的复杂性和信息之间的互补性,可见光电视和红外成像复合制导是当前末制导领域很有前途的研究方向[3]。不管哪种复合制导方式,与单一制导方式相比,复合制导的优点非常明显,主要包括以下几点。

(1) 具有较强的战争适应性。例如,毫米波/红外双模制导系统,毫米波良好的穿透性能弥补了红外传输性能差的缺点,红外导引头分辨率高,隐蔽性好,但不能测距,二者的复合可以取长补短,从而增强了武器系统在各种复杂环境条件下的作战能力,实现全天候作战。

(2) 增强电子对抗能力。如使用红外/激光复合寻的制导时,敌方对一种导引头进行干扰后,另一种还可以工作,可靠性明显增加,从而提高了武器系统的战场适应能力。

(3) 提高制导系统对目标识别、分类能力。复合寻的制导系统比单一寻的制导系统能获取更多的信息来识别目标的特征,从而提高了对目标识别、分类的能力。

(4) 增强抗干扰反隐身的能力。例如,隐身材料对于红外和毫米波二者是不可兼容的,涂有电磁波吸收材料的目标,必然是良好的红外辐射源,同样,防红外的表面又必然是良好的电磁反射体,红外/毫米波双模复合寻的系统的反隐身能力较强。

(三) 光电制导

复合制导是精确制导导弹的发展趋势。考虑到制导方式里,复合制导的基础是单一制导方式。因此,本章主要讨论单一制导,而且是单一光电制导的工作原理,主要包括:激光、红外和电视三类制导导弹的制导原理。

(1) 激光制导分为激光驾束制导与激光寻的制导等两种制导方式。

激光驾束制导导弹的种类很多,其中瑞典的 RBS70 导弹系统具有典型性。它具有简单、精度高、抗干扰性能好等特点,主要用于超低空防空,也可用于反坦克,可以车载,也可以单兵肩射。其工作原理为,以瞄准线作为坐标基线,将激光束在垂直平面内进行空间位置编码发射,弹上的寻的器接收激光信息并译码,测出导弹偏离瞄准线的方向及大小,形成控制信号,控制导弹沿瞄准线飞行,直至击中目标。

激光寻的制导由弹外或弹上的激光束照射在目标上,弹上的激光寻的器利用目标漫反射的激光,实现对目标的跟踪和对导弹的控制,使导弹飞向目标的一种制导方法。按照激光光源所在位置,激光寻的制导有主动和半主动之分。迄今为止,只有照射光束在弹外的激光半主动寻的制导系统得到了应用。因此，本章主要介绍半主动激光制导的原理。

典型半主动激光制导导弹实例：

①“海尔法”激光制导导弹。

“海尔法”导弹是美国洛克威尔国际公司20世纪70年代研制的一种直升机载半主动激光制导反坦克导弹，1984年开始装备部队。1991年海湾战争中，装备美国阿帕奇攻击型直升机参加战斗。“海尔法”导弹主要性能如下：

· 发射质量：43kg；

· 最大速度：Ma1；

· 最大射程：7km；

· 制导方式：激光半主动制导，比例制导。

“海尔法”导弹必须使用激光目标指示器照射目标。根据不同战术使用特点，可配用不同的激光目标指示器。“海尔法”导弹可配用AN/TVQ－2地面激光指示器，由美国休斯飞机公司国际激光系统部研制，可兼作激光测距仪，其主要性能如下：

· 采用Nd: YAG激光器，工作波长1.06 μm

· 激光输出能量100MJ；

· 脉冲重复频率10～20Hz；

· 测距10km，测距精度±5m；

· 目标指示距离5km；

· 光束发散角0.2mard；

· 瞄准跟踪精度：水平方向0.1mard，垂直方向0.05mard。

② AS－30L激光制导导弹。

AS－30L型激光制导导弹是法国航空航天公司和汤姆逊－CSF公司共同研制的激光半主动式制导导弹。1973年开始研制1983投入生产。该导弹主要装备“美洲虎”飞机，攻击目标主要为地面目标和水面舰船。1991年海湾战争中，法国参战的“美洲虎”飞机共发射了大约60枚AS－30L导弹，有80%以上命中目标。AS－30L激光制导导弹应与吊舱中的ATL/S－Ⅱ型激光目标指示器配合使用。

AS－30L激光制导导弹主要性能如下：

· 发射重量：520kg；

· 射程：3～12km；

· 速度：Ma1.5；

· 制导方式：激光半主动制导，比例导引。

(2) 红外制导导弹，种类比较多，主要可归纳为以下三类。

① 第一代红外制导导弹的典型代表是美国的“红眼睛”导弹和苏联的SA－7导弹。在光学系统焦面上采用辐射状调制盘，使用感受高温能量的硫化铅红外探测器，红外目标能量调制后产生代表红外目标相对于导弹方位信息的光电信号。所以第一代红外制导导弹的特点是调幅调相式制导技术，主要跟踪飞机发动机尾喷口处的高温区，以尾追或侧攻方式攻击飞机。

第二代红外制导导弹的典型代表是美国的“毒刺”导弹和苏联的SA－14导弹。采用调制盘及感受中温的锑化铟或硒化铟红外探测器。采用调频体制的制导技术，具备了全方位的飞机探测和攻击能力。基本原理与第一代红外制导导弹相同，所以将其归为第一类红外点源制导导弹。

② 第三代红外制导导弹的导引头与第一、二代红外导引头的最大区别是没有调制盘。信息处理电路的体制也由此发生了改变。其典型代表是美国的“毒刺 Post”（FIM-92B）和“毒刺 RAM”（FIM-92C）、法国的“西北风”、俄罗斯的 SA-18。

“毒刺 Post”导弹导引头的位标器采用主、次镜相对旋转并且都相对主光轴偏轴，陀螺工作时像点扫描轨迹形成玫瑰线形状，习惯上称为玫瑰扫描系统。红外探测器置于主光轴的中心并位于光学焦面上，当像点扫过探测器一次，即产生一个光电脉冲，根据光电脉冲出现的时间可以计算出目标相对于导弹的相对位置并计算出控制导引头跟踪和导弹飞行的信号。20 世纪 80 年代美国又研制与装备了“毒刺后继型”（Stinger Post），它采用了红外/紫外双色跟踪与制导。在白天，当飞机迎头时，可采用紫外探测器探测飞机反射的太阳光中的紫外部分，主要在近紫外与可见光波段（450～350nm）。在晚上，可用红外探测器探测导弹的尾流，进行全天候的工作。采用紫外/红外双色跟踪与制导，可利用目标（导弹或飞机）与干扰物（诱饵）二者在紫外与红外波段上辐射能量与光谱分布的差异提取真目标信号，有效地抑制假目标，使制导具有较好的抗干扰能力。

“西北风”导弹的导引头采用次反射镜偏转一定角度，目标光源经光学系统成像在焦平面上形成扫描圆，四个对称的条形探测器置于光学焦面上。像点扫描时，扫描到探测器时出现一个脉冲信号，根据光脉冲出现的时间间隔不同，可以计算出 t 时刻红外目标相对于导引头的空间位置。

SA-18 导弹的红外导引头采用共轴光学系统在光学焦平面上置一水滴状的探测器。陀螺旋转时，调制盘旋转一个周期像点扫过探测器一次产生一个电脉冲信号，根据脉冲信号的形状，可以解调出反映目标方位信息的控制信号。

在上述三种第三代红外制导导引头中，这里选择四元红外系统和玫瑰扫描系统进行制导原理介绍。

③ 第四代红外制导导弹的导引头有三个显著特点，其一为成像导引头，其二为弹上计算机实现了不同程度的智能化，且可方便升级，其三为相较于单元探测器信号处理方式不同，较大程度地提高了导引头的作用距离。总之，这一类红外制导导弹属于成像制导导弹。红外成像寻的导弹的代表之一是美国“幼畜”AGM-65D 空-地导弹，它采用 4×4 元小面阵光导 HgCdTe 器件加光机扫描器。红外成像寻的导弹的代表之二是美国“响尾蛇”AIM-9X 空-空导弹和英、法、德联合研制的远程“崔格特”（Trigat）反坦克导弹。因为人们追求全天候作战、自主识别目标、极好的抗干扰能力，实现真正的“发射后不管”，充分满足各种实战的需求，因此，红外成像制导成为红外制导武器的发展方向。

（3）电视制导是利用电视摄像机作为制导系统的敏感元件，获得目标图像信息，形成控制信号，控制和导引导弹飞向目标的制导方式。电视制导方式在飞航导弹制导中占有重要地位，随着光电转换器件和大规模高速实时图像处理技术的迅速发展，使电视制导质量越来越高。由于它采用图像处理技术、抗电磁波干扰、跟踪精度高、价格低、可靠性高、体积小、质量轻、可在低仰角下工作等诸多优点，使电视制导技术日益与激光制导、红外制导等一起成为制导技术的重要组成，并广泛用于导弹和炸弹的制导中。鉴于电视制导的跟踪单元和红外成像制导基本相同，区别在于电视制导的数据源是可见光图像，红外成像制导的数据源是红外图像。因此,电视制导原理和红外成像制导原理合并为成像制导原理一并介绍。

典型成像制导导弹实例:

"幼畜"导弹是美国海军、海军陆战队和空军通用的空舰(地)导弹。用于从空中攻击水面舰艇和地面目标,"幼畜"空舰导弹是典型的光电制导导弹。一共研制了七种型号,不同型号采用不同的制导方式。

· AGM-65A 型,采用电视制导,视场角 50,战斗部重量 56.8kg,发射重量 210kg。

· AGM-65B 型,采用改进的电视导引头,视场角 2.5°,改进了常平架和电子设备,战斗部与 A 型相同。

· AGM-65C/E 型,采用激光导引头,射程 16km,战斗部重量 136.36kg。

· AGM-65D/F/G 型,采用红外成像导引头,具有"发射后不管"能力。导引采用 4×4的 16 元光导碲镉汞探测器和 20 面的内反射镜。AGM-65D 用于攻击地面目标,AGM-65F 用于攻击水面舰艇。

海湾战争中,美国大约发射了三千枚"幼畜"导弹,约有 90% 命中预定目标,这是红外成像制导技术首次用于战术导弹的成功战例。该导弹的缺点是:导引头的探测器单元数少,光机扫描机构复杂,体积和质量都较大。

四、用于光电火控的跟踪系统

自从 1967 年 10 月 21 日,以色列久负盛名的驱逐舰"埃拉特"号在塞得港以东的马纳湾海域被埃及海军的"蚊子"级导弹艇所发射的"冥河"舰对舰导弹击沉,拉开了"蚊子"吃"大象"的序幕以来,掠海飞行的舰舰导弹和空射导弹已成为现代海战中舰艇的主要威胁,由于镜像效应,雷达存在着低空盲区,加上海面杂波和敌方电子干扰的影响,雷达根本无法发现和识别敌方掠海飞行的导弹,所以,光电跟踪仪应运而生。光电跟踪仪工作在光波范围,具有抗干扰能力强,低仰角跟踪,无低空盲区,跟踪精度和测距精度高,目标图像直观清晰,易于识别目标类型等优点,可直接带动小口径舰炮或舰空导弹组成对付敌方掠海飞行导弹、飞机的末端防御作战系统,对舰艇的作战能力和生命力具有举足轻重的作用,因此,光电跟踪仪已成为现代舰艇不可或缺的重要装备[28]。

在舰用光电跟踪系统的研制领域中,法国的总体水平较高,产品型号也较多。法国 VEGA 海军火控系统,其瞄准雷达上也配有电视跟踪装备,摄像机视场为 2.3°×1.7°,采用 Vidicon 摄像管,跟踪器环路全数字化,处理波门内信号,以对比度最大点为跟踪点,能自动跟踪飞机、导弹或海上目标。对飞机的截获距离为 11km,对掠海导弹为 6.5km,跟踪精度为 0.5mrad。VEGA 系统由汤姆逊公司生产,已供除法国外的 13 个国家装备。

法国 CSEE 公司生产的 TOTEM 反掠海导弹光电指挥仪,包括红外、电视跟踪、激光测距等光电传感器。电视摄像机采用 SINTRA 白天型摄像机,镜头焦距 300mm,视场角 3°×3°,视频信噪比大于 35dB,抗电磁干扰,耐冲击振动。跟踪器采用 TATOU 电视跟踪器,通过视频处理检测出目标中心相对于视场中心的偏差,用以控制伺服系统,使视场中心对准目标。TATOU 跟踪器的静态精度为 0.2μs/行,能跟踪信号幅度相对于背景为 40mV、大于 3 行的目标,TATOU 还用于 NAJA 光电指挥仪,控制舰炮。

典型光电跟踪仪实例:红外眼镜蛇光电跟踪系统。

(1) 红外摄像机。

光谱范围:8 ~ 12 μm;

红外探测器:44 元碲镉汞列阵;

焦距:285mm,95mm;

扫描方式:串/并扫;

制式:625 条线;

帧频:25;

视场:8.7°×5.7°,2.9°×1.9°。

对 1Ma 飞行速度的飞机,探测距离为 8 ~ l0km。图像显示采用微型监视器和遥控台监视器。制冷器采用高压氮瓶或分离式斯特林压缩机,整个红外摄像机重量约为 70 磅。

(2) 跟踪性能。

整个机构方位瞄准范围不限,方位最大角速度 90°/s,最大角加速度 $2rad/s^2$,俯仰瞄准范围 -20° ~70°,俯仰最大角速度 60°/s,最大角加速度 $2rad/s^2$。

第二节　半主动激光制导原理

激光半主动制导的武器主要有激光制导炸弹、空地导弹、空地反坦克(舰船)导弹和激光制导炮弹等。它多用于对付地面目标的激光制导系统中,舰船目标可以作为背景特殊的地面目标。在这种制导方式中,由于激光照射器和导弹发射点分开,允许载机和载船有较大的机动性,因而增大了战术运用的灵活性。

激光半主动式制导的过程一般有如下几步:

(1) 捕获目标并对其进行跟踪锁定;

(2) 打开激光照射器照射要攻击的目标;

(3) 选择正确时机对目标进行攻击;

(4) 激光导引头接收目标反射的激光信号并形成控制信号来控制导弹或炸弹飞向目标。

图 9-2-1 为舰-舰激光半主动制导导弹的制导原理图。

(一) 激光照射器

激光照射器也称激光目标指示器,它相当于激光雷达的发射机。有时为了简化装备,将目标指示器同测距仪合在一起,一物两用,称为激光测距仪/目标指示器,这既为火控等系统提供了测距信息,又完成了对目标的照射指示。

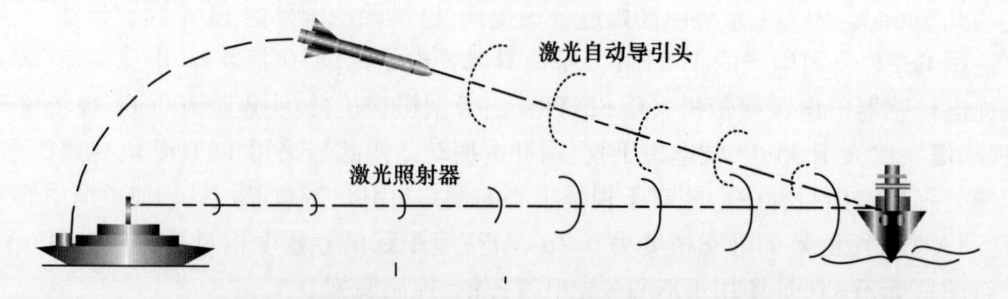

图 9-2-1　舰-舰激光半主动制导导弹原理示意图

激光照射器一般由激光器、调制系统、冷却系统、激光电源、发射光学系统等部分构成,如图 9-2-2 所示。如果带测距功能,还要有光学接收、光电转换、信号处理、距离计数器等。下面仅就照射器进行介绍。

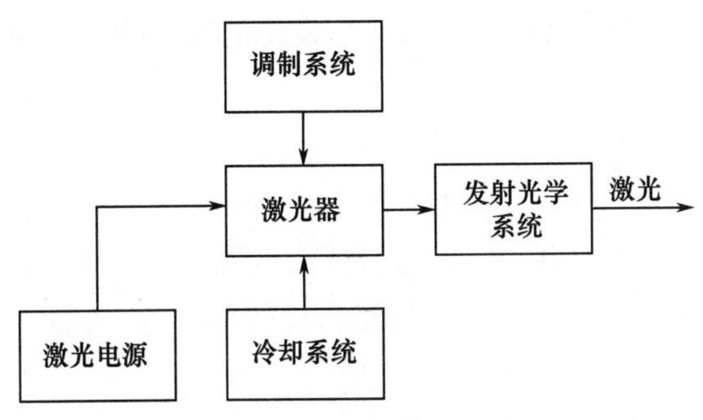

图 9-2-2　激光照射器组成框图

1. 激光器

目前装备的激光目标指示器多采用 Nd: YAG 固体激光器(调 Q 重频),图 9-2-3 表示其中的一种结构。图中序号 9 是脉冲重复频率控制/编码器,它一方面发出点燃泵浦灯 7 的信号,另方面经延时器 10 给出稍许滞后的 Q 开关信号;脉冲间隔由其内的编码器决定。为了使激光目标指示器能提供足够高的数据率,对付固定目标时,脉冲重复频率5p/s(每秒发 5 个脉冲)即可;而对活动目标,则应在 10p/s 以上。但实验表明,重频大于20p/s 时,作用已无明显改进,而激光器系统的体积重量却大大增加,故通常取 10～20p/s。在此重频范围内,可用的只有脉冲间隔编码技术。其思想是以两个或多个脉冲为一组,而每组内各脉冲间的时间间隔各不相同。这种由集成电路实现的编码器设有拨盘指示。用户按拨盘设定编码,激光目标指示器即按要求向目标发送编码激光束。此光束经目标表面漫反射,成为具有同样编码特征的信息载体。在己方接收端设有译码器(由拨盘示数),作战时事先约定装定同一组编码。

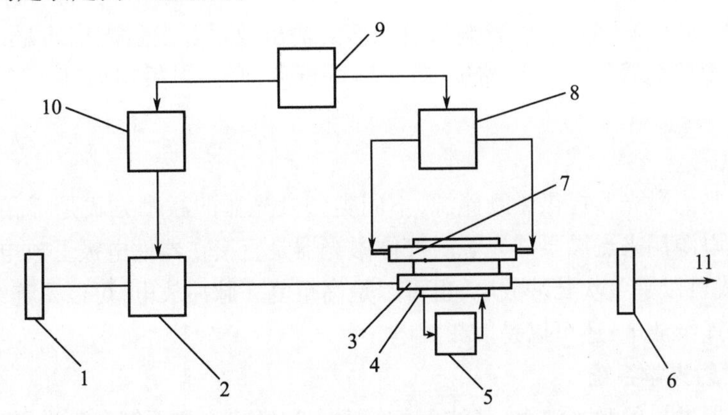

图 9-2-3　YAG 调 Q 激光器系统

1—全反射镜;2—Q 开关;3—YAG 棒;4—泵浦腔;5—冷却器;6—部分反射镜;
7—闪光灯;8—电源;9—频率控制/编码器;10—延时器;11—输出光束。

显然,“编码”的作用之一是防止外来干扰和拒绝假的激光信号。另外,也可适应于战场多目标的情况。在多目标出现时,各指示器按不同的编码指示各自的目标,寻的器便“对号入座”。

在激光目标指示器中通常采用电光调 Q 技术。电光晶体工作于2000V或4000V左右(分别对应于 $\lambda/4$ 和 $\lambda/2$ 状态),与相应的偏振器(如格兰-富科棱镜)组合形成 Q 开关。

激光目标指示器的有效作用距离与激光器发出的激光功率 P 密切相关,而 P 可由下式计算:

$$P = \pi(R_d + R_M)P_s/[T_t T_r \rho_t A_r e^{-\sigma(R_d+R_M)}\cos\theta_r] \tag{9-2-1}$$

式中,P 由脉冲能量E和脉宽决定,即 $P=E/r$;P_s 为接收端接收到的功率;T_t 为激光发射系统的透过率;T_r 为所讨论的接收系统之透过率;σ 为大气衰减系数;R_d 为指示器至目标的距离;R_M 为所讨论的接收端(如寻的器)至目标的距离;ρ_t 为目标反射率;θ_r 为目标反射角;A_r 为接收孔径面积。

典型激光目标指示器的主要参数如下:

波长 $\lambda=1.06\mu m$;

脉冲能量 $E=50\sim300mJ$;

脉冲宽度 $r=10\sim30ns$;

重复频率10~20p/s(可编码);

光束发散角 $\delta=0.1\sim0.5mrad$。

2. 调制系统

为使输出激光峰值功率提高及保持激光一定的波形,激光发射机需加调制系统。为获得高的峰值功率,需快速改变谐振腔的 Q 值,压缩激光的脉冲宽度(脉宽在纳秒量级),使激光输出能量压缩为一极窄脉冲,这样激光器输出的峰值功率比未改变 Q 值时提高几个数量级。调制谐振腔的方法有机械调 Q、电光调 Q、声光调 Q 及可饱和吸收体调 Q 等。

3. 冷却系统

激光器的能量转换效率很低,像Nd:YAG的还不足1%,输入的大部分能量转化为热能,由于激光器的这种热效应,将影响到激光器的输出效率及发射光束质量,严重时会停止激光振荡乃至损坏器件。为此,需对激光器进行冷却,一般采用循环水冷却或强迫风冷却。

4. 激光电源

它的作用是为激光器提供激励能源,不同类型激光器的激励方式是不相同的。固体激光器的激光电源用来点燃泵浦光源。气体激光器是直接在器件电极上放电泵浦工作气体,放电的形式可以是单次脉冲放电,也可以是高重复率脉冲放电,可以是连续直流放电,也可以是交流连续放电,还可以是射频放电。

5. 激光发射光学系统

不同激光器发出的激光波束,其波束角的大小和形状往往不符合激光雷达的要求,甚至相差很大。激光器输出的激光波束角一般为4~5mrad,为了使激光器发出的激光束变成激光雷达所要求的激光束,必须加入激光发射光学系统。图9-2-4为光束转换原理示意图。它表示孔径面积为 A、发散立体角为 Ω 的入射光束,经过光学系统转换成为孔径面积为 A',发散立体角为 Ω' 的出射光束。系统初始发散立体角 Ω 和转换后的发散立体角 Ω' 用下式表示

$$\left.\begin{aligned}\Omega &= \frac{k\lambda^2}{A}\\ \Omega' &= \frac{k\lambda^2}{A'}\end{aligned}\right\} \tag{9-2-2}$$

对单模的理想激光器,系数 k 近似为 1;多模工作时,k 的典型值为 10 的数量级。

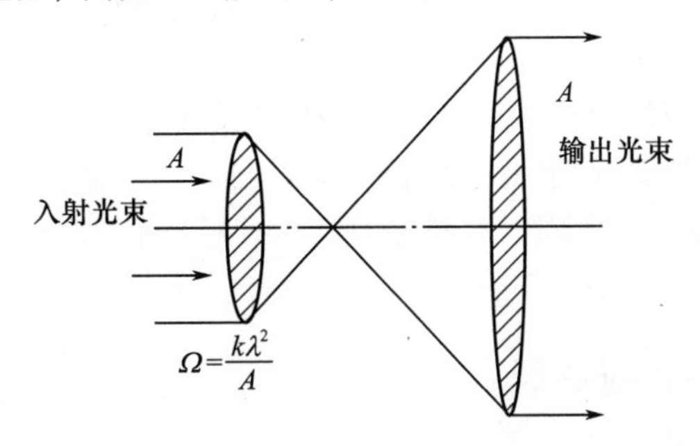

图 9-2-4　转换光束孔径面积和发散角的透镜系统

(二) 激光导引头

半主动激光制导武器的导引头,其作用是搜索、捕获和跟踪目标,输出导引指令和导引头相对弹体的姿态信号。它一般由位标器、信息变换处理设备和伺服系统组成。位标器则由光学接收系统、探测器、前置放大器和陀螺仪器及其驱动机构组成。

根据光学系统或探测器与弹体耦合情况的不同,激光导引头分为捷联式、万向支架式、陀螺稳定式、陀螺光学耦合式和陀螺稳定探测器式五种。根据导引头接收的目标反射激光波的不同,半主动激光自导引又分为连续激光和脉冲激光半主动自导引,但目前一般采用脉冲激光半主动自导引。

图 9-2-5 是一种典型的激光导引头。最前端的光学整流罩,它应具有良好的激光透过率、气动特性和消像差功能等。根据选择的单脉冲角跟踪体制,接收系统采用直接检波法时,利用激光回波信号中振幅特性提取方向信息。大多采用振幅和差式单脉冲体制和角度振幅相减法单脉冲体制。

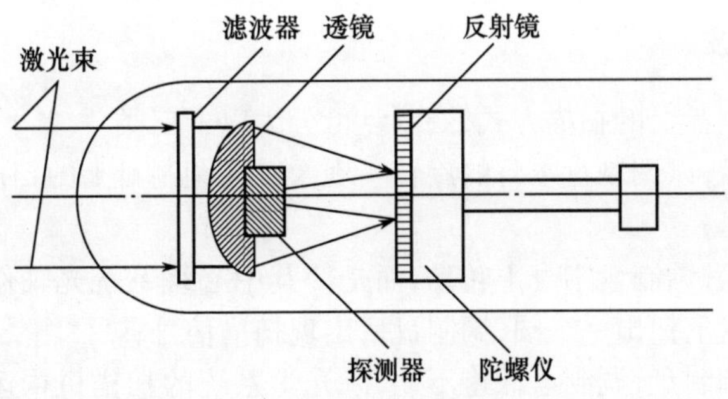

图 9-2-5　激光导引头结构示意图

(三) 性能特点

半主动激光制导的优点是:

(1) 能实现直接瞄准,自寻的俯冲攻顶,便于选择阵地和攻击复杂地形条件下的目标;

(2) 不需要目标自动识别,便于实现天顶攻击;

(3) 激光发射机设在它处,因此导弹的战斗部小;

(4) 可采用比例导引法,外弹道特性好。

缺点是需要在它处设置激光目标指示器配合作战,而且要多人作业。

第三节　红外点源制导原理

红外点源制导的核心是调制盘。在光电探测系统中,对目标所辐射或反射回来的信号进行调制,使其幅度、频率或相位携带目标的方位信息,再通过光电探测器和信号处理电路解调出目标的位置或空间方位,这种调制称为目标光辐射信号的调制,对目标光辐射的调制通常是利用光学调制盘来完成的。

一、红外点源跟踪系统原理

红外点源跟踪系统的基本组成如图 9-3-1 所示。它由方位探测系统和跟踪机构两大部分构成。方位探测系统由光学系统、调制盘、探测器和信号处理四部分组成,有时也把方位探测系统和跟踪机构的测量头统称为位标器。

光学系统收集红外波段的光辐射,调制盘实现对目标光辐射的调制,探测器将光信号转化为电信号,信号处理结合调制盘实现背景信号滤波和目标方位角提取,形成误差信号给跟踪机构,控制跟踪系统光轴和视轴重合,实现目标跟踪。

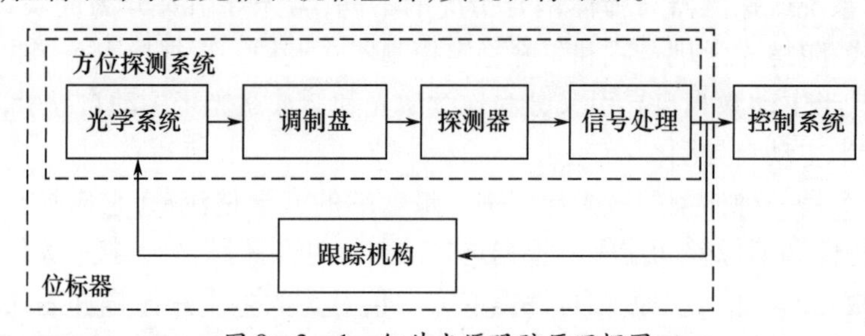

图 9-3-1　红外点源跟踪原理框图

二、调制盘滤波

按照像点在调制盘上的扫描方式,调制盘可分为以下三类:

(1) 旋转调制盘,以调制盘本身的旋转实现像点在调制盘上的扫描,调制盘输出就携带了目标的方位信息;

(2) 章动调制盘,调制盘本身不转动,而是使其中心绕系统光轴作圆周平移运动,平移一周像点在调制盘上扫出一个圆,调制盘后出现扫描信号;

(3) 圆锥扫描调制盘,调制盘保持不动,以光学系统的扫描机构运动,实现像点在调制盘上的圆周扫描,扫描圆的圆心位置代表了目标的角坐标。

按调制方式划分,调制盘又可分为调幅式、调频式、调相式、脉冲编码式和脉冲调宽式等。这里以旋转调制盘为例来说明调制盘的空间滤波作用。调制盘是红外点源探测和跟踪系统中的一个元件,它在尺寸上往往是很小的,但在功用上却非常重要,它能提供目标的方位信息和抑制背景干扰,与此同时,它把目标辐射的直流信号变成交流信号以便于信号处理。

在空中，除了目标辐射红外线外，背景也辐射大量的红外线，如云层散射阳光的辐射等。导弹在低空飞行时还会受到来自地面的辐射的影响。如果背景和目标的辐射波长分布差别较大，可用滤光片来消除背景的干扰。而实际情况并非如此，如由背景云彩散射的阳光在 2 ~2.5 μm 波段的辐射要比远距离涡轮喷气发动机在导弹红外探测器上的辐照度值高 10^4 ~ 10^5 倍，因而消除背景干扰是一个迫切需要解决的问题，否则红外探测系统根本无法从强背景辐射中找到目标。

由于导弹攻击的红外目标与背景相比，都是张角很小的物体，如天空中的飞机，海面的舰艇，地面的车辆等均是如此。如果在探测器前加一个旋转的带黑白相间条纹的调制盘或者其他类似的装置，当目标和云彩的辐射透过调制盘照到探测器上时，输出信号就不同了。

通常调制盘置于光学系统的像平面上，其圆心与光轴重合。当带有旋转调制盘的红外探测系统扫过目标时，由于目标的像较小，像的辐射透过调制盘后使探测器的输出成为频率为 f_s 的一列脉冲串，脉冲波形将随像点大小与条纹尺寸之比而变化。当像点相对条纹来说很小时，信号波形就是矩形脉冲，脉冲频率为

$$f_s = nf_r \tag{9-3-1}$$

式中，f_r 为调制盘的旋转频率；n 为调制盘上的黑白相间的格子对数。

当光学系统视场内有云彩时，由于云彩的像较大，它一般要占有调制盘的多个条纹，每一瞬时占有的黑白条纹数是相近的，因此，输出的是个幅值变化很小的信号（接近直流信号），这种直流信号经交流放大器后就会被滤除，相反，目标像点形成的脉冲信号就不会被滤除。由此可见，调制盘可以消除背景干扰，这种作用也称为空间滤波作用，如图9-3-2 所示，图中，1 是旋转调制盘，2 是主光学系统，目标成像在调制盘上，3 是场光学系统，可缩小探测器的敏感面积。

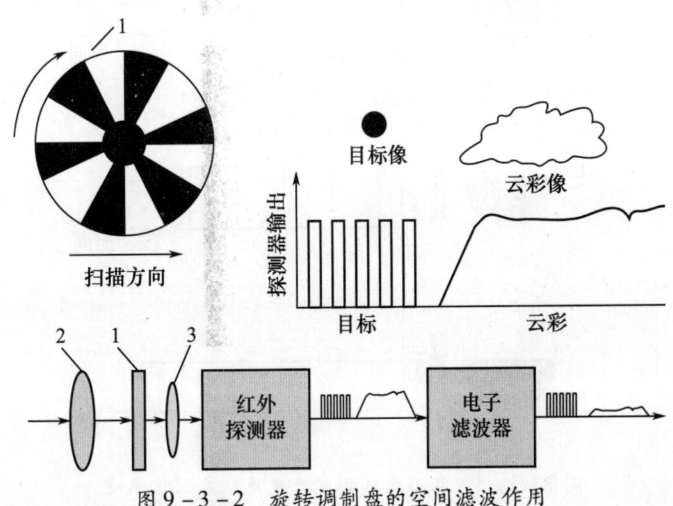

图 9-3-2　旋转调制盘的空间滤波作用

实际上，图中这种简单例子是很难完全滤除背景的。这是因为大多数云彩边缘是不规则的，云彩内部的辐射也是不均匀的，存在梯度。这样，当调制盘旋转时，它将对云彩产生切割作用，因而图中的云彩信号带有波纹而非直流。对于这种调制盘，如果有一条直线云边与辐条平行，则当调制盘转动时，将出现相当大的背景调制信号。为使调制盘在垂直

于辐条方向上有空间滤波作用,可把幅条作径向分割,成为棋盘式调制盘。为了得到良好的空间滤波特性,棋盘调制盘作径向分割时,应该满足等面积分割的原理,根据此原理调制盘图案将由一个个小的单元组成,这些小单元的面积应该相等。这样如果背景的辐照度是均匀的,则背景在每一个小的单元透过的能量相同,透过调制盘的背景信号是直流信号。当然背景如云彩等的辐照度不可能总是均匀的,所以背景透过的信号是准直流信号。

三、调制盘测向

为了能完成制导任务,导引头不但要能感知目标的存在,还应能提供目标的方位。目标的方位信息包括方位角和失调角两种信息。下面分别叙述调制盘如何提供这两种信息。

(一) 方位角信息

图9-3-3是一种简单的双扇面调制盘,这是能提供目标方位角信息的最简单的调制盘。当目标处于光轴上时,像点始终透过一半,探测器输出信号是个不变的直流信号,如图9-3-3(c)所示。当目标在探测系统前方右下角时,目标像点落在调制盘的左上方,探测器输出如图9-3-3(a)所示。由于目标偏离了光轴,则有图中的信号输出,这种信号称为误差信号。当目标处于探测系统左下方时,目标的像点落在调制盘的右上角,误差信号如图9-3-3(b)所示。由图可见,只要有一个基准信号与之相比,就可测出初相角,从而测出目标的方位角。

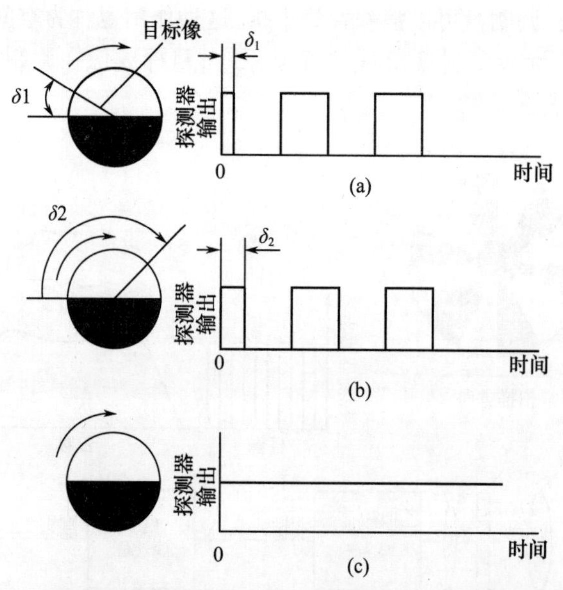

图9-3-3 双扇面调制盘产生目标方位信息图

基准信号的产生可以如图9-3-4所示。调制盘与一块永久磁铁装在一起绕系统的光轴转动。在红外探测系统的外壳上固定两个径向绕制的线圈。当永久磁铁旋转时,线圈中就产生一个正弦变化的感应电势,如图9-3-4(a)所示,这就是基准信号。在调制盘旋转的一周内,探测器输出的目标误差信号如图9-3-4(b)所示。将误差信号和基准信号相比就可得出误差信号的相位角,从而得到目标的方位角。

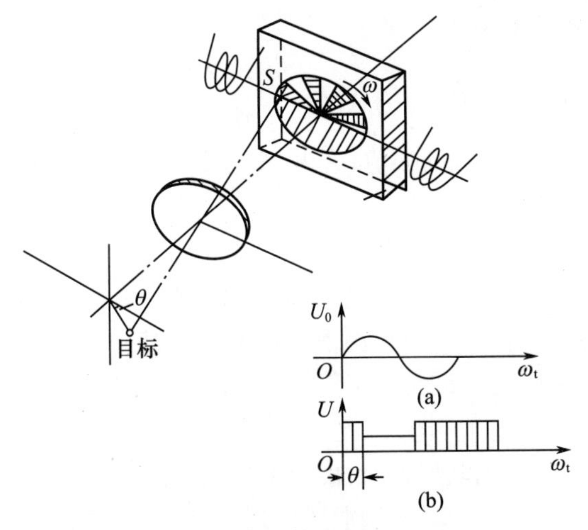

图 9-3-4 基准信号产生示意图

（二） 失调角信息

红外系统在捕获、跟踪目标的过程中，目标像点通常具有固定的偏移量，目标的偏移量常以失调角表示，如图 9-3-5 所示。图中目标与探测器的连线与探测系统光轴间的夹角即为失调角 Δq 。不同类型的调制盘，其失调角的求取原理也有所不同。

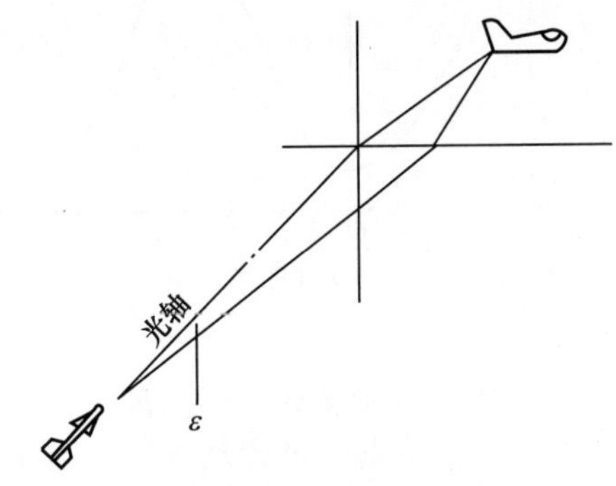

图 9-3-5 失调角示意图

（1）调幅式调制盘。

图 9-3-6 所示为将调幅式调制盘取出一部分并将其简化成扇形。由图可见，像点在 A 、B 、C 三个位置时，透过调制盘的能量不同，因而其输出脉冲的幅值将不同（如图中 A 、B 、C 三脉冲串）。设像点为圆形，像点总面积为 S，总功率为 P_0 ，在图示位置，像点透过最大面积为 S_1 ，透过功率为 P_1 ，相应的不透过面积为 S_2 ，遮挡功率为 P_2，当调制盘旋转时，透过的功率就在 P_1 与 P_2 之间变化。

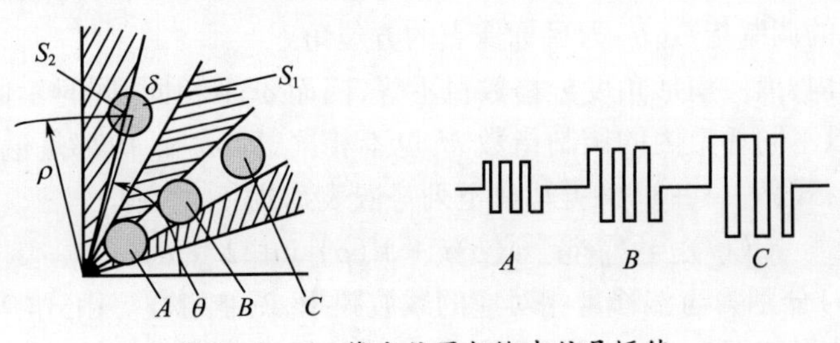

图 9-3-6 像点位置与输出信号幅值

像点透过调制盘的功率为

$$P(t) = \frac{1}{2}P_0 + P_0\sum_{n=1}^{\infty} B_n \frac{2J_1(nZ)}{nZ}\sin(n\theta_0 + n\Omega t) \tag{9-3-2}$$

式中，B_n 为透过率函数的 n 次波的幅值；$Z = \Delta q$；Ω 为调制盘旋转频率；$J_1(nZ)$ 为以 nZ 为变量的第一类一阶贝塞尔函数。

考虑到能量损失较小和信噪比较大的原则，合理地选取通频带，若调制盘的栅格数为12，则取谐波数 $n=11,12,13$ 已够，取载频上下边频信号，得到有用的辐射能量信号，这部分辐射能经探测器转换为电信号，通常用信号处理电路某一级的输出电压 u 来表示有用调制信号的大小，对于不同的失调角，有不同的 u 值，画出 u 随 Δq 的曲线，就得到了调制曲线，如图 9-3-7 所示。

当目标处在光轴上或在光轴附近时，由于像点透过的面积与不透过的面积几乎相等，调制深度很小，因而有用信号也小，调制曲线出现一个很平缓的区域，如图中 OE 段，此区域称为盲区，当 Δq 增加时，调制深度增加，有用信号值也增加，调制曲线在线性上升区（如图中的 EF），输出的误差信号也增大，此误差信号，驱动跟踪机构跟踪目标。

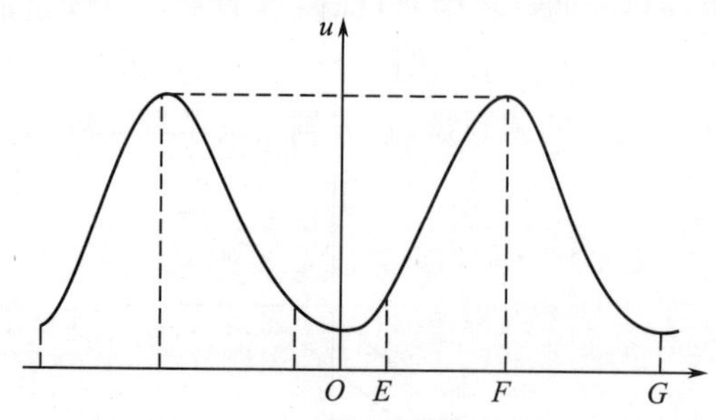

图 9-3-7 调幅式调制盘的调制曲线

（2）调频式调制盘。

调频式调制盘也有多种情况，主要有旋转调频调制盘、圆锥扫描调频调制盘和圆周平移扫描调频调制盘等，下面分别以旋转调频及圆锥扫描调频调制盘为例来做介绍。

① 旋转调频调制盘。图 9-3-8 即为一种旋转调频调制盘的图形及其输出波形。如果目标成像于图中外圈 P 处，方位角为 θ_0，则调制后的辐射波形如图 9-3-8(b) 所示，图中的矩形脉冲频率在调制盘的一个旋转周期内是不均匀的，呈正弦规律变化，形成近似于式(9-3-3)所表示的调频波。

$$F(t) = F_0\cos[\omega t + M\sin(\Omega t + \theta_0)] \tag{9-3-3}$$

式中，F_0 为目标像点辐射能；ω 为像点所处环带内黑白扇形分格完全均匀时，所对应的载波的角频率；Ω 为调制盘旋转角频率；$M = \Delta\omega/\Omega$，为与像点所处环带扇形角度分格大小的变化范围相应的调制指数；θ_0 为目标像点的方位角。

由于各环带内，黑白扇形角度分格数目不等，因而 ω 不相同，同时不同环带内的最大频偏不相同，所以不同环带内的调制指数 M 也不相同，即 ω 和 M 都是偏移量 ρ 的函数。对任一环带而言，式(9-3-3)又可写成下列一般表达式

$$F(t) = F_0\cos[\omega(\rho)t + M(\rho)\sin(\Omega t + \theta_0)] \tag{9-3-4}$$

式中，$\omega(\rho)$、$M(\rho)$ 分别为与偏移量相对应的载波频率、调制指数。由式(9-3-4)所表示的调频信号，其波形如图 9-3-8(b) 所示，经过鉴频及滤波后可以得到如图 9-3-8(c)

所示的正弦电压信号，这个信号与基准信号的相位差即为目标方位角 θ_0。正弦电压信号的幅值由 $\omega(\rho)$、$M(\rho)$ 决定，即幅值反映了目标偏移量的大小。

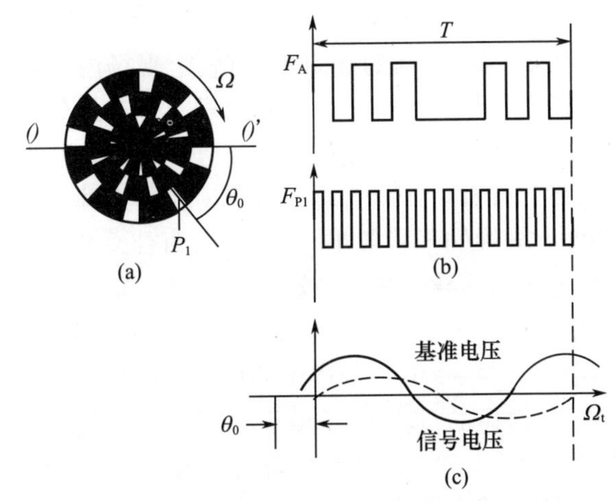

图 9-3-8　旋转调频式调制盘及其调制波形

② 圆锥扫描调频调制盘。旋转调频调制盘不能反映目标偏离量的连续变化情况。而图 9-3-9(a)所示的扇形辐条式调制盘，则可以连续地反映目标的偏离量。调制盘置于光学系统焦平面上，且不运动，光学系统通过次镜偏轴旋转作圆锥扫描，在调制盘上得到一个光点扫描圆。当目标位于光轴上时，光点扫描圆 A 的圆心与调制盘中心重合，信号波形如图 9-3-9(b)所示，载波频率为一常值，无误差信号输出。当目标偏离光轴时，扫描圆中心偏离调制盘中心，如图 9-3-9(a)中扫描图 B，此时，光点扫描一周扫过扇形辐条的不同部位，扫描轨迹靠近调制盘中心那部分，载波信号频率升高，扫描轨迹远离调制盘中心部分，载波信号频率降低，光点扫描一个周期内，载波频率不等，便产生了调频信号，如图 9-3-9(c)所示，其瞬时频率的变化情况如图 9-3-9(d)所示，调频信号通过鉴频后与基准信号相比较，便可以确定目标的偏离量和方位角。

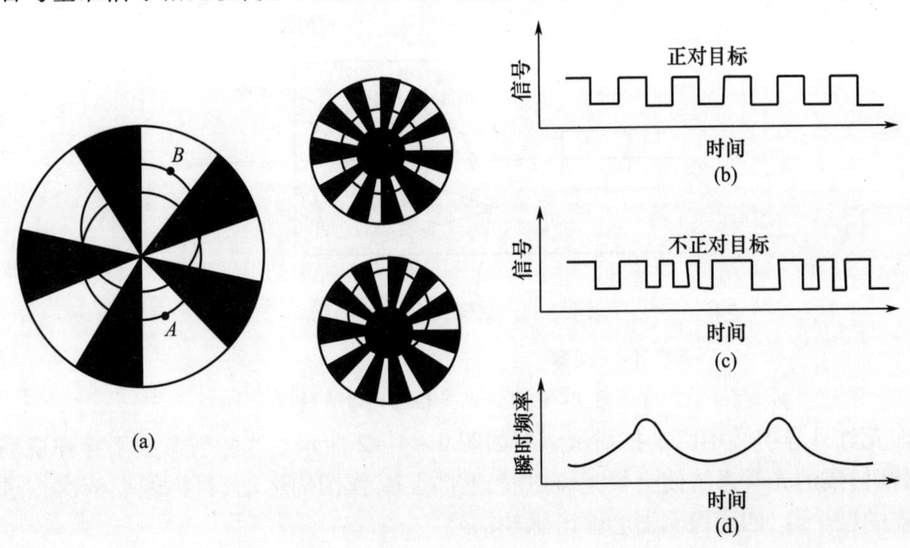

图 9-3-9　圆锥扫描调频调制盘及其调制波形

第四节　四元红外制导原理

采用“调制盘 + 单元探测器”体制的导引头，对整个视场内的光信号进行调制，形成包含目标偏离光轴信息的电信号。当视场中同时出现目标和红外诱饵时，导引头无法区分，只能得到两者能量中心偏离光轴的信息；在红外诱饵的辐射能量远大于目标辐射能量的情况下，导引头将跟踪红外诱饵。因此，通过精确地控制红外干扰弹的释放时机、方向和数量，对红外型近距空空导弹的干扰效果大大提高，可使采用“调制盘 + 单元红外”探测体制导引头的第三代近距格斗导弹基本失效。为了提高第三代近距格斗导弹的抗干扰能力，20 世纪 70 年代后期和 80 年代初，国外大多在第三代近距格斗导弹基础上发展了改进型，如美国的“响尾蛇”AIM－9M、“毒刺”POST 和南非的 U－Darter 等采用了双色像点扫描探测体制的导引头，法国的“魔术”R550Ⅱ、“西北风”和俄罗斯的 P－73 等采用了多元像点扫描探测体制导引头。第三代近距格斗导弹改进型通过对导引头进行抗干扰改进设计，具备了一定的抗干扰能力和迎头攻击能力。在改进型中，四元红外导引头采用了“圆锥扫描光学系统 + 正交四元探测器”的探测体制。该体制让导弹具备区分瞬时视场中多个目标的能力。正交四元探测器也称为十字叉探测器，它和 L 型探测器一样，构成的方位探测系统都不用调制盘，因此产生目标位置信息的原理也与调制盘系统截然不同。本节主要介绍四元红外导引头制导原理。

一、基本原理

四元红外导引头由光学系统、探测器及信号处理电路三大部分组成。光学系统可为反射式、折射式或折返式，其工作方式为圆锥扫描式，在像平面上产生像点扫描圆。像平面上放置十字型探测器阵列，目标像点以圆的轨迹扫过十字型探测器列阵。图 9－4－1 为反射式光点扫描光学系统示意图。

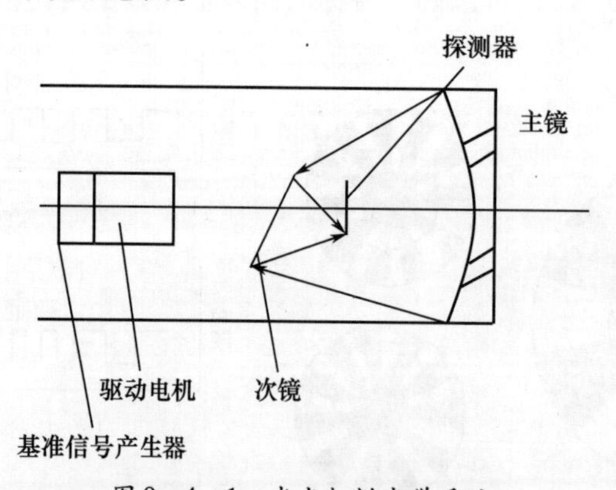

图 9－4－1　光点扫描光学系统

四元红外导引头中圆锥扫描示意图如图 9－4－2 所示。当辐射源位于导弹视场中心时，圆锥扫描的光学系统使会聚光斑以特定半径 R_N 作圆周运动，目标像点依次扫过四元探测器的四个臂，四元探测器会输出脉冲信号。

十字型排列的四个探测器外侧安装有四个基准线圈（在导弹的上、左、下、右四个方位）。当陀螺旋转时，安装在陀螺转子上的磁铁在线圈附近通过，产生四路基准脉冲 J_r、J_u、

J_l、J_d。与此同时，目标像点扫过四个探测臂，形成包含有方位误差信息的4路目标信号V_R、V_U、V_L、V_D。根据四路目标信号和四路基准脉冲的相互关系就可以确定目标的方位，并检测出误差信号。各信号之间的相位关系如图9-4-3所示。在图9-4-3(a)中，目标位于视场中心，目标像点扫过某个探测臂的时刻与陀螺转子上的磁铁扫过相应基准线圈的时刻相同，此时四路目标信号与四路基准信号的相位都重合，此时信号处理电路不输出跟踪指令。

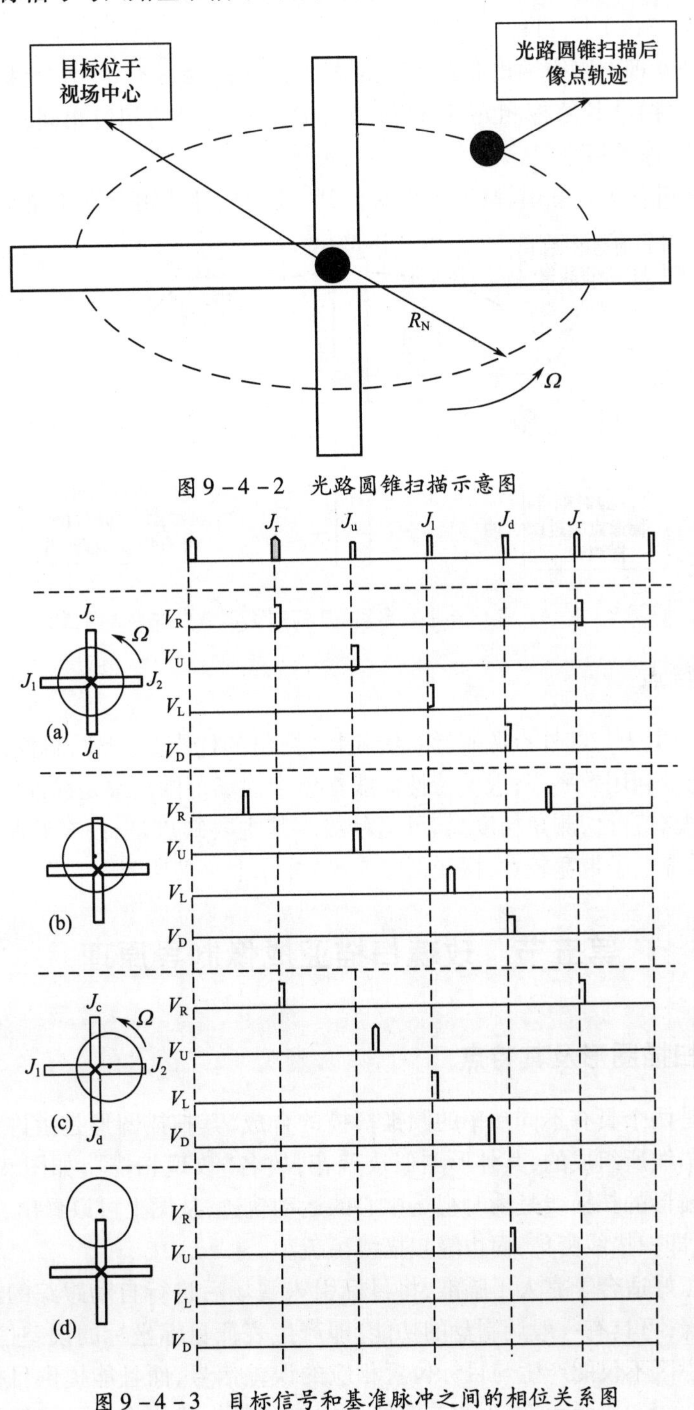

图9-4-2　光路圆锥扫描示意图

图9-4-3　目标信号和基准脉冲之间的相位关系图

在图 9-4-3(b)中,目标位于视场中心偏上位置,目标像点扫过 L 探测臂的时刻迟于转子磁铁扫过 L 基准线圈的时刻,示意图另如图 9-4-4 所示,因此 L 路信号的相位落后于 L 基准信号;同样 *R* 路信号的相位超前于 R 基准信号。由于目标像点处在上/下方向中心线上,因此 U、D 两路信号的出现时刻仍然与相应的基准信号重合。此时信号处理电路根据相位偏离关系应输出向上跟踪的指令。

在图 9-4-3(c)中,目标位于视场中心偏右位置,U、D 路信号相位偏离基准信号的相位,此时信号处理电路应输出向右跟踪的指令。图 9-4-3(d)中,目标位于视场上方位置且扫描圆只扫过 U 路探测元,U 路信号与 D 基准信号的相位相同,此时信号处理电路应输出向上跟踪的指令。

通过上述分析,可以知道,脉冲出现时刻其实反映了目标的不同位置。

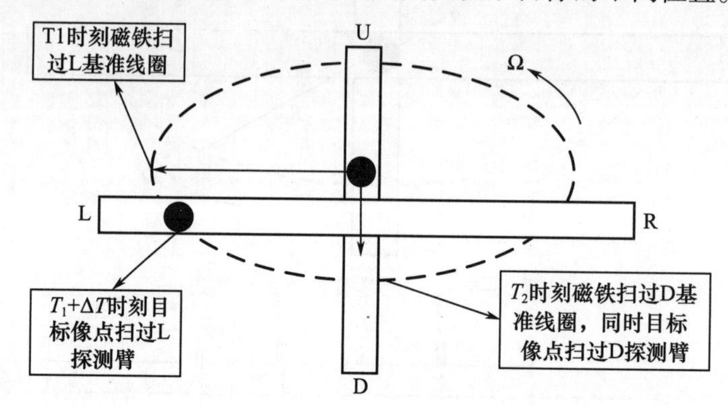

图 9-4-4　相位关系示意图(目标位于视场中心偏上位置)

二、性能特点

四元红外导引头与红外点源制导系统相比,突出的优点是:无调制盘,无二次聚焦系统,因此目标能量利用效率高;误差特性曲线在整个视场范围内都是线性的,线性度较高;该系统理论上没有盲区,测角精度高,可达秒级。其主要缺点是:没有调制盘所具有的空间滤波性能;系统电子带宽较宽,探测器噪声大;多元十字叉探测器制作较困难。

第五节　玫瑰扫描亚成像制导原理

一、玫瑰扫描图形及其特点

玫瑰扫描是两个具有不同频率的圆锥扫描的合成,其扫描图形是由许多从公共中心发散出来的扫描线所组成的,其外形酷似玫瑰花,故名“玫瑰扫描”,如图 9-5-1 所示。实际上每个花瓣形的扫描线是瞬时视场中心的运动轨迹,从图上可以看出,这种扫描图形在中心重叠大,即扫描线密集,而边缘扫描线稀疏。

这个特点正好适合于靠人工瞄准,将目标引入视场后进行自动跟踪的制导系统。扫描线稀疏的边缘,可具有一般调制盘的功能,即产生表征目标坐标的误差信息;而扫描线密集的视场中心区不仅能产生与目标位置相应的误差信号,而且能提供目标简单外形的热图像。如图 9-5-2 所示,由于此热图像的像素比起一般热像仪所能提供的像元素要少得多，所以不能分辨目标的细节，只能给出目标简单轮廓，因此称为“亚成像”。

图 9－5－1 玫瑰扫描图形

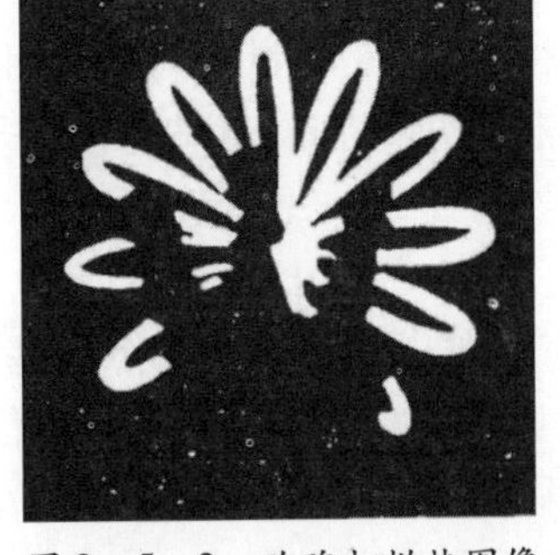

图 9－5－2 玫瑰扫描热图像

玫瑰扫描亚成像适合作为位标器在地空导弹制导系统上应用，这是因为天空背景比地面背景要简单得多，所以像元不多的成像制导系统能够满足其一定的战技术要求。同时，采用动力随动陀螺的制导导弹，均有高速旋转的陀螺转子，易于产生圆锥扫描。

二、玫瑰扫描的数学表达式

玫瑰扫描图形由一组三参数的曲线族所组成，它可以定义为时间的函数，用直角坐标表示，它的方程式为

$$x(t) = \frac{\rho}{2}(\cos 2\pi f_1 t + \cos 2\pi f_2 t) \tag{9-5-1}$$

$$y(t) = \frac{\rho}{2}(\sin 2\pi f_1 t + \sin 2\pi f_2 t) \tag{9-5-2}$$

用极坐标表示，其方程式为

$$r(t) = \rho \cos \pi (f_1 + f_2) t \tag{9-5-3}$$

$$\theta(t) = \pi (f_1 - f_2) t \tag{9-5-4}$$

式中，f_1、f_2 为两个不同的旋转频率，它们的数值决定扫描图形特征，包括花瓣的瓣数 N，花瓣的宽度 W 以及相邻花瓣的重叠量；参数 ρ 为比例参数，决定该扫描图形包络圆的半径即花瓣的长度，如图 9－5－3 所示。

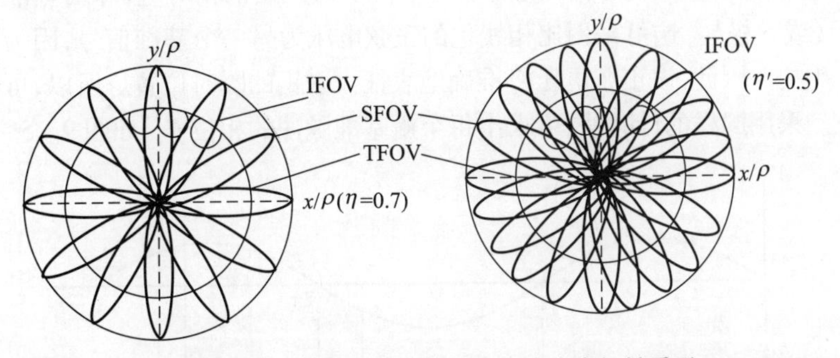

图 9－5－3 两种以 ρ 进行归一化的玫瑰扫描图形

扫描图形最外面、半径为 ρ 的包络圆即是扫描视场（SFOV），保证瞬时视场在扫描时无漏扫的圆叫有效视场（TFOV），该圆的半径与包络圆半径之比称为有效因子 η，显然，TFOV $= \eta \times$ SFOV。

三、位标器的误差信号

位标器的主要功能是测量空间目标相对光轴的偏差，采用极坐标表示，即目标偏离中心的距离 r_i 和相对初相位 θ_i。用“计时法”来测量和求取偏差量 r_i 和 θ_i，其原理如图 9-5-4 所示。

在瓣基准信号①的作用下，开始计时，直到第二个瓣基准信号②为止，接着以瓣基准②作为第二条扫描线开始计时的起点到基准信号③为止，这样依次延续下去。如果在扫描中遇上目标，则红外探测器产生一脉冲信号，将此脉冲信号的前沿和后沿分别对瓣基准信号进行时间采样，得前后沿的时间计数 t_1 和 t_2，并按下面公式求出目标的形心在本次扫描中相对视场中心的偏离量 r_i：

$$r_i = \frac{t_1 + t_2}{2} V_d - \rho \tag{9-5-5}$$

式中，t_1 和 t_2 分别为目标前、后沿的时间；ρ 为视场半径；V_d 为玫瑰扫描速度。

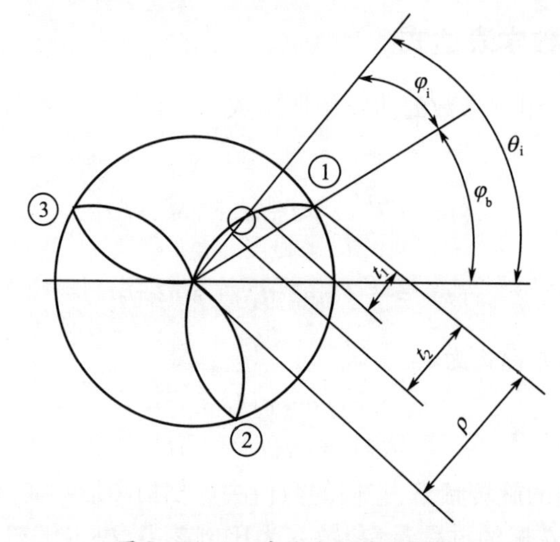

图 9-5-4　计时法测量原理图

若将瓣基准信号与兼作光学系统的主镜和转子的大磁钢相对应，即瓣基准信号表征大磁钢的 N 极（或 S 极）。这可采用比相线包的正弦电压为另一个基准信号，因为此电压是大磁钢旋转产生的。因此，该正弦电压将准确地表征大磁钢的瞬时位置。所以，可确定瓣基准脉冲的相位。采用同样的计时法，可求出每个瓣基准脉冲的相位 φ_v，如图 9-5-5 所示。

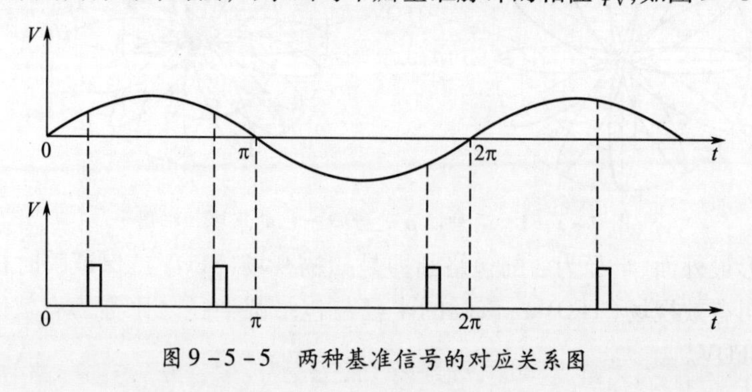

图 9-5-5　两种基准信号的对应关系图

考虑到玫瑰扫描的非线性，为了获得精确的目标形心的瞬时相位，可按公式 $\varphi_i = \pi(f_1 + f_2)t$ 编制软件，计算目标的瞬时误差相位，即

$$\theta_i = \varphi_b + \varphi_i \tag{9-5-6}$$

以上输出的误差信号经过 D/A 变换，成为模拟信号，可驱动陀螺进动，变换的原理如图 9-5-6 所示。

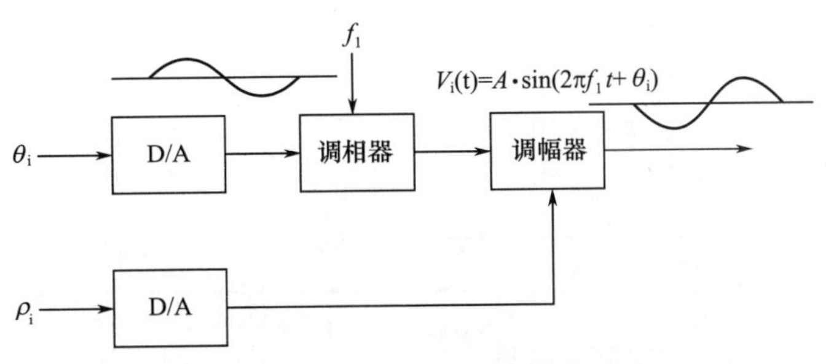

图 9-5-6　误差信号电压变换原理图

变换后的电压为正弦电压，其幅度 A 与 r_i 值相对应，表征目标偏离中心的距离，其相位角与 θ_i 值相对应，表示目标偏离中心的相位。此电压不断输给动力陀螺，使其向减小失调角的方向进动，直到失调角等于零为止，从而完成导弹的制导。

第六节　成像制导原理

鉴于电视制导的跟踪单元和红外成像制导基本相同，区别在于电视制导的数据源是可见光图像，红外成像制导的数据源是红外图像。因此，成像制导原理以红外成像制导原理为例介绍。随着光电对抗技术的发展，红外点源制导导弹面临着很大的威胁。20 世纪 70 年代以来，红外成像技术有了很大的发展，并迅速在精确制导武器上得到了应用，形成红外成像制导系统，它能有效地对抗多种干扰，因而倍受红外制导导弹设计师的青睐。红外成像制导系统与红外点源制导系统仅在位标器接收和处理目标与背景红外辐射的方法不同，其他都一样。它主要由红外成像系统、图像处理器及随动系统等三大部分组成，如图 9-6-1 所示。

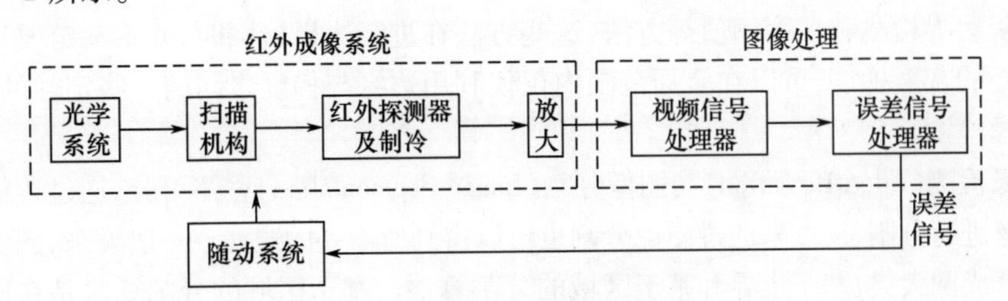

图 9-6-1　红外成像制导系统组成框图

红外成像制导导弹的基本工作过程如下：目标的红外辐射经红外成像系统后输出相应的视频信号，经图像处理器后可测定目标在视场中的方位以及与视场中心的偏移量。经误差信号处理器得出相应的误差信号电压，此信号电压经功率放大后，驱动随动系统方位和俯仰的执行电机，使红外成像系统的视场中心对准目标。这样通过不断地测量和修正，保证对目标的跟踪。与此同时，装在随动系统轴上的角度传感器输出的角度信号与误

差信号一起输送给自动驾驶仪,然后输出与设定的制导规律相应的制导电压,该电压令导弹舵面的执行机构动作,使导弹按要求的弹道飞行。

将视频信号处理器的相关内容展开,如图 9-6-2 所示。成像制导的关键在于提取目标的图像信息,并跟踪目标,将目标从背景中分辨出来的最基本的方法是图像分割和目标检测技术。图像分割的结果通常是目标区域或目标边界,这也是目标检测结果。当然,目标检测的结果还可以是套住目标的包围盒。

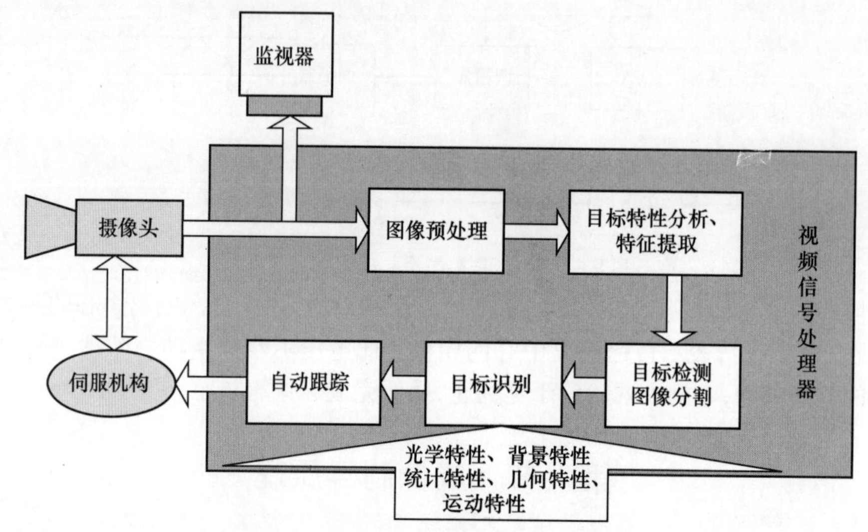

图 9-6-2　视频信号处理器组成框图

目前主要有两类图像分割的方法。

(1) 利用灰度阈值来进行图像分割。

阈值可以是全局的、也可以是局部的;阈值可以是固定的,也可以是自适应的。在阈值的选取过程中,灰度直方图是一项重要的技术,可用这一技术来优化所选取的阈值,不仅如此,灰度直方图可以用作目标识别时的特征。

(2) 基于梯度的图像分割。

基于梯度的图像分割通常有边界跟踪、Roberts、Sobel、Prewitt 和 Kirsch 等梯度算子、拉普拉斯边界检测和梯度阈值等方法,这些方法在进行边界检测时,并不一定要计算出每个像素处的灰度梯度,可以在全局范围内仅仅利用边缘与梯度之间的一些定性的关系,来完成边缘检测。

边缘检测(Edge Detection)与图像分割(Image Segmentation)密不可分,通过边缘检测可以对图像进行分割,反过来通过图像分割也可以得到所需要的边缘。一般说来,图像分割算法可以分成两大类:基于边界和基于区域的分割算法。基于区域的分割算法是在同性质的量度下将像素分成相连的区域,而区域之间的边缘可以通过边缘检测的方法来定位。这两种技术都有各自的优点和缺点。边缘检测算法的最大缺点是容易产生不连续的边界,因而需要对边缘进行后处理。而基于区域的分割算法则控制复杂,区域边界也一般会变形。此外,向区域生长和聚类等基于区域的分割算法的结果还极大地依赖于初始区域的选择。

在提取目标的基础上,如何能够在不断的变化中,始终能够获得所需要的目标信息,就要解决对目标图像的跟踪问题。根据红外制导导弹对目标的跟踪方法,分为波门跟踪和相关跟踪，另外，图像跟踪需要建立目标运动方式模型，预测目标未来的位置。

一、图像目标检测

（一） 基于灰度阈值的图像分割

基于灰度阈值的图像分割技术是建立在一个简单概念之上的。设 a[m,n]为一幅数字图像，θ 为亮度阈值参数，则用 θ 对 a[m,n]进行分割的方法如下所示：

If　a[m,n]$\geqslant\theta$　a[m,n]=object=1

Else　　a[m,n]=background=0

该算法是假设我们对背景为黑色的明亮物体感兴趣。对于在亮背景下的黑色目标来说，可以使用下面的方法：

If　a[m,n]$<\theta$　a[m,n]=object=1

Else　　a[m,n]=background=0

上述分割方法是利用目标和背景在灰度上的两种明显不同的自然特性，分别用布尔变量“1”或者“0”来表示。原则上，这种分割可以是利用除灰度之外的其他性质，如利用彩色图像中的红色成分来进行分割，但是利用灰度来进行分割在概念上更加清晰、明确。

阈值大小的选择是一个关键。通常可以使用以下几种方法来选取合适的阈值。

1. 固定阈值法

该方法就是根据一类图像数据的特点简单地选择一个固定的阈值。比如，待处理的图像是高对比度的图像，图像上的目标非常黑，而背景比较相似、并且非常亮的，那么在0~255范围内，128的常量阈值就可能是非常准确、合适的阈值，在这一阈值下，图像分割有可能能够达到足够的精度，这里精度的要求是指错误分割的像素数目要尽可能小。

2. 基于灰度直方图的阈值选取方法

图像的灰度直方图是一个一维的离散函数，可以用下式表示图像 a[m,n]的灰度直方图：

$$h[b]=\frac{N_b}{N}\quad b=0,1,2,\cdots,2^B-1 \tag{9-6-1}$$

式中，b 为图像 a[m,n]的第 b 个灰度值；N_b 为图像 a[m,n]中具有灰度值 b 的像素的个数；N 为图像 a[m,n]所有像素的总数。

在大多数情况下，通过图像的灰度直方图能够选取比较合适的阈值，图9-6-3是一幅图像及其灰度直方图。图9-6-3中，灰度小于阈值的像素被表示为背景像素，大于阈值的像素被表示为目标像素。

目前已有许多方法利用灰度直方图来自动选取阈值的技术，在后面的内容中将对典型的基于灰度直方图的阈值选取方法进行介绍，如迭代计算阈值法、背景对称算法和三角形阈值选取方法，严格说来这些算法都是基于灰度直方图的阈值选取方法。为了增加算法的稳定性，可以对灰度直方图进行滤波，减少灰度直方图中的波动，但是滤波不能改变峰值的位置，下面给出的一个零相位滤波方法是一个典型的滤波方法，其中 W 是3或者5。

$$h_{\text{smooth}}[b]=\frac{1}{W}\cdot\sum_{w=-(W-1)/2}^{(W-1)/2}h_{\text{raw}}[b-w],\quad W\text{是奇数} \tag{9-6-2}$$

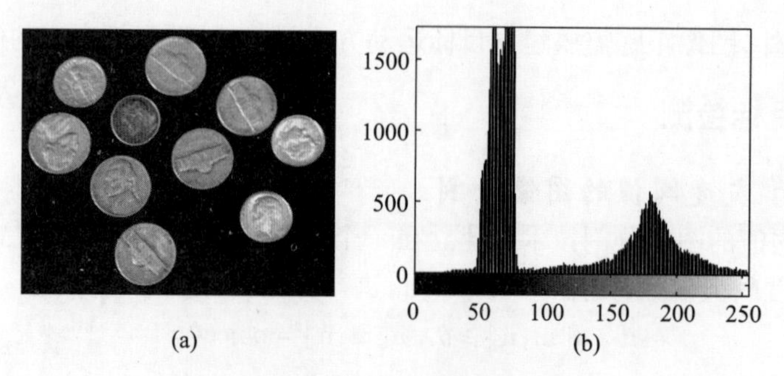

图 9-6-3　基于灰度直方图的阈值

(a)原始图像;(b)灰度直方图。

3. 迭代计算阈值法

迭代计算阈值法是 Ridler 和 Calvard 发展起来的。迭代的过程是首先通过灰度直方图选择迭代初值,一般可以选择 $\theta_0=2^{B-1}$ 作为迭代的初值,B 是灰度级,这样的初值可以平分图像的动态范围。设($m_{\mathrm{f},0}$)为在第 0 个初值情况下前景像素灰度的均值,($m_{\mathrm{b},0}$)为背景像素灰度均值,则前景和背景像素灰度均值的平均值就是新的阈值 θ_1。在新的阈值的基础上重复以上过程,直到两个相邻阈值之间的变化不大时为止。用公式表示如下:

$$\theta_k=(m_{\mathrm{f},k-1}+m_{\mathrm{b},k-1})/2,\text{直到 }\theta_k=\theta_{k-1} \tag{9-6-3}$$

4. 背景对称算法

背景对称算法适用于灰度直方图中背景部分具有一个明显和绝对优势的峰值,并关于最大值对称。最大峰值可以通过在直方图中搜索获得,然后在最大值没有目标像素的一边寻找一个灰度值,使得大于此灰度的像素占整个图像所有像素的百分比为 $p\%$。

在图 9-6-3 中,峰值处像素的灰度为 73,目标像素处在灰度为 73 的背景峰值的右侧,这就意味着在峰值的左侧搜索满足 $p\%$ 的灰度值,假设要搜索满足 95% 的灰度值,这个值出现在图中灰度为 55 处。由于假设背景是对称的,故在最大值的右边有 5% 的像素仍然是背景像素,这就意味着在灰度为 73+(73-55)=91 处存在着一个阈值,用公式表示如下:

$$\theta=b_{\max}+(b_{p\%}-b_{\max}) \tag{9-6-4}$$

这个技术可以很容易地应用到黑色的背景上有亮点的情况,甚至还可以用在灰度直方图的峰值为目标,并且目标部分的灰度直方图关于峰值对称的情况。

5. 三角形阈值选取方法

三角形阈值选取方法是由 Zack 提出的,这个技术如图 9-6-4 所示。在灰度直方图图像的最大值 $h_{\max}$ 和最小值 $h_{\min}=(p=0)\%$ 之间建立一条直线。从 $b=b_{\min}$ 到 $b=b_{\max}$ 分别计算到直线的距离 d。那么 d 的最大值所对应的亮度值 b_0 就是阈值,即 $\theta=b_0$。这种技术在灰度直方图仅有较弱的峰值情况下是非常有用的。

用上面描述的三种方法对图 9-6-3 进行计算时,得到的阈值分别是:迭代计算阈值法给出的阈值为 $\theta=126$,背景对称算法在 95% 水平情况下给出的阈值是 $\theta=91$,三角形阈值选取方法给出的阈值为 $\theta=79$。

阈值不必同时应用到整个图像,可以一个区域一个区域地进行。Chow 和 Kaneko 发展了一种局部阈值方法,把 $M\times N$ 的图像分为没有重叠的区域,在每个区域都计算自己的阈值,然后把所有的阈值放在一块,以内插的方法形成整个图像的阈值。这些区域必须是合理的,以便在每个区域中都有足够的像素用来估计直方图和这个直方图的阈值。

（二） 基于梯度的图像分割方法

基于阈值的图像分割方法能够将目标从背景中分离出来，但这些方法一般适用于具有双峰灰度直方图的情况。在其他情况下，可以使用基于梯度的图像分割方法。下面就介绍几种常用的基于梯度的图像分割方法：边界跟踪法、梯度算子和拉普拉斯算子法。

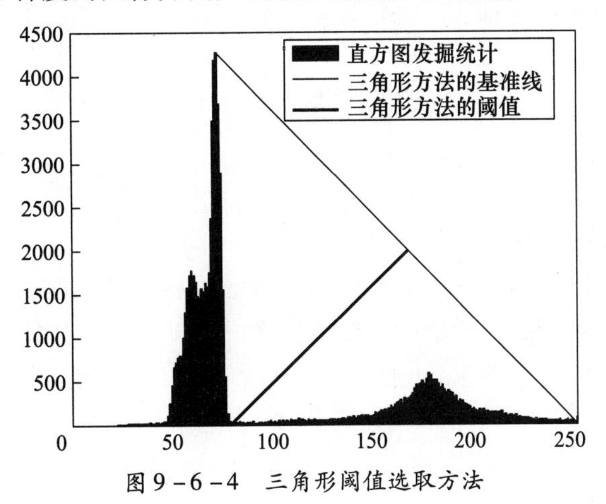

图 9-6-4 三角形阈值选取方法

1. 边界跟踪法

已知(x,y)处的像素为当前边界点，在整个(x,y)处像素的 3×3 邻域中考虑边缘结构，设(ix,iy)处的像素为与(x,y)连接的前一个边缘像素，则新的与(x,y)连接的边缘像素应在(ix,iy)关于(x,y)的对称点及其相邻两个像素中选择，如图 9-6-5 所示。在待选的边界点中，选灰度级数最大的像素为边界点，如有两个待选点的灰度级数一样时，有中间点时则选中间点，否则任选。注意这里是否将边界点连接起来的决定可以并行地做出，即一个像素是否与它邻域中的另一个像素连通并不需要在其他判断后做出。

2. 梯度算子

利用梯度算子进行边缘检测时，通常是借助空域导数算子通过卷积实现的。实际上，这一过程是通过差分方法来近似完成的。梯度对应一阶导数，梯度算子是一阶导数算子。对一个连续函数$a(x,y)$，它在位置(x,y)的梯度可表示为一个矢量：

$$\nabla a(x,y) = [G_x \quad G_y]^{\mathrm{T}} = \left[\frac{\partial a}{\partial x} \quad \frac{\partial a}{\partial y}\right]^{\mathrm{T}} \tag{9-6-5}$$

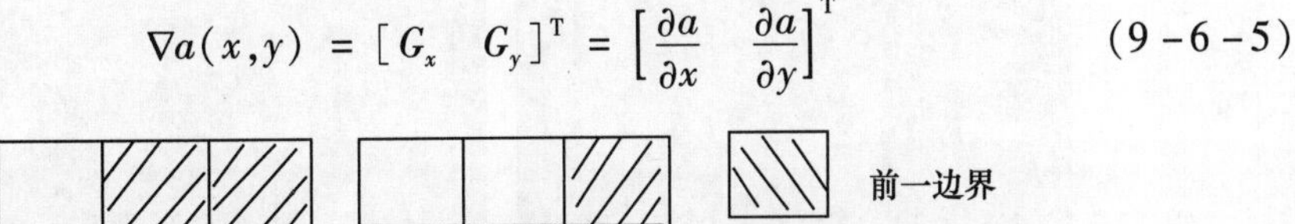

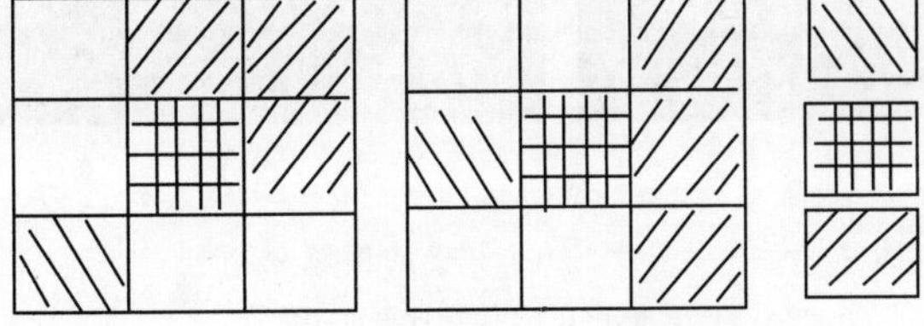

图 9-6-5 边缘结构

这个矢量的幅度（也常简称梯度）和方向角分别为

$$Mag(\nabla a) = [G_x^2 + G_y^2]^{\frac{1}{2}} \tag{9-6-6}$$

$$\phi(x,y) = \arctan\left(\frac{G_x}{G_y}\right) \tag{9-6-7}$$

在实际中常用小区域模板卷积来近似计算。对 G_x 和 G_y 各用 1 个模板，所以需要 2 个模板组合起来以构成 1 个梯度算子。根据模板的大小和元素（系数）值的不同，提出了许多不同的算子。如 Robert cross 算子，Prewitt 算子和 Sobel 算子等。算子运算时是将模板在图像上移动并在每个位置计算对应中心像素的梯度值，所以对一幅灰度图求梯度所得的结果是一幅梯度图。各种算子的模板参如图 9-6-6～图 9-6-8 所示。

1	
	−1

	1
−1	

图 9-6-6　Roberts 算子

−1		1
−1		1
−1		1

1	1	1
−1	−1	−1

图 9-6-7　Prewitt 算子

−1		1
−2		2
−1		1

1	2	1
−1	−2	−1

图 9-6-8　Sobel 算子

梯度算子在进行图像分割时容易产生不连续的边界，因此如何使得边界封闭是一个富于挑战性的问题。对于高信噪比的目标图像来说，在计算梯度之后，选择适当的阈值时可以较好地获得封闭的边界图像，如图 9-6-9 所示。图中对于信噪比为 30dB 时结果比较好，但是当信噪比为 20dB 时结果就差得很多，在这种情况下，可以在应用梯度算子之前，利用各种各样的滤波技术对图像进行预处理，以减少噪声的影响。

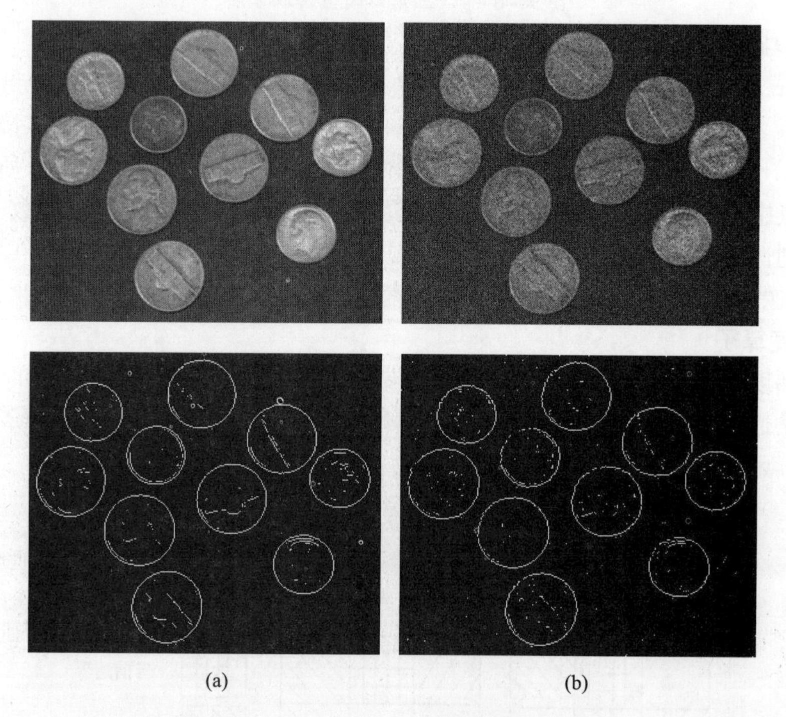

(a)　　(b)

图 9-6-9　基于 Sobel 算子的图像分割

(a) 信噪比 = 30dB；(b) 信噪比 = 20dB。

3. 拉普拉斯算子

拉普拉斯算子是一种二阶导数算子。对一个连续函数 $a(x,y)$，它在位置 (x,y) 的拉普拉斯值定义如下：

$$\nabla^2 a = \frac{\partial^2 a}{\partial x^2} + \frac{\partial^2 a}{\partial y^2} \tag{9-6-8}$$

梯度算子法可以利用梯度的最大值来检测目标的边缘,而拉普拉斯算子法可以利用拉普拉斯值的过零点获得图像的边界,如图 9-6-10 所示。边界的位置是在拉普拉斯值变号的位置。由于拉普拉斯算子是二阶导数,这就意味着拉普拉斯算子法在处理空间高频图像时,存在增强噪声的效果。为了不让增强的噪声影响过零点的搜索,通常可以采用一些滤波方法。采用的滤波方法应该具有以下特点:在频域中,滤波器应该尽可能去抑制高频噪声;在空域中,滤波器应尽可能提供边缘的良好位置,空间滤波器不能太宽,如果太宽,那么在滤波的范围内将会增加精确边缘位置的不确定性。

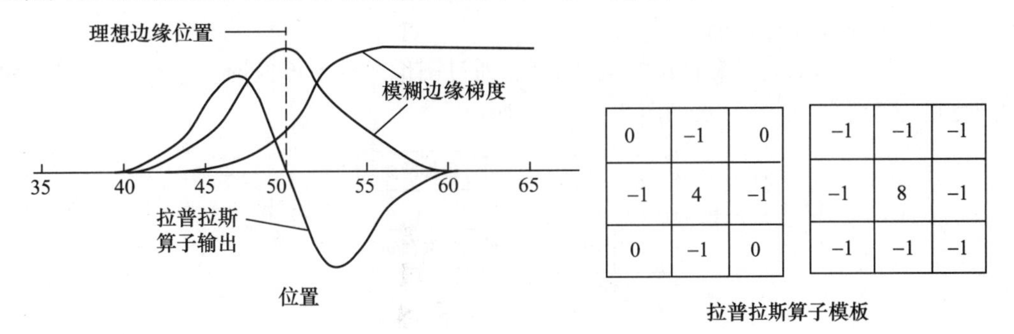

图 9-6-10 拉普拉斯算子边界检测原理

能够同时满足最小带宽和最小空间宽度的滤波器就是高斯滤波器。因此,先用高斯滤波器对图像进行滤波,然后再运用拉普拉斯算子法进行边缘检测。公式表示如下:

$$\text{ZeroCros}\sin g\{a(x,y)=\{(x,y)\mid\nabla^2\{g_{2D}(x,y)\otimes a(x,y)\}=0\}\qquad(9-6-9)$$

式中,$g_{2D}(x,y)$定义如下:

$$g_{2D}(x,y)=\exp\left(-\frac{x^2+y^2}{2\sigma^2}\right)\qquad(9-6-10)$$

式中,σ 为高斯分布的均方差。如果 $\gamma^2=x^2+y^2$,则图像 $a(x,y)$在(x,y)处的拉普拉斯值为

$$\nabla^2 g_{2D}(x,y)=\left(\frac{\gamma^2-\sigma^2}{\sigma^4}\right)\exp\left(-\frac{\gamma^2}{2\sigma^2}\right)\begin{pmatrix}1&0\\0&1\end{pmatrix}\qquad(9-6-11)$$

图 9-6-11 过零点方法图像分割

所有基于过零点方法的拉普拉斯算子方法,在检测图像边缘时必须能够区分过零点和零值。过零点代表边缘位置,零值不是边缘点,零值可能是由比双线性表面还要简单的区域产生的,如:$a(x,y)=a_0+a_1\cdot x+a_2\cdot y+a_3\cdot x\cdot y$。为了区分过零点和零值两个位置,要首先找到过零点的位置,并且标示为"1",其他的像素标示为"0",然后用每个像素的边缘强度去乘所得到的图像。

二、图像目标跟踪

图像跟踪一般可以按照以下几个步骤进行：

(1) 目标检测；

(2) 目标位置预测；

(3) 目标重新定位；

(4) 目标运动模型更新；

(5) 回到第 2 步进行循环。

图像跟踪输出的结果是目标的运动信息，通过图像跟踪能够实时地监视目标的行动和进行目标其他特性的辨识，如图 9-6-12 所示。

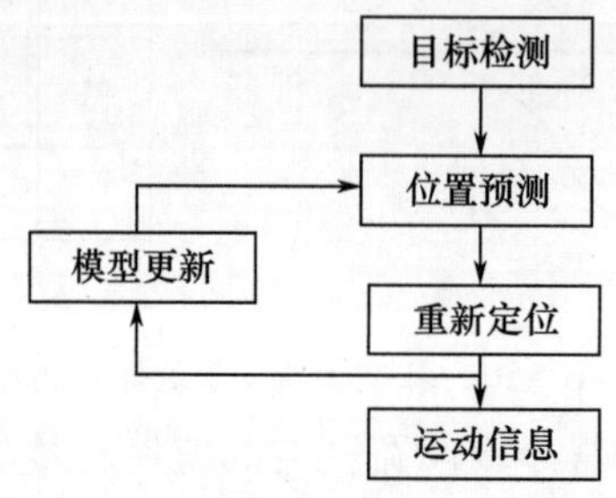

图 9-6-12 图像跟踪的一般过程

目标检测时，可以使用上述的图像分割方法，通过图像分割可以较好地将目标从背景中分离出来。另外，利用图像差分法也可以将目标检测出来，图像差分法适合于背景基本上不变的情况，当有目标出现时，此时的图像与前一时刻的图像进行相减，必然能够很好地将目标检测出来。

目标的位置预测通常要根据目标运动的先验知识进行，通过目标运动的先验知识预先估计目标的位置，然后在估计的可能范围内寻找目标。目标的重新定位必须比初始的目标定位要快且准确，否则就有可能丢失目标。成功的目标预测与重新定位与目标运动模型的假设和目标的外观有很大的关系。常用的目标运动模型是基于二维图像的目标模型，也有基于三维空间的目标运动模型。

目标的位置进行重新定位后，目标的运动模型必须要根据新的位置信息进行修正。如图 9-6-13 所示，比如假设目标做直线运动，在 t_1 时刻目标的运动路线为 L_1，那么 t_2 时刻目标的运动路线应为 L_2。

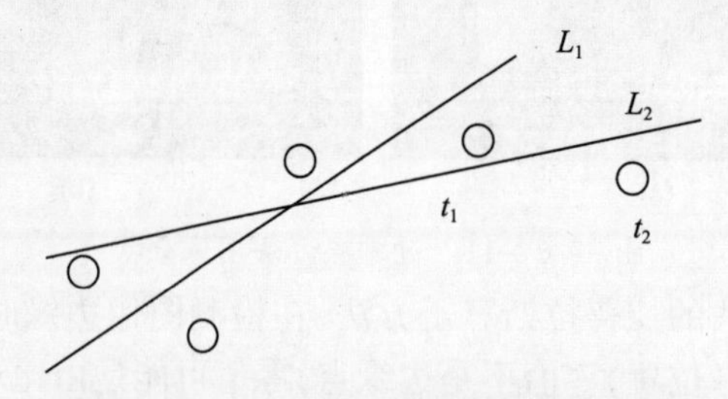

图 9-6-13 目标运动模型更新示意图

目标的重新定位可以采用各种跟踪算法，这里主要介绍三类：波门跟踪、相关跟踪和复合跟踪。

（一）波门跟踪

对于红外成像跟踪制导系统而言，所要攻击的同一目标的像点的大小随着距离的不同而变化。由于热成像系统的分辨率是有限的，因而目标在较远的距离上呈点源出现在视场中，当导弹接近目标时，才能出现目标的热图像，其尺寸会逐渐充满视场，甚至超过视场。这要求图像处理系统具有兼顾点源和扩展源的处理功能。波门跟踪是一种既合适又简单的方法。

视场与跟踪波门关系如图 9－6－14 所示。波门的尺寸略大于目标的图像，它紧紧套住目标图像，图像处理系统只对波门内的那部分视频信号进行处理，而不是处理整个视场内的信息。这样不仅大大压缩了信息处理量，而且允许目标与背景之间的视频信号比在较大范围内变化，同时也可以很有效地排除部分背景干扰，以达到选通的目的。针对目标图像尺寸随距离的变化，波门的尺寸也能跟随目标图像尺寸的变化而自动地改变，这种波门称为自适应波门。

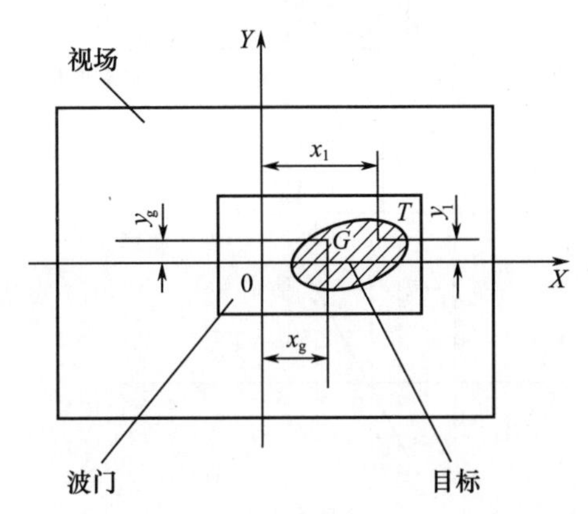

图 9－6－14　视场、目标与波门的关系图

在波门跟踪中，将目标视频信号处理成与角位置相应的误差信号的方法有边缘跟踪法和矩心跟踪法。

1. 边缘跟踪法

边缘跟踪法是根据目标图像与背景图像亮度的差异，抽取目标图像边缘的信息，用这个信息去控制波门的形成，同时产生与目标位置相应的误差信号。

（1）边缘信号的产生。

目标边缘信号的产生如图 9－6－15(a)所示。原始的视频信号经预处理电路后，得波形(1)，然后输给微分电路，检出该视频信号的上升沿和下降沿波形(2)，此信号经全波整流电路整流后得波形(3)，再经整形电路整形得波形(4)，它对应于目标的左右边缘。用同样的方法和电路对整帧的视频信号中某一列像素进行采样，取出和处理该列的视频信号，得到的边缘脉冲则表征目标的上下边缘。

（2）误差信号的产生。

表征目标边缘的信号取得以后，一边送经脉冲展宽器至波门发生器，以便得到比目标稍大一些的波门，同时将它送至误差信号处理电路，以便得到跟踪所必需的误差信号。误差信号处理电路的原理如图 9－6－15(b)所示。斜坡电压发生器产生一个通过 0 点的直流电压 $+U_0$ 和 $-U_0$。该电路是受热成像系统扫描同步信号控制的。其零点对应于视场中心，因此，目标边缘脉冲对斜坡电压进行采样，如果两个边缘脉冲的中心与视场中心重合，采样的结果为正负电压相等而平衡，从而无误差信号输出，如果两个边缘脉冲的中心偏离视场的中心，则采样的结果为正负电压的绝对值不相等，则产生一个电压差值，此值表示目标与视场中心的偏离量，其极性表示偏离视场中心的方向，这就是误差信号。

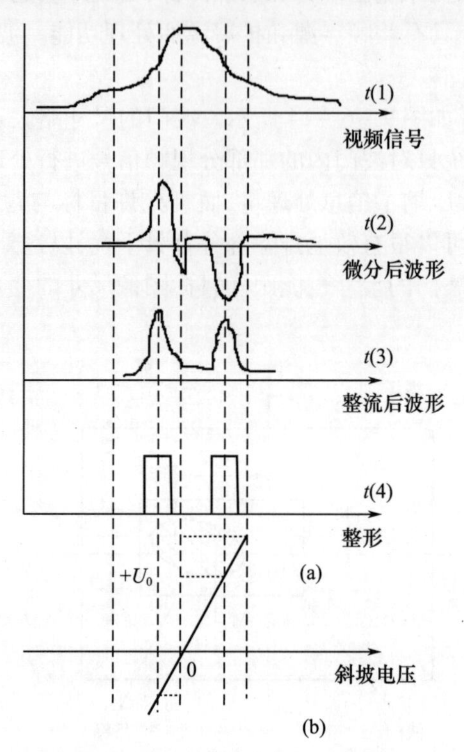

图 9-6-15　边缘信号产生原理图

(a)边缘信号产生；(b)误差信号形成。

实际应用中边缘跟踪的跟踪点可以是边缘上的某一个拐角点或突出的端点，也可以取为两个边缘（左、右边缘或上、下边缘）之间的中间点。该方法的优点为方法简单、响应快，在某些场合（如要求跟踪目标的左上角或右下角等）有其独到之处，主要缺点是跟踪点容易受干扰，跟踪随机误差大，不适合跟踪复杂背景中的目标。

2. 矩心跟踪法

矩心跟踪根据对目标矩心的确定方法，可分为质心坐标法和面积平衡法。质心坐标法是将跟踪窗内目标图像的有效面积划成矩阵，即对图像进行分割处理。各阵元即像素的视频信息幅度凡超过阈值的均参与积分处理，于是可得到目标的质心坐标，如图 9-6-16 所示。

$$\bar{Y}=\frac{\sum_{j=1}^{m}\sum_{k=1}^{n}U_{jk}Y_j}{\sum_{j=1}^{m}\sum_{k=1}^{n}U_{jk}},\bar{Z}=\frac{\sum_{j=1}^{m}\sum_{k=1}^{n}U_{jk}Z_j}{\sum_{j=1}^{m}\sum_{k=1}^{n}U_{jk}} \tag{9-6-12}$$

式中，$U_{jk}=\begin{cases}0 & \text{像元信息值}<\text{阈值}\\1 & \text{像元信息值}>\text{阈值}\end{cases}$；$Y_i$ 为 Y 方向的第 j 个像元的坐标；Z_k 为 Z 方向的

第 k 个像元的坐标；m,n 分别为 Y,Z 方向的分辨像元数。

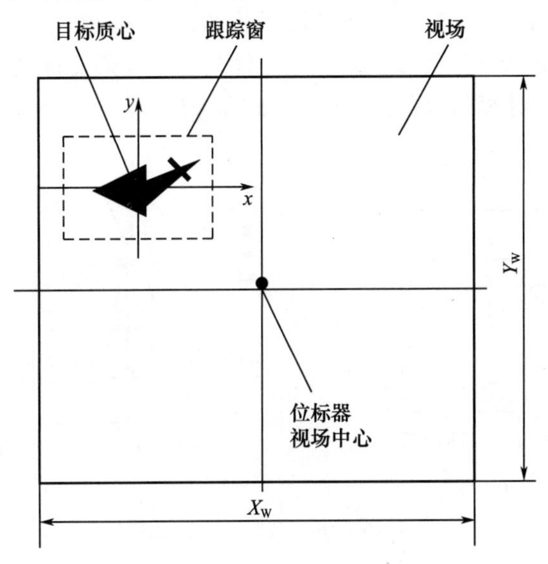

图 9-6-16 目标质心与视场关系图

按质点坐标求矩阵的方法简便，精度较高，若以像元的信息代替阈值，则算出来的质心还具有加权作用。

面积平衡法是跟踪窗将目标图像分成四个象限或两对象限，然后对每对象限内超过阈值的视频信号分别积分，如图 9-6-17 所示，其中，A 和 B 象限对应于方位方向，C 和 D 象限对应于俯仰方向。

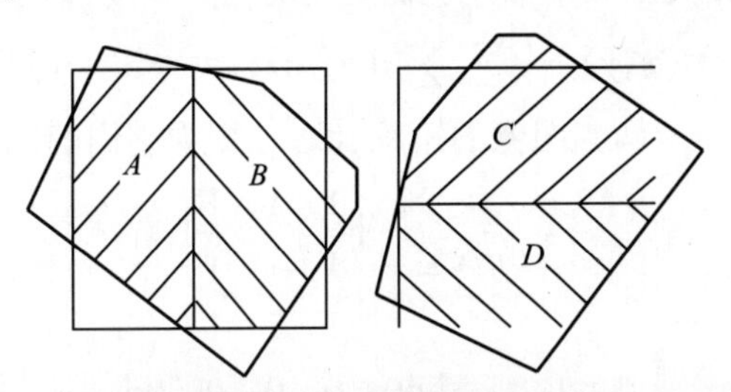

图 9-6-17 面积平衡法原理图

如果目标处在跟踪窗中心，则跟踪窗中心线上下和左右的数字式目标信息应该平衡，否则会不平衡，结果产生误差信号，并将按帧频调整跟踪窗的中心线的位置，这种平衡与不平衡的交替过程一直持续到目标充满跟踪窗而结束。在上述过程中，视频模拟信息经过处理，变换成数字信息输出。幅值处理装置将大量的视频信息压缩成“1”或“0”的形式，即凡是像元信息幅值超过阈值的，都将计为“1”，反之均为“0”。只有高于阈值的像元信息才能参与坐标运算，这就进一步减少运算器和运算时间。

矩心跟踪的特点是阈值的取法随对比度的不同而变化。通常的做法是在跟踪窗的四角或四边各设一个背景门和在内侧各设一个目标边界门，如图 9-6-18 所示，背景门可为条形也可为方形。每个门约占四个像元的位置，门电路对各个像元的信息幅值随时间进行综合和均化，为阈值计算提供背景信息水平数据。

矩心的位置是目标图形上的一个确定的点，当目标姿态变化时，这个点的位置变动较小，所以用重心跟踪时跟踪比较平稳，而且实际上求重心的过程是个统计平均过程，孤立针状脉冲干扰对求重心的影响很小，抗杂波干扰的能力强。主要不足是复杂环境效果不好，此时由于目标运动、姿态发生改变、光照条件改变以及杂波背景的干扰，使得目标图像的分割提取十分困难，计算目标的矩心或形心不准确。

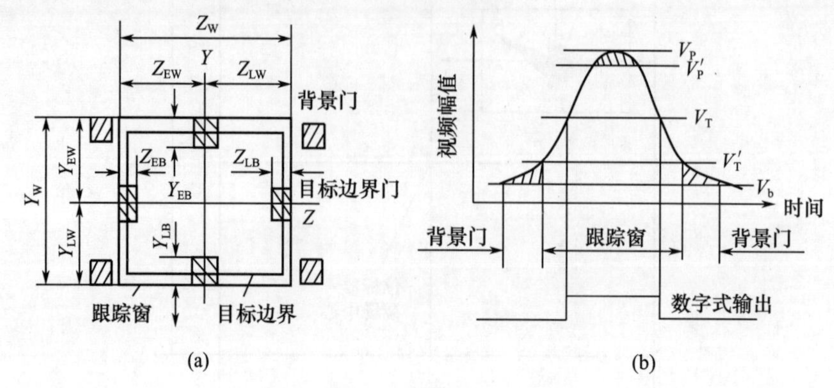

图 9-6-18　确定阈值的原理图

（二）相关跟踪

相关跟踪主要通过测量两幅图像之间的相关度的方法来计算目标位置的变化，用预先存储的目标图像去和实时摄取的目标图像求取相关值，经过处理得到误差信号，从而实现对目标的跟踪。

在相关跟踪中，由于两幅图像是对同一景物在不同时间摄取的，所以它们之间既有关系又有出入，因而可用相关函数来描述它们之间的相关程度，即

$$C(x,y) = \sum\sum s(u,v)r(u+x,v+y) \tag{9-6-13}$$

式中，$\boldsymbol{s}(u,v)$ 和 $\boldsymbol{r}(u,v)$ 表示两幅图像的矩阵，(x,y) 则为它们的位移量。例如：

$$\boldsymbol{s}(u,v) = \begin{bmatrix} 1 & 1 & 1 \\ 1 & 1 & 1 \\ 1 & 1 & 1 \end{bmatrix} \tag{9-6-14}$$

$$\boldsymbol{r}(u,v) = \begin{bmatrix} 0 & 0 & 0 & 0 & 0 \\ 0 & 1 & 1 & 1 & 0 \\ 0 & 1 & 1 & 1 & 0 \\ 0 & 1 & 1 & 1 & 0 \\ 0 & 0 & 0 & 0 & 0 \end{bmatrix} \tag{9-6-15}$$

则 $\boldsymbol{s}(u,v)$ 和 $\boldsymbol{r}(u,v)$ 的相关函数为

$$\boldsymbol{C}(u,v) = \begin{bmatrix} 0 & 0 & 0 & 0 & 0 & 0 & 0 \\ 0 & 1 & 2 & 3 & 2 & 1 & 0 \\ 0 & 2 & 4 & 6 & 4 & 2 & 0 \\ 0 & 3 & 6 & 9 & 6 & 3 & 0 \\ 0 & 2 & 4 & 6 & 4 & 2 & 0 \\ 0 & 1 & 2 & 3 & 2 & 1 & 0 \\ 0 & 0 & 0 & 0 & 0 & 0 & 0 \end{bmatrix} \tag{9-6-16}$$

做出相应的相关度矩阵图如图 9-6-19 所示。从图上可以看出，其相关度呈山峰状分布，有一个最大值，峰值位置是两幅图像 $\boldsymbol{s}(x,y)$ 和 $\boldsymbol{r}(x,y)$ 完全重合的位置。因此在计算出两幅图像的相关度矩阵后，即可根据其主峰找出它们的配准点。

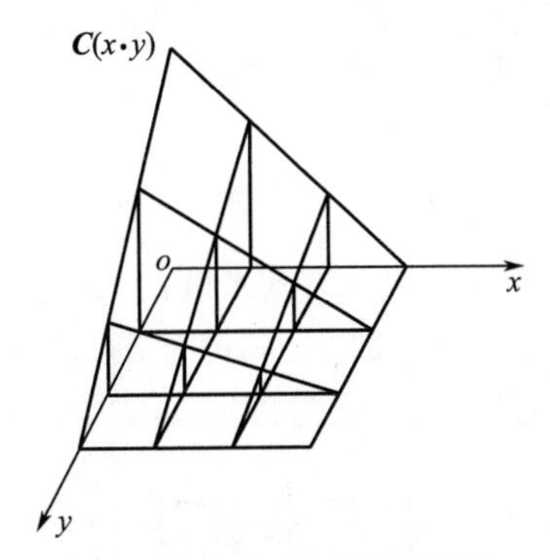

图 9-6-19　相关度矩阵图

相关跟踪既可以用于对地面固定目标的跟踪，也可以用于对动目标的跟踪。在巡航导弹的图像匹配制导中，可以使用在不同条件下摄取的目标图像作为基准图像，和实时图像进行匹配。图像相关法用于对动目标的跟踪可以描述如下：如在某一瞬间对景物摄取的图像为第 k 帧图像 $r_k(x,y)$，当视场中的目标运动时，则在第 $k+1$ 帧图像 $r_{k+1}(x,y)$ 中的目标图像位置必然与第 k 帧图像中的位置有所不同，求取 $r_k(x,y)$、$r_{k+1}(x,y)$ 之间的相关值，即可求出目标的瞬时位移量，以此作为误差信号去控制伺服机构，对目标进行跟踪。利用实时图像的帧帧相关法所求的相关函数是图像本身的自相关函数值。

相关跟踪在红外成像制导中非常重要，特别是在末段，目标的热图像充满导弹位标器视场，其他跟踪方法将不能奏效，而图像相关跟踪，能确保精度而且能选择命中点。其主要特点是目标处于复杂背景中，难以很好地与背景分离时，能有效地自动跟踪目标。

（三）复合跟踪

形心跟踪算法适合于跟踪目标面积比较小、目标/背景对比度比较大的情况，相关跟踪适合于跟踪目标面积比较大、目标区域灰度非均匀的情况。这两种情况在导弹接近目标的过程中是依次出现的，那么，意味着单纯用任一种跟踪算法都不能保证跟踪效果一直良好，复合跟踪算法的出现正好可以解决这个问题。下面给出一种基于自适应波门技术的复合跟踪算法。

1. 自适应波门技术

在相关跟踪过程中，目标大小可能会发生变化，采用固定波门大小显然不合适，波门太大，对跟踪引入了不必要的干扰；波门太小，不能体现出目标的温度分布，易引起失配，所以，必须采用自适应波门技术。波门变换可采用高亮点数原则，波门共分四档，当最小波门时，就切换成形心跟踪算法[29]。

高亮点数求取采用阈值法。阈值 T_s 模型为

$$T_s = \text{MEAN} + F \times \text{STD} \tag{9-6-17}$$

式中，MEAN 为窗口内灰度均值；STD 为窗口内灰度标准方差；F 为实验确定的一个常数。当像素点灰度值大于 T_s 时，认为是高亮点。设 H 为高亮点总数，C_1、C_2、C_3 为实验参数，Count 为满足条件的连续计数。则波门变换准则如图 9-6-20 所示。

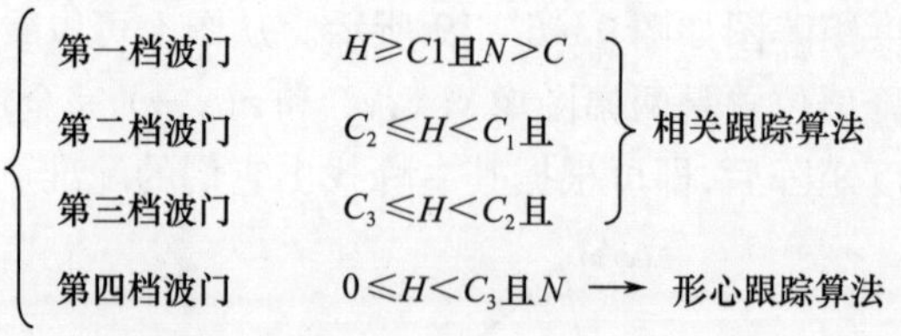

第一档波门 $H \geqslant C1$且$N > C$
第二档波门 $C_2 \leqslant H < C_1$且
第三档波门 $C_3 \leqslant H < C_2$且
第四档波门 $0 \leqslant H < C_3$且N
相关跟踪算法
形心跟踪算法

图 9-6-20 波门变换准则

2. 跟踪算法流程(图 9-6-21)

系统进入跟踪模式后,首先选择跟踪方式及波门大小,接着根据置信度判断是否处于正常跟踪状态,若不正常,则进入波门放大、局部分割、再次跟踪目标流程,若连续 K 帧(比如:$K=25$)没能再次跟踪上目标,则认为目标真的丢了,进入全视场搜索、识别阶段。

接收图像数据
$H < C_3$且$N > C$
是
否
合适
形心跟踪算法
相关跟踪算法
计算目标置信度
置信度大于0.6
是
计算目标中心偏差
否
局部分割
否
连续帧数大于K
是
重新搜索

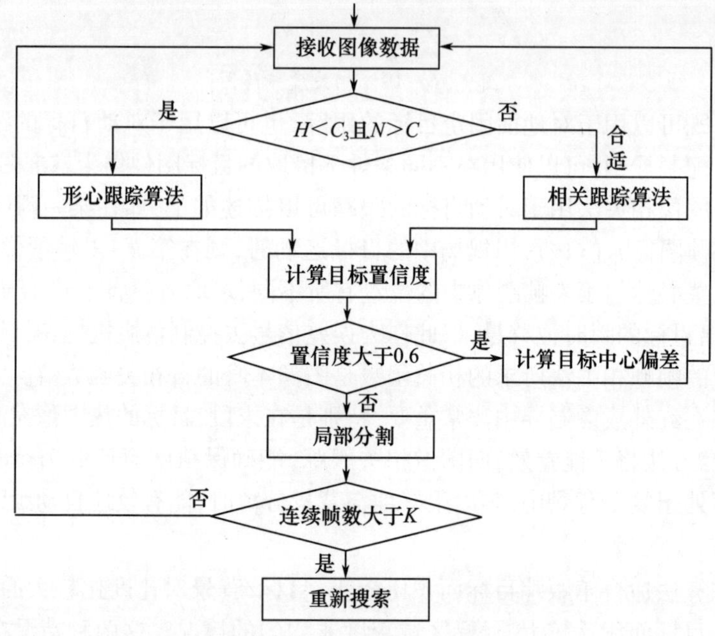

图 9-6-21 跟踪算法流程

置信度的判断采用置信度因子算法。在跟踪过程中,由于目标的面积,亮度和位置在正常情况下是渐变的,不可能发生突变,所以选用区域面积 A,平均亮度 L 以及目标位置差 d 来定义置信度因子。

区域面积置信度:

$$\omega_A = \begin{cases} 1 - |A_k - A_0|/A_0 \cdot \beta & (|A_k - A_0|/A_0 \cdot \beta < 1) \\ 0 & (|A_k - A_0|/A_0 \cdot \beta \geqslant 1) \end{cases} \tag{9-6-18}$$

区域亮度置信度:

$$\omega_L = \begin{cases} 1 - |L_k - L_0|/L_0 \cdot \beta & (|L_k - L_0|/L_0 \cdot \beta < 1) \\ 0 & (|L_k - L_0|/L_0 \cdot \beta \geqslant 1) \end{cases} \tag{9-6-19}$$

目标位置差置信度:

$$\omega_D = \begin{cases} 1 - d/d_0 & (d/d_0 < 1) \\ 0 & (d/d_0 \geqslant 1) \end{cases} \tag{9-6-20}$$

式中，A_0、L_0 分别为跟踪目标的面积和平均亮度；A_k、L_k、d 分别为当前场目标区域的面积，平均亮度和目标位置差；β、d_0 为常数。

综上，置信度因子为

$$\omega = \sqrt{\omega_A \cdot \omega_L \cdot \omega_D} \tag{9-6-21}$$

在正常情况下，跟踪算法能够稳定跟踪运动目标。当有遮挡物出现干扰跟踪时，该如何处理呢？可采用局部分割技术，用式(9－6－17)对波门放大后区域进行分割，重新定位跟踪点，在得到新跟踪点之前，保持目标指向器定位在原跟踪点。实质上，局部分割技术相当于在跟踪转搜索过程中加了一个过渡阶段。

（四） 记忆跟踪

记忆跟踪是指跟踪系统在突然丢失目标时，靠波门的预测数据进行的一种跟踪方式。而波门的预测数据通常来源于两路，一路是来自整个系统的提供，适用于非稳定跟踪情况；另一路则是由 CCD 电视系统输出的前一帧或前几帧位置数据用外推的方法求得，这种预测数据跟踪方法适用于稳定跟踪情况。

设采用五点二次多项式滤波器，可在本帧预测下一帧的目标位置值。其算法为

$$\begin{cases} A_j = \dfrac{1}{10}(-4A_{j-5} - A_{j-4} + 2A_{j-3} + 5A_{j-2} + 8A_{j-1}) \\ E_j = \dfrac{1}{10}(-4E_{j-5} - E_{j-4} + 2E_{j-3} + 5E_{j-2} + 8E_{j-1}) \end{cases} \tag{9-6-22}$$

式中，A_j为目标方位位置值；E_j为目标俯仰位置值。

可见，这种图像目标跟踪的外推算法较为简单，但这种外推算法却既能快速平滑随机噪声，又能适应较强的机动性目标的跟踪。

第七节　光电火控系统原理

光电火控系统是控制武器跟踪瞄准和攻击目标的光电装备的总称。它用于火炮、火箭和战术导弹等武器对目标进行搜索、跟踪和瞄准，并控制武器对目标实施攻击。通常由观瞄装置、测距和测角装置、火控计算机和显示装置等主要部分组成，观瞄装置包括普通光学观测仪器、电视摄像机、红外热像仪和微光夜视仪等，用于观测和瞄准目标；测距和测角装置采用光学测距仪、激光测距仪和红外、电视跟踪测角器等，测定目标的坐标；火控计算机用于快速计算火控数据，控制武器系统自动跟踪、瞄准和发射；显示装置用于显示目标的图像和数据。光电火控系统各部分及其与被控武器之间，由各种随动装置、信息传输设备组成统一的整体。现代光电火控系统观测距离远、精度和自动化程度高，使武器系统的作战效能大为提高。

一、基本原理

舰用光电火控系统一般由两大部分组成：一是置于舰艇较高部位的光电跟踪座，其上装有红外、电视、激光等光电传感器构成的光电跟踪头，二是置于舱内的显控设备。舰用光电火控系统主要的设备是电视跟踪器、红外跟踪器和激光测距仪这三种光电传感器，还有随动系统、显控台、跟踪座等。

现有的光电跟踪头采用封闭结构,即把传感器密封在开有窗口的球形罩内,这样可减少风的阻力,抗干扰、抗腐蚀性能好。出于同样目的,跟踪头也有采用圆柱形、潜望式结构等多种形式。

舰用光电火控系统工作时需要有舰载搜索雷达或红外监视设备或其他外围设备提供的目标指示。光电跟踪设备可根据环境特点选用最佳传感器,在能见度好的白天或黄昏可选用电视跟踪器。一般情况下应优先选用电视跟踪器。只有在电视跟踪不起作用时才使用红外跟踪器,有时为了便于比较,同时启用两种跟踪设备,由光电跟踪设备测出的目标坐标数据实时输给中心计算机,中心计算机根据目标坐标数据以及气象数据等,自动解算出武器射击诸元,并通过武器随动系统带动武器转动,控制武器射击。操作手还可通过电视或红外监视屏观察弹着分布,随时由计算机修正弹着偏差,从而获得最佳射击效果。

(一) 电视跟踪器

舰用电视跟踪器通常用作雷达辅助设备,必要时可以独立工作,尤其是在雷达受到干扰或出现多路径效应不能工作时。如果需要改变攻击目标,电视跟踪器还可以自动转换跟踪另一个目标。在舰载反导系统中,尤其是在对付掠海导弹的近程舰载反导系统中,电视跟踪器主要用于探测、监视、识别空中及水面目标;跟踪目标,提供目标俯仰、方位信息;对射击弹着点进行评定和校正;实现多目标跟踪、识别和提取等。

电视跟踪技术是光、机、电等技术的综合应用。对于电视跟踪器的性能,要求系统作用距离要尽可能地远,跟踪精度尽可能地高,响应速度要快,动态范围要宽,而体积要小,质量要轻。由于电视跟踪器工作于可见光波段,其性能与目标的照度、大小辐射特性、与电视摄像机的光学性能、目标与背景的对比度及气象条件有着密切关系。在电视跟踪器所有性能参数中,主要有两个:一是跟踪距离,与雷达相比,电视跟踪距离较近,对掠海导弹仅数 km 到十多千米,不过在近程反导系统中已能满足使用要求;二是跟踪精度,现有水平一般可达 0.2mrad,这远远优于雷达跟踪精度。

电视跟踪器主要由电视摄像机、测偏器组成,此外还有电视显示器、控制台、电源等如图 9-7-1 所示。由于目标与背景存在着亮度差,电视跟踪器就是利用这种差异识别出目标。电视跟踪器工作时,先使用电视摄像机捕捉目标,目标的光信号由电视摄像机转换电信号,该信号经放大,与同步电压和十字线混合,形成视频信号,一方面送给测偏器,以便计算自动跟踪所需的电压,驱动随动系统,使目标始终保持在跟踪窗内,从而实现对目标的自动跟踪。另一方面送给显控台,以便显示被观察的目标。电视跟踪器一般采用相关跟踪方法进行目标跟踪。

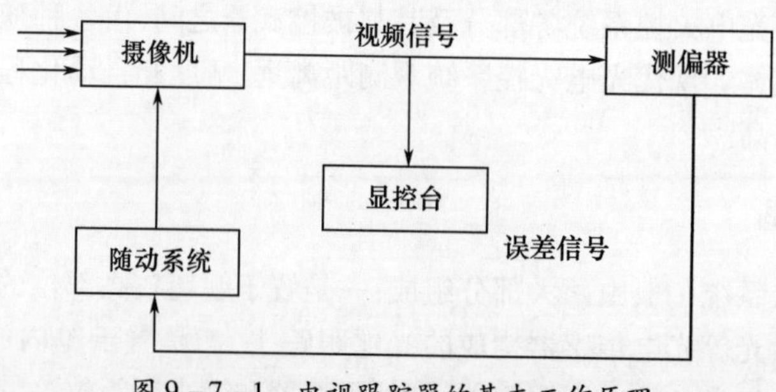

图 9-7-1 电视跟踪器的基本工作原理

（二）红外跟踪器

红外跟踪器由望远镜系统、测偏器、红外跟踪显示器、随动系统、控制部分组成。望远镜系统是用来接收所探测目标发出的红外信号,给出视频信号。它主要由聚焦光学系统、扫描系统、红外探测器、小型制冷器、前置放大器和功率放大器等组成。红外跟踪显示器显示红外跟踪信号的变化。

红外跟踪器跟踪目标的方式主要有:边缘跟踪和相关跟踪。在边缘跟踪中,跟踪器跟踪目标某一边缘,这种跟踪方式适合于对特大目标的跟踪;在相关跟踪中,跟踪器根据视频信号产生跟踪窗,实现对目标的连续跟踪。舰载综合探测系统工作时,一般先由雷达提供目标概略位置,雷达受干扰或不便使用时,就自动选用红外跟踪器或电视跟踪器。

二、性能特点

现代海战中,导弹或飞机低空和超低空攻击是对水面舰艇最严重的威胁之一。雷达作为舰载武器系统中的主要探测设备,虽具有覆盖空域大、搜索速度快、探测距离远、全天候工作能力等优点,但在探测低空掠海飞行目标时存在易受电磁和多路效应干扰等缺点,而光电探测系统,由于工作波长较短,不存在上述问题,因此,在探测低空掠海目标时,起到越来越大的作用。由多种光电传感器等构成的舰用光电火控系统的主要优点是:

（1）对低空掠海目标探测、跟踪性能好;

（2）抗电磁干扰、海面杂波干扰能力强;

（3）隐蔽性好;

（4）系统反应时间短,一般仅5~6s;

（5）视频图像直观,识别方便。

本章小结

本章在对光电跟踪系统概述的基础上,主要详细阐述了用于光电制导的跟踪系统和用于光电火控的跟踪系统,即半主动激光制导、红外点源制导、四元红外制导、玫瑰扫描亚成像制导、成像制导和光电火控系统的基本原理,这是理解和掌握光电跟踪系统的关键。

复习思考题

1. 列举对光电跟踪系统的主要性能要求。
2. 解释制导系统、制导体制和制导方式。
3. 概括激光半主动制导的一般过程。
4. 解释调制盘的滤波和测向原理。
5. 与红外点源制导相比,四元红外制导的主要优点有哪些?
6. 画出玫瑰扫描的图形并说明其特点。
7. 概括常见图像分割方法的特点及其适用图像。
8. 解释矩心跟踪、边缘跟踪和相关跟踪的基本原理。
9. 视频图像处理器中每个模块的含义。
10. 矩心跟踪、边缘跟踪和相关跟踪的特点有哪些?各适合什么样的目标?为什么通常跟踪系统都要具备多种跟踪手段?

第十章 光电搜索系统

光电搜索系统是以确定的规律对一定空域进行扫描，通过探测目标光辐射来确定目标方位或跟踪目标的光电系统。搜索系统的扫描运动与红外热像仪中的扫描系统完全相同，都是按照预定的规律，通过执行机构驱动系统的瞬时视场对空间进行扫描，以探测目标。但两者功能有所不同，对红外热像仪，瞬时视场较小，通过扫描实现大视场成像；对搜索系统，瞬时视场较大，通过扫描粗略地测定目标的方位。

根据系统是否主动发射光信号照射目标来进行分类，光电搜索系统可以分为主动式光电搜索系统和被动式光电搜索系统；按照系统所搜索空域的大小进行分类，光电搜索系统又可以分为有限空域光电搜索系统和全方位光电搜索系统。例如，装于导弹或飞机前方的红外导引头就是一种被动式有限空域光电搜索系统；红外警戒系统是一种被动式全方位光电搜索系统；激光雷达则是一种主动式光电搜索系统，激光雷达一般只对有限空域进行搜索，也有全方位搜索激光雷达[30]。有限空域光电搜索系统和全方位光电搜索系统在结构组成、扫描图形的产生以及信号处理等方面都有较大的差异，本章将分别讲述这两类搜索系统的有关问题。

第一节 有限空域光电搜索系统

有限空域光电搜索系统只对一定空域中的目标进行探测，它经常与跟踪系统组合在一起而成为搜索跟踪系统，一般装于导弹或飞机前方，构成红外导引头或目标方位仪。其中，搜索系统使位标器瞬时视场扫描导弹或飞机前方一定的空域，搜索过程中发现目标后，给出一定形式的信号，很快地使系统由搜索状态转换成跟踪状态。

一、基本原理

有限空域光电搜索系统的基本组成是搜索信号产生器和随动系统，图 10－1－1 所示为搜索指令为直角坐标信号的两回路光电搜索系统原理图。由于系统需对一定的空间进行搜索，故其搜索指令分为方位和俯仰两路信号传输给系统；执行机构为力矩电机，也分为方位和俯仰两个执行机构，分别控制活动反射镜在方位和俯仰两个方向的运动；两个测角电位器组成了测角机构；搜索信号产生器发出搜索指令，经放大器放大后，送到执行机构，执行机构带动方位探测系统进行扫描；测角元件输出与执行机构转角成比例的信号，该信号与搜索指令相比较，比较后的差值经放大后又去控制执行机构运动，因此，执行机构的运动规律跟随着搜索指令的变化规律，当搜索系统是一个理想的伺服系统时，执行机构的运动规律就完全复现搜索指令的变化规律。

图 10－1－2 为一般光电搜索跟踪装置原理图，其中虚线方框内为搜索系统，点画线

方框内为跟踪系统。搜索系统由搜索信号发生器、状态转换机构、放大器、测角机构和执行机构组成。跟踪系统由方位探测器、信号处理器、状态转换机构，放大器和执行机构组成，图中的方位探测器和信号处理器一起组成方位探测系统，该方位探测系统可以是调制盘系统、十字叉系统或成像系统。

状态转换机构最初处于搜索状态，搜索过程中发现目标以后，再给出一定形式的信号，使系统由搜索状态转换成跟踪状态，同时使搜索信号产生器停止发出搜索指令（或转而发出小范围搜索指令），这时，目标信号经放大处理后，使执行机构动作，驱动位标器或扫描部件跟踪目标。搜索系统与跟踪系统都是伺服系统，区别在于两者的输入信号不同，前者输入的是预先给定的搜索指令，后者输入的是目标的方位误差信息。

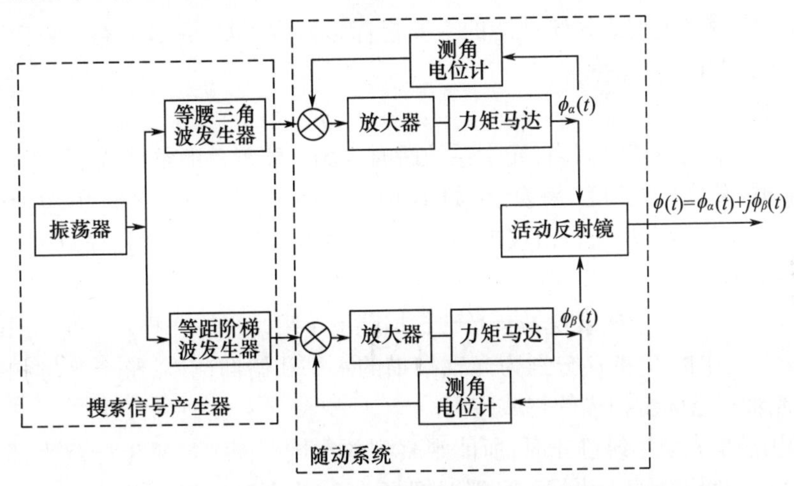

图 10-1-1　直角坐标信号的两回路光电搜索系统原理图

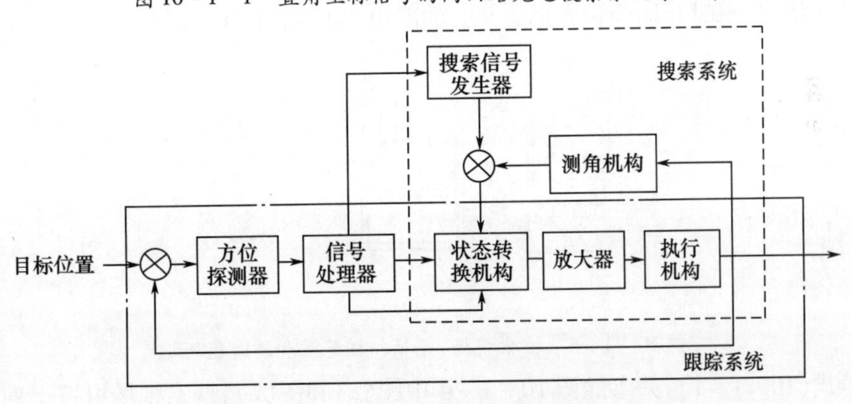

图 10-1-2　一般光电搜索跟踪装置原理图

搜索指令为直角坐标信号的搜索系统由两个回路组成，方位和俯仰回路的结构组成完全相同，但回路参数有所不同。当搜索指令为极坐标信号时，可只用一个三自由度跟踪陀螺作为执行机构，此时的搜索系统组成情况可如图 10-1-3 所示，当系统工作在搜索状态时，相当于在 * 处断开一样，由搜索信号产生器产生的搜索指令控制位标器的运动。执行机构可以驱动整个位标器对空间搜索（图 10-1-2），也可以驱动方位探测系统头部中的扫描部件（如图 10-1-1 中的活动反射镜）对空间进行搜索。

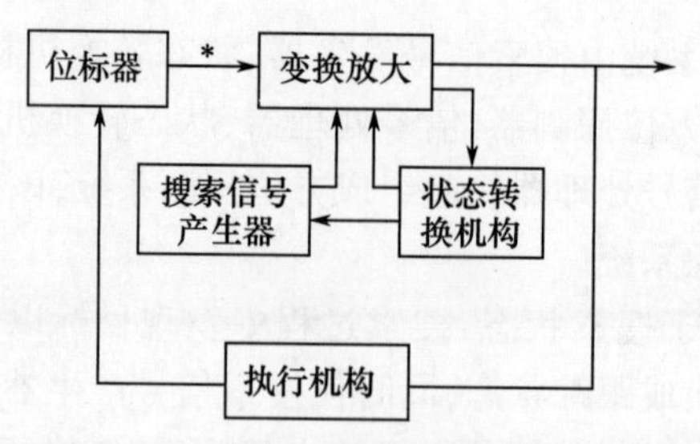

图 10-1-3　极坐标信号搜索系统框图

二、性能参数

衡量有限空域光电搜索系统性能的主要指标是搜索视场、重叠系数、搜索角速度、虚警概率、虚警时间和探测概率等。

1. 搜索视场

搜索视场是指在一帧时间内，光学系统瞬时视场所能覆盖的空域范围，这个范围通常用方位和俯仰的角度（或弧度）来表示，如图 10-1-4 中的 $A\times B$，A 为方位搜索视场，B 为俯仰搜索视场，搜索视场通常由仪器的总体要求决定，等于光轴的扫描范围与光学系统瞬时视场之和，即

$$\text{搜索视场} = \text{光轴扫描范围} + \text{瞬时视场} \tag{10-1-1}$$

图 10-1-4 中的 C 和 D 分别为光轴扫描的水平和俯仰范围，整个光轴扫描范围为 $C\times D$，它是光轴在空间所扫描的空域范围。

瞬时视场是指光学系统静止时，所能观察到的空域范围。如果位标器为调制盘系统或十字叉系统，则瞬时视场为圆形，令瞬时视场为 $2r$，如图 10-1-4 中(a)所示，若位标器为扫描系统，其瞬时视场为长方形 $\alpha\times\beta$，如图 10-1-4 中(b)所示。

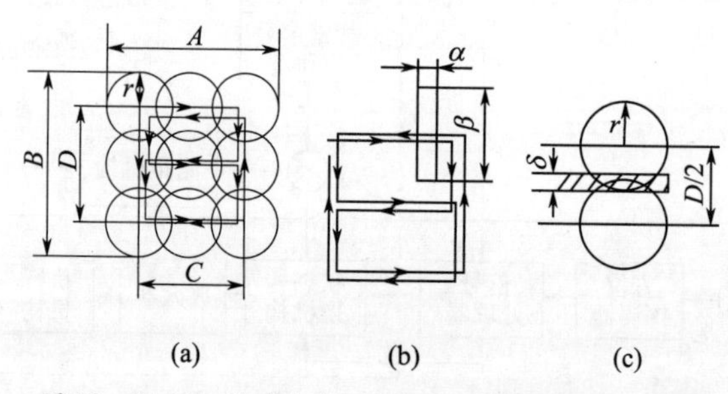

图 10-1-4　搜索视场、光轴扫描范围和瞬时视场

根据式(10-1-1)，并参照图 10-1-4 中图(a)和图(b)，搜索视场可按下列方法进行计算。

对于圆形瞬时视场

$$\begin{cases} A = C + 2r \\ B = D + 2r \end{cases} \tag{10-1-2}$$

对于长方形瞬时视场

$$\begin{cases} A = C + \alpha \\ B = D + \beta \end{cases} \tag{10-1-3}$$

对于长方形瞬时视场还可以表示成为

$$A \times B = M\alpha \times N\beta \tag{10-1-4}$$

式中,M、N 分别为扫描的列数和行数。

与搜索视场和瞬时视场相关,还有两个视场概念。捕获视场是指在这个角度范围内可以捕捉到目标;跟踪视场是指在这个角度范围内可以对目标进行跟踪。上述四个视场之间的关系描述如下。

(1) 在搜索视场内,当目标的可探测能量足够大时均可被捕获。因此,有搜索机构的红外装置的捕获场小于或等于其搜索场,而无搜索机构的红外装置,其捕获场小于或等于瞬时视场。

(2) 跟踪视场小于或等于捕获视场,也小于或等于瞬时视场。因为搜索一帧的时间往往是严格的,在搜索角速度受到限制不能太大的情况下,搜索视场也就不可能太大。目标距离越远则可探测能量越小。所以目标距离越远,则捕获视场越小。若系统先搜索然后再转入跟踪,则是否能捕获目标属于截获问题。跟踪视场的大小应一方面从跟踪精度考虑满足所需要的输出信号,另一方面又应考虑限制背景及其他干扰源的影响不能太大。瞬时视场主要考虑减小背景干扰影响、目标的滞留时间和空间分辨率的要求。

(3) 激光、红外、电视三者捕获视场是不同的,其中电视捕获视场通常最大,其次是红外,最小跟踪视场是激光,因此,激光跟踪精确度也最高(图 10-1-5)。

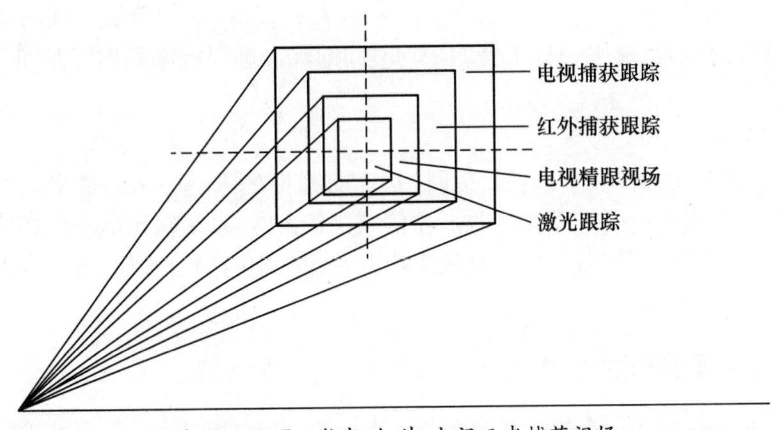

图 10-1-5 激光、红外、电视三者捕获视场

2. 重叠系数

为防止在搜索视场内出现漏扫的空域,确保在搜索视场内能有效地探测目标,相邻两行瞬时视场要有适当的重叠,重叠系效是指在搜索时,相邻两行瞬时视场的重叠部分(δ)与瞬时视场($2r$)之比,即

$$k = \frac{\delta}{2r} \tag{10-1-5a}$$

式中,k 为重叠系数,如图 10-1-4(c)所示,显然,对长方形瞬时视场系统来说,重叠系数为

$$k = \delta/\beta \tag{10-1-5b}$$

对于调制盘系统来说,目标从瞬时视场的边缘扫过与从中心扫过相比,从边缘扫过时目标在瞬时视场内的驻留时间短,所产生的目标信号形式与中心不同,这就可能造成系统对处于边缘的目标发现概率低,为满足一定的发现概率要求,这类系统的重叠系数可相应

取得大些，长条形瞬时视场，边缘与中心的驻留时间相等，信号形式相同，因此，边缘与中心的发现概率相同，这类系统的重叠系数便可取小些。可见，重叠系数的选择，是与扫描过程中瞬时视场各处发现概率的均匀程度有关的。

3. 搜索角速度

搜索角速度是指在搜索过程中，光轴在方位方向上每秒钟转过的角度。通常是根据目标相对于搜索系统的速度、探测方向（尾追、迎攻或拦截）及作用距离等因素，提出搜索一帧所用的时间 T_{f_v}，然后根据扫描图形、光轴扫描范围的大小及帧时间 T_f，求出搜索角速度。

搜索过程中，扫描图形帧扫方向上的行与行之间的转换时间很短，在忽略行与行之间转换所用的时间时，则帧时间 T_f 基本上全部进行行扫描，此时扫描角速度可近似地表示如下：

$$\omega_s = \frac{C}{T_f/N} \tag{10-1-6}$$

式中，C 为光轴水平扫描范围；T_f 为帧时间；N 为扫描图形的行数；ω_s 为搜索角速度。在光轴扫描范围为定值的情况下，搜索角速度越高，帧时间就越短，就越容易发现搜索空域内的目标；但搜索角速度太高，又会造成截获目标困难。

4. 虚警概率与虚警时间

如果搜索视场内本来没有目标而系统却误认为有目标，这种错误出现的概率称为虚警概率。虚警时间是指发生一次虚警的平均时间间隔。虚警概率和虚警时间都与噪声密切相关。

5. 探测概率

探测概率是在搜索视场中出现目标时，系统能够将它探测出来的概率。由于目标出现，故它的信号与噪声一同被系统接收。在信噪比较大时，系统输出电压的幅值分布近于高斯函数，一般情况下，已知信号幅值、噪声均方差和确定门限电平后，可由正态分布函数表查得探测概率值。

三、搜索信号的形式及产生

（一） 搜索信号的形式

搜索信号产生器用来产生搜索信号，搜索信号的形式取决于光轴扫描图形的形式。根据已经确定的搜索视场，又考虑到光学系统的瞬时视场大小和一定的重叠系数，就可确定光轴应扫几行。原则是在一个搜索周期内，整个搜索视场中不出现漏扫区域。当搜索视场大小要求一定时，如果瞬时视场较大，则扫描行数可以少些，如图 10-1-6(a)所示，如果瞬时视场较小，则要增加扫描行数，如图 10-1-6(b)所示，此时若不增加扫描行数，就会出现漏扫的空域，如图 10-1-6(c)所示。

扫描的行数确定以后，就可以进一步确定采用什么样的扫描图形，例如扫三行的图形可以有双 8 字形和 8 字形，如图 10-1-7(a)和(b)所示，扫四行的图形可以是凹字形，如图 10-1-7(c)所示，双 8 字和 8 字形虽然都能产生三行扫描线，但实际的扫描效果是不完全相同的。双 8 字形是每帧扫两场，每一行都重复扫两次，搜索视场边缘和中心的扫描机会是相等的。8 字形图案每帧只扫一场，但中心一行重复扫两次，搜索视场中心扫描的机会多于上下两边。因此，用于要求中间扫描特别仔细的情况下，采用 8 字形是合适的。

在搜索视场大小相同,帧时间要求相同的情况下,双8字形比8字形的搜索角速度大,当需要系统有较好的截获性能时,采用双8字图形是有利的。

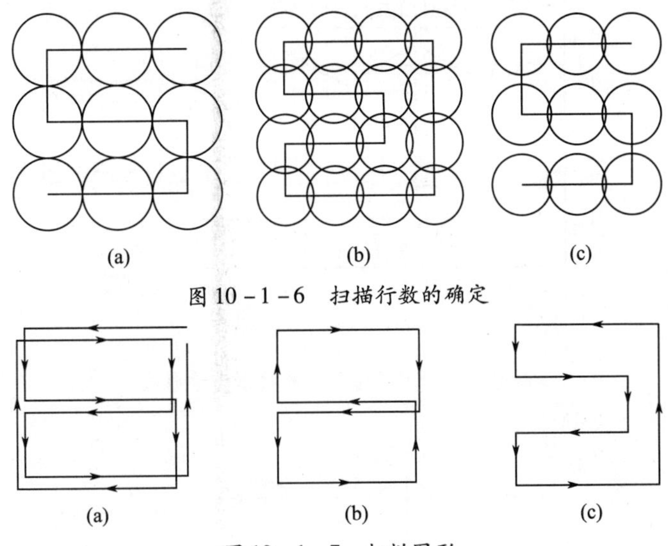

图10-1-6　扫描行数的确定

图10-1-7　扫描图形

搜索信号的形式应根据光轴扫描图形要求确定。若形成图10-1-7所示的几种扫描图形,则要求光轴在行方向的扫描为匀角速度运动,行与行之间的转换为跳跃式的运动。从搜索回路的传递函数分析可知,它属于一阶无静差系统,当输入电压u为阶跃函数时,输出角度,也跟随输入电压u跃变一个相应的角度值,且无稳态误差;当输入电压u为斜坡函数($u=ct$,c为比例常数)时,输出角速度为一常值,即输出角度φ随时间t的变化呈线性关系,但有稳态误差,通过选择系统的开环放大系数,可使此误差影响较小。可见,给搜索系统加上不同形式的信号电压(阶跃、斜坡),光轴就有不同的运动方式(跳跃或匀角速度)。通过控制输入电压的幅值和变化周期以及选择一定的回路参数,就可限制光轴的运动范围,因此,对于分为两通道(方位、俯仰)进行控制的搜索系统,其方位搜索信号为等腰三角波(即斜坡电压),俯仰搜索信号为等距阶梯波(即阶跃电压),使三角波和阶梯波的频率满足不同的对应关系,便可得到不同的扫描图形。

1. 连续N行扫描图形

连续N行扫描的搜索信号形式如图10-1-8所示。图中所示的搜索信号,使光轴在每一行上正扫、回扫各扫一次,即每行重复扫两次;方位搜索信号u_α变化N个周期、俯仰搜索信号u_β变化一个周期为一完整的帧,因此两者频率关系为

$$f_\beta = \frac{1}{N}f_\alpha \tag{10-1-7}$$

式中,f_α和f_β分别为方位和俯仰搜索信号,频率N为扫描行数。

2. 8字形扫描图形

图10-1-9所示为8字形搜索信号,正扫、回扫共四行为一完整的帧,其频率对应关系为

$$f_\beta = \frac{1}{2}f_\alpha \tag{10-1-8}$$

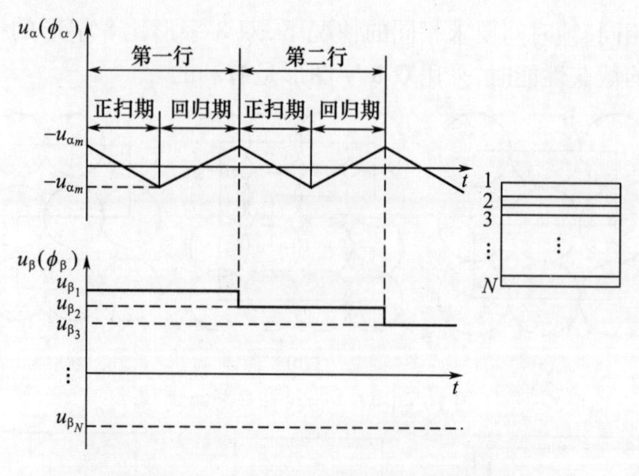

图 10－1－8　N 形扫描的搜索信号形式

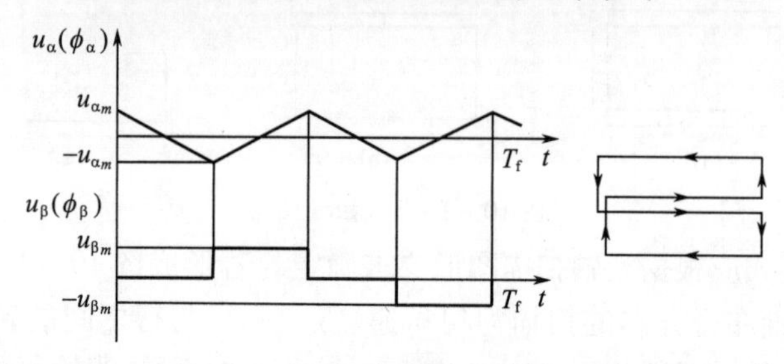

图 10－1－9　8 字形扫描信号的形式

3. 凹字扫描图形

图 10－1－10 为产生凹字图形的搜索信号。正扫、回扫共四行为一完整的帧，其频率关系与 8 字形扫描的一致。

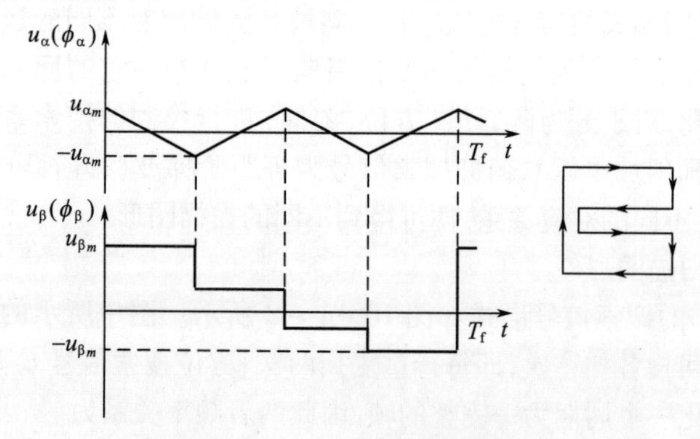

图 10－1－10　凹字形扫描信号形式

由以上分析可见，通过适当选择方位搜索信号频率与俯仰搜索信号频率的对应关系，以及通过设计搜索信号波形形式，特别是设计不同的俯仰阶梯波的形式，便可以得到不同形式的扫描图形；反过来，根据所要求的扫描图形，就可以求出相应的搜索信号的形式，通常是每帧内方位三角波的周期数等于扫描图形行数之半，每帧俯仰阶梯波的阶梯数目等于扫描图形俯仰跳跃的次数。

（二）搜索信号产生器

搜索信号产生器基本上可以分为两种形式，即电子式和机电式，其中电子式适用于两通道搜索系统,可以用来产生各种扫描图形,使用方便、灵活而且体积小。此处主要介绍电子式搜索信号产生器。

电子式搜索信号产生器,完全采用电路的方式产生方位和俯仰搜索信号。图10-1-11为一个产生搜索信号的电路原理图,它由振荡器、等腰三角波发生器和等距阶梯波发生组成,方位搜索信号和俯仰搜索信号的波形如图10-1-12所示。

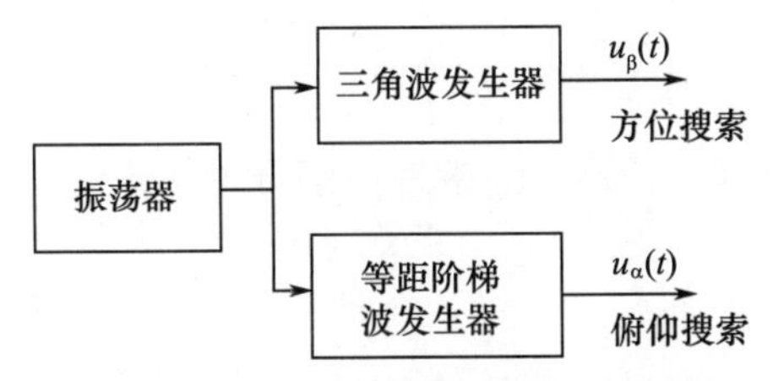

图10-1-11 电子式搜索信号电路框图

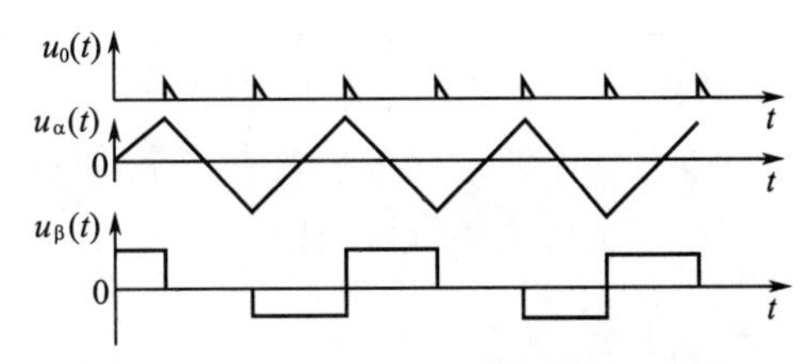

图10-1-12 方位和俯视信号波形图

振荡器产生一个触发脉冲信号 $u_0(t)$,分别触发等腰三角波发生器和等距阶梯波发生器,以产生方位搜索信号 $u_\alpha(t)$ 和俯仰搜索信号 $u_\beta(t)$。如果随动系统是理想的,则光轴在空间的运动完全与 $u_\alpha(t)$ 和 $u_\beta(t)$ 的特征一致,$u_\alpha(t)$ 和 $u_\beta(t)$ 合成的图形即为光轴扫描图形,如图10-1-13所示,由图可以看出,触发脉冲的周期对应于光轴扫描一行所用的时间,将构成双8字扫描图形,其方位、俯仰搜索信号频率有以下关系:

$$f_\beta = \frac{2}{3}f_\alpha \tag{10-1-9}$$

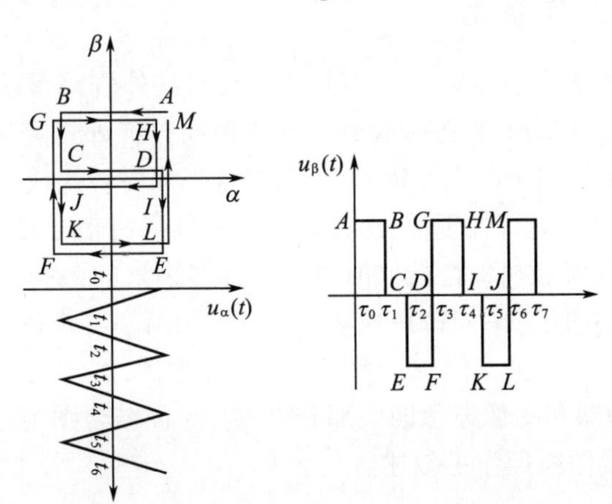

图10-1-13 搜索信号与合成的扫描图形

第二节 红外告警系统

全方位搜索系统的方位扫描范围达360°,俯仰扫描范围从几度到几十度不等,被动式全方位红外搜索系统通常称为红外警戒系统或红外告警系统。红外告警通过红外探测头探测飞机、导弹、炸弹或炮弹等目标本身的红外辐射或该目标反射其他红外源的辐射,并根据测得数据和预定的判断准则发现和识别来袭的威胁目标,确定其方位并及时告警,以采取有效的对抗措施。

红外告警的技术特点主要包括:

（1）被动工作方式，探测飞机、导弹等红外辐射源的辐射，不受反辐射导弹的威胁；

（2）由于采用隐蔽工作方式，因此不易被敌方光电探测设备发现，给敌方的干扰造成困难，同时有利于平台隐身作战；

（3）无镜像效应，能提供精度高的角度信息（0.1～1mrad）；

（4）具有探测和识别多目标的能力和边搜索、边跟踪、边处理的能力；

（5）除告警作用外，还可以完成侦察、监视、跟踪、搜索等功能，也可以与火控系统连用，为其指示目标或提供其他信息[31]。

红外告警系统的任务主要有三个：导弹发射侦察告警、导弹接近侦察告警和辐射源定位。本小节主要论述告警问题。

一、分类

红外告警按其工作方式可分为两类，即扫描型和凝视型。扫描型的红外探测器采用线列器件，靠光机扫描装置对特定空间进行扫描，以发现目标。凝视型采用红外焦平面阵列器件，通过光学系统直接搜索特定空间。

红外告警按其探测波段可分为中波告警和长波告警以及多波段复合告警，中波一般指3～5 μm的红外波段，长波指8～14 μm的红外波段。

红外侦察告警设备还可以按其装载平台分为机载、舰载和车载三类。

二、基本组成和工作原理

红外告警是实施红外对抗的基础。不同的平台对红外告警系统的要求有所不同，信号处理方法也不一致，但其原理及基本工作方法相同。红外告警系统的基本组成由图10－2－1所示，光学系统用于收集光辐射，探测器将光辐射转换成电信号，信号处理单元的任务是对探测所得信息进行处理，输出控制单元的任务将信号处理结果进行图像显示或启动对抗措施。告警接收机的性能同时也受到许多因素的限制，如平台往往限制告警系统的实际尺寸和质量，使它诸如警戒视场、灵敏度、刷新率等指标受到限制，图10－2－2是一种典型的舰艇用红外全方位告警系统的结构原理图，其主要由光学扫描聚光系统、探测器阵列、信号处理器和图像显示四大部分组成。下面结合图10－2－1和图10－2－2对红外告警系统的工作原理作一叙述。

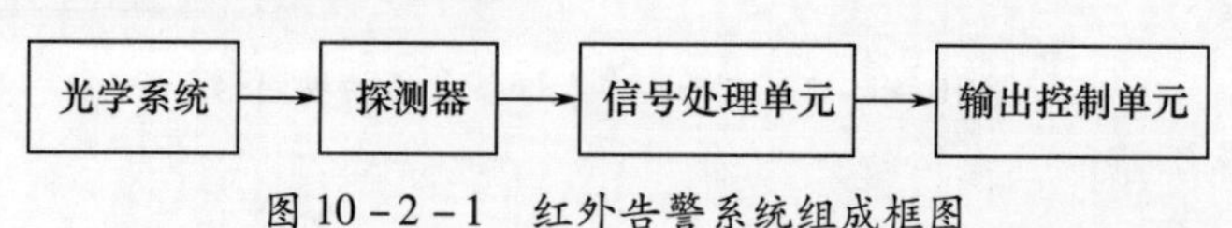

图10－2－1　红外告警系统组成框图

一般来说红外侦察告警系统由告警单元、信号处理单元和显示控制单元构成。在告警单元中有整流罩、光学系统、光机扫描系统、制冷器、红外探测器和部分信号预处理电路，完成对整个视场空域的搜索和对目标的探测，并通过红外探测器将目标的红外辐射转换为电信号，经预处理后输出给信号处理单元，信号处理单元一般将信号放大到一定程度后，模数转换为数字信号，再采用数字信号处理方法，进一步提取和识别威胁目标，并输出威胁目标的方位角、俯仰角和告警信息，这些信息一方面直接给显示及控制单元，另一方面为其他系统提供信息。

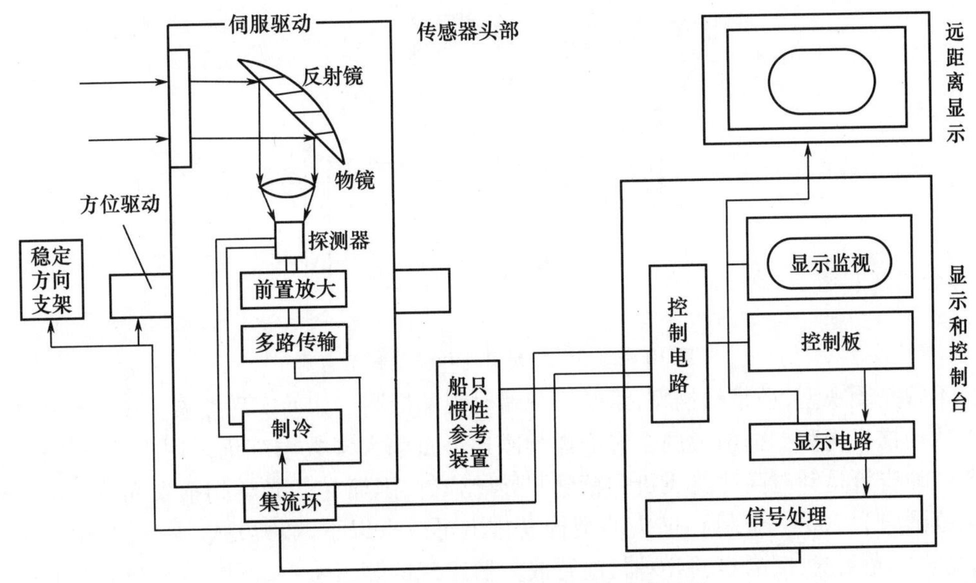

图 10－2－2　一种舰船用的红外告警系统

在图 10－2－2 中，稳定平台主要用于消除舰艇摇摆的影响，使承载的扫描头的安装平面稳定在大地水平面内。电子机柜主要担负提供系统正常工作的电源及备件等。显示和控制台（显控台）是舰艇操作人员对设备控制的主要平台，并显示目标图像。显控台的操控组合主要包括触摸屏键盘、表页显示器、操纵杆及跟踪球。表页显示器是用来显示跟踪目标数据信息；操纵杆用来控制扫描头俯仰角度的调整；跟踪球用来控制鼠标在显示器上的移动和局部放大图像区域选定以及人工干预的有关操作等；触摸屏键盘主要用于设备参数的设置及操作命令的输入，实现人机对话。

（一）光学系统

光学系统与所用的探测器阵列有很大关系。

1. 扫描型红外侦察告警

系统采用线列红外探测器，在光学系统焦平面上，线列探测器的光敏面对应一定的空间视场。在空间视场 A 内的红外辐射能量将汇聚在探测器 A' 单元的光敏面上，当光学系统和探测器一起旋转时，对应的空间视场便在物空间进行扫描，扫描到空间某一特定的目标（一般比背景的红外辐射强）时，探测器光敏面上得到一个光信号，线列探测器将光信号转换为电信号并输出。该信号通过后续处理并与扫描同步信号相关，计算出该目标的相对方位角和俯仰角。扫描过程如图 10－2－3 所示。

2. 凝视型红外侦察告警

系统采用红外焦平面器件，不需要进行机械扫描，便可以使所有的探测器光敏面直接有一个对应的空间视场。

实际上这种焦平面探测器的信号一般都合成为一路信号输出，这样可在帧时内把每个单元的信号全部输出一次，这种合成也可理解为在器件上进行电扫描，对应于物空间也是扫描，因此，扫描型和凝视型从理论上说都是扫描。机械扫描速度较慢，扫描整个视场一次（称一个帧时），帧时在 1～10s；而后者的帧时在 30～几百毫秒。除告警探测器部分的差别以外，二者其他部分的工作原理是相近的。

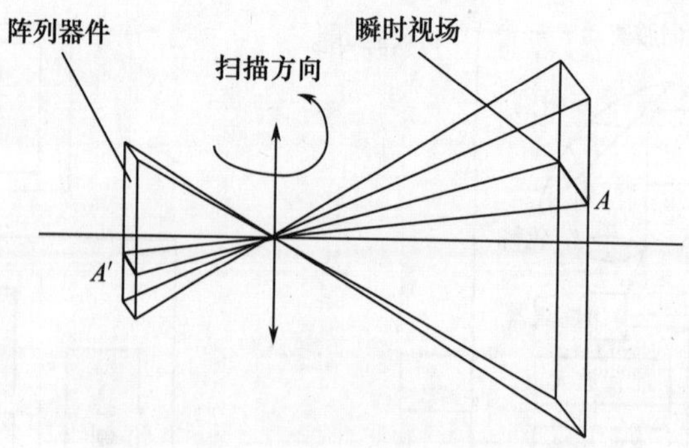

图 10-2-3　阵列器件扫描过程示意图

不管是凝视型,还是扫描型,都是实现瞬时视场探测。如何实现搜索视场的扫描和探测？从扫描机构和扫描图形两个方面进行阐述。目前大多数系统仍采用机械扫描机构。由于红外告警是针对高性能飞机和精确制导导弹的,因而它的光学扫描聚光系统的方位扫描范围应为360°。光机扫描头的结构安排上可以有以下两种方式。一种是由扫描机构、光学聚光系统、探测器、制冷器、前置放大器组成的测量头一起作高速旋转,此时应设置集流环,以便将多路信号传输给信号处理器。另一种结构是采用反射镜组和固定式传感器箱相结合的设计结构,即上部的反射镜组在作高速方位扫描的同时进行俯仰扫描,使入射的光线向下反射,经红外聚光镜成像于红外探测器阵列上。会聚透镜、探测器阵列、制冷器和前置放大器装在旋转头下方的固定传感箱内,此时不需设置集流环,后一种结构轻便灵活,扫描反射镜组可安放在舰船的桅杆等较高位置上以预告海上来袭,或安放在飞机垂直尾翼的顶部及机身下部后方,用于预告尾随来袭的导弹,也可将扫描镜组用三脚架支撑,还可装在备有火炮的战车上。

光学扫描聚光系统就其扫描运动来说,与一般的扫描探测系统和光机扫描摄像头的运动完全相同,即它们都由方位和俯仰两个方向上的扫描机构完成对二维空间的扫描。所不同的是,红外告警系统中用到的扫描范围较宽,方位搜索视场为360°,俯仰搜索视场一般在30°~100°之间。红外告警系统的光机扫描机构,通常用同一块平面镜来完成两个方向上的扫描运动,平面镜每转一圈完成一行扫描后,使平面镜在俯仰方向摆过一个$n\beta$角度(β为单元探测器的俯仰瞬时视场角,n为并扫线列探测器的元数),从而完成行和帧方向的扫描。红外告警系统的扫描图形一般有以下两种形式。

(1) 平行直线形扫描图形。

这种图形是平面镜转过一周扫出一个条带后,在阶梯波俯仰信号的作用下,使摆镜在俯仰方向转过一个条带对应的俯仰角(即$n\beta$角)而形成的,如图10-2-4(a)所示。这种方式的最大缺点是:行与行间的转换需加阶跃信号,由于系统惯性作用,摆镜位置不能突变,需经过一段过渡时间才达到要求的稳态转角,而这段时间内方位方向仍在不停地扫描,这就会使在行与行转换处形成漏扫空域。

(2) 螺旋形扫描图形。

为消除上述扫描方式在行行转换时出现漏扫空域,应使俯仰摆镜扫描过程平滑无突变,通常可采用图10-2-4(b)所示的螺旋形扫描图形。此种图形的形成,要求平面镜的俯仰摆动不是突变跳跃式的,而是连续慢变的转动,而且要使方位方向的平滑连续转动速度与俯仰慢变转动速度间有确定的比例关系,即这个比例关系保证了方位转一圈后,俯仰刚好转过一个条带的角度($n\beta$),这样才能保证系统在搜索空域不漏扫、不重叠。该种扫描机构可采用同步电机平面镜产生方位圆周扫描,同时此电机又通过蜗杆蜗轮的啮合带动凸轮的转动产生往复运动,从而推动平面镜完成俯仰方向上的扫描。

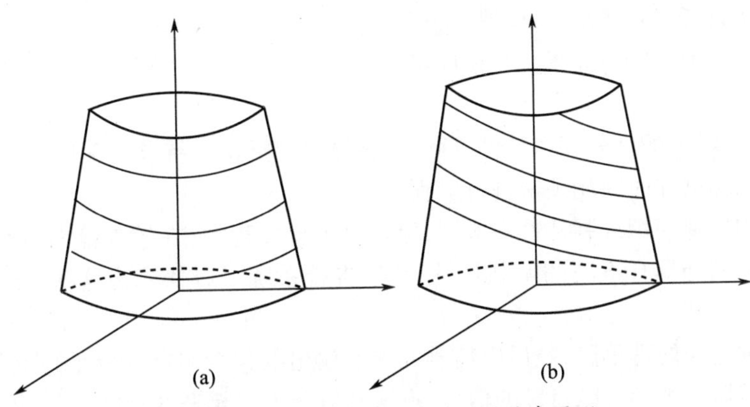

图 10-2-4　全方位警戒系统的搜索图形

(二) 探测器的选择使用

探测器的选择主要由系统工作的谱段、系统灵敏度、分辨率等决定。在可能的情况下,红外告警系统应尽可能工作在多个波段,这样可以鉴别出导弹与其他辐射源,以提高探测概率和降低虚警率。另外,探测器的选择也与成本、系统的复杂程度等密切相关。

为提高系统灵敏度,降低虚警,增大探测距离和增强系统抗干扰能力,目前各国研制的红外告警系统几乎都采用了多元阵列式探测器。由于焦平面阵列探测器的价格昂贵,且信息处理较复杂,故目前各国大多数红外告警仍采用 100 元以上的红外线列探测器,但使用红外焦平面阵列探测器是发展趋势,目前部分国家的红外告警系统已经使用最新的红外全景探测器。

(三) 信号处理器

红外告警系统的信号处理有以下特点:

(1) 数据量高;

(2) 帧频低,全场搜索时间为 5 ~8s;

(3) 目标为强背景辐射下的点源;

(4) 要求高探测率、低虚警率、运行的即时性、可靠性。

根据上述特点,红外告警系统通常采用并行处理、实时空间滤波、点特征增强与自适应阈值比较、多重判别、光谱相关等处理技术。为了压缩数据量,充分发挥硬件处理的快速性与软件处理的灵活性,红外告警系统的信号处理系统常常采用分段处理的结构,如图 10-2-5 所示。前处理器由一个电子学带通滤波器构成,滤波器设计成与目标信号相匹配并使背景源的信号输入减至最小。这些修正的景物信息被送到信号处理器中,信号处理器利用各种不同的判别技术来鉴别目标的像元,然后根据不同的目标采取不同的应对措施,做出是否告警等处理。

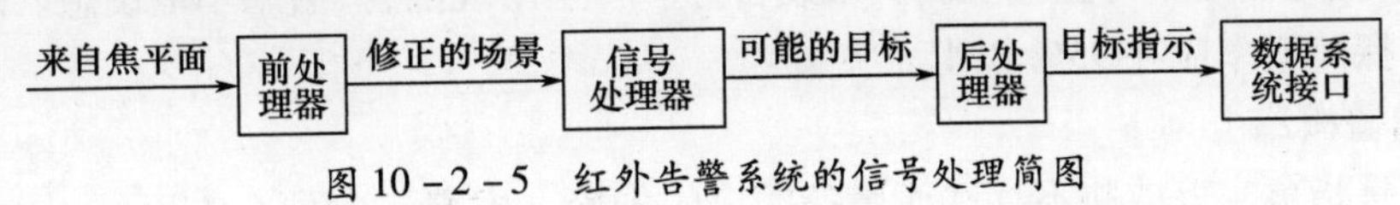

图 10-2-5　红外告警系统的信号处理简图

当红外告警系统工作时，红外探测器接收到的红外辐射中，除了来袭导弹的红外辐射以外，还会有来自天空以及地面的其他红外辐射，红外告警系统必须能加以辨别，以实现可靠告警。信号处理器常用的鉴别技术有：

（1）利用目标与背景的空间特性进行鉴别；

（2）利用导弹的瞬时光谱和光谱能量分布特征来识别和检测目标；

（3）利用导弹红外辐射时间特征进行鉴别，导弹具有特定的速度和加速度特征，在不同的时间段上，导弹的红外辐射特性不同，告警器可根据这些特点识别目标与干扰；

（4）利用频谱和时间相关法进行鉴别；

（5）利用导弹羽烟调制特性来鉴别，导弹在飞行过程中，在较大范围内有热羽烟，不同物体发出的羽烟具有不同的调制特性，红外告警系统可以探测出这些羽烟调制，进行识别。

经过各种信号处理手段，最后由信号处理器输出的包含可能目标的像元被送到后处理器中。处理器收集到可能目标的信息，将这些信息集中起来进行更高水准的识别，然后将确认的目标信息送到输出控制单元。

（四）输出控制单元

输出控制单元对目标信息进行成像或形成其他信息传递给系统操作者。同时可根据威胁的程度采取适当的对抗措施。告警接收机与其他对抗系统的自动相互作用，可使对威胁物做出响应的时间延迟最小。

三、性能参数

红外告警器可用于多种平台，不同的平台有不同的要求，一般来说，主要参数指标如下。

1. 告警对象

（1）导弹。

它是对告警平台威胁最大的攻击性武器，对它的来袭应做到实时告警。红外制导导弹的制导系统不依赖雷达，在这种情况下，雷达告警器就不能发出告警信号。但导弹从发射到击中目标的全过程中，均有红外辐射，并在导弹飞行的不同阶段，红外辐射特征也各不相同。红外告警器可接收这种辐射对导弹的来袭实现告警。对导弹尤其是战术导弹进行告警是目前红外告警系统的主要任务。

（2）飞机。

它是攻击性武器系统的平台，飞机本身是一个较强的红外辐射源，因此，可利用其红外辐射来实现告警。

2. 探测概率

探测概率指威胁目标出现在视场时，设备能够正确探测和发现目标并告警的概率。当有威胁物接近时，只有有效地探测到威胁物，才能及时采取对抗措施。为了载体的安全，告警系统应尽最大可能地探测到来袭目标。一旦出现漏警，后果不堪设想。现代的告警系统的探测概率应在95%以上。

3. 虚警概率

虚警是指事实上威胁不存在而设备发出的告警。虚警包含两个方面：一是外界没有威胁目标而系统却输出告警信号;二是外界有红外辐射源存在但它不是作战对象,系统也告警。可以通过信号处理手段,使系统对非作战对象不告警,如对大面积的红外辐射源、太阳等不告警,对炮火、曳光弹等不告警,对作战对象不工作的频段不告警等。

虚警概率通常用虚警率或平均虚警时间表示,虚警率是单位时间的平均虚警次数,虚警率与虚警概率的关系为

$$P_{fa} = \mathrm{FAR} \cdot t_s \qquad (10-2-1)$$

式中,t_s 为帧时或全场扫描时间,FAR 为虚警率,P_{fa} 为虚警概率。虚警概率大小通常在 $10^{-6} \sim 10^{-12}$ 之间。

平均虚警时间是相邻两次虚警的平均时间间隔,即

$$T_m = 1/\mathrm{FAR} \qquad (10-2-2)$$

虚警概率是红外告警器是否有实战价值的一项重要指标。它与前面的探测概率是一对矛盾,探测概率的增加往往需要降低探测阈值,由此可能带来虚警概率的上升。

4. 探测距离

告警系统发现威胁物的距离,在战术情况下一般为 1 ~ 10km。

5. 告警距离

告警距离指设备确认威胁存在时,威胁距被保护目标的距离。攻击武器(飞机、导弹)的速度和攻击位置不同,所需的告警距离也不同。适当的告警距离应当保证使载体有采取战术机动或实施光电对抗所需的反应时间。

6. 告警区域

在现代战争中,由于飞机和导弹全向攻击的可能性增加,告警在方位平面应具有全向能力,但作为载机,威胁最大的区域为尾后 30°左右,而垂直平面有 ±25°的告警区基本能满足要求。随着能从目标飞机的侧向和前半球攻击的红外导弹的出现,红外告警必须能满足全向告警。

7. 导弹接近的速度分辨率

目标接近载体的速度是区分目标信号和其他信号的方法之一。告警系统应能以一定的分辨率探测导弹接近的速率,以决定是否采取或采取何种对抗措施。战术情况下的红外告警器的速度分辨率为每秒 ±10m。

最后,以两种典型的红外告警系统为例说明性能参数。

(1) AADEOS(高级防空光电传感器)系统。

美国 AADEOS 用于陆基对空搜索和目标跟踪,可装于各种平台或车辆。它包含一个装在炮塔上的传感器头和一个小型电子处理机箱。系统能按优先级探测和处理多个目标,并向操作者和火控系统提供目标的主要数据。全扫描场景(360° × 20°)图像或较小的局域图像可同时显示,是先进的防空装备。其性能参数如下:

波段	3 ~ 5μm,8 ~ 12μm
搜索视场	20° × 360°(俯仰 × 方位)
搜索角速度	360°/s
虚警率	1 次/h
跟踪建立时间	3 ~ 5s
扫描头体积	$< 0.14\mathrm{m}^3$

处理器体积　　　　　　　　<0.04m^3

质量　　　　　　　　　　　110kg

（2）Advanced IRST（高级红外搜索跟踪）系统。

Advanced IRST 系统是加拿大 Spar Aerospace LTD 生产的舰载红外搜索与跟踪系统，是 AN/SAR－8 系统的轻型机，它保留了原系统的基本硬件、软件结构及大视场、高灵敏度的优点，特别适用于探测反舰导弹。其性能参数如下：

波段　　　　　　　　　3～5μm，8～12μm

搜索视场　　　　　　　方位 360°，俯仰 －1°～24°

扫描角速度　　　　　　360°/s

探测角精度　　　　　　优于 0.1°

测距精度　　　　　　　优于 20%

探测距离和识别距离　　在典型天气条件下对超音速掠海导弹分别为 30.5km、28km

多目标处理能力　　　　>200 个目标

扫描器体积　　　　　　81cm×140cm×81cm

扫描器质量　　　　　　182kg

控制处理机体积　　　　56cm×183cm×64cm

控制处理机质量　　　　443kg

电源体积　　　　　　　56cm×91cm×61cm

电源质量　　　　　　　204kg

功耗　　　　　　　　　10kW

四、发展史

红外告警系统大致在 20 世纪 60 年代初装备部队，主要经历了四个技术发展阶段。

（1）20 世纪 60 年代初以前的发展可归纳为第一阶段。这一阶段的红外警戒系统主要是由美国等一些西方发达国家研制的。系统的信号处理基本上都采用模拟电压信号的相关检测及幅度比较技术。一方面用光盘调制技术来提高信噪比，用加滤光片等方法来减少阳光、月光、闪电及弹药爆炸产生的辐射和云、大气及地物等背景的红外辐射；另一方面通过在电路中设置一定的背景门限、噪声门限等来控制选取目标信号。由于受当时技术条件的限制，系统的背景噪声一般都比较大，虚警率也比较高，而截获概率却较低，因此，很快便被新一代的红外警戒系统所取代。

（2）第二阶段起于 20 世纪 60 年代中期，止于 70 年代中期。这一阶段的红外警戒系统主要是由美国、瑞典、加拿大及以色列等国研制的。信号处理上多是将目标当作点源处理，信号检测中多采用最小均方根移动窗、拉普拉斯移动窗等空间点源提取方法，信号分析多采用时间相关、扫描相关及波段相关等技术。其典型的工作方式是：目标的红外辐射被两个或多个光学聚焦系统分别聚焦在接收面阵列相应的方位和俯仰位置上，接收面阵列将目标的红外辐射转换为电信号，经放大及计算机处理后，使模拟电压信号转换成数字编码信号，通过音响告警、灯显示告警及图形显示告警这三种综合告警方式给操作员提供直观、形象的威胁源状态，在自动对抗控制的方式下及时地采取相应的对抗措施。

与第一阶段相比，第二阶段的红外警戒系统具有如下特点。

① 新器件的采用和制冷技术的发展，使系统对目标的截获概率大大提高，工作波段已可覆盖 1 ~ 3μm，3 ~ 5μm 及 8 ~ 14μm，探测距离可达几千米以上。

② 由于器件集成技术的采用，红外探测器已由单个探测单元变为线阵或面阵，因而对红外目标的分辨率大大提高。

③ 由于使用了计算机，系统具有多目标搜索、跟踪和记忆能力，且能够从复杂的背景和噪声信号中准确提取出月标信号。美国研制的供 B－52 轰炸机、F－15 鹰式战斗机及直升机等使用的 AN/ALR－21，AN/ALR－23，AN/AAR－34 及 AN/AAR－38 等红外系统是这一阶段的典型产品。

（3）从 20 世纪 70 年代后期至 90 年代初为第三阶段。在这一阶段，由于长波红外技术、双色红外技术、宽波段（1 ~ 25μm）接收技术的飞速发展及雷达与红外复合的双模告警系统的介入，红外警戒系统具有全方位、全俯仰的警戒能力，可完成对大批目标的搜索、跟踪和定位。由于采用了大规模集成电路，系统能用先进的成像显示提供清晰的战场情况，分辨率可达微弧量级，同时还能自主启动干扰系统工作，警戒距离可达 10 ~ 20km。

与前两阶段相比，这一阶段的红外警戒系统所具有如下特点。

① 系统采用了高分辨率、大规模的面阵接收元件，使得区域凝视成为可能，由于系统角分辨率和灵敏度的提高，大大提高了目标的截获速度和截获概率，同时也大大降低了虚警率。

② 由于系统采用了大量专用软件、硬件及逻辑电路，其信号处理速度大大加快，缩短了整机的反应时间

③ 由于多处理器的联网及系统和外部计算机的交联，信号处理的效率大大提高，同时使其他电子系统能够有效地针对警戒目标做出反应。法国研制的 VAMPIR MB 红外全景监视系统，美国研制的凝视型 AN/AAR－43、扫描型 AN/AAR－44 红外警戒接收机及美国和加拿大联合研制的 AN/SAR－8 红外系统及荷兰研制的单、双波段 IRSCAN 等系统则是这阶段的典型产品。

（4）从 20 世纪 90 年代末至今为第四阶段，主要发展分布式孔径红外告警系统。近年来，美国和欧洲多国正在研究的分布孔径红外系统（Distributed Aperture Infrared Sensor System，DAIRS）是军用被动电光系统研究领域的新概念[32]，代表着 21 世纪初军用被动电光系统发展的新方向，他们已开始将分布孔径红外系统的设计理念应用在新一代红外搜索与跟踪系统的研制中。这种 DAIRS 利用一组精心布置在飞机或其他军用平台上的传感器阵列实现全方位、全空间敏感，并采用各种信号处理算法实现空中目标远距离搜索跟踪、导弹威胁逼近告警、态势告警、地面海面目标探测、跟踪、瞄准、战场杀伤效果评定、武器投放支持及夜间与恶劣气候条件下的辅助导航、着陆等多种功能，从而能够用一个单一的系统完成以前要用多个单独的专用红外传感器系统如红外搜索跟踪系统、导弹逼近告警系统、前视红外成像跟踪系统、前视红外夜间导航系统完成的功能。DAIRS 所采用的红外传感器使用了二维大面阵红外焦平面阵列，这些传感器是固定在飞机上的，这就消除了红外搜索跟踪系统、前视红外成像跟踪系统等所采用的高成本的瞄准与稳定机构。这样一个典型的红外传感器设计的质量、体积与功耗将远低于现有的机载红外传感器系统。因此，不仅是一个高性能的多功能一体化综合传感器系统，而且是一个高性价比、高可靠性的系统，其质量、体积、功耗也比现有的机载红外传感器系统低得多。DAIRS 是作为美

国海军研究局和海军空战中心飞机分部发起的一项基础技术研究工作，由诺思罗普格鲁曼公司即电子传感器和系统分部研制。多功能红外分布孔径系统（Multiple Infrared Distributed Aperture System，MIDAS）是 DAIRS 的发展型。

原理型 DAIRS 与 MIDAS 装置计划使用 6 个共形传感器，每个传感器覆盖 90°×90°视场，与一个或多个头盔显示器配合。像元数至少为 1000×1000 的阵列可提供高的分辨率，同时装置质量轻且紧凑。DAIRS 与 MIDAS 的下一步发展目标，是使用可为多个功能采集所有数据的共用单套传感器，这将大大降低成本。

DAIRS 的技术基础是大面阵红外焦平面阵列技术与高速大容量信息处理技术。由于 DAIRS 同时集成了与战斗机平台任务相关的多种功能，要求其红外传感器不仅有足够高的空间分辨率以实现对各种目标的准确的跟踪、定位，而且要有足够高的数据采样率以保证跟踪高速飞行的飞机、弹道导弹和巡航导弹，因此，必须采用大面阵的红外焦平面阵列。DAIRS 要采用一个中央处理机对 6 个以上的红外传感器（采用超过 1000×1000 个探测器单元的二维红外焦平面阵列）所获取的大量的数据进行处理，从中抽取有用的信息并实现各种功能，其信息处理与存储要求很高，必须采用高速大容量的信息处理机。

在不久的将来，军用被动电光系统将继续沿着多功能一体化和信息处理驱动的方向发展，DAIRS 概念的提出无疑将有力地促进军用被动电光系统的多功能一体化，并由探测器驱动转向信息处理驱动。由探测器驱动转向信息处理驱动是一个重大的突破，因为同基于 HgCdTe 材料的大面阵红外焦平面阵列的发展相比，基于硅材料的信息处理机的发展速度要快得多，后者基本上遵循摩尔定律，每隔 3 年集成度增加 4 倍，特征尺寸缩小到 1/2。这样就可以不断采用最先进的信息处理机来实现以往必须采用更大规模的探测器阵列或更加复杂的多视场光学系统才能实现的多种功能。

本章小结

本章主要详细阐述了有限空域光电搜索系统和全方位光电搜索系统的基本组成、工作原理、性能参数和发展史，这是理解和掌握光电搜索系统的关键。

复习思考题

1. 解释有限空域光电搜索系统的主要性能指标。
2. 说明搜索信号的形式及其频率对应关系。
3. 与舰载雷达告警相比，列举舰载红外告警的优缺点。
4. 解释红外侦察告警搜索视场扫描的两种一字型扫描方式。
5. 什么是告警距离、探测距离?
6. 说明红外告警系统信号处理器的结构及其每部分的作用。
7. 解释扫描成像和凝视成像的区别?
8. 简述跟踪视场、瞬时视场、搜索视场和捕获视场以及它们之间的关系。

第十一章　光电对抗系统

初步了解了光电系统的军事应用之后,就可以讨论如何干扰和破坏敌方光电系统的正常工作,以及充分发挥和利用己方光电系统的性能,这些就是光电对抗的主要任务。本章主要介绍光电对抗技术体系中的光电侦察和光电干扰[32]。

第一节　光电对抗概述

光电对抗是指敌对双方在光波段(即紫外、可见光、红外波段)范围内,利用光电设备和器材,对敌方光电制导武器和光电侦测设备等光电武器进行侦察告警并实施干扰,使敌方的光电武器削弱、降低或丧失作战效能;同时,利用光电设备和器材,有效地保护己方光电设备和人员免遭敌方的侦察告警和干扰。可以看出:侦察和攻击的对象是敌方的光电制导武器与光电侦测设备,保护的是己方人员安全和光电设备的正常使用,即光电对抗的本质是降低敌方光电设备的作战效能,发挥己方光电设备的作战能力。概括地说,侦察干扰及反侦察抗干扰所采取的各种战术技术措施的总称为光电对抗。

光电对抗的作战对象主要是来袭光电制导武器和敌方光电侦测设备,目前,除激光制导武器、激光雷达、激光目标指示器、激光测距机等激光设备外,其他光电设备都是“静默”工作方式,并且光电装备种类繁多,使光电探测、识别、告警和光电干扰都变得十分复杂,尤其给综合对抗带来较大技术难度。光电对抗的有效性将取决于如下三个基本特点:频谱匹配性、视场相关性和系统快速反应性[33]。

(1) 频谱匹配性。

频谱匹配性,指干扰的光电频谱必须覆盖或等同被干扰目标的光电频谱。例如,没有明显红外辐射特征的地面重点目标,一般容易受到激光制导武器的攻击,因此,采用相应波长的激光欺骗干扰和激光致盲干扰手段对抗敌方激光威胁;具有明显红外辐射特征的动目标(如飞机),一般容易受到红外制导导弹的攻击,则采用红外干扰弹或红外有源干扰机与之对抗。

(2) 视场相关性。

光电干扰信号的干扰空域必须在敌方装备的光学视场范围内,尤其是激光干扰,由于激光波束窄、方向性好,使其对抗难度加大。例如,在激光欺骗干扰中,激光假目标必须布设在激光导引头视场范围内。

(3) 快速反应性。

战术导弹末段制导距离一般在几千米至十千米范围内,而且导弹速度很快,马赫数一般在 1 ~2.5 左右,从告警到实施有效干扰必须在很短的时间内完成,否则敌方来袭导弹将在未受到有效干扰前就已命中目标,因此要求光电对抗系统具有快速反应能力。

一、分类

光电对抗按波段分类包括激光对抗、红外对抗和可见光对抗。其中,激光中虽然包括红外和可见光,但由于其特性不同于普通红外和可见光,因此将其单独归类为激光对抗。光电波段分布如图 11-1-1 所示。

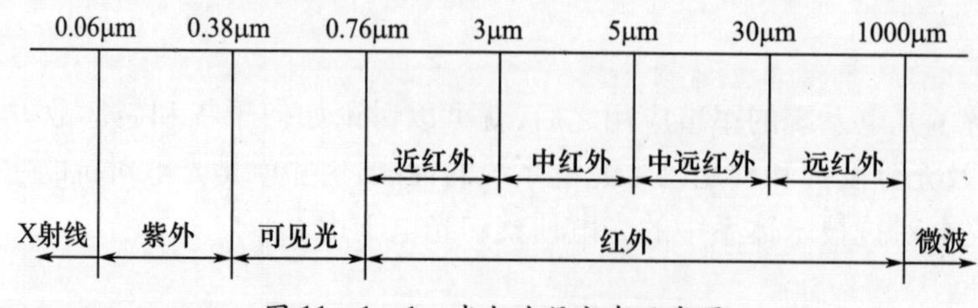

图 11-1-1 光电波段分布示意图

光电对抗按平台分类包括车载光电对抗装备、机载光电对抗装备、舰载光电对抗装备和星载光电对抗装备。

光电对抗按功能或技术分类,包括光电侦察、光电干扰、反光电侦察与抗光电干扰。将功能分类和波段分类方式结合,得到完整的光电对抗技术体系,如图 11-1-2 所示。

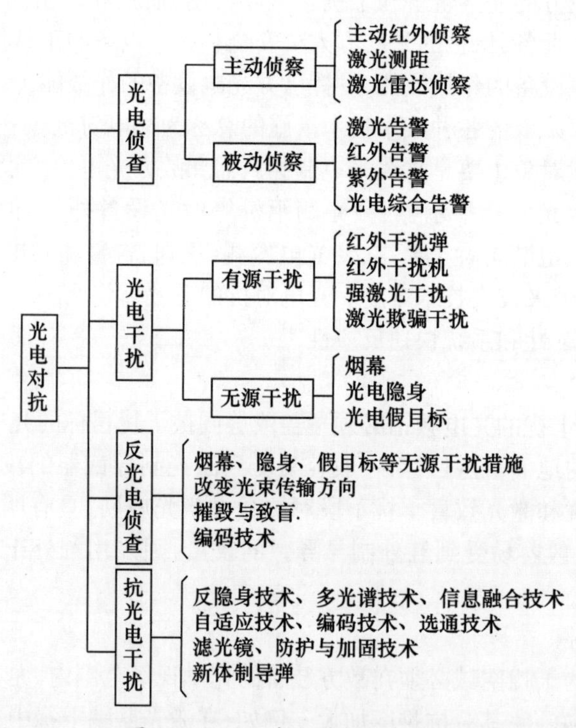

图 11-1-2 光电对抗技术体系

(一) 光电侦察

光电侦察是实施有效干扰的前提。光电侦察是指对敌方辐射或散射的光谱信号进行搜索、截获、测量、分析、识别以及对光电设备测向、定位,以获取敌方光电设备技术参数、功能、类型、位置、用途,并判明威胁程度,及时提供情报和发出告警。

1. 光电侦察的分类

（1）情报侦察和技术侦察。

情报侦察指长期监测、截获、搜索敌方光电信号，经分析和处理，确定敌方光电设备的技术特征参数、功能、位置，判别其类型、相关武器平台、变化规律及威胁程度等，为对敌斗争和光电对抗决策提供战区有关光电情报。机载光电情报侦察系统主要承担战术/战役级侦察，战略侦察则通常由卫星或高空侦察机完成。

技术侦察指在作战准备和作战过程中，搜索、截获敌方光电辐射和散射信号，并实时分析，确定敌方光电设备的技术特征参数、功能、方向（或位置），判别相关武器平台及威胁程度等，为实施光电干扰、光电防御、反辐射摧毁和战术机动、规避等提供光电情报。

（2）预先侦察和直接侦察。

预先侦察主要指战前对敌方所进行的长期或定期的侦察，以便预先全面掌握敌方光电设备的情报、发展方向，为制订光电对抗的对策和直接侦察提供依据。

直接侦察是在战斗即将发生前及战斗过程中对战场光辐射环境进行的实时侦察，为光电对抗提供实时可靠的情报。

（3）主动侦察和被动侦察。

在光电对抗领域，光电主动侦察是利用对方光电装备的光学特性而进行的侦察，即向对方发射光束，再对反射回来的光信号进行探测、分析和识别，从而获得敌方情报的一种手段，如：激光测距机、激光雷达等；光电被动侦察，是指利用各种光电探测装置截获和跟踪对方光电装备的光辐射，并进行分析识别以获取敌方目标信息情报的一种手段，如：激光告警、红外告警、紫外告警、光电综合告警等。这里重点描述紫外告警。

20 世纪 80 年代发展了新型导弹紫外告警技术。它是利用探测导弹固体火箭发动机羽烟的热辐射和化学荧光辐射所产生的紫外辐射确定导弹来袭方向，并实时发出警报，使被保护平台及时采取对抗措施。紫外告警利用的是“日盲区”紫外波段，由于这一波段避开了太阳造成的复杂背景的影响，从而大大降低了信息处理的复杂性，减少了设备的虚警率。“日盲区”波段范围为 280 ~ 200nm，同温层中的臭氧强烈地吸收该波段的紫外辐射，使其到达不了地球的近地表面，形成太阳紫外辐射的盲区。紫外告警系统是一种被动式探测、隐蔽性好、不需制冷和不需扫描的防御导弹逼近告瞥手段，受到了世界各国的重视与关注。

2. 光电侦察装备概述

光电侦察装备主要有装载在卫星、侦察机、无人机、舰艇等平台上的各种形式的光学红外摄影、摄像器材、激光雷达、红外热像仪、激光报警器等。进行战略侦察的主要是军事卫星，由于卫星速度快（在近地轨道上运行的侦察卫星，每秒飞行 7 ~ 8km，90min 左右即可绕地球一圈）；眼界宽（卫星居高临下，视野开阔，获得情报多，在同样的视角下，卫星所观测的地面面积是飞机的几万倍）；限制少（卫星不受国界、地理和气候条件的限制，可以自由飞越地球上的任何地区），所以卫星在军事侦察方面得到了十分广泛应用，它们像幽灵一样潜伏在太空，不时地刺探着军事情报或传递信息，可以说在航天技术日益发达的今天，任何重大的军事行动和地面目标都很难躲过卫星的“火眼金睛”，装置在卫星上的光电探测器的侦察能力已经发展到令人瞠目结舌的地步。美国于 20 世纪 90 年代初部署的现役导弹预警卫星系统由 5 颗“国防支援计划”（DSP）卫星组成，每颗星可监视 1/3 地球面积,在印度洋上空的一颗,用于监视俄罗斯、中国的洲际导弹发射情况;另两颗分别用于监视中太平洋和大西洋的潜艇水下发射;其余两颗备用。地面站分设于美国本土和澳洲、联邦德国,地球上任何一枚导弹发射 50 ~ 60s 后就会被卫星探测到,告警信号可在 1.5 ~ 4min 传送到地面指挥部。

装置在侦察机、无人机、舰艇和作战基地上的光电探测器主要用于战术侦察,战术侦察的水平也非常高。采用 TR - 1 型战术侦察机在 21600m 的高空沿国界飞行时,可拍摄敌国境内纵深 56km 的目标;美军研制的微型无人机长度约 127mm,用电池作动力可飞行 14h 左右。以色列的"眼视"无人机借助机伞可暂停在目标上空用可见光和红外摄像机获取战区情报等。现在,先进的光电侦察技术不仅能检测"风吹草动",也能"明察秋毫",有报道称,美国侦察设备能从空中探测到伊拉克战场铁丝网的晃动,北约军队用包括无人机在内的空中侦察设备监视波黑领导人卡拉季奇的行踪,不仅能看出卡拉季奇的外貌,而且能辨认其发型。

(二) 光电干扰

光电干扰指采取某些技术措施破坏或削弱敌方光电设备的正常工作,以达到保护己方目标的一种干扰手段。

1. 光电干扰的分类

光电干扰分为有源干扰和无源干扰两种方式。有源干扰又称为积极干扰或主动干扰,它利用己方光电设备发射或转发敌方光电装备相应波段的光波,对敌方光电装备进行压制或欺骗干扰。有源干扰方式主要有红外干扰机、红外干扰弹、强激光干扰和激光欺骗干扰等。

投放后的红外干扰弹可使红外制导武器在锁定目标之前锁定红外诱饵,致使其制导系统降低跟踪精度或被引离攻击目标。

红外干扰机是一种能够发射红外干扰信号,破坏或扰乱敌方红外探测系统或红外制导系统正常工作的光电干扰设备,主要干扰对象是红外制导导弹。红外干扰机的最新发展是红外定向干扰机。

强激光干扰是通过发射强激光能量,破坏敌方光电传感器或光学系统,使之饱和、迷茫、彻底失效,乃至直接摧毁,从而极大地降低敌方武器系统的作战效能。

激光欺骗干扰是通过发射、转发或反射激光辐射信号,形成具有欺骗功能的激光干扰信号,扰乱或欺骗敌方激光测距、观瞄、跟踪或制导系统,使其得出错误的方位或距离信息,从而极大地降低光电武器系统的作战效能。激光欺骗干扰是信号级干扰,能量较小,而强激光干扰的能量要大于激光欺骗干扰。

压制性干扰所采用的干扰方式主要为:强激光干扰和红外定向干扰机,可以致盲敌方的光电设备,伤害人员,甚至摧毁光电设备和武器系统。欺骗性干扰所采用的干扰方式主要为:红外干扰弹、红外干扰机和激光欺骗干扰,可以扰乱或欺骗敌方光电系统的正常工作。

无源干扰也称消极干扰或被动干扰,它是利用特制器材或材料,反射、散射和吸收光波能量,或人为地改变己方目标的光学特性,使敌方光电装备效能降低或被欺骗而失效,以保护己方目标的一种干扰手段。无源干扰方式主要有烟幕、光电隐身和光电假目标等。

烟幕干扰是通过在空中施放大量气溶胶微粒,来改变电磁波的介质传输特性,以实施对光电探测、观瞄、制导武器系统干扰的一种技术手段,具有“隐真”和“示假”双重功能。

光电隐身,也称光电防护,有红外隐身、可见光隐身和激光隐身等。具体措施包括伪装、涂料、热抑制等。

光电假目标是指在真目标周围设置一定数量的形体假目标或热目标模拟器,用来降低光电侦察、探测和识别系统对真目标的发现概率,并增加光电系统的误判率,进而吸引精确制导武器的攻击,大量地分散和消耗敌方精确制导武器,提高真目标的生存概率。

在光电对抗领域将干扰手段分为有源干扰和无源干扰会遇到一定的问题,因为在光波段所有的物体都有辐射,包括无源干扰材料。以烟幕干扰为例,传统的分类认为烟幕干扰为无源干扰,实际上,对于红外成像系统而言,它观察到的图像是目标和背景辐射透过烟幕的能量、烟幕本身辐射的能量以及烟幕散射的能量三部分共同作用的结果。因此,从辐射角度来看,认为烟幕干扰是无源干扰不太准确,为此,有人曾将烟幕分为热烟幕和冷烟幕,热烟幕是指辐射型烟幕。烟幕的辐射远大于目标和背景的辐射,红外图像中观察到的主要是烟幕的热图像;冷烟幕则是指吸收型烟幕,以降低成像系统接收到的目标和背景辐射能量为主。

2. 光电干扰装备概述

美陆军 AN/GLQ－13 车载激光对抗系统采用模块结构,可保卫各种规模和形状的地面重要目标,并能通过自控设备而独立工作。英国 GEC－Maconi 航空电子设备公司研制的 405 型激光诱饵系统,用来诱骗激光制导武器。它包括激光告警器、先进信号处理器、瞄准系统及激光发射机。该系统可检测与分析正在照射目标的激光束,然后按该激光束的特性进行复制,并用复制的激光束照射诱饵目标,将激光制导武器引向诱饵。这种系统采用了光纤耦合探头和先进的散射抑制技术,灵敏度高,虚警率低。美陆军研制的“魟鱼”车载激光致盲系统,采用“猫眼效应”进行侦察定位,其激光器为平均功率 1kW 的 CO_2 激光器和输出能量 100mJ 的板条状 Nd: YAG 及其倍频激光器,有效干扰距离分别为 1.6km 和 8km,能破坏敌光电传感器和损伤更远距离的人眼。激光干扰机的发展方向之一是采用脉冲重复率高达兆赫以上的激光脉冲对激光导引头实施压制式干扰,使导引信号完全淹没在干扰信号中,从而使导引头因提取不出信号而迷茫,或因提取错误信息而被引偏。

高能激光武器是当前新概念武器中理论最成熟、发展最迅速、最有实战价值的前卫武器,也称之为“撒手锏”。它涉及高能激光器、大口径发射系统、精密跟瞄系统、激光大气传输与补偿、激光破坏机理和激光总体技术这六大关键技术,其特点是“硬杀伤”,直接摧毁目标。美国倾入大量资金,加快机载激光武器(ABL)、天基激光武器(SBL)、战术激光武器(THEL)、地基激光武器(GBL)、舰载激光武器(HEL－WS)的研制。TRW 公司研制的“通用面防御综合反导激光系统(Gardian)”,采用中红外(3.8μm)氟化氘化学激光器,功率为 0.4mW,系统反应时间 1s,发射率为 20～50 次/min,辐照时间为 1s,单次发射费用 1000 美元,能严重破坏 10km 远的光学系统,杀伤率可达 100%。美国波音公司、TRW 公司和洛克希德马丁公司承担 ABL 研制合同,ABL 系统由波音 747－400 型飞机平台、无源红外传感器、数十兆瓦功率的氧碘化学高能激光器和高精度光束控制的跟踪瞄准系统组成。在 12km 高空和远离敌方 90km 外领空巡航,对敌方未确定的多枚战术导弹实施高效拦截和击落敌侦察卫星。每次战斗的飞行时间 12～18h,每次射击时间 3～5s,激光燃料费用为1000美元。数十兆瓦的激光通过口径为1.5m的光束定向器发射，用自适应光学校正大气湍流后的跟瞄精度高达0.1μrad，足以攻击600km远处的目标，摧毁当前导弹中的任何一种的压力燃料贮箱。ABL系统还将设计成能对付从单个发射场到多个分散发射场间歇式进行的每次5~10枚导弹的齐射。

（三）反光电侦察

反光电侦察就是抓住光电系统的薄弱环节，使敌方的光电侦察装备无法“看见”己方的军事设施，最终一无所获。反侦察有积极和消极两种方式，主要方法有伪装与隐身、遮蔽和欺骗等。反光电侦察的这三种措施可以互为补充使用，理想的伪装与隐身，应使己方目标无法被光电侦察系统和红外寻的器“看见”；但通常达不到理想效果，一般使其达到某种隐身程度，再让欺骗来发挥作用；红外烟幕也必须有强烈吸收红外辐射的特点，但在布设烟幕的同时，也遮挡住自己的红外系统的视线。

反光电侦察的具体技术包括：烟幕、伪装、光箔条、隐身、假目标、摧毁与致盲、编码技术和改变光束传输方向。应该说，反光电侦察技术和光电无源干扰技术在分类上是相互涵盖的，特有的反光电侦察措施主要指编码技术。

在抗光电干扰前，如果实施了反侦察，对方可能就没机会释放干扰，所以反侦察优先于抗干扰，对攻击方具有重要作用。

（四）抗光电干扰

抗光电干扰是在光电对抗环境中为保证己方使用光频谱而采取的行动。典型特征为：它不是单独的设备，而是包含在军用光电系统（例如：激光测距机）中的各种抗干扰技术和措施。抗干扰光电技术主要包括两个方面：一类是抗无源干扰和有源干扰中的低功率干扰，包括反隐身技术、多光谱技术、信息融合技术、自适应技术、编码技术、选通技术等；另一类是抗有源干扰中的致盲干扰和高能武器干扰，包括距离选通、滤光镜、防护与加固技术、新体制导弹等[34]。

精确制导武器中的复合制导属于多光谱技术，常用的光电复合制导方式有：紫外/红外双模制导、红外/可见光复合制导、激光/红外复合制导，还有毫米波/红外复合制导、视线指令/激光驾束、红外寻的/激光束指令等，这些复合制导技术不仅能在各种背景杂波中检测出目标信号，而且可以对抗假目标欺骗和单一波段的有源干扰，如在紫外/红外双模制导中，控制电路将根据背景、环境、有无干扰等具体情况，自动选择制导波段。白天当红外波段信号中断（譬如小角度迎头攻击）或遭到干扰时，控制逻辑选择用紫外波段继续跟踪，而夜晚紫外辐射甚弱则转入红外跟踪，灵活的双模工作方式使得对某一通道的简单干扰难以奏效。

光电干扰与抗干扰之间的斗争是一场智慧的较量。干扰与抗干扰不可能永远一方被另一方压制。应该说，没有无法干扰的光电武器系统，也没有无法对付的光电干扰。一般来说，抗干扰技术落后于干扰技术，干扰技术又落后于武器系统的设计，在对抗过程中，干扰与抗干扰这一对矛盾的发展必然是不断促进武器系统的新发展。

二、典型系统组成和技术指标

图11-1-3是集光电侦察、干扰、摧毁、评估为一体的综合对抗系统[35]。光学系统收集光波段的辐射信号，并经探测器进行光电转换，形成电信号，送入信号预处理单元。

信号预处理主要作用是滤波，滤波器设计成与目标信号相匹配并使背景源的信号输入减至最小，信号处理单元能自动对截获的光波信号进行精细测量、分选和识别，并判定信号的威胁等级，输出给显示控制单元。显示控制单元决定是否对威胁目标实施干扰，并通知功率管理单元。功率管理单元根据干扰对象，选择合适的干扰样式和功率大小。干扰机、诱饵、无源干扰或摧毁设备具体实施干扰。该系统还能实时提供干扰效果的评估，根据评估结果可以决定是停止干扰，还是继续干扰。如果继续干扰，可以通过更改干扰样式，或者修改干扰功率管理和干扰参数来实现更好的干扰效果。

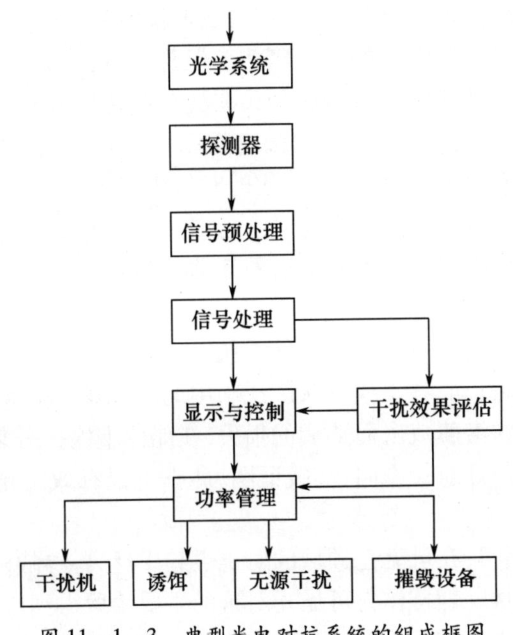

图 11-1-3　典型光电对抗系统的组成框图

该系统的主要技术指标包括：

(1) 工作波段：0.3 ~ 14μm；

(2) 测量精度：测向精度（角分量级）、测距精度（±5m）和测波长精度（小于0.1μm）；

(3) 反应时间：秒量级；

(4) 作用距离：要优于对方的2倍；

(5) 探测范围：水平360°，俯仰负30°到正75°；

(6) 发现概率：优于99%；

(7) 虚警概率：低于10^{-3}/h。

三、发展史

光电对抗是随着光电技术的发展而发展起来的，并在不同时期的局部战争中扮演着重要角色。典型的光电对抗战例，既可以为光电对抗装备研制提供了具有实际价值的借鉴，也可以为光电对抗应用研究提供可靠的实践依据。因为它代表着当时装备技术的最高水平，同时也反映出作战对装备技术和战术应用的发展需求。另外，光电对抗目前涉及可见光、红外和激光三个技术领域，即可分为可见光对抗、红外对抗和激光对抗。因此，本节从可见光对抗、红外对抗和激光对抗三个方面,以技术发展和典型战例相结合的方式叙述光电对抗的发展史。

(一) 可见光对抗

在可见光范围内进行对抗其历史十分悠久。在古代战场,侦察和武器使用依赖于目视。作战双方为了隐蔽作战企图、作战行动,经常采用各种伪装手段或利用不良天候、扬尘等来隐匿自己,以干扰、阻止对方对己方进行目视侦察、瞄准,使对方难以获取正确的情报,造成其判断、指挥错误,降低敌方使用武器的效能。

公元前212年,在锡拉库扎战争期间,守城战士就用多面大镜子会聚太阳光照射罗马舰队的船帆,这就是早期光电对抗的一个实例。但是,这是一个失败的战例,因为最终锡拉库扎城被攻破,阿基米德被杀。古希腊步兵在战斗中曾用抛光的盾牌反射太阳光作为战胜敌方的重要手段之一,还有许多利用阳光降低敌人防御能力的例子。1415年,亨利五世的射手们就是等待太阳光晃射法国士兵的时候进行攻击;近代的战斗机突然从太阳光中飞出,从而达到突然攻击的目的[36]。

古人也有如何增强防御的例子,我们所熟知的著名典故"草船借箭"就是利用大雾使敌人无法分辨真假

第一次世界大战期间,在可见光领域的对抗已引起各参战军队的普遍重视。为了避免暴露重要目标和军事行动,各参战军队广泛利用地形、地物、植被、烟幕等进行伪装。比如:英国为了减少军舰被潜艇攻击而造成的损失,在船体上涂抹分裂的条纹图案以掩饰船体的长度与外貌,包括估计航行方向,实践证明,此举可以有效防止潜艇计算出合适的瞄准点。

第二次世界大战期间,在可见光领域的对抗更趋广泛,各参战国采用各种不同的手段对抗目视、光学观瞄器材。烟幕作为可见光对抗的主要手段得到广泛应用,并取得了十分显著的效果。例如在1943—1945年间,苏军对其战役纵深内重要目标使用烟幕遮蔽,使德国飞行员无法发现、识别、攻击目标,投弹命中率极低,空袭效果大大下降。

20世纪70年代后,在可见光波段工作的光电侦察、瞄准器材的性能有了大幅度提高,在可见光领域的对抗十分激烈。如越南战争中,越军利用有利的植被伪装条件,经常袭击、伏击美军。为此,美军在越南大量使用植物杀伤剂,毁坏植被,破坏越军的隐蔽条件。植被的毁坏为美军扫清视界,特别是空军攻击所需要的视界,从而使美军受伏击率下降了95%。再如1973年的第四次中东战争中,埃及在苏伊士运河采取了夜间移动浮桥位置、昼间施放烟幕覆盖的方法,阻止、干扰以色列对浮桥位置的侦察,从而降低了以空军惯用的按预先标定目标实施空袭的效果。埃及军队使用苏制目视瞄准有线制导反坦克导弹在两个多小时内就击毁以色列190装甲旅的130多辆坦克。面临灭顶之灾的以军装甲部队迅速寻找对策,使用烟幕遮蔽坦克,使对方反坦克导弹效能降低,大大提高了以军坦克在战场上的生存能力[37]。

随着高分辨率超大规模CCD摄像器件的发展,出现了电视制导武器及各种光电火控系统,对抗这种可见光波段的光电武器目前主要采用烟幕遮蔽干扰方式,使之无法跟踪目标,并逐步发展采用强激光干扰手段致盲其光电传感器,使之丧失探测能力从而降低作战效能。

(二) 红外对抗

1934年,第一支近贴式红外显像管的诞生,树起了人类冲破夜暗的第一块里程碑。

第二次世界大战末期，德军将新研制成功的红外夜视仪在坦克上应用，美军将刚刚研制出的红外夜视仪用于肃清固守岛屿顽抗的日军，在当时的夜战中均发挥了重要作用。

20世纪50年代中期，硫化铅（PbS）探测器件问世，该器件的工作波段为1～3μm，不用制冷。采用该器件为探测器的空对空红外制导导弹应运而生。60年代中期，随着工作于3～5μm波段的锑化铟（InSb）器件和制冷的硫化铅器件的相继问世，光电制导武器进一步发展，地对空和空对空红外制导导弹又获得成功。至70年代中期，光电探测器件的性能有了较大的提高，相应的地对空和空对空红外制导导弹的作战性能大为增强，攻击角已大于90°，跟踪加速度和射程也大幅度增加，使空中作战飞机面临严重的威胁。如1973年春的越南战场上，越南使用苏联提供的便携式单兵肩扛发射防空导弹SA－7在二个月内击落了24架美国飞机。在这种情况下，各国纷纷研究对抗措施，相继出现了机载AN/AAR－43/44红外告警器、AN/ALQ－123红外干扰机以及AN/ALE－29A/B箔条、红外干扰弹和烟幕等光电对抗设备，产生了许多成功战例，如越南战场上，美国针对SA－7的威胁，投放了与飞机尾喷口红外辐射特性相似的红外干扰弹，使来袭红外制导导弹受红外诱饵欺骗而偏离被攻击的飞机，SA－7红外制导导弹因此失去了作用。

所以说，以越南战争为契机，将持续很长一段时间的电子战作战领域从雷达对抗、通信对抗发展到光电对抗领域，光电对抗开始成为电子战的重要分支。当然，对抗与反对抗是相互促进的。SA－7红外制导导弹加装了滤光片等反干扰措施后，又一次发挥它的威力，在1973年10月第四次中东战争中，这种导弹又击落了大量以色列飞机。后来，以色列采用了“喷气延燃”等红外有源干扰措施，又使这种导弹的命中概率明显下降，飞机损失大大减少。

从20世纪70年代中期开始，对抗双方发展迅速，相继问世了红外、紫外双色制导导弹（如美国的“毒刺”导弹和苏联的“针”式导弹）和红外成像制导导弹。目前，已有3～5μm和8～14μm两种波段的红外成像制导导弹，这种红外成像制导导弹识别跟踪能力强，可以对地面目标、海上目标和空中目标实施精确打击，命中精度达1m左右。而对抗方面，又增加了面源红外诱饵、红外烟幕、强激光致盲等手段来迷茫或致盲红外制导导弹，使之降低或丧失探测能力。90年代初期，美因和英国开始联合研究用于保护大型飞机的多光谱红外定向干扰技术，这种先进的技术可以对抗目前装备的各种红外制导导弹，也包括红外成像制导导弹。

海湾战争中，面对大量装备多种红外侦察器材、红外夜视器材和红外制导武器的美军，伊军也采取了一些对抗措施。如在被击毁的装甲目标旁边焚烧轮胎，模拟装甲车辆的热效应，引诱美军再次攻击，使美军浪费弹药。但伊军对红外对抗不重视，主动进行的干扰行动又极为有限，因而美军红外侦察器材和红外制导武器的效能还是得以比较充分的发挥。

科索沃战争中，南联盟军队吸取海湾战争经验教训，利用雨、雾天气进行机动和部署调整，使北约部队的高技术光电器材难以发挥效能。南联盟军队采用关闭坦克发动机或把坦克等装备置于其他热源附近，干扰敌红外成像系统的探测。在设置的假装甲目标旁边点燃燃油，模拟装甲车辆的热效应，诱使北约飞机攻击，致使北约部队进驻科索沃后，出现了其难以寻到它所称的被毁南军大量装甲目标残骸的那一幕。

美国“647”卫星上装有红外热像仪，于1971—1974年间，曾探测到苏联、中国、法国的1000多次导弹发射。1975年11月，苏联用陆基激光武器将美国飞抵西伯利亚上空监视苏联导弹发射场的预警卫星打“瞎”；1981年3月苏联在“宇宙杀伤者”卫星上装载高能激光武器，使美国一颗卫星的照相、红外和电子设备完全失效。1995年美国“鹦鹉螺”战术激光武器系统在试验中击落“陶”式反坦克导弹和巡航导弹，1996年2月又成功地击落两枚俄制BM－21喀秋莎火箭弹。1997年10月美国成功地进行一次激光反卫星试验，1999年和2000年美国进行了多次战区导弹拦截试验，引起了世界各国人民的严重关注。

（三）激光对抗

1960年7月美国研制出世界上第一台激光器。激光方向性强、单色性和相干性好的特点，迅速引起军工界的兴趣。1969年军用激光测距仪开始装备美军陆军部队，随后装备部队的激光制导炸弹具有制导精度高、抗干扰能力强、破坏威力大、成本低等特点。在越南战争中，美军曾为轰炸河内附近的清化桥出动过600余架次飞机，投弹数千吨，不仅桥未炸毁，而且还付出毁机18架的代价。后采用刚刚研制成功的激光制导炸弹，仅两小时内，用20枚激光制导炸弹就炸毁了包括清化桥在内的17座桥梁，而飞机无一损失。美军在越南平均用210枚普通炸弹，才能命中目标一个，而使用激光制导炸弹，据有统计的2721枚中，命中目标的有1615枚。越南人民军也采取了一些反激光炸弹的措施，其中措施之一就是伪装目标，减少激光能量的反射，如在保卫河内富安发电厂战斗中，就施放了烟幕、喷水，高度超过建筑物三米，伪装面积为目标的二至三倍，烟幕浓度为每立方米一克，就收到效果，敌人投了几十枚炸弹，仅有一枚落在围墙附近。此外还用施放干扰和用能吸收激光的物质进行涂敷的办法，也收到了一定效果。从这个战例可以看出，采取烟幕可以遮蔽激光制导的光路，降低激光制导炸弹的命中概率。于是坦克及舰船都装备了烟幕发射装置，地面重点目标还配备了烟幕罐及烟幕发射车。与此同时，美国的激光制导炸弹也由“宝石路”I型发展到“宝石路”II型，制导精度也由10m提高到1m，并具有目标记忆能力。

20世纪90年代海湾战争和科索沃战争更是各国先进光电武器的试验场，美国使用激光制导炸弹占美国使用精导武器数量的30%，但被摧毁的巴格达大批目标中有90%是激光炸弹所为。1991年用“麻雀”红外制导空空导弹击落伊拉克25架飞机。以美国为首的多国部队使用反坦克导弹，使伊拉克的成千辆坦克组成的钢铁长城成为一堆废铁。美国使用“入侵者”飞机发射空地导弹击中伊的一座水力发电站，而随后另一架“入侵者”飞机又发射一枚“斯拉姆”空地导弹，结果这枚导弹从第一枚导弹所击穿的弹孔中飞进去，彻底摧毁了发电站，这就是当时名噪一时的“百里穿洞”奇迹。1998年，南联盟军队巧借“天幕”，土法制烟，使北约空袭的前12天投放的12枚激光制导炸弹，仅有4枚击中目标。激光对抗技术再次引起各国军界的高度重视，美国研制的AN/GLQ－13激光对抗系统和英国研制的GLDOS激光对抗系统采用有源欺骗干扰方式，可将来袭激光制导武器诱骗至假目标；美国研制的“魟鱼”车载强激光干扰系统可致盲来袭激光制导武器导引头的光电传感器，使之丧失制导能力。

据报道，西欧国家从1982年到1991年10年间光电对抗装备费用为27亿美元，年递增15%～20%；美国电子战试验费用中用于光电对抗方面的1976年为16%，1979年为45%；截止1990年底统计，全世界激光制导炸弹的装备超过20万枚以上，且每年以一万多枚的数量增加。光电对抗已逐渐成为掌握战争主动并赢得战争胜利的关键因素之一，谁能够使自己的光电设备作战效能发挥出色、并能有效地干扰敌方的光电侦察和光电制导等武器,战争胜利的天平就偏向于谁。当前,光电对抗系统已普遍装备在飞机、军舰、坦克甚至卫星等作战平台上,在对付现代战争中的光电制导武器方面发挥着重要作用。

由此可见,光电子技术的发展,带来了光电制导技术的发展。光电制导武器精确的制导精度和巨大的作战效能,促进光电对抗的形成。光电对抗技术的发展又导致光电制导技术的进一步发展与提高,同时也促进光电对抗技术在更高水平上不断发展。

第二节　光电侦察

光电侦察,也称为光电告警,是指利用光电技术手段对敌方光电武器和侦测器材辐射或散射的光信号进行探测截获、识别,并及时提供情报和发出告警的一种军事行为。根据其工作波段属性,一般分为激光告警、红外告警、紫外告警等几种形式。将各单项告警综合起来就是光电综合告警。光电告警能快速判明威胁,并将威胁信息提供给被保护目标,使其采取对抗措施或规避行动。本节主要介绍激光告警,红外告警详见全方位光电搜索系统。

一、激光告警的定义、特点和用途

激光告警设备本身不发射激光,它利用激光技术手段,通过探测激光威胁源辐射或散射的激光,获取激光武器的技术参数、工作状态、使用性能的军事行为。激光告警是一种特殊用途的侦察行为,它针对战场复杂的激光威胁源,及时准确地探测敌方激光测距机、目标指示器或激光驾束制导照射器发射的激光信号,确定其入射方向,发出警报。

要进行有效的激光告警有相当的技术难度,其原因如下。

(1) 在信号的到达方向与威胁物位置之间可能存在模糊性,这是有不同传播路径的结果,如图 11-2-1 所示。装备在一辆坦克上的激光告警器,在受到威胁源激光束照射时,除了由激光源直接入射到激光告警器上的信号光外,还会有由周围目标散射而进入激光告警器视场的信号光。在截获散射光的情况下,光源是在受激光报警接收机保护的平台上,或在邻近此平台的一个区域内,其位置与威胁物位置没有直接关系。与此类似,还存在大气气溶胶沿激光束路径对其散射而进入激光告警器视场的问题。在拦截大气散射光的情况下,光源是大气中的一根线,其终端在威胁激光器处,但其起点,从接收机的角度看,可能与威胁物的实际位置偏离 180°。这时,激光的到达方向与威胁物位置间可能有差别,这给激光威胁源的方位确定带来了困难,特别是在定向精度要求高的情况下困难更大。

(2) 因为无法预知激光束入射方位,因此激光告警设备的警戒视场要足够大。同时,因为可能的入射激光的波长分布在近红外至远红外这样一个很宽的范围内,这就要求激光告警设备能够响应的波段足够宽。这样激光告警设备就会容易受到周围环境的干扰。毫无疑问,太阳光及周围环境对太阳的反射光、火炮口的闪光等自然或人为背景光都可能会对激光告警设备产生干扰,从而产生虚警或错误定向。

(3) 从背景光、光信号探测器到后续信号处理电路,光信号探测的每一个环节都会有干扰,当随机的干扰信号强度超过一定阈值时就会产生虚警,虚警率过高,显然无法容忍。

而要降低虚警率,往往就要牺牲探测灵敏度或探测概率。鉴于绝大多数被保护目标的重要价值,大大降低探测概率是不可接受的。

(4) 某些激光器有单脉冲的特性。当单脉冲到达时不报警,和单脉冲持续时间为30ns或更短时,用单脉冲来找方向显然是有困难的,因为所有的测试必须同时进行,并要在有很宽带宽的电路中实现。这就与典型的雷达告警接收机有很大差别,因为后者的脉冲链是无间断的,容易求出方向数据。

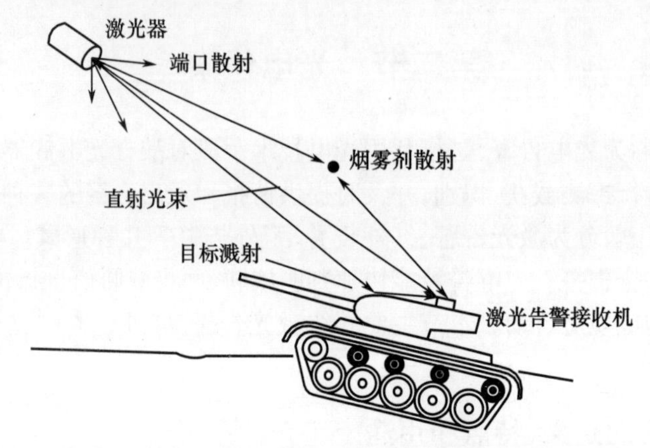

图11-2-1 激光告警接收机受周围环境干扰示意图

为了克服上述困难,理想的激光告警接收机应具有如下特点[38]。

(1) 接收视场大。能覆盖整个警戒空域,从而探测器能接收来自各个方向的激光辐射;

(2) 波段宽。可探测的光谱带宽可以覆盖敌方可能使用的各种激光,包括激光目标指示器、测距机、激光雷达以及武器激光;

(3) 低虚警、高探测概率、宽动态范围。能从阳光、闪电、曳光弹及各种弹药爆炸产生的背景光辐射中准确分辨激光脉冲,且漏检率为零,虚警率为零;

(4) 能测出来袭激光的方向、波长、调制和编码等参数;

(5) 探测距离大于10~15km,反应时间短,能适应现代战争的要求。

激光告警适用于固定翼飞机、直升飞机、地面车辆、舰船、卫星和地面重点目标,用以警戒目标所处环境的激光武器威胁。

二、激光告警的分类

激光告警设备大致可以有以下几种分类方式。

(1) 激光告警根据工作原理分为光谱识别型和相干识别型。

① 光谱识别型激光告警。光谱识别型又分为非成像和成像型两种。非成像型告警接收设备通常由若干个分立的光学通道和电路组成。这种接收机探测灵敏度高、视场大、结构简单,且无复杂的光学系统,成本低,但因为角分辨度低,所以只能概略判定激光入射方向。使用光纤前端探测头的告警是非成像光谱识别型激光告警的一个新分支,它可优化光路设计,提高设备抗干扰能力,实现高可靠性和小型化。成像型侦察告警接收设备通常采用广角远心鱼眼透镜和面阵CCD器件或PSD(位置传感探测器)器件,优点是视场大、角分辨度高。降低覆盖空域、减小视场后,它可使定向精度达1mrad左右;缺点是光学

系统复杂,只能单波长工作且成本高,难以小型化。

② 相干识别型激光告警。相干识别是目前测定激光波长的最有效方法。激光辐射有高度的时间相干性,故利用干涉元件调制入射激光可确定其波长和方向。根据所用干涉元件的不同,相干识别型接收机分法-珀型、迈克尔逊型、光栅型、傅里叶变换光谱型等。其共同特点是可识别波长且识别能力强,虚警率低,不同点在于:法-珀型和迈克尔逊型都是基于分振幅原理;光栅型是基于分波振面原理;傅里叶变换光谱型是基于双光束干涉的傅里叶变换光谱探测技术。由于光源在干涉仪中形成的空间干涉条纹与光源的光谱分布存在傅里叶变换关系,通过将干涉条纹作傅里叶变换获得激光的全光谱。

(2) 激光告警按探测头的工作体制可分为凝视型、扫描型、凝视扫描型。

凝视型激光告警不需进行任何扫描即可探测整个半球空域范围内的入射激光,优点是能及时准确地探测敌方的激光辐射,对在一次战术行动中只发射一次的激光源,也能及时准确地探测到。它包括光纤时间编码、光纤位置编码、偏振度编码、阵列探测、成像探测等多种体制;扫描型激光告警适用于激光脉冲重频较高或有一定周期的激光辐射,性能价格比较好,扫描型激光告警设备包括旋转反射镜、全息探测等体制;凝视扫描是一种新颖的激光告警探测体制,它兼顾了扫描型的实用和凝视型的高分辨率的特点。

全息探测型激光告警系统的工作原理利用全息场镜将入射的激光束分成四部分,分别在四个显示器上成像,所产生的光斑大小与激光的入射方向成一定比例,入射光束通过物镜会聚形成一个位于其后的全息场镜上的光点,利用安装的光电传感器,探测出不同位置传感器上的能量大小不同的光斑,并输出不一样的信号从而计算出光斑的对应位置,得出的结果就是入射信号的方向角函数。全息探测型激光告警系统是根据全息场镜的色散性计算激光的波长,测定激光入射方位,该设计方式采用的电路设计简单、反应速度快且成本低,还可以用它对光学系统进行扩展和突破,但其制作工艺比较复杂,而且由于激光束的实际透过率较低,因此系统的灵敏度不高。

(3) 激光告警按截获方式可分为直接截获型、散射探测型和二者的复合型。

大气中传输也会相应出现气溶胶性散射,光谱识别型激光告警接收机接收激光信号的方法通常有两种直接拦截式和散射探测式。直接拦截式的设计思想比较简单,即以拦截的方式,通过多个的探测单元对入射的激光信号进行拦截,并根据接收到的探测单元的位置,判断入射激光信号的大致方位信息。这种方式设计的接收机具有高灵敏、全角度、设计简单等优点,只是无法确定来袭激光的具体方位。

散射探测式这种方式利用接收来自地面、空气及装备外表等散射出的激光信号,最后通过分析计算实现判断、报警。利用透光性很好的光学玻璃组成一个圆锥形状的棱镜,它的内部是呈现下凹状的锥形,由滤光镜和光电探测器构成的组合位于其下方。这种设计使告警区域将装备完全包裹起来,来自任意角度射到装备上的入射激光信号,都必须经过它,但这种方式设计的探测器还是不能准确判定入射激光信号的具体方位,同时由于利用大气散射,与天气状况有关,且散射能量与波长的四次方成反比,因而只能用于可见光和近红外探测,对中远红外难以奏效。因此,为了可靠截获激光束,确保不漏警,往往将直接截获和散射探测相结合,这种方法更为实用。表11-2-1概括给出了几类典型激光告警方法的主要特点。

表 11-2-1　几类激光告警方法的主要特点

类型	非成像型 光谱识别	成像型 光谱识别	法-珀型 相干识别	迈克尔逊型 相干识别	散射探测型
优点	1. 视场大 2. 结构简单 3. 灵敏度高 4. 成本低	1. 视场大 2. 可凝视监视 3. 虚警率低 4. 角分辨率高 5. 图像直观	1. 虚警率低 2. 能测激光波长 3. 灵敏度高 4. 视场较大 5. 光电接收简单	1. 虚警率低 2. 能测激光波长 3. 角分辨率高 4. 能测单次脉冲	1. 无须直接拦截光束 2. 可凝视监视
缺点	1. 不能测定激光波长 2. 角分辨率低 3. 虚警率高	1. 不能测激光波长 2. 成本高 3. 单波长工作 4. 需用窄带滤光片	1. 角分辨率低 2. 机械扫描,工艺难度大 3. 成本高 4. 不能截获单次脉冲	1. 视场小 2. 成本较高 3. 灵敏度低	1. 光学系统加工困难 2. 要用窄带滤光片 3. 不能分辨方向

三、光谱识别型激光告警原理

1. 激光与背景光的单色性

对于普通光源,无论它是太阳、雷电等自然光源还是灯光、炮火等人造光源,所发出的光一般是分布在一个很宽的波长范围内的,尽管它们所发光的总功率可以很大,但它们的光谱辐射功率,即光源单位波长间隔所发出的功率并不大。相比而言,由于激光的单色性非常好,所有的发射功率都集中在一个很窄的波长范围内,光谱辐射功率比背景光要强。激光的线宽很窄,所以单色性好,其原因简单说有两个:一是只有频率满足发出的光子能量与激光介质上下能级差相等的光波才能得到放大;二是振荡只能发生在谐振频率处。激光器的类型不同,其单色性也不相同。单模稳频氦氖激光器的线宽仅为 10^3Hz,单色性最好,而半导体激光器的单色性最差。考虑一台调 Q Nd:YAG 激光器,其参数如下:输出功率 $\Delta P = 1\text{mJ}$;光束发散角 $\Delta\theta = 1\text{mrad}$;脉宽 $\Delta t = 10\text{ns}$;波长 $\lambda = 1.06\mu\text{m}$;谱线宽 $\Delta\lambda = 1\text{nm}$。在晴朗大气中,大气衰减系数 $\mu = 0.113\text{km}^{-1}$,该激光器在 $R = 10\text{km}$ 远处产生的光辐照度 E 为 $\Delta\phi/\Delta A$,其中

辐射通量　$$\Delta\phi = \frac{\Delta P e^{-\mu R}}{\Delta t} = 3.23 \times 10^4\text{W}$$

光斑面积　$$\Delta A = (\Delta\theta R)^2\pi = 3.14 \times 10^2\text{m}^2$$

$$E = 1.03 \times 10^2\text{W/m}^2$$

相应的光谱辐照度　$$E_\lambda = E/\Delta\lambda = 1.03 \times 10^5\text{W/m}^2 \cdot \mu\text{m}$$

即使大气有霾,相应的能见度降为 5km,对应大气吸收系数 $\mu = 0.415\text{km}^{-1}$,则 $E_\lambda = 5.02 \times 10^3\text{w/m}^2\mu\text{m}$。即使是对于这样低能量的普通激光器,其在 10km 远处于 1.06μm 波长附近所产生的光谱辐照度也是很高的。倘若告警接收机的滤光片带宽为 10nm,则激光和太阳光进入探测器的辐射通量之比高达 10^2 量级。光谱识别型激光告警器正是利用了激光经过较远距离的传播后在某特定波长处的光谱辐照度仍然远大于背景光的光谱辐照度的特点。

2. 非成像型光谱识别激光告警

(1) 基本组成。

光谱识别型激光告警是比较成熟的体制,国外在20世纪70年代就进行了型号研制,80年代已大批装备部队。它通常由探测头和处理器两个部件组成(图11-2-2)。探测头是由多个基本探测单元所组成的阵列,阵列探测单元按总体性能要求进行排列,并构成大空域监视,相邻视场间形成交叠。当某一光学通道接收到激光时,激光入射方向必定在该通道光轴两旁一定视场范围内。当相邻二通道同时收到激光时,激光入射方向必定在二通道视场角相重叠的视场范围内。依此类推,探测部件将整个警戒空域分为若干个区间。接收到的激光脉冲由光电探测器(一般为PIN光电二极管)进行光电转换,经放大后输出电脉冲信号,经过预处理和信号处理,从包含有各种虚假的信息中实时鉴别信号,确定激光源参数并定向。

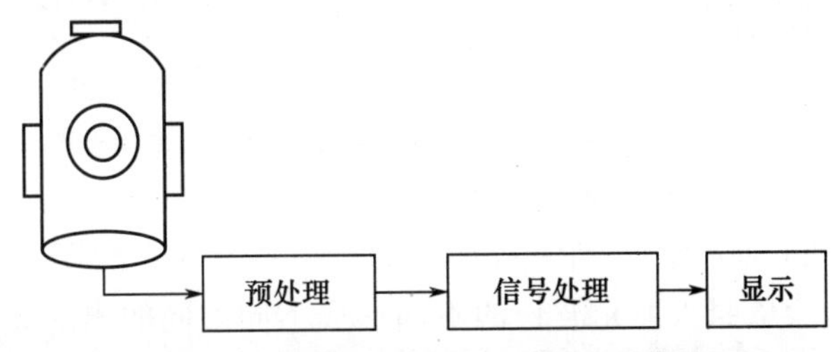

图11-2-2 非成像型光谱识别激光告警接收机

信号处理器同时接收到了目标发射激光信号和其他普通光信号,它是如何区分呢?简单的滤波手段就可以实现。同时,激光告警设备为大幅度降低虚警,除采用电磁屏蔽、去耦、接地等措施外,还常采用多元相关探测技术。它是在一个光学通道内采用两个并联的探测单元,对探测单元的输出进行相关处理,该技术可使虚警率大幅度下降。

激光威胁源的一些典型特征是:激光武器波长特定、脉冲持续时间较长;测距机脉冲短、重频低;指示器类似于测距机,但重频高;对抗用的激光器类似于测距机,但强度高;通信激光器是调制的连续波光源或很高重频的脉冲串。对于引导干扰机的激光告警接收设备必须给出激光波形的详细特征,包括脉冲重复率、脉冲间隔。因此,对提取出激光信号,获取其技术参数,比如:激光波长和脉冲间隔等,就可以判断辐射源的类型。

光谱识别型激光告警设备具体如何滤波、测向和获取激光参数(比如:波长),这涉及到激光告警的实现方法。

(2) 实现原理。

光谱识别型激光告警设备的基本实现方法可以有下列两种。

① 采用一组并列的窄带滤光片和探测器分别对应特定波长工作,比如将窄带滤光片的中心波长分别选定为0.53μm、1.06μm、1.54μm、10.6μm等,以监视这几个常用波长的激光威胁,如图11-2-3(a)中所示的通道1情形。也可以采取多个通道相邻覆盖某个光谱带的配置方式,如图中通道2与通道3之间的配置。整个接收机可以是单通道单波长与多通道波段覆盖相结合,比如:由在可见光至近红外的硅探测波段上用2~20个光谱通道进行覆盖,并在3.8μm、10.6μm波长分别有一个通道进行探测。这样,在可见光至近红外范围内,各个通道不仅具备光谱识别功能,而且还能减小太阳光杂波和太阳光的散粒噪声,采用该方法时,必须在所用通道的数目及所获得的光谱分辨率之间做折中处理。

采用多个通道相邻覆盖光谱带的告警系统时,存在光谱带的重叠问题,即:由于涉滤光片的透过波段与激光入射角度有关,由于入射角度的变化,会使得报警系统对入射激光波长的判断出现错误。另外,随着可调谐激光器进入实用阶段,这会在激光告警系统所需要监视的波段范围和系统所能容纳的通道数之间产生矛盾。因此,这种简单的多滤光片方法,虽然在现有装备中被大量采用,确实已显得落后了。

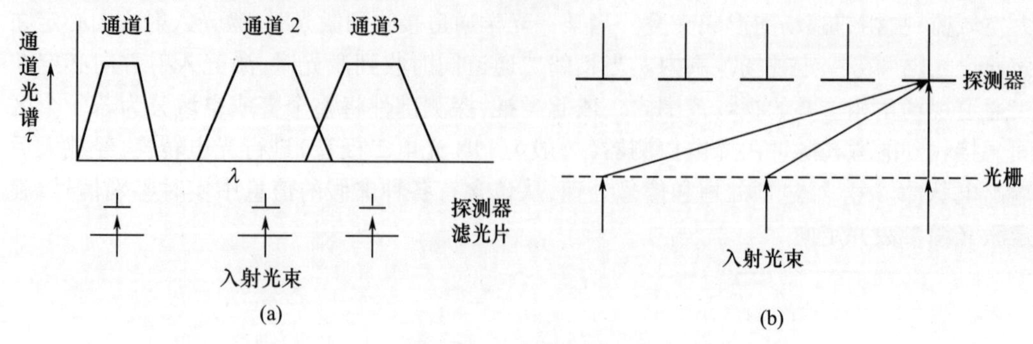

图 11-2-3　光栅识别型激光告警器的基本实施方式

(a)多通道式(多滤光片方式);(b)色散元件方式(光栅方式)。

② 采用色散元件(如光栅)和阵列探测器,如图 11-2-3(b)所示。入射光束通过色散元件(如光栅)后,会依照入射光波长的不同形成不同方向的出射光,经一段传播路径(如经过一个成像凸透镜)后照射到阵列探测器上,不同波长的光会照射到探测器的不同单元上。换句话说,色散元件对探测器每个单元的作用相当于一个中心波长不同的窄带滤光片。该方式存在着阵列探测器的高空间分辨率与高响应速度之间的矛盾:用高光谱分辨率(即探测单元多)的探测器往往会丢失信号的时间数据,因为它们的带宽小;而采用高速探测器时,因有探测元之间的耦合问题而难于做成大的阵列。

总之,光谱识别就是充分利用自然和人工背景光的光谱辐照度比激光的光谱辐照度在特定波长处要小,来提高激光信号识别的可靠性的。光谱识别非成像型激光告警是早期的光谱识别告警,主要缺点只能大概估算激光入射方向,光谱识别成像型和相干识别激光告警可以克服这个不足。

四、相干识别型激光告警原理

1. 光的相干性

相干性包括时间相干性和空间相干性。时间相干性是指光场中同一空间点在不同时刻光场的相干性。如果在某一空间点上,t_1 和 t_2 时刻的光场仅在 $|t_1 - t_2| \leq \tau_c$ 时才相干,称 τ_c 为相干时间。光沿传播方向通过的长度 $L_c = c \times \tau_c$ 称为相干长度,它表示在光的传播方向上相距多远的光场仍具有相干特性。因此,时间相干性是一个“纵”的概念。

实际上,没有一种光源是严格意义上的单色光源。从光谱角度看,这种准单色光源发射的光谱线有一定频率宽度 Δv。从波列角度看,这种准单色光源发射一个持续时间有限的波列。波列的持续时间就是振幅和相位保持不变的时间上限,也就是波列的相干时间。因此,光波的相干长度就是光波的波列长度。通过对有限波列的傅里叶变换,可以证明:$\Delta v = 1/\tau_c$。Δv 越小,单色性越好,相干时间越长,光的时间相干性越好。因此,时间相干性的概念直接与光的单色性的概念有关。表 11-2-2 给出了几种典型光源的相干长度的大致量级，从中可以看出，不同的光源的相干长度存在巨大差距，即便是同一种光源，由于工作状况的不同，也存在极大的变化。

表 11-2-2 几种典型光源的相干长度

光源	近似的相干长度/m
白炽灯	10^{-7}
太阳光（硅材料敏感波段）	10^{-6}
发光二极管	10^{-4}
He-Ne 激光器	10^{-1}
二极管激光器	10^{-4} ~1
染料激光器	10^{-4} ~1
CO_2 激光器	10^{-4} ~10^{4}

空间相干性是指光场中不同的空间点在同一时刻光场的相干性。普通光源中各个发光中心相互联系很弱，它们发出的光波是不相干的。但是同一个发光中心在空间不同点贡献的光场却是相干的。光源中每个发光中心都各自贡献相干光场。在普通光源的光场中，与光源相距 R 的一个面积范围内，任何两点的光场都是相干的。

$$A_c = R^2\lambda^2/A_s \tag{11-2-1}$$

式中，A_s 为光源的面积，因此，光的空间相干性是指垂直于光传播方向的平面上的光场的相干性，光的空间相干性是一个“横”的概念；A_c 为光源的相干照明面积或光场的相干面积，A_c 越大说明光源的横向相干性越好，它是光的横向相干性的量度。可以把上式改写为

$$\lambda^2 = A_S A_C/R^2 = A_S \Delta\Omega \tag{11-2-2}$$

式中，$\Delta\Omega$ 为相干面积相对光源中心的张角，称为相干范围的立体孔径角。如果要求在 $\Delta\Omega$ 范围内光波是相干的，则普通光源的面积必须限制在 $\lambda^2/\Delta\Omega$ 以下。所以，普通光源用作相干光学技术研究时，只能牺牲光强。由于普通光源的发光中心基本上各自独立，尽管在相干面积内各处的光场是相干的，但相干程度却不同。在相干面积内，边缘处的相干性就很差。

由于激光是依靠受激辐射产生的，激光器中各发光中心的发光是互相关联的，因此，对于激光器输出的激光束，特别是单模激光器输出的基模高斯光束，其发光面中各点都有着完全一样的位相。所以激光具有完善的空间相干性。

在激光报警接收机中采用相干技术的一大好处是，它可以在不限制系统的光谱带通的情况下，排除太阳光闪烁、枪炮的闪光、曳光弹、泛光灯及飞机信标等等光信号的干扰。不限制系统的光谱带通，意味着可以在光电传感器件响应的全光谱范围内，对激光威胁源进行警戒，这正是光谱告警的弱点。在可调谐激光器开始用于战场的今天，这是实现可靠激光报警的一项大有前途的选择。

利用相干性识别进行激光告警时，需要着力解决如下两个问题：

(1) 对单脉冲探测与分析的一般要求；

(2) 大气闪烁的影响。大气闪烁会产生入射激光束的空间和时间调制，它可使采用波前分割方式进行的任何相干性测量变得复杂；而采用振幅分割方式，则可能取决于探测

系统内部的动态过程,在进行几纳秒脉宽的激光单脉冲分析时,这一过程恐怕难以完成。

这两个问题的解决方法将在下面相干识别激光告警实现时给予具体分析和论述。

2. 法-珀型相干识别激光告警

美国珀金-埃尔默公司的AN/AVR-2型激光告警机是相干告警的典型,也是世界上技术最成熟、装备量最大的激光告警机之一。它有4个探测头和1个接口比较器,可覆盖360°范围。该设备利用法-珀标准具对激光的调制特性进行探测和识别。

法-珀(F-P)干涉仪又被称为标准具,它是一块高质量透明材料(如玻璃或锗等)平板,两个通光面高度平行并且镀有反射膜,反射率均在40%~60%范围内,当光线入射标准具时,一部分光直接穿过,另一部分光在透明材料中经二反射面多次反射后再穿出标准具。因激光是相干性极好的平行光,故两部分光将产生相干叠加现象。当两部分光的光程差为波长的整数倍时,同相位叠加,此时标准具的透过率最大。当光程差为半波长的奇数倍时,两部分光相位差180°,光强相互抵消,这时标准具的透过率最小,绝大部分光被标准具反射。光程差随入射角的不同而变化,故落在探测器上的光强与入射角有关。如图11-2-4所示,标准具z轴周期性左右摆动(z轴垂直于通光面法线)时,落在探测器上的光强与标准具摆动角之间的关系见图中的曲线所示。曲线上的A点所对应的角度恰好是标准具的法线与激光平行时标准具的摆动角,因此,只要测定此时标准具的摆动角,就可确定激光束的入射方向。同时,确定曲线中A点与B点之间的距离,就可推算出激光波长。非相干光穿过标准具时不产生上述相干叠加现象,故落在光电探测器上的光强不产生图中曲线所示的变化,这就大大降低了虚警率,提高了鉴别激光的能力。

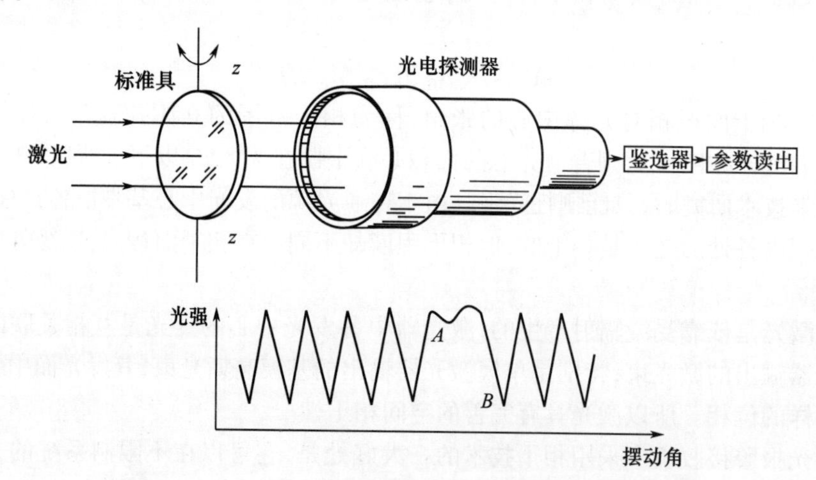

图11-2-4 法-珀相干型激光告警接收机的工作原理

单级法-珀标准具需要标准具的周期性摆动来形成光程差的变化,从而区分激光和普通光、估计激光入射方向和求取激光波长。对于高频脉冲激光而言,要在单个脉冲周期内实现标准具的摆动难度非常大。而两级法-珀标准具不需要标准具的摆动,可以克服这个不足。图11-2-5示出了两级法-珀标准具用于相干识别的原理。F-P标准具之后的探测器连到差分放大器电路上。标准具材料的折射率为n,相距为d的前后两个平行面镀有反射率为R的部分反射膜,那么对于相干长度大于d的入射激光束,标准具的透过率为

$$T = \frac{1}{1 + \frac{4R}{(1-R)^2}\sin\frac{\delta}{2}} \tag{11-2-3}$$

$$\delta = \frac{4\pi}{\lambda} d \cos\theta' \tag{11-2-4}$$

式中，θ'为光束在标准具内部传播方向与标准具表面法线的夹角，该式表明：当光束的相干长度比标准具的内部尺寸大得多的时候，标准具的透射率是其厚度、光波长及光束入射方向的函数。由于将图 11-2-5(a)中的两块标准具设计得一块比另一块长 $\lambda/4$，故两块标准具对于入射激光的透过率总是有差别，即一块具有高透过率时另一块必然具有高反射率。因此，有激光入射时，在后面的差分放大器中总是有大的输出值。反之，当入射光的相干长度大大小于标准具的间隔长度时，入射光在两块标准具中都不会共振，两块标准具的透射率不再服从上式，实际上这时透过率等于标准具反射面透射率的平方，即

$$T = (1-R)^2 \tag{11-2-5}$$

此时，两块标准具的透过率一样，故图 11-2-5(b)中的差分放大器的输出为零。

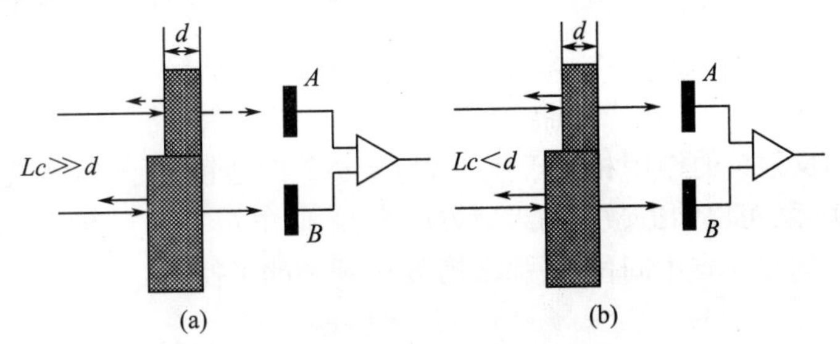

图 11-2-5　两极 F-P 标准具作相干识别

(a)相干光入射情况；(b)非相干光入射情况。

上面说明了用两级 F-P 标准具实现相干识别的原理，但在实际应用中由于大气扰动的影响，该原理需要作适当的变化。直接将上面这种分波前结构放在受扰动的激光束中时，大气对光束产生的强度空间调制便会叠加在标准具引起的光强调制之上，使探测器的差分输出信号改变，相干性测量过程失真。比如：假设某一波长的激光照射在标准具上，正好使较薄标准具为高透过、较厚标准具为高反射，在正常情况下两个探测器输出的不同强度信号会使差分放大器输出报警信号。但因为大气扰动，恰好在较薄标准具上出现的闪烁为最小、在较厚标准具上的闪烁为峰值的情况下，结果有斑纹的相干光束使两个通道中产生低的、可能是同样强度的信号，出现测量失真现象，对这些信号可能会错误地按非相干光处理。实际上，这种情况并不是采用相干性识别的标准具方法才遇到的，而是任何分波前方法的共同特点。

3. 迈克尔逊型相干识别激光告警

迈克尔逊型相干识别激光告警由两个曲率半径为 R 的球面反射镜和一个分束器构成的迈克尔逊干涉仪与一个面阵 CCD 固体摄像机组成，如图 11-2-6 所示。激光束经过迈克尔逊干涉仪后，因为在两个通道经历有光程差 ε，结果产生一组干涉环并被 CCD 接收。同样，由于 $\varepsilon \neq 0$，非相干的背景光不产生干涉条纹，故不会对该类激光告警系统产生干扰。入射激光经分束镜后分为两束光，然后分别由两块球面反射镜反射再次进入分束棱镜，出射后到达一个二维阵列探测器，在观测面上形成特有的“牛眼”状的同心干涉

环，由微处理机对干涉条纹进行处理，根据同心环的圆心可计算出激光入射角，根据条纹间距计算出波长。若是非相干光入射，则不形成干涉条纹。由于采用分波幅技术，故对大气的闪烁干扰具有抵抗作用。美国电子战中心系统实验室的激光接收分析器是典型的迈克尔逊相干识别型告警装置。

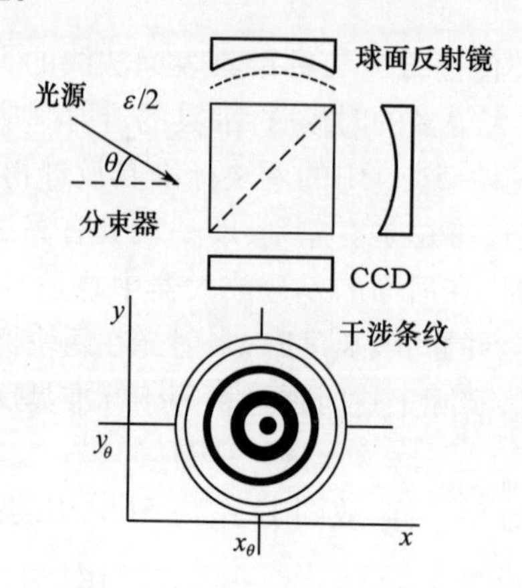

图 11-2-6 相干识别迈克逊型结构示意图

通过探测干涉环的中心位置和各个环的位置，可以对激光源进行定位并测定入射激光的波长。球面反射镜的作用相当于焦距为 $f = R/2$ 的透镜，通过求解光程差与光线在 CCD 上位置的关系，可以知道激光的入射方向为：俯仰角 $\theta_x = x_\theta/f$，方位角 $\theta_y = y_\theta/f$。假设 CCD 处于两个反射镜焦点中间位置，那么第 N 个圆环的半径为

$$r_N = \sqrt{2N\lambda/\varepsilon}\,\frac{\varepsilon}{2} \tag{11-2-6}$$

因此，以 N 为横坐标、r_N 为纵坐标对实验数据用最小二乘法进行拟合，得出的直线斜率为 $\lambda\varepsilon/2$，由此可以确定激光波长 λ。

第三节　光电干扰

光电干扰分为有源干扰和无源干扰两种方式。有源干扰方式主要有红外干扰机、红外干扰弹、强激光干扰和激光欺骗干扰等。无源干扰方式主要有烟幕、光电隐身和光电假目标等。

一、光电有源干扰

（一） 红外干扰弹

红外干扰弹是一种具有一定辐射能量和红外频谱特征的干扰器材，用以欺骗或诱惑敌方红外侦测系统或红外制导系统。投放后的红外干扰弹可使红外制导武器在锁定目标之前锁定红外干扰弹，致使其制导系统降低跟踪精度或被引离攻击目标。红外干扰弹又称红外诱饵或红外曳光弹，它是应用最广泛的一种红外干扰器材。

注意与红外诱饵的区别。红外诱饵的定义为具有与被保护目标相似红外光谱特性，并能产生高于被保护目标的红外辐射能量，用以欺骗或诱惑敌方红外制导系统的假目标。从中可以看出，红外干扰弹发射后才形成了红外诱饵，两者有本质的区别。

红外干扰弹具有如下特点。

(1) 具有与真目标相似的光谱特性。

在规定波段,红外干扰弹具有与被保护目标相似的光谱分布特征,这是实现有效干扰的必要条件。通常情况下,干扰弹的辐射强度应大于目标辐射强度的两倍以上。

(2) 能快速形成高强度红外辐射源。

为实现有效的干扰作用,红外干扰弹投放后,必须在离开导弹寻的器视场前点燃,并达到超过目标辐射强度的程度。大多数机载红外干扰弹在0.25~0.5s内可达到有效辐射强度,并可持续5s以上。

(3) 具有很高的效费比。

红外干扰弹属于一次性干扰器材,一旦干扰成功,便可使红外制导系统不能重新截获、跟踪所要攻击的目标。可保护高价值的军事平台,而干扰弹本身结构简单、成本低廉,因此,具有很高的效费比。

通常红外干扰弹与箔条弹同时装备,以对付不同种类型的来袭导弹。

(二) 红外干扰机

红外干扰机是一种能够发射红外干扰信号,破坏或扰乱敌方红外探测系统或红外制导系统正常工作的光电干扰设备,主要干扰对象是红外制导导弹。

红外干扰机的特点如下:

(1) 可连续工作,在载体能够提供足够能源的情况下,红外干扰机可较长时间连续工作,从而弥补了红外诱饵弹有效干扰时间短、弹药有限等不足;

(2) 针对性强,主要干扰红外点源制导导弹;

(3) 可同时干扰多个目标;

(4) 作用距离与导弹的有效攻击距离匹配;

(5) 抗干扰能力强,红外干扰机与被保护目标在一体上,使来袭的红外制导导弹无法从速度上把目标与干扰信号分开。

红外干扰机安装在被保护平台上,保护平台免受红外制导导弹的攻击,既可单独使用,又可与告警设备和其他设备一起构成光电自卫系统。

(三) 强激光干扰

强激光干扰是通过发射强激光能量,破坏敌方光电传感器或光学系统,使之饱和、迷茫,以至彻底失效,从而极大地降低敌方武器系统的作战效能。它虽然不像"珊瑚岛上的死光"那样神得令人恐怖,但也确有其"神光"般威力。强激光能量足够强时,也可直接作为武器击毁来袭的飞机和武器系统等,因而,从广义上讲,强激光干扰也包括战术和战略激光武器。

强激光干扰的主要特点如下。

(1) 定向精度高。激光束具有方向性强的特性,实施强激光干扰时,激光束的束散角通常只有几十微弧度,干扰系统的定向跟踪精度只有几个角秒,能将强激光束精确地对准某一方向,选择杀伤来袭目标群中的某一目标或目标上的某一部位。

(2) 响应速度快。光的传播速度为3×10^{8}m/s,相当于每秒钟绕地球7周半,干扰系统一经瞄准干扰目标,发射即中,几乎不需耗时,因而也不需设置提前量。这对于干扰快速运动的光学制导武器导引头上的光学系统或光电传感器,以及机载光学测距和观瞄系统等,是一种最为有效的干扰手段。

(3) 应用范围广。强激光干扰的激光波长以可见光到红外波段内最为有效,作用距离可达十几公里,根据作战目标不同,可用于机载、车载、舰载及单兵便携等多种形式。

当然,强激光干扰也存在一些弱点,主要如下。

(1) 作用距离有限。随射程增加,光束在目标上的光斑增大,使激光功率密度降低,杀伤力减弱。所以,强激光干扰的有效作用距离较小,通常在十几千米以内。

(2) 全天候作战能力较差。由于激光波长较短,强激光干扰在大气层内使用时,大气会对激光束产生能量衰减、光束抖动或波前畸变,尤其是恶劣天气(雨、雾、雪等)和战场烟尘、人造烟幕等,对其影响更大。

强激光束可直接破坏光电精确制导武器的导引头、激光测距机或光学观瞄设备等,其作战宗旨是,破坏敌方光电传感器或光学系统,干扰敌方激光测距机和来袭的光电精确制导武器,其最高目标是直接摧毁任何来袭的威胁目标。

(四) 激光欺骗干扰

激光欺骗干扰是通过发射、转发或反射激光辐射信号,形成具有欺骗功能的激光干扰信号,扰乱或欺骗敌方激光测距、观瞄、跟踪或制导系统,使其得出错误的方位或距离信息,从而极大地降低光电武器系统的作战效能。

激光欺骗干扰的主要特点如下。

(1) 激光干扰信号与被干扰对象的工作信号在特征上应基本一致,这是实现欺骗干扰的最基本条件。也就是说,激光干扰信号要与激光制导信号的激光波长、重频、编码、脉宽基本保持一致。

(2) 激光干扰信号与被干扰对象的工作信号在时间上相关。即二者在时间上同步或包含有与其同步的成分,使激光干扰信号通过激光导引头的抗干扰波门这是实现欺骗干扰的一个必要条件。

(3) 激光干扰信号与被干扰对象的工作信号在空间上相关。干扰信号必须进入被干扰对象的信号接收视场,才能达到有效干扰的目的,视场相关是实现欺骗干扰的另一个必要条件。

(4) 对激光干扰能量,只要其经过漫反射到达激光导引头的能量密度能激活导引头制导回路,就能达到有效干扰之目的。

(5) 低消耗性。激光欺骗式干扰以激光信号为诱饵,除消耗少量电能外,几乎不消耗任何其他资源,干扰设备可长期重复使用。

激光欺骗干扰可用于干扰敌方激光制导武器和激光测距系统等光电威胁目标。

二、光电无源干扰

(一) 烟幕干扰

烟幕是由在空气中悬浮的大量细小物质微粒组成的,也即通常说的烟(固体微粒)和雾(液体微粒)组成,属于气溶胶体系,是光学不均匀介质,其分散介质是空气。而分散相是具有高分散度的固体和液体微拉,如果分散相是液体,这种气溶胶就称为雾;如果分散相是固体,这种气溶胶就做烟。有时,气溶胶可同时由烟和雾组成。所以,气溶胶微粒有固体、液体和混合体之分。

烟幕是人工产生的气溶胶,作为一种激光干扰手段,它有许多突出的优点:

(1) 对激光束的衰减能力强,覆盖的波段宽;

(2) 既可以对付激光侦测和激光半主动制导,也可以对付激光驾束制导和激光武器;

(3) 对其他光电侦察装备也有很好的干扰效果。

烟幕干扰技术就是通过在空中施放大量气溶胶微粒,来改变电磁波的介质传输特性,以实施对光电探测、观瞄、制导武器系统干扰的一种技术手段,具有“隐真”和“示假”双重功能。

(二) 光电隐身

光电隐身就是减小被保护目标的某些光电特征,使敌方探测设备难以发现目标或使其探测能力降低的一种光电对抗手段。需要指出的是,要想达到好的隐身效果,必须在武器装备系统的结构、动力设计、结构材料的选用以及遮蔽技术、融合技术等伪装技术的使用等方面综合考虑。

光电隐身主要分为可见光隐身、红外隐身、激光隐身。

(1) 可见光侦察设备利用目标反射的可见光进行侦察,通过目标与背景间的亮度对比和颜色对比来识别目标。可见光隐身就是要消除或减小目标与背景之间在可见光波段的亮度与颜色差别,降低目标的光学显著性。

(2) 红外侦察是通过测量分析目标与背景红外辐射的差别来发现目标的。红外隐身就是利用屏蔽、低发射率涂料及军事平台辐射抑制的内装式设计等措施,改变目标的红外辐射特性,降低目标和背景的辐射对比度,从而降低目标的被探测概率。

(3) 激光隐身就是消除或削弱目标表面反射激光的能力,从而降低敌方激光侦测系统的探测、搜索概率,缩短敌方激光测距、指示、导引系统的作用距离。

(三) 光电假目标

光电假目标就是利用普通廉价材料或就便器材,制成假装备、假设备,模仿真装备、真设施的外形、尺寸、颜色和一定的光电辐射/反射特性,以迷惑、诱骗敌光电装备,使己方真装备、真设施得到保护或使其战场生存能力明显提高。

“示假”是光电无源干扰的另一重要方面,与其“隐真”对抗手段相配合,可有效地欺骗和诱惑敌人,提高真目标的生存能力,随着光电侦测和制导武器地位的日益提高,假目标的作用也愈加显得突出。

按照其与真目标的相似特征的不同,光电假目标可分为形体假目标,热目标模拟器和诱饵类假目标。形体假目标是与真目标的光学特征相同的模型,如假飞机、假导弹、假坦克、假军事设施等,主要用于对抗可见光、近红外侦察及制导武器。热目标模拟器就是与真目标的外形、尺寸具有一定相似性的模型,且其与真目标具有极为相似的电磁波辐射特征,特别在中远红外波段,主要用于对抗热成像类探测、识别及制导武器系统。诱饵类假目标只要求与真目标的反射、辐射光电频段电磁波的特征相同,而不求外形、尺寸等外部特征相似的假目标,如光箔条诱饵、红外箔条诱饵、气球诱饵、激光假目标等,主要用于对抗非成像类探测和制导武器系统。

光电假目标按照选材和制作成形可分为制式假目标和就便材料假目标。制式假目标就是按统一规格定型生产,列入部队装备体制的伪装器材,轻便牢固、架设撤收方便、外形逼真,而且通常加装反射、辐射配件,以求与真武器装备一样的雷达、红外特性,如现装备的充气式假目标、骨架结构假目标、泡沫塑料假目标、木制假目标等形体假目标和由带有热源的一些材料组成的热目标模拟器等。就便材料假目标就是就地征集的或利用就便材料加工制作的假目标，可作为制式假目标的补充，具有取材方便、经济实用特点，能适应战时和平时大量、及时设置假目标的需要。

本章小结

本章在对光电对抗技术概述的基础上，主要详细阐述了激光告警的基本原理，并简要介绍了各种光电干扰手段。关于光电对抗的详细资料，可参考光电对抗方面的专业书籍。

复习思考题

1. 简要阐述光电对抗的技术体系。
2. 列举常见激光告警方法的主要特点。
3. 解释非成像光谱识别如何实现激光告警？
4. 解释光谱识别型激光告警设备的测波长原理。
5. 什么是空间相干性和时间相干性？相干识别型激光告警的主要优点？
6. 单级法珀标准具、两级法珀标准具以及迈克尔逊干涉仪分别如何实现区分激光与普通光、测向和测波长？
7. 概括红外干扰机、红外干扰弹、强激光干扰和激光欺骗干扰的主要特点？

参考文献

[1] 张晓晖,饶炯辉. 海军光电探测系统[M]. 武汉:海军工程大学出版社,2003.

[2] 马跃,程文. 现代航空光电技术[M]. 北京:海潮出版社,2003.

[3] 刘松涛,周晓东. 可见光电视和红外成像复合寻的制导技术[J]. 应用光学,2006,27(6):467-475.

[4] 邸旭,杨进华. 微光与红外成像技术[M]. 北京:机械工业出版社,2012.

[5] 王晓蕊. 光电成像系统:建模、仿真、测试与评估[M]. 西安:西安电子科技大学出版社,2017.

[6] 梅遂生. 光电子技术(第二版)_信息化武器装备的新天地[M]. 北京:国防工业出版社,2008.

[7] 阎吉祥. 光电子学导论[M]. 武汉:华中科技大学出版社,2009.

[8] 白廷柱. 光电成像技术与系统[M]. 北京:电子工业出版社,2016.

[9] 江月松,阎平,刘振玉. 光电技术与实验[M]. 北京:北京理工大学出版社,2000.

[10] 王庆友. 光电技术[M]. 北京:电子工业出版社,2005.

[11] 周世椿. 高级红外光电工程导论[M]. 北京:科学出版社,2014.

[12] 郝晓剑,李仰军. 光电探测技术与应用[M]. 北京:国防工业出版社,2009.

[13] 付小宁,牛建军,陈靖. 光电探测技术与系统[M]. 北京:电子工业出版社,2010.

[14] 刘辉. 红外光电探测原理[M]. 北京:国防工业出版社,2016.

[15] 白廷柱,金伟其. 光电成像原理与技术[M]. 北京:科学出版社,2002.

[16] 杨绍清,刘松涛. 舰载光电与图像处理技术[M]. 大连:海军大连舰艇学院出版社,2007.

[17] 王庆有. 光电技术[M]. 北京:电子工业出版社,2005.

[18] 高卫,黄惠明,李军. 光电干扰效果评估方法[M]. 北京:国防工业出版社,2006.

[19] 滨川圭弘,西野种夫. 光电子学[M]. 于广涛,译. 北京:科学出版社,2002.

[20] 邹异松,刘玉凤,白廷柱. 光电成像原理[M]. 北京:北京理工大学出版社,2001.

[21] 马乐梅. 光电技术[M]. 大连:海军大连舰艇学院出版社,2002.

[22] 陆斌. 光电子技术[M]. 烟台:海军航空工程学院出版社,2010.

[23] 刘松涛,沈同圣,董言治. 红外图像处理及应用[M]. 北京:国防工业出版社,2018.

[24] 孙晓泉. 激光对抗原理与技术[M]. 北京:解放军出版社,2000.

[25] 宋丰华. 现代空间光电系统及应用[M]. 北京:国防工业出版社,2004.

[26] 江月松,李亮,钟宇. 光电信息技术基础[M]. 北京:北京航空航天大学出版社,2005.

[27] 胡以华. 激光目标成像侦察[M]. 北京:国防工业出版社,2013.

[28] 曾桂林. 电视跟踪在光电火控系统中的应用及发展趋势[J]. 应用光学,2000,22(2):1-5.

[29] 刘松涛,沈同圣,周晓东,等. 舰船红外成像目标智能跟踪算法研究与实现[J]. 激光与红外,2005,35(3):193-195.

[30] 高稚允,高岳,张开华. 军用光电系统[M]. 北京:北京理工大学出版社,1996.

[31] 时家明. 红外对抗原理[M]. 北京:解放军出版社,2002.

[32] 刘松涛,王龙涛,刘振兴. 光电对抗原理[M]. 北京:国防工业出版社,2019.

[33] 侯印鸣. 综合电子战[M]. 北京:国防工业出版社,2000.

[34] 樊祥,刘勇波,马东辉,等. 光电对抗技术的现状及发展趋势[J]. 电子对抗技术,2003,18(6):10-15.
[35] 李世祥. 光电对抗技术[M]. 长沙:国防科技大学出版社,2000.
[36] 郭汝海,王兵. 光电对抗技术研究进展[J]. 光机电信息,2011,28(7):21-26.
[37] 庄振明. 光电对抗的回顾与展望[J]. 飞航导弹,2000,(2):55-59.
[38] 张记龙,王志斌,李晓,等. 光谱识别与相干识别激光告警接收机评述[J]. 测试技术学报,2006,20(2):95-101.